生命科学前沿及应用生物技术

食品及动植物产品 DNA 分子鉴定技术

刘云国 等 著

U0263680

科学出版社

北京

内 容 简 介

本书首先概述了食品及动植物产品 DNA 提取和纯化技术，总结了各种 DNA 分子鉴定技术的原理及操作步骤。重点阐述了 DNA 分子鉴定技术在粮油制品、果蔬制品、肉制品、乳制品、水产品、茶叶及其制品、中药材、转基因食品等食品和动植物产品鉴定中的应用，涵盖了相关领域的最新研究成果。在粮油制品中，还包括基于 DNA 分子鉴定技术定位一些与产量和品质相关的基因等内容。在果蔬制品中，则包含发酵过程中产生的一些乳酸菌的鉴定等内容。肉制品和水产品，由于加工后难以鉴别，掺假问题严重，利用 DNA 分子鉴定技术进行检测尤为重要和必要，本书都对其进行了重点介绍。

本书可供食品、生物和医药领域高等院校教师和学生，科研院所研究人员及食药、农业部门的管理者参考阅读。

图书在版编目(CIP)数据

食品及动植物产品DNA分子鉴定技术 / 刘云国等著. —北京：科学出版社，2019.4

（生命科学前沿及应用生物技术）

ISBN 978-7-03-061061-4

Ⅰ.①食⋯　Ⅱ.①刘⋯　Ⅲ.①农产品–食品–脱氧核糖核酸–鉴定　Ⅳ.①TS207.3

中国版本图书馆CIP数据核字(2019)第073504号

责任编辑：岳漫宇 / 责任校对：严　娜
责任印制：吴兆东 / 封面设计：刘新新

科 学 出 版 社 出版

北京东黄城根北街 16 号
邮政编码：100717
http://www.sciencep.com

北京厚诚则铭印刷科技有限公司印刷
科学出版社发行　各地新华书店经销

*

2019 年 4 月第 一 版　开本：720×1000　1/16
2021 年 3 月第二次印刷　印张：16 1/2
字数：333 000

定价：138.00 元

（如有印装质量问题，我社负责调换）

《食品及动植物产品 DNA 分子鉴定技术》
编著委员会

前　言

　　"民以食为天，食以安为先"。食品产业在我国工业发展中占有重要地位，食品工业的发展对于带动农业及相关产业的发展有着直接的推动作用，并能助力国家"乡村振兴战略"的实施。食品安全关系到每个人的生命健康，这对食品产业发展提出了更高的要求，食品安全问题已经成为全球性的基本公共卫生问题。DNA 分子鉴定技术是以生物大分子物质脱氧核糖核酸的多态性为基础的分子标记，它能够反映出不同食品及动植物产品之间的差异，是根据食品及动植物产品中含有的 DNA 的差异进行鉴别的一门科学。

　　目前，DNA 分子鉴定技术已被广泛地应用于粮油制品、果蔬制品、肉制品、乳制品、水产品、茶叶及其制品、中药材、转基因食品等的检测中。在粮油作物及其制品中，基于 DNA 分子鉴定技术定位一些与产量和品质相关的基因是该领域研究的特色。在果蔬制品中，果汁的掺假检测、耐热菌和酵母菌的检测，酿造品中果酒酵母菌和乳酸菌的检测，以及腌制品中泡菜的乳酸菌鉴定等方面的研究比较多。在肉制品中，肉类食品的真实性和可追溯性是现代社会最重要的问题，它关乎经济、公共安全、宗教信仰、生态安全和食品安全，DNA 分子鉴定技术被广泛用来鉴定肉制品中的动物源性成分。在鉴定乳制品中的乳酸菌时，传统的方法主要以形态和生理生化特性为主，这种鉴定方法非常困难，而以 DNA 为基础的分子鉴定技术，结合 PCR 和电泳等技术分类和鉴定菌株，这种方法精确、高效而且迅速，因此在乳酸菌的鉴定中应用广泛。水产品的属性差别很大，不同门类的水产品种类繁多，而加工后销售的水产品更难以辨别，水产品加工过程中添加的食品添加剂掩盖了低劣产品的真实属性，使消费者无法从形态和味道上直接判别真伪，因此利用 DNA 分子鉴定技术进行检测尤为必要。在茶树品种鉴定中，因为某些原因引起茶树品种、品系的混杂时，需要检测它们的真伪和纯度，基于表型的传统方法采用生长测验，周期长而且易受环境影响，DNA 分子鉴定技术能很好地解决这一问题，可应用于茶树和茶叶品种真实性和纯度检测。贵重药材出现伪品的情况较多，名贵易混淆中药材鉴定难度大，利用常规的性状鉴定、显微鉴定和理化鉴定等方法难以进行种内不同类型或不同品系药材的真伪鉴定，而DNA 分子鉴定方法具有取样少、准确性高、灵敏度高的优点，被广泛应用于名贵易混淆药材的鉴定。转基因食品(GMF)也被称为基因改良或基因修饰食品。目前国内外对转基因食品的检测主要集中在DNA 检测与蛋白质检测两个水平上，DNA检测主要是对外源基因序列进行检测，蛋白质检测主要是对外源基因的蛋白质表达产物进行检测。相对于蛋白质检测而言，DNA 检测具有较高的灵敏度和特异性，更能直接地检测转基因成分，因而在转基因食品检测中得到了广泛应用。

由于作者水平有限，经验不足，撰写时间比较仓促，书中疏漏在所难免，恳切希望广大读者批评指正。

刘云国

2018 年 7 月

目　录

第一章　食品及动植物产品 DNA 提取和纯化技术

第一节　DNA 提取概述

获得基因组 DNA 是利用分子标记技术对食品及动植物产品开展相关研究的首要条件。真核生物基因组 DNA 都是由双链组成，其物理结构稳定性主要依靠双螺旋自身碱基堆积力及与碱基外侧受到磷酸和糖类等形成的环层的保护有关。提取基因组 DNA 的过程就是破坏这些保护层，使 DNA 释放、沉淀、收集的过程。在提取中为防止组织中广泛存在的核酸酶降解的作用，应在低温下进行，同时可以加入核酸酶抑制剂，如乙二胺四乙酸(ethylene diamine tetraacetic acid，EDTA)、柠檬酸盐、氟化钠、砷酸盐、皂土等。通常在提取过程中加入十二烷基硫酸钠(sodium dodecyl sulfate，SDS)，其与苯酚既可以作为蛋白质变性剂来分离核酸，同时也可以使核酸降解酶破坏，因此常获得较好的效果。单独用含有辛醇或者异戊醇的氯仿振荡核蛋白，使之乳化，离心去除蛋白质，DNA 在上层水相，用乙醇沉淀 DNA，由此也可以获得较好的 DNA。

DNA 为白色类似石棉样的纤维状物质。DNA 是极性化合物，一般都溶于水，不溶于乙醇、氯仿等有机溶剂，它们的钠盐比游离酸易溶于水。DNA 在水中溶解度为 10 g/L，呈黏性胶体溶液。在酸性溶液中，DNA 易水解，在中性或弱碱性溶液中较稳定。天然状态的 DNA 是以脱氧核糖核蛋白(deoxyribonucleoprotein，DNP)形式存在于细胞核中。要从细胞中提取 DNA 时，先把 DNP 抽提出来，再把蛋白质除去，再除去细胞中的糖、RNA 及无机离子等，从中分离 DNA。DNP 在盐溶液中的溶解度受盐浓度的影响而不同。DNP 在低浓度盐溶液中，几乎不溶解，如在 0.14 mol/L 的氯化钠中溶解度最低，仅为在水中溶解度的 1%，随着盐浓度的增加溶解度也增加，至 1 mol/L 氯化钠中的溶解度很大，比纯水高 2 倍。

第二节　粮谷类制品 DNA 提取方法

粮谷类制品是原粮经加工而成的符合一定标准的成品食品的统称，包括面包、馒头、米粉等常见的食品。在加工过程中，原料中的 DNA 会受物理、化学或生物等因素的影响而被降解或破坏，导致样品中 DNA 含量不高，所以先加有 β-巯基乙醇和聚乙烯吡咯烷酮(pelyvinyl pyrrolidone，PVP)的 DNA 抽提液对样品进行预处理，不仅便于后续的提取，还可有效地去除样品中的色素、多酚和多糖等影响 DNA 模板的提取及其纯度的物质。粮谷类制品 DNA 提取主要有如下 3 种方法。

一、mUREA 法

尿素(UREA)法常用于菌类 DNA 的提取，其效果明显优于 CTAB、SDS 等方法(刘少华等，2005)。从长期 DNA 提取实践中总结出一种适用的大豆 DNA 改良 UREA 提取方法(modified UREA method，mUREA)(吴艳艳等，2015)。mUREA 主要改进了以下几个方面。

用异丙醇沉淀 DNA，这样会避免用无水乙醇沉淀 DNA 可能导致的蛋白质和其他杂质污染。

在 DNA 提取液中加入 2%的交联聚乙烯吡咯烷酮(crosslinking polyvinyl pyrrolidone，PVPP)。PVPP 是 PVP 的交联态，更易于和多酚物质结合形成络合物而沉淀出来，达到彻底去除酚的目的。

用 1st Washing Buffer(76%乙醇，0.2 mol/L 乙酸钠)和 2nd Washing Buffer(76% 乙醇，10 mmol/L 乙酸铵)2 次洗涤 DNA 沉淀。乙酸钠和乙酸铵的加入可保证在充分洗涤情况下减少 DNA 的损失。操作步骤如下所述。

1)在装有样品的离心管中加入 750 μL 经 65℃预热的 mUREA 提取缓冲液，用涡旋混合器充分振荡混匀。

2)放置于 65℃水浴中温浴 30 min，其间每隔 10 min 轻轻摇动 1 次。

3)冷却 4~5 min，加入 750 μL 苯酚：氯仿：异戊醇(25：24：1)轻轻混合，放置于水平摇床混匀 20 min，12 000 r/min 离心 10 min。

4)取上清液于 1.5 mL 离心管中，加入等体积氯仿：异戊醇(24：1)，水平摇床混匀 5 min，12 000 r/min 离心 10 min。

5)取上清液于 1.5 mL 离心管中，加入 120 μL 4.4 mol/L 的乙酸氨(pH 5.2)和 600 μL 异丙醇，轻轻颠倒混合，12 000 r/min 离心 5 min。

6)倾去上清液，保留沉淀物，加入 1 mL 1st Washing Buffer，水平摇床轻摇 20 min，12 000 r/min 离心 2 min。

7)倾去上清液，加入 1 mL 2nd Washing Buffer，振荡洗涤 10 min，12 000 r/min 离心 2 min。

8)倾去上清液，60℃烘干箱晾干沉淀后，加入 200 μL TE 缓冲液。65℃的水浴锅中放置 20 min 使 DNA 溶解。

9)加入 1.5 μL 10 mg/mL RNase A 溶液，在 37℃条件下保温 3 h，于-20℃保存备用。

该方法所用的 mUREA 提取缓冲液为 7 mol/L 尿素，50 mol/L Tris-HCl，pH 8.0，0.3 mol/L NaCl，1% N-十二烷酰基肌氨酸，2% PVPP，3% β-巯基乙醇等体积混合。

二、改良 CTAB 法

十六烷基三乙基溴化铵(cetyltriethylammonium bromide,CTAB)法是一种有效的植物 DNA 提取方法,该法步骤较简单,所获得的 DNA 纯度较高,且得率显著高于其他方法,当样品有限但需较大量 DNA 时,建议使用该法(代翠红等,2005)。改进的 CTAB 法,缩短了提取时间,提高了检测效率,同时也减少了试剂的消耗,降低了检测成本(张秀丰,2007)。

1)称取 200 mg 试样,在液氮中磨碎,装入已经用液氮预冷的 1.5 mL 离心管中。

2)加入 1 mL 预冷至 4℃的抽提液,剧烈摇动混匀后,在冰上静置 5～10 min,4℃,13 000 r/min 离心 15 min,弃去上清液。

3)加入 600 μL 预热到 65℃的抽提裂解液,用玻璃棒搅拌上下颠倒充分混匀,在 65℃的水浴锅中裂解 30～60 min。

4)室温,13 000 r/min 离心 10 min,将上清液转至另一离心管中,加入 3 μL RNase A(10 mg/mL),37℃水浴 40 min。

5)分别用等体积苯酚:氯仿:异戊醇(25:24:1)和氯仿:异戊醇(24:1)各抽提一次。

6)室温,13 000 r/min 离心 10 min,将上清液转至另一离心管中。加入 2/3 体积异丙醇,1/10 体积乙酸钠(pH 5.6),–20℃放置 1.5～2 h,充分沉淀 DNA。

7)13 000 r/min,4℃离心 15 min,用 70%乙醇洗沉淀一次,倒出乙醇,55℃烘干 DNA。加入 50 μL TE(pH 8.0)溶解 DNA。

8)把 DNA 溶液浓度用重蒸馏水调制为 100 ng/μL,储存于–20℃备用。

三、改良 SDS 法

1)称取 0.2 g 叶片于预冷研钵中,加入少量 PVP-40,加液氮迅速充分研磨成粉末状后立即装入预冷的 2 mL 离心管中,加入 1.5 mL 预冷的核分离液,混匀后室温静置 20 min。

2)18℃下 3000 r/min 离心 5 min,弃上清和胶状黏稠物质及管壁残留物。若上清液呈褐色,用核分离液再抽提一次。

3)在沉淀中加入 700 μL 65℃预热的 SDS 裂解液、14 μL β-巯基乙醇和 250 μL 无水乙醇,轻轻上下颠倒混匀(若沉淀不易分离,可用 1 mL 枪头轻轻吸打几次)后 65℃下水浴 60 min,其间每隔 15 min 轻摇离心管一次。稍冷却后 18℃ 12 000 r/min 离心 10 min。

4)将上清液转至新的 2 mL 离心管中,加入等体积的酚:氯仿:异戊醇(25:24:1)轻轻上下颠倒混匀 2 min,静置 5 min,18℃12 000 r/min 离心 10 min。

5)取上层水相,加入等体积氯仿:异戊醇(24:1),轻轻上下颠倒混匀 2 min,静置 5 min,18℃ 12 000 r/min 离心 10 min。用氯仿:异戊醇(24:1)再抽提一次。

6)将上清液转入另一 2 mL 离心管中,加入 1/2 体积 5 mol/L NaCl 和 2 倍体积 –20℃下预冷的无水乙醇,颠倒混匀,–20℃下静置 15 min 后以 12 000 r/min 离心 10 min。

7)弃上清,用 70%的乙醇洗涤沉淀 1 次,无水乙醇洗涤沉淀 1 次,超净工作台上吹干后溶于 200 μL TE 中。

8)将 DNA 粗提样转入一 1.5 mL 离心管中,加入 2.5 μL RNase A(10 mg/mL) 37℃水浴 1 h。

9)取出离心管,加入等体积酚:氯仿:异戊醇(25:24:1),轻轻上下颠倒混匀 2 min,静置 5 min,18℃,12 000 r/min 离心 10 min。

10)取上层水相,加入等体积氯仿:异戊醇(24:1),轻轻上下颠倒混匀 2 min,静置 5 min,18℃ 12 000 r/min 离心 10 min。

11)取上清,加入 1/10 体积 3 mol/L NaAc(pH 5.2)和 2 倍体积–20℃下预冷的无水乙醇,混匀,–20℃静置 1 h,18℃,13 000 r/min 离心 10 min。

12)弃上清,用 70%乙醇洗涤沉淀 2 次,无水乙醇洗涤沉淀 1 次,超净工作台上风干后溶于 100 μL TE 中,于 4℃下保存或–20℃下长久保存备用。

第三节　牛羊肉类 DNA 提取方法

牛羊肉 DNA 分离技术是进行聚合酶链式反应(polymerase chain reaction,PCR)检测、Southern blotting、构建 DNA 文库及其他许多分子生物学研究操作的前提条件。实验前要充分做好准备工作,包括器具灭菌消毒和部分试剂药品的提前解冻。牛羊肉 DNA 提取主要有如下 6 种方法。

一、改良盐析法

改良盐析法所用试剂均为分子生物学实验室常用试剂,除去水浴时间,只需 2 h 就可完成线粒体 DNA 的提取过程。

1. 操作步骤

1)取样品 0.5 g,充分研磨备用。

2)称取前处理的肉类 0.1 g,加入 500 μL 裂解液和 30 μL SDS(10%)。

3)加入 15 μL 20 μg/mL 蛋白酶 K,充分混匀后,56℃水浴振荡过夜(16~18 h)。

4)取出加饱和乙酸钠 500 μL,振荡 10 min,11 000 r/min 离心 10 min。

5)取出后取上清加入异丙醇(等体积),–20℃放置至少 1 h。

6) 取出后 11 000 r/min 离心 10 min,弃上清。

7) 沉淀中加入 70%乙醇 500 μL,轻轻振荡 1 min。

8) 10 000 r/min 离心 10 min,收集沉淀,干燥乙醇(20 min)。

9) 加 80 μL ddH$_2$O 溶解 DNA,−20℃保存备用。

该方法所用的裂解液[10 mmol/L Tris-HCl(pH 8.0),10 mmol/L Na$_2$EDTA,50 mmol/L NaCl],消化液[裂解液 200 μL,0.5 mol/L Na$_2$EDTA 50 μL,蛋白酶 K(20 μg/mL)20 μL,RNA 酶溶液 5 μL]。

2. 操作要点

1) 保证水浴时间充足,在水浴过程中应不时振荡以充分混匀。

2) 加入蛋白酶 K 后,一切的操作动作要轻缓,不可剧烈振荡,以防止 DNA 的降解,保证基因组 DNA 的完整性。

3) 吸取上清液时,可使用大口径的吸头(用剪刀将吸头尖部剪掉),同时避免吸取两相界面的乳白层,这对于 DNA 的纯度很关键。

二、柱层析法

柱层析法所用的试剂也均为常用试剂,提取过程在 1.5 h 可完成,在提取过程中需用到 DNA 纯化柱,略增加了试验成本。

1. 操作步骤

1) 取样品 0.5 g,置于乳钵中,加液氮适量,充分研磨备用。

2) 取 0.1 g 样品置于 1.5 mL 离心管中,加入消化液 275 μL,在 55℃水浴保温 1 h。

3) 加入裂解液 250 μL,混匀,加到 DNA 纯化柱中,10 000 r/min 离心 3 min。

4) 弃去过滤液,加入洗脱液 800 μL,10 000 r/min 离心 1 min。

5) 弃去过滤液,用上述洗脱液反复洗脱 3 次,每次 10 000 r/min 离心 1 min。

6) 弃去过滤液,再 10 000 r/min 离心 2 min。

7) 将 DNA 纯化柱转移到另一离心管中,加入无菌双蒸水 100 μL。

8) 室温放置 2 min 后,10 000 r/min 离心 2 min。

9) 取上清液,作为供试品溶液,置于−20℃保存备用。

该方法所用的洗脱液[5 mol/L 乙酸钾溶液 26 μL,1 mol/L Tris-HCl 溶液(pH 7.5)18 μL,0.5 mol/L Na$_2$EDTA(pH 8.0)3 μL,无水乙醇 480 μL,灭菌双蒸水 273 μL]。由于柱层析法应用了 DNA 纯化柱,所以图像更清晰。

2. 操作要点

1) 样品前处理采用液氮进行研磨,避免了研磨产热而导致的 DNA 链断裂,保证了 DNA 的完整性。

2) 柱层析法提取时间短、成本低廉、DNA 结构完整，均可应用于大样本的 DNA 提取。

三、SDS 方法

从动物组织中提取 DNA 的方法有很多，SDS 方法是最常见的一种方法，提取效果良好。操作步骤如下所述。

1) 将已研磨好的 1.0 g 牛肉样品置于三角瓶中，加入 20 mL SDS 提取液，65℃下保温 50 min 后，期间摇动数次。

2) 取出后冷却，加入等体积氯仿∶异戊醇溶液(24∶1)抽提 2～3 次。

3) 水相加入等体积异丙醇，–20℃放置 15～30 min 或室温放置 2 h 以上。

4) 12 000 r/min 离心 10 min，沉淀用质量分数为 75%的乙醇洗涤一次，吹干后加 TE 缓冲液溶解。

5) 提取的 DNA 加入 Rnase 溶液 5 μL，37℃保温 30 min，加入 1/10 体积 3 mol/L 的乙酸钠和 2 倍体积的无水乙醇，于–20℃放置 90 min。

6) 挑取沉淀物，用 75%的乙醇冲洗若干次，自然风干。

7) 风干物加 200 μL 的 TE 缓冲液溶解 DNA，置于–20℃保存备用。

四、改进方法

将高盐低 pH 法与 Sewage 除蛋白法相结合，设计出一种全新的适用于家畜组织 DNA 的提取方法，并称之为改进方法。这种方法采用浓盐法除蛋白质，避免了常规提取方法中大量使用有毒化学溶剂的问题，操作简单、快捷(王春利，2007)。操作步骤如下所述。

1) 取已研磨好的 0.1 g 牛肉于 2 mL 离心管中，加 0.4 mL 0.001 mol/L、pH 5.5 的 EDTA 缓冲液，同时一次性加入 0.093 g EDTA、0.417 g 柠檬酸钠、0.125 g PVP、0.05 g SDS、0.7 g NaCl，65℃加热 0.5 h。

2) 以 10 000 r/min 离心 10 min，加等体积的氯仿∶异戊醇溶液(24∶1)于上清液中，室温下充分混合，静置 0.5 h。

3) 在 12 000 r/min 下离心 10 min；重复操作 1 次。

4) 加 3 倍体积的乙醇(–20℃)，轻轻混合，–20℃静置 0.5 h。

5) 室温下 10 000 r/min 离心 10 min，弃去上层清液。

6) 用 70%的乙醇(–20℃)对沉淀洗涤两次，自然风干。

7) 将所得白色 DNA 沉淀溶解在 1 mL 的 TE 缓冲液中，–20℃保存备用。

五、PEF 法

高压脉冲电场处理技术(pulsed electric filed，PEF)是把液态食品作为电解质置于容器内，与容器绝缘的两个放电电极通过高压电流，产生电脉冲进行作用的加工方法。王春利(2007)利用自行设计的 PEF 系统，对家畜组织 DNA 的提取进行了研究，具有非常显著的提取效果。操作步骤如下所述。

1)取已研磨好的牛肉 1.0 g 于 10 mL 离心管中，加入 6 mL 0.001 mol/L、pH 5.5 的 EDTA 缓冲液，蠕动泵以 2 mL/min 的流速供料。在 PEF 场强为 20～30 kV/cm、4～12 个脉冲的条件下，对样品进行 $L_9(3^4)$ 正交试验。

2)在经过 PEF 处理后的样品溶液中，一次性加入 0.093 g EDTA，0.417 g 柠檬酸钠，0.125 g PVP，0.05 g SDS，0.7 g NaCl，65℃加热 0.5 h 后，以 10 000 r/min 的转速离心 10 min。

3)加等体积的氯仿：异戊醇溶液(24∶1)于上清液中，室温充分混合静置 0.5 h。

4)以 12 000 r/min 离心 10 min。重复操作 1 次。

5)加 3 倍乙醇(−20℃)，轻轻混合，在−20℃下静置 0.5 h。

6)室温下 10 000 r/min 离心 10 min，小心弃去上层清液，用 70%的乙醇(−20℃)对沉淀洗涤 2 次，自然风干。

7)将所得白色 DNA 沉淀溶解在 1 mL 的 TE 缓冲液中，−20℃保存备用。

六、微波法

微波法提取食品中的 DNA，由于在高温的作用下，以及处于 pH 6.0～9.0 裂解体系的环境中，可以获得较高产量的 DNA。微波处理后，通过高速离心，可以尽量减少食品添加剂等的干扰，获得满足检测要求的质量较高的 DNA。

1. 操作步骤

1)研磨粉碎均匀后，取 5 g 样品，加入 30 mL 预热的裂解液。

2)将样品与裂解液混合溶液涡旋振荡 15 min，获得均质的溶液，置于室温(25～27℃)放置 45 min，每隔 15 min 涡旋振荡 5 min。

3)将样品置于 4℃过夜消化，让样品充分裂解。

4)过夜后，样品涡旋振荡 3 min，放置 10 min 让食品颗粒沉降，吸取上层清液转移至 1.5 mL Eppendorf 管中。

5)样品管均匀对称放置于微波台上，并放一杯蒸馏水，微波加热 1～3 min。

6)13 000 r/min 离心 5 min。离心直至出现清澈的裂解液上清。

7)离心后，转移上清液至一新的离心管中，上清液即为 DNA 模板溶液。

该方法的裂解液配方为 1 mol/L Tris-HCl，0.5 mol/L EDTA，10%(m/V) SDS；经微波处理后的管内液体温度为 75～80℃。

2. 操作要点

1)为了避免微波加热过程中 Eppendorf 管的变形或破裂，多个样品管应均匀对称放置于微波台上，并在微波室内放一杯蒸馏水，防止样品过热。

2）注意在微波提取过程中，管子应保持开启状态。

第四节　乳制品类 DNA 提取方法

乳制品指的是使用牛乳或羊乳及其加工制品为主要原料，加入或不加入适量的维生素、矿物质和其他辅料，使用法律法规及标准规定所要求的条件，经加工制成的各种食品。因在加工过程当中经过多道工序，加工后的成品中蛋白质、脂肪含量都很高，所含的 DNA 含量少，并且片段破碎比较严重，因此需要对提取 DNA 样本量和样本前处理方法进行优化，并且在样本前处理中增加去除脂肪、留下上清和沉淀的步骤，尽量去除脂肪对后期洗脱的干扰，并且不同于常规只取沉淀的做法，而是同时提取上清和沉淀中存在的 DNA，以获得更大的提取浓度。乳制品类 DNA 提取主要有如下 7 种方法。

一、CTAB 法

对总 DNA 进行提取，具体操作步骤如下所述。

1）在无菌操作台中向 4 mL 乳制品样品中加入 16 mL PBS 缓冲液，并加入无菌玻璃微珠 5 个。将锥形瓶置于摇床中在 300 r/min、30℃下振荡培养 5 min，取上清液备用。

2）取菌体混合液，7500 r/min 下离心 20 min，弃去上清液。

3）加入 150 μL 溶菌酶（20 mg/mL），裂解液 1 mL，为充分破壁，释放菌体 DNA。在 37℃下水浴处理 1 h。

4）加入 50 μL 蛋白酶 K，充分混匀后 50℃下水浴 30 min。

5）加入 SDS 溶液 150 μL，苯酚 1 mL，静置 10 min。

6）使用高速冷冻离心机，4℃，12 000 r/min 下离心 10 min，取上清液。

7）加入苯酚∶氯仿∶异戊醇（25∶24∶1）600 μL，使用高速冷冻离心机，4℃，12 000 r/min 离心 10 min 后，取上清液。

8）重复操作步骤 7）。

9）加入 0.1 倍体积的乙酸钠，2.5 倍体积的–20℃预冷的无水乙醇，12 000 r/min 下离心 10 min，弃去上清。

10）用 70%的乙醇洗涤底部沉淀 2 次。

11）晾干 3 min 后，加入 30 μL 分子灭菌水溶解 DNA。

二、异硫氰酸胍结合苯酚/氯仿法

异硫氰酸胍结合苯酚/氯仿法中异硫氰酸胍可以裂解细胞，并抑制细胞释放出核酸酶，在该方法中作为裂解液使用。其优势在于无须在前处理中去除脂肪层，减少操作过程中的外部污染，但异硫氰酸胍结合苯酚/氯仿法中的提取试剂，如苯酚、氯仿、异戊醇等对人体有毒害作用，提取过程比较烦琐，需要操作人员掌握熟练的实验技巧。

1）经过预处理的样品中加入 200 μL TE、400 μL 异硫氰酸胍裂解液、50 μL 蛋白酶 K、10 μL RNA 酶。混匀，56℃温浴 4～5 h 及以上。

2）加入 600 μL 苯酚:氯仿:异戊醇(25:24:1)，涡旋 30 s，10 000 r/min 离心 10 min。

3）取上清，加入等体积氯仿:异戊醇(24:1)，涡旋 30 s，10 000 r/min 离心 10 min。

4）取上清，加入等体积氯仿，涡旋 30 s，10 000 r/min 离心 10 min。

5）取上清，加入 0.8 倍上清体积异丙醇，涡旋 30 s，10 000 r/min 离心 10 min。

6）取沉淀，加入 500 μL 70%乙醇，洗涤一次。瞬时离心后吸去残留乙醇，然后在 DNA 浓缩仪中干燥 5 min。

7）加入 50 μL TE 溶解沉淀，将 DNA 样本置于–20℃保存。

三、磁珠法

磁珠法提取和纯化 DNA 主要是利用磁珠材料特异性吸附核酸的特点，通过裂解—结合—漂洗—洗脱的步骤，对样品中的 DNA 进行提取。

1）经过预处理的样品使用 400 μL 的 ddH₂O 充分溶解，混匀，13 400 r/min 离心 5 min，用灭菌枪头小心去除上层脂肪层，留下上清液和沉淀。

2）先加入 50 μL 蛋白酶 K，振荡混匀静置 5 min，再加入 400 μL 缓冲液 MCL，振荡混匀后 65℃水浴 20～30 min。

3）取出离心管，12 000 r/min 离心 5 min，小心吸取 500 μL 左右上清液至新的 1.5 mL 离心管。

4）向新的离心管中加入 500 μL 缓冲液和 15 μL 试剂盒配套的磁珠，静置 1～2 min。

5）离心管放在磁力架上匀速 15 s，观察磁珠吸至管壁后，吸弃上清液。

6）加入 700 μL 70%乙醇，小心混匀，将离心管放在磁力架上匀速 15 s，观察磁珠吸至管壁后，吸弃上清液。此步骤重复一次。

7）把装有磁珠的离心管置于真空干燥仪中干燥水浴 5 min，直至管内无液体残留为止。

8）向离心管中加入 100 μL TE 缓冲液(pH 8.0)，65℃ 10 min，颠倒混匀。

9）取出离心管并放在磁力架上匀速 15 s，观察磁珠吸至管壁后，小心吸取上清液至新的冻存管，上清液即为目标物核酸。

四、玻璃珠吸附法

玻璃珠吸附法参照 Martin-Laurent 等（2001）报道的方法进行，步骤如下所述。

1）取 1.0 mL 样品于 10 mL 离心管中，加 1 g 酸化玻璃珠，再加入 3 mL 的 DNA 提取液，涡旋振荡 3 min。

2）加 0.3 mL SDS（10%）和 10 μL 蛋白酶 K（10 mg/mL），50℃恒温摇床 100 r/min 振荡 2 h。

3）20℃ 10 000 r/min 离心 10 min，取上清。

4）用等体积苯酚∶氯仿∶异戊醇（25∶24∶1）抽提一次。

5）水相中加 0.1 倍体积的 NaAc 和 1 倍体积的冰异丙醇，20℃ 14 000 r/min 离心 5 min，收集沉淀 DNA。

6）1.5 mL 70%乙醇洗涤 2 次，风干。

7）用 90 μL TE、10 μL RNA 酶溶解 DNA，4℃保存备用。

该方法所用 DNA 提取液为 100 mmol/L Tris-HCl，100 mmol/L EDTA，100 mmol/L Na_2HPO_4，1.5 mol/L NaCl，1% CTAB，pH 8.0。酸化玻璃珠是一定量的玻璃珠，用 10 mmol/L 的盐酸浸泡，再放入电热恒温干燥箱中烘干得到的。

五、液氮研磨法

液氮研磨法参照 Murray 和 Thompson（1980）的方法进行，步骤如下所述。

1）取一定量样品加液氮冻结，研磨，直至约为 100 目的粉末。

2）取 1 g 粉末于 10 mL 离心管中，加 3 mL 的 DNA 提取液，涡旋振荡 3 min。

3）加 0.3 mL SDS（10%）和 10 μL 蛋白酶 K（10 mg/mL），50℃恒温摇床 100 r/min 振荡 2 h。

4）20℃ 10 000 r/min 离心 10 min，取上清。

5）用等体积苯酚∶氯仿∶异戊醇（25∶24∶1）抽提一次。

6）水相中加 0.1 倍体积的 NaAc 和 1 倍体积的冰异丙醇，20℃ 14 000 r/min 离心 5 min，收集沉淀 DNA。

7）1.5 mL 70%乙醇洗涤 2 次，风干。

8）用 90 μL TE、10 μL RNA 酶 37℃保温作用 2 h，–20℃保存备用。

六、CTAB-SDS 冻融法

CTAB-SDS 冻融法参照 Bourrain 等（1999）的方法进行，步骤如下所述。

1）取 1.0 mL 发酵乳样品加 3 mL 的 DNA 提取液，在液氮、65℃水浴中反复冻融 3 次。

2）加 0.3 mL SDS（10%）和 10 μL 蛋白酶 K（10 mg/mL）50℃恒温摇床 100 r/min

振荡 2 h，20℃　10 000 r/min 离心 10 min，取上清。

3）将沉淀重悬于 0.9 mL DNA、0.1 mL 20% SDS 中涡旋 10 s，在液氮、65℃水浴中反复冻融 3 次，20℃　12 000 r/min 离心 10 min，取上清。

4）收集两次上清与等体积的氯仿混合后 10 000 r/min 离心 10 min。

5）继续收集上清用等体积苯酚：氯仿：异戊醇（25：24：1）抽提一次。

6）水相中加 0.1 倍体积的 NaAc 和 1 倍体积的冰异丙醇，20℃　14 000 r/min 离心 5 min，收集沉淀 DNA。

7）1.5 mL 70%乙醇洗涤 2 次，风干。

8）用 90 μL TE、10 μL RNA 酶 37℃保温作用 2 h，–20℃保存备用。

七、酚/氯仿抽提法

样本的处理和基因组总 DNA 提取采用蛋白酶 K 消化过夜，酚/氯仿抽提按郑秀芬（2002）的方法进行。

1）将 25 mg 左右的奶块或组织样品切碎后，移入 1.5 mL 离心管中，加入 400 μL 消化缓冲液（100 mmol/L NaCl；10 mmol/L Tris-HCl，pH 8.0；25 mmol/L EDTA，pH 8.0；0.5% SDS），振荡悬浮后，置于 65℃温浴 30 min 以上，期间来回颠倒离心管数次。

2）再加入 8 μL RNase A 和 25 μL 蛋白酶 K（20 mg/mL），迅速温和地来回颠倒离心管，彻底混匀。置于 65℃温浴 15～30 min，期间来回颠倒离心管数次。

3）9000 g 离心 3 min，将上清液移至另一干净的离心管中，连续离心 2～3 次。

4）用等体积的酚/氯仿抽提样本，将上层水溶液转至干净离心管中。

5）用 0.6～0.8 倍体积的异丙醇沉淀 DNA。

6）用 70%的乙醇洗涤 DNA 2～3 次，超净台内风干 DNA。

7）用 60～100 μL TE 溶解 DNA，–20℃保存备用。

转移上清液时，尽量避免吸到液面表层的白色脂肪层。

第五节　果蔬类制品 DNA 提取方法

果蔬汁及其饮料为深加工产品，由于果蔬汁中多糖、多酚、单宁、色素及其他次生代谢物质的影响（Ausubel，1992；Adam，1997；党尉等，2003；Klein，1998），所以利用常规 DNA 提取方法很难提取到高质量的 DNA。目前报道的许多 DNA 的提取方法，常见的有 SDS 法、CTAB 法、改良试剂盒法（沈夏艳等，2008）等。果蔬类制品 DNA 提取主要有如下 6 种方法。

一、CTAB 法

CTAB 是一种去污剂，可以与核酸形成复合物。CTAB 法能较好地除去糖类物质，但对于农产品加工品的提取效率不高，且耗时长，毒性大，操作烦琐。

1）取 1 mL 样品于 2 mL 离心管中，12 000 g 离心 10 min，弃上清。

2）加入 1 mL 65℃预热的 CTAB 提取缓冲液，振荡混匀，65℃温浴 1 h，期间混匀几次。

3）12 000 g 离心 10 min，将上清液移至新的离心管中，加入等体积的饱和酚：氯仿：异戊醇(25：24：1)，振荡均匀，12 000 g 离心 10 min。

4）吸取上清移至新的离心管中，重复前一步操作。

5）吸取上清移至新的离心管中，加入等体积的氯仿：异戊醇(24：1)，振荡均匀，12 000 g 离心 10 min。

6）吸取上清移至新的离心管中，加入 2/3 体积的异丙醇和 1/10 体积的 3 mol/L 乙酸钠(pH 5.2)，–20℃静置 30 min。

7）取出样品，12 000 g 离心 10 min，弃上清液，加入 700 μL 70%乙醇洗涤沉淀，12 000 g 离心 10 min。

8）弃上清，将离心管倒置于超净工作台上 10～15 min，吹干沉淀。

9）用 80 μL 无菌超纯水溶解沉淀，加入 2μL RNase A 溶液，37℃温育环境中消化 30 min，–20℃保存备用。

二、SDS-CTAB 法

阴离子去污剂 SDS 使细胞裂解，使与 DNA 双链紧密结合的组蛋白分开、变性，CTAB 也是一种去污剂，可以与核酸形成复合物。

1）取 1 mL 果汁于 2 mL 离心管中，12 000 g 离心 10 min，弃上清。

2）迅速加入 600 μL 预热到 65℃的 CTAB 提取缓冲液，振荡混匀，65℃温浴 1 h，间期不断混匀几次。

3）取出样品后，加入 400 μL SDS 提取液和 3 μL 蛋白酶 K，振荡混匀，65℃温浴 20 min。

4）取出样品，12 000 g 离心 10 min。

5）吸取 1 mL 上清液移入新管中，加入等体积的氯仿：异戊醇(24：1)，振荡混匀，12 000 g 离心 10 min。

6）吸取上清移至新的离心管中，加入 2/3 体积的异丙醇和 1/10 体积的 3 mol/L 乙酸钠(pH 5.2)，–20℃静置 30 min。

7）取出样品，12 000 g 离心 10 min，弃上清液，加入 700 μL 70%乙醇洗涤沉淀，12 000 g 离心 10 min。

8）弃上清，将离心管倒置于超净工作台上 10～15 min，吹干沉淀。

9）用 80 μL 无菌超纯水溶解沉淀，加入 2μL RNase A 溶液，37℃温育环境中消化 30 min，–20℃保存备用。

三、改良 CTAB 法

因果汁中 DNA 含量相对较少，故果汁裂解前，采用异丙醇沉淀的方法富集果汁中的 DNA，从而提高了 DNA 的得率及果汁鉴别的特异性和准确性。针对果汁富含多糖、多酚等次生代谢物质的特点，对 CTAB 裂解液进行改良，在裂解液中加入 2%（体积分数）PVP 与 2%（体积分数）β-巯基乙醇，可抑制多酚氧化物与 DNA 的不可逆性结合，防止水果等样品的褐变，从而提高样品 DNA 的质量及 PCR 扩增效率。

1）取 1 mL 果汁置于 2 mL 离心管中，加入等体积的异丙醇，振荡混匀，–20℃沉淀 30 min。

2）取出样品，12 000 g 离心 10 min，弃上清，沉淀溶于 500 μL 无菌超纯水中。

3）加入等体积的异丙醇，振荡混匀，12 000 g 离心 10 min，弃上清。

4）加入 1 mL 65℃预热的 CTAB 提取缓冲液，振荡混匀，65℃温浴 1 h，间期混匀几次。

5）12 000 g 离心 10 min，将上清液移至新的离心管中，加入等体积的饱和酚：氯仿：异戊醇（25：24：1），振荡均匀，12 000 g 离心 10 min。

6）吸取上清移至新的离心管中，重复前一步操作。

7）吸取上清移至新的离心管中，加入等体积的氯仿：异戊醇（24：1），振荡均匀，12 000 g 离心 10 min。

8）吸取上清移至新的离心管中，加入 2/3 体积的异丙醇和 1/10 体积的 3 mol/L 乙酸钠（pH 5.2），–20℃静置 30 min。

9）取出样品，12 000 g 离心 10 min，弃上清液，加入 700 μL 70%乙醇洗涤沉淀，12 000 g 离心 10 min。

10）弃上清，将离心管倒置于超净工作台上 10~15 min，吹干沉淀。

11）用 80 μL 无菌超纯水溶解沉淀，加入 2μL RNase A 溶液，37℃温育环境中消化 30 min，–20℃保存备用。

四、改良 SDS 法

作为经典的植物 DNA 提取方法，SDS 法被广泛应用于实践，并针对不同的植物材料进行了各种改良。据报道，当提取液中有 SDS 存在时，将提取液中的 NaCl 浓度提高至 1.4 mol/L 可去除多糖；PVP 能络合多酚物质，防止多酚物质氧化引起 DNA 褐变；β-巯基乙醇可降解蛋白质并抑制氧化酶的活性（郝会海等，2006）。

1）称取 1 g 叶片或其他植物组织，放入预冷的研钵中加液氮研碎，转入 30 mL 离心管中，加入 10 mL 预热的 SDS 提取液[0.5% SDS（m/V），1.4 mol/L NaCl，100 mmol/L

Tris-HCl，20 mmol/L EDTA，1%（m/V）PVP-40]，同时加入 1%（V/V）β-巯基乙醇，充分振荡混匀，65℃水浴 40～45 min，不时轻轻摇动。

2）取出离心管自然冷却至室温，加入等体积氯仿：异戊醇（24∶1），10 000 r/min、4℃离心 10 min，取上清至另一离心管中。

3）加入预冷（–20℃）的 1.5 倍体积无水乙醇，置于–20℃ 30～60 min，可见絮状 DNA 沉淀。

4）挑出沉淀至 1.5 mL 离心管中，70%乙醇洗涤 2～3 次，每次 5 min；再用无水乙醇洗涤 1～2 次。

5）自然干燥 DNA，溶解于 500 μL TE（10 mmol/L Tris-HCl，1 mmol/L EDTA，pH 8.0）中。

6）加入浓度为 10 mg/mL RNase A 2 μL 降解 RNA，37℃消化 1 h。

7）重复步骤 2）1 次，加入 1/10 体积 5 mol/L 乙酸铵（CH_3COONH_4）。

8）重复步骤 3）和 4）1 次。

9）待 DNA 自然干燥后，溶解于 100～300 μL TE 中，–20℃长期保存。

五、改良试剂盒法

改良试剂盒法所需时间较短，约 2 h 即能提取出 DNA，效果较好，提高 DNA 的含量，保证其浓度、纯度、完整性达到检测的要求。

1）2.0 mL 离心管中加入 400 μL 样品及 400 μL 核酸裂解液，充分混匀后置于 65℃恒温箱中温育 2 h，间或颠倒混匀。

2）冷却至室温，加入 2 μL RNA 酶，37℃水浴 15 min。

3）置于室温，加等体积酚：氯仿（24∶1），12 000 r/min 离心 5 min。

4）吸上清 400 μL 于新管，加等体积三氯甲烷：异戊醇（24∶1），12 000 r/min 离心 5 min。

5）吸取上清 200 μL，加 0.8 倍体积异丙醇，–20℃沉淀过夜。

6）12 000 r/min 离心 20 min，弃上清。

7）加 70%乙醇洗涤 1 次，晾干。

8）加 100 μL ddH$_2$O，–20℃保存，备用。

六、简易法

简易法简化了 DNA 提取步骤，缩短了提取时间，一般提取量不大，纯度不高且效果不稳定。

1）取 800 μL 果汁样品置于 1.5 mL Eppendorf 管中，加入 0.9 倍体积的异丙醇，–20℃沉淀 30 min。

2）室温下加入 50 μL 磁珠（Wizard Magnetic DNA 纯化试剂盒），静置 10 min，其间不停地混匀溶液以免磁珠沉淀聚集。

3）上架 1 min，弃液相。

4）下架，加入 600 μL 70%乙醇洗涤后再次上架，弃乙醇。

5）将离心管置于 65℃恒温箱中烘干，加入 100 μL ddH₂O。

6）65℃恒温 10 min，上架吸上清，–20℃保存，备用。

第六节　中药材 DNA 提取方法

采用分子生物学方法鉴定物种时，最关键的是高质量 DNA，以保证其可用于后续的试验。中药材加工成饮片或粉末后，DNA 降解比较严重，故需要探索以短 DNA 模板来进行有效扩增的标记基因。中药材 DNA 提取主要有如下 6 种方法。

一、改良高盐低 pH 法

改良高盐低 pH 法提取的基因组 DNA 可以用于中药 DNA 条形码的建立，且该方法具有成本低、步骤简单、时间短等优点，是一种高效、快速、经济的中药材基因组 DNA 提取方法。本方法参照罗焜等（2012）的方法，进行适当改动。具体操作如下所述。

1）取药材适量，去除表面污染，用刀片将其切成细小薄片于预冷研钵中，加液氮迅速研磨至粉末状。

2）取 0.1 g 转入预冷的离心管中，加 1 mL 高盐低 pH 提取缓冲液，65℃水浴 40 min（其间颠倒混匀 3～4 次）。

3）10 000 r/min 离心 10 min，取上清液转入新管，加 2/3 体积的 2.5mol/L KAc（pH 4.8），4℃冰箱放置 15 min。

4）取上清液转入新管，加等体积酚：氯仿：异戊醇（25：24：1），颠倒混匀。

5）10 000 r/min 离心 15 min，取上清液转入新管，加 0.7 倍体积预冷异丙醇，4℃冰箱放置 1 h。

6）10 000 r/min 离心 15 min，弃上清液，沉淀用 70%乙醇清洗 2 次。

7）10 000 r/min 离心 5 min，弃乙醇，沉淀室温自然干燥。

8）加 30 μL TE 或 ddH₂O 定容，–20℃储存备用。

该方法所用的高盐低 pH 提取缓冲液为 1.4%（m/V）SDS，100 mmol/L KAc（pH 4.8），50 mmol/L EDTA（pH 8.0），0.5 mol/L NaCl，2%（m/V）PVP，pH 5.5 等体积混合。

二、改良 SDS 法

改良 SDS 法提取的 DNA 完整性较好，但提取的 DNA 浓度不高，本方法参照陈莉等（2007）的方法，做适当改动。具体操作如下所述。

1）取药材适量，去除表面污染，用刀片将其切成细小薄片于预冷研钵中，加液氮迅速研磨至粉末状。

2）取 0.1 g 转入预冷的离心管中，加入 900 μL SDS 提取缓冲液，混匀后加入 350 μL 10%（m/V）SDS，65℃水浴 10～15 min（其间颠倒混匀 2～3 次）。

3）加入 400 μL 5 mol/L KAc，混匀后冰浴 30 min。

4）10 000 r/min 离心 15 min，取上清，加入等体积的氯仿：异戊醇（24：1），充分混匀。

5）8000 r/min 离心 10 min，重复离心 1 次；取上清，加入 2/3 体积预冷异丙醇，–20℃放置 30 min。

6）8000 r/min 离心 10 min；70%乙醇洗涤沉淀 2 次，沉淀室温自然干燥。

7）加 30 μL TE 或 ddH$_2$O 定容，–20℃储存备用。

该方法所用的 SDS 提取缓冲液为 100 mmol/L Tris-HCl（pH 8.0），50 mmol/L EDTA，0.5 mol/L NaCl，2%（m/V）PVP，用前加 β-巯基乙醇至终浓度为 2%。

三、CTAB 法

中药材 DNA 提取要解决的主要问题是在 DNA 提取过程中去除多酚、多糖等杂质，并防止 DNA 的降解。CTAB 法因提取的 DNA 纯度高、效果稳定，成为提取植物 DNA 的经典方法（段中岗等，2009）。本方法参照段中岗等（2009）的方法，做适当改动。具体操作如下所述。

1）取药材适量，去除表面污染，用刀片切成细小薄片于预冷研钵中，加液氮迅速研磨至粉末状。

2）取 0.1 g 转入预冷的离心管中，加 800 μL 65℃预热的 CTAB 提取缓冲液，65℃水浴 40 min（其间颠倒混匀 3～4 次）。

3）冷却至室温，加等体积酚：氯仿：异戊醇（25：24：1），轻缓颠倒混匀。

4）10 000 r/min 离心 15 min，取上清液转入新管，加等体积酚：氯仿：异戊醇（25：24：1），轻缓颠倒混匀。

5）10 000 r/min 离心 15 min，取上清液转入新管，加 0.7 倍体积预冷异丙醇，4℃冰箱放置 1 h。

6）10 000 r/min 离心 15 min，弃上清液，沉淀用 70%乙醇清洗 2 次。

7）10 000 r/min 离心 5 min，弃乙醇，沉淀室温自然干燥。

8）加 30 μL TE 或 ddH$_2$O 定容，–20℃储存备用。

该方法所用的 CTAB 提取缓冲液为 3%(m/V) CTAB，100 mmol/L Tris-HCl(pH 8.0)，20 mmol/L EDTA，1.4 mol/L NaCl，1%(m/V) PVP，用前加 β-巯基乙醇至终浓度为 0.2%。

四、PVP 法

改良 PVP 法所提取的中药材 DNA 杂质较少，降解程度较低，浓度和质量都高于其他方法。本方法参照马文丽(2012)的方法，做适当改动。具体操作如下所述。

1)取药材适量，去除表面污染，用刀片切成细小薄片于预冷研钵中，加液氮迅速研磨至粉末状。

2)取 0.1 g 转入预冷的离心管中，加 1 mL PVP 提取缓冲液 [200 mmol/L Tris-HCl(pH 8.0)，25 mmol/L EDTA，250 mmol/L NaCl，50 g/L SDS，pH 8.0]，65℃水浴 30 min(其间颠倒混匀 2～3 次)。

3)加入 20 mg PVP 粉末和 0.5 倍体积的乙酸铵溶液(7.5 mol/L)，混合均匀，–20℃放置 20 min。

4)10 000 r/min 离心 10 min，取上清液于新管，加 0.6 倍体积预冷异丙醇，–20℃放置沉淀 20 min。

5)12 000 r/min 离心 2 min，弃上清液，沉淀用 70%乙醇清洗 2 次。

6)沉淀室温自然干燥后，加 30 μL TE 或 ddH$_2$O 定容，–20℃储存备用。

五、苯酚法

苯酚作为蛋白质变性剂，同时抑制了 DNase 降解 DNA 的作用。用苯酚处理匀浆液时，由于蛋白质与 DNA 连接键已断，蛋白质分子表面又含有很多极性基团与苯酚相似相溶。蛋白质分子溶于酚相，而 DNA 溶于水相。离心分层后取出水层，多次重复操作，再合并含 DNA 的水相，利用核酸不溶于醇的性质，用乙醇沉淀 DNA。此法的特点是使提取的 DNA 保持天然状态。

1)取 0.1 g 叶片或其他植物组织，用灭菌水洗净。

2)加 800 μL 苯酚法提取液，石英砂适量，冰浴快速研磨 1 min，转入 2 mL 离心管，65℃温育 20～40 min，间或轻摇离心管。

3)10 000 r/min 离心 10 min，取上清液加入等体积的水饱和酚溶液(pH 8.0)，反复混匀，室温下放置 30 min。

4)4℃ 10 000 r/min 离心 20 min，收获上层水相。

5)等体积酚：氯仿：异戊醇(25：24：1)抽提至无白色中间层。

6)取上清液加 0.7 倍体积冰冻异丙醇，4℃冰箱放置 20 min 至 2 h。

7)10 000 r/min，离心 15 min，弃上清液，沉淀用 70%乙醇清洗 2 次。

8)10 000 r/min，离心 5 min，弃乙醇，沉淀室温自然干燥。

9)加 150 μL 灭菌纯水，–20℃保存。

六、碱裂解法

相对传统的 CTAB 和 SDS 法及广泛用于各种试剂盒的硅胶柱吸附法，碱裂解法具有操作步骤少、提取速度快、价格低廉、不需要大型仪器、可大规模高通量提取的优点，非常适合用于药材 DNA 的快速检测与鉴定。同时，DNA 经由碱裂解之后，由于 *Taq* DNA 聚合酶更易于接近目的片段，对于 GC 富集区 DNA 扩增具有明显增强效果（蒋超等，2013）。

1)取经预处理后的药材 100 mg 剪成小碎片置于预冷研钵中，加 10% PVP-40 粉末后速加液氮研成粉末。

2)转入预冷的离心管中，加入 1 mL 提取缓冲液 1 充分混匀。

3)加入 2 mL 提取缓冲液 2，75℃水浴 30 min，使样品基本溶解。

4)加入 1.5 mL 提取缓冲液 3，0℃放置 10 min 充分沉淀。

5)40℃ 12 000 g/min 离心 5 min，取上清。

6)加入等体积的氯仿：异戊醇(24∶1)，充分混匀，放置片刻。

7)12 000 g/min 离心 10 min，取上清。

8)加入等体积预冷异丙醇，混匀，室温放置 30 min。

9)12 000 g/min 离心 5 min；70%乙醇洗涤沉淀 2 次，沉淀置于超净工作台吹干。

10)用 100 μL 灭菌水定容，–20℃储存备用。

该方法所用的提取缓冲液 1 为 25 mmol/L Tris-HCl (pH 8.0)，10 mmol/L EDTA 等体积混匀；提取缓冲液 2 为 0.2 mol/L NaOH，1% SDS 等体积混匀；提取缓冲液 3 为 3 mL KAc，0.575 mL HAc，加水至 5 mL。

第七节 茶叶及其制品 DNA 提取方法

由于与其他作物基因组 DNA 相比，茶叶中多酚类物质含量比较丰富，加上蛋白质等会对 DNA 提取质量有影响，所以，有效地去除茶多酚、色素等物质是茶树基因组 DNA 提取纯化的技术关键。茶叶及其制品 DNA 提取主要有如下 4 种方法。

一、传统 CTAB 法

传统 CTAB 法是一种改进的酚/氯仿法，就是在酚、氯仿抽取后再用 CTAB 去除剩余的茶多酚等杂质（罗军武等，2002）。

1)取新鲜植物叶片(0.05～0.10 g)在液氮中研碎，然后迅速移入 1.5 mL 离心管中。

2）加入 500 μL 预热的 2%CTAB 提取缓冲液，于 65℃保温 30～60 min，期间颠倒几次。

3）加入 500 μL 的氯仿：异戊醇（24：1），轻轻颠倒若干次。10 000 r/min 离心 10 min。

4）取上清（约 400 μL）移入新的 1.5 mL 离心管，再加入等体积的氯仿：异戊醇（24：1），轻轻颠倒若干次，10 000 r/min 离心 5 min。

5）取上清（约 240 μL），加入 2 倍体积冰冷的无水乙醇（−20℃）颠倒混匀，静置 30min；10 000 r/min 离心 10 min。

6）弃上清，加入 350 μL TE，当大部分沉淀溶解后，10 000 r/min 离心 10 min。

7）将上清（约 300 μL）转移到新的 1.5 mL 离心管中，加入 1 μL RNase（10 g/L），轻轻混匀后瞬时离心，在 37℃水浴 1 h。

8）冷却至室温，加入 1/10 体积 3 mol/L 的 NaAc（pH 5.2），混匀后再加入 2 倍体积冰冷的无水乙醇（−20℃），颠倒混匀，静置 30 min。

9）10 000 r/min 离心 10 min。弃上清，用 70%乙醇洗涤 DNA 沉淀 2 次，每次洗涤后都要离心。

10）在超净工作台上风干 DNA。加入 30 μL TE 溶解 DNA，然后于冰箱中保存。

二、改良 CTAB 法

与一般的提取植物 DNA 的 CTAB 法相比，改良后的 CTAB 法中提取缓冲液中加了 2% β-巯基乙醇，并在抽提过程中重复改进的 CTAB 法中的步骤 3）和 4），能有效地降低 DNA 粗提物中的蛋白质、多糖、单宁和色素等杂质（周杨等，2006）。

1）选择去杂干净的茶叶样品，用粉碎机将样品打成粉末，放在 45℃烘箱烤干至恒重。

2）用液氮加 PVP 充分研磨至粉末状，将 1.0 g 粉末茶样放入 1.5 mL 离心管中。

3）加入 0.6 mL CTAB 提取液，振荡混匀，转入 65℃水浴锅保温 0.5 h，期间不断摇匀。

4）加入等体积（0.6 mL）氯仿：异戊醇（24：1），充分混匀，55℃水浴 10 min。步骤 3）、4）重复 1～2 次。

5）室温下 10 000 r/min，离心 10 min，吸上清液于新的 1.5 mL 离心管中，加入 1/10 体积 CTAB/NaCl（10% CTAB，0.7 mol/L NaCl），用等体积氯仿：异戊醇（24：1）抽提。重复 1～2 次。

6）室温下 10 000 r/min，离心 8 min，吸上清液于新的 10 mL 离心管中，上清液中加入 2/3 体积的异丙醇，混匀后于−20℃放置 1 h，5000 r/min 离心 5 min，收集沉淀。

7) 加入高盐缓冲液溶解沉淀，65℃水浴锅保温 30 min。

8) 10 000 r/min 离心 5 min，去除不能溶解杂质，吸上清液于新的 1.5 mL 离心管中(无沉淀属正常现象)。

9) 加入 1/10 体积 NaAc(pH 5.2) 及 2/3 体积的异丙醇，混匀后于–20℃放置 30 min。

10) 5000 r/min 离心 5 min，倒掉上清液，收集沉淀。步骤 5)、6) 重复 1～2 次。

11) 用 70% 的乙醇洗 DNA 沉淀 3 次，将离心管倒置于吸水纸上，使 DNA 干燥。

12) 溶于 200 μL 超纯水 (ddH$_2$O) 中，并加入 2 μL RNase (4 mg/mL)，恒温箱 37℃保温 30 min，4℃冰箱保存备用。

该方法所用 CTAB 提取液 (pH8.0) 为 2% CTAB，0.1 mol/L Tris，20 mmol/L EDTA，1.4 mol/L NaCl，2% 的 β-巯基乙醇等体积混合。高盐缓冲液为 10 mmol/L Tris，0.1 mmol/L ETDA，1 mol/L NaCl 等体积混合。

三、SDS/硅胶吸附柱法

SDS/硅胶吸附柱法无须使用苯酚或氯仿，不仅可以从茶树提取到适用于 PCR 分析的高质量基因组 DNA，而且可以降低茶树基因组 DNA 提取成本和减少对身体健康的影响，是一种简单安全经济的茶叶基因组 DNA 提取方法(陈盛相，2013)。

1) 用双蒸水洗净研钵，置于烘箱(50℃)烘干。冷却后，装入塑料袋，放入超低温冰箱(–70℃)过夜。

2) 用被双蒸水浸润的脱脂棉擦净新鲜茶树冬梢成熟叶片，然后准确称取 300 mg，将其包好，放入超低温冰箱预冷 30 min。

3) 取出预冷好的研钵和叶片，并将叶片倒入研钵，快速研磨成粉末。

4) 将粉末转入 1.5 mL 的 Eppendorf 管中，并加入 800 μL 提取缓冲液。混匀后在 80℃的水浴锅中反应 60 min。

5) 加入 125 μL 5mol/L KAc 混匀，冰浴 20 min。

6) 12 000 r/min 离心 3 min，将上清液加入吸附柱中并装入收集管。

7) 12 000 r/min 离心 1 min，将上述收集管中滤液再次加入吸附柱中并装入收集管。12 000 r/min 离心 1 min，弃废液。

8) 向吸附柱加入 700 μL 的 70% 乙醇，12 000 r/min 离心 1 min，弃废液。

9) 再次加入 700 μL 的 70% 乙醇，12 000 r/min 离心 1 min，弃废液。

10) 重新将吸附柱装入收集管中，12 000 r/min 离心 3 min，除去剩余乙醇。

11) 取出吸附柱，烘箱(50℃)放置 5 min。

12) 将吸附柱放入洁净 Eppendorf 管中，加入 60 μL TE，在干式恒温器(40℃) 放置 5 min，12 000 r/min 离心 3 min。

四、改良 SDS 法

茶叶中含有大量的茶多酚等次生物质，采用磨样时添加抗酚类氧化褐变的物质，在细胞核裂解之前去除细胞质中的茶多酚和蛋白质，而后再用改进的 DNA 微量快速提取法——SDS 法从茶叶中提取和纯化基因组 DNA，所得到的 DNA 样品适宜于后续 PCR 等反应（谭和平等，2001）。

1）取 0.1 g 材料，置于灭菌的 1.5 mL 离心管中，加不同浓度维生素 C（0.1 g/g 鲜样、0.05 g/g 鲜样、0.005 g/g 鲜样），用无菌玻璃棒将组织捣碎。

2）加 150 μL 提取液（0.4 mol/L 葡萄糖，3%可溶性 PVP，10 mmol/L β-巯基乙醇），研磨成糊状，再用 300 μL 提取液冲洗玻璃棒，10 000 r/min 离心 8 min。

3）倒掉上清液，沉淀用 900 μL 提取液悬浮浸提，10 000 r/min 离心 8 min。

4）倒掉上清液，沉淀用 400 μL 裂解液裂解，65℃保温 1 h。

5）加入 400 μL 氯仿：异戊醇：乙醇（80：4：16）轻轻混匀，室温静置 10 min，10 000 r/min 离心 8 min。

6）上清液转入新离心管中，加入等体积预冷的异丙醇，混匀静置 15 min。

7）钩出 DNA 絮团，转入 0.5 mL TE 中，加入等体积酚：氯仿混匀，10 000 r/min 离心 8 min。

8）上清液转入 1.5 mL 新离心管中，加入 1/10 体积 3 mol/L NaAc 及 2 倍体积冰乙醇，静置 15～30 min，3000 r/min 离心 3 min。

9）倒掉上清液，70%乙醇漂洗 2 次。

10）控干后溶于 250 μL TE 中，56℃冰浴 1 h，置于 4℃冰箱中备用。

该方法所用的裂解液为 0.1 mol/L Tris pH 8.0，20 mmol/L EDTA，0.5 mol/L NaCl，1.5% SDS 等体积混合；TE 为 10 mmol/L Tris pH 8.0，0.1 mmol/L EDTA pH 8.0 等体积混合。

第八节　油脂类制品 DNA 提取方法

从分子生物学的角度检测油脂类制品中的特定基因信息，首要前提是从油脂类制品中提取出来 DNA，但在精炼过程中会经过高温等加工处理，油脂类制品中的 DNA 会有所损失或降解，含量很低，因而 DNA 的提取会有很大困难，其提取技术也成为 PCR 检测技术的关键点（张海亮等，2010）。油脂类制品 DNA 提取主要有如下 10 种方法。

一、优化后的 CTAB 法

1）在烧杯中加入转基因食用棉籽油脂和 TE 缓冲液 500 mL，用磁力搅拌器搅拌 10 min，用高速离心机，室温，13 000 r/min 离心 15 min，留取下层液体。

2) 加入 CTAB 提取液和 RNase 溶液 2 μL，瞬时振荡 5 s，65℃水浴 3 min。

3) 将等体积的三氯甲烷∶异戊醇(24∶1)加入上述溶液中缓慢颠倒数次，常温静置 5 min。

4) 用高速离心机，室温，13 000 r/min 离心 5 min，将上清液等分于 2 支 1.5 mL 的 Eppendorf 中。

5) 在每支 Eppendorf 中加入 0.6 倍体积预冷的异丙醇，充分混匀，−20℃环境下静置 1～1.5 h，保证充分沉淀。

6) 用高速离心机，室温，13 000 r/min 离心 15 min，弃去上清液。

7) 用 70%乙醇洗涤沉淀 2～3 次，干燥沉淀。

8) 每支 Eppendorf 中加入 50 μL TE 缓冲液溶解沉淀，储存于−20℃环境下备用。

二、离心柱法

1) 取 15 mL 精炼棉籽油，加入 15 mL 正己烷，磁力搅拌器上不断振荡混合 2 h。

2) 加入 30 mL NaCl(1.2 mol/L)，继续于磁力搅拌器上振荡混合 2 h。

3) 12 000 r/min 离心 20 min，使有机相和水相分离，小心取出下层水相。

4) 加入与水相溶液等体积的异丙醇，轻缓颠倒混匀，室温放置 10 min 后，12 000 r/min 离心 15 min，弃上清液，保留沉淀。

5) 待沉淀稍微干燥后用 1 mL TE 溶解沉淀，加入 1 mL 异丙醇，轻缓颠倒混匀，室温放置 10 min 后，12 000 r/min 离心 15 min，弃上清液，保留沉淀。

6) 待沉淀稍微干燥后加入 60 μL TE，充分溶解沉淀，2 min 后过 UNIQ-10 柱式 DNA 胶回收试剂盒(仅进行纯化部分)。

三、改良 SDS 法

1) 取 500 μL 制备好的水相 DNA 至 2 mL 离心管，立即加入 500 μL 提取液 1、20 μL β-巯基乙醇和 250 μL 20% SDS，混匀，于 65℃水浴中保温 20～30 min。

2) 取出后立即置于冰上，并加入 120 μL 5 mol/L KAc 于冰上反应 40 min。

3) 4℃ 12 000 r/min 离心 20 min，取上清液加入等体积的异丙醇，−20℃放置 1 h。

4) 4℃ 13 000 r/min 离心 20 min，弃上清液，用 50 μL TE 缓冲液溶解沉淀，并加入等体积的氯仿∶异戊醇(24∶1)，混匀。

5) 4℃ 8000 r/min 离心 5 min 吸取上清液，加入 0.6 倍体积的异丙醇和 0.1 倍体积的 3 mol/L NaCl，于−20℃放置 1 h。

6) 4℃ 13 000 r/min 离心 20 min，弃上清液，用 70%乙醇漂洗沉淀 2～3 次，在通风橱中晾干。

7) 加入 30 μL TE 缓冲液溶解沉淀，同时加入 2 μL RNase A，37℃水浴过夜，置于–20℃冰箱待用。

该方法所用提取液 1 为 1 mol/L NaCl，100 mmol/L Tris-HCl pH 8.0，100 mmol/L EDTA。

四、高盐低 pH 法

1）取 500 μL 制备好的水相至 2 mL 离心管，迅速加入预热至 56℃的 500 μL 提取缓冲液Ⅱ，于 56℃恒温振荡器温育 30 min。

2）12 000 r/min 离心 10 min，吸取上清液，加入 2/3 倍体积的 2.5 mol/L KAc（pH 4.8），4℃放置 15 min。

3）10 000 r/min 离心 10 min，吸上清液移入另一支离心管中，加入等体积酚：氯仿：异戊醇（25：24：1）混匀。

4）4℃10 000 r/min 离心 10 min，反复抽提一次，上清液加入等体积异丙醇，置于–20℃冰箱 20 min。

5）12 000 r/min 离心 15 min，所得沉淀用 70%乙醇洗 2 次。

6）待残留的乙醇挥发后，将 DNA 溶于 30 μL TE 缓冲液中。

7）加入 2 μL RNase，37℃水浴过夜，–20℃保存备用。

该方法所用提取缓冲液Ⅱ为 200 mmol /L NaAc，100 mmol/L EDTA，1 mol/L NaCl，5%可溶性 PVP，6% SDS，2% β-巯基乙醇，pH 5.0。

五、冷冻干燥法

1）取茶籽油 20 mL 于 50 mL 离心管中，加 20 mL 无菌水，振荡 30 min。

2）5000 r/min 离心 30 min，小心将水相转移到培养皿中，将培养皿放于–80℃冷冻过夜。

3）将培养皿转至真空干燥机中至水分完全蒸发，加 1～2 mL CTAB 提取缓冲液至培养皿中，65℃温浴 10 min。

4）用 CTAB 提取缓冲液小心仔细地反复冲洗培养皿，将冲洗液转移到 1.5 mL 离心管中，每管 400 μL。

5）加 1 μL 2.5% 线性丙烯酰胺，1/10 体积的 3 mol/L NaAc，1 mL 无水乙醇，混匀，–20℃放置 1 h。

6）15 000 r/min 离心 10 min 去除上清液。

7）70%乙醇洗沉淀 1 次，晾干。

8）加 100 μL 无菌水充分溶解沉淀，–20℃保存。

该方法所用 CTAB 提取缓冲液为 1000 mL 水中溶解 CTAB 20 g，Tris 12.1114 g，NaCl 81.1816 g，Na$_2$EDTA 7.444 g，高压灭菌。

六、改进树脂法

1）分别各取 3 mL 油脂样品、去油液和裂解液加入 10 mL 离心管中，室温下 70 r/min 混匀 50 min，静置 10 min，去除上层油脂。

2）加入 30 μL 已混匀树脂，轻轻摇匀后静置 2 min，室温下 8000 r/min 离心 5 min，弃去上清留沉淀。

3）加入 300 μL 1.4 mol/L NaCl，充分溶解沉淀，转移到新的 1.5 mL 离心管中，8000 r/min 离心 2 min，弃上清。

4）加入 500 μL 70%乙醇，充分混匀，转移到新的 1.5 mL 离心管中，8000 r/min 离心 2 min，弃上清。

5）再次加入 500 μL 70%乙醇，充分混匀，转移到新的 1.5 mL 离心管中，离心，弃上清。

6）8000 r/min 再离心 1 min，弃上清，室温下晾 10 min。

7）加入 TE 缓冲液 35 μL 混匀，55℃水浴 5 min，12 000 r/min 离心 2 min，上清液即为 DNA。

七、国标法

1）400 μL TE 缓冲液中加入 1 mL 棉籽油，上下颠倒混匀 5 min，13 000 r/min，室温离心 3 min，弃上层油脂；重复 20 次，得约 400 μL 水相分装于 1.5 mL 离心管中。

2）水相中加入 200 μL 20% SDS，65℃水浴 30 min，每 10 min 轻微摇匀 1 次。

3）加入 100 μL 5 mol/L NaAc，轻轻摇匀，冰上放置 30 min，13 000 r/min，离心 5 min，转移上清；反复抽提 1 次。

4）加入 1 μg 担体，450 μL 异丙醇；轻微混匀后–20℃过夜，13 000 r/min，4℃，离心 10 min，弃上清。

5）加 500 μL 70%乙醇洗涤 2 次；干燥 15 min。

6）加 30 μL 0.1×TE 溶解 DNA，37℃保温 1 h 后，4℃保存。

八、大量富集法

1）50 mL 离心管中加入 5 mL TE 和 35 mL 棉籽油，上下颠倒混匀 5 min，13 000 r/min，室温离心 3 min，弃上层油脂；富集 15 次并 400 μL/管分装水相。

2）水相中加入 200 μL 20% SDS，65℃水浴 30 min，每 10 min 轻微摇匀 1 次。

3）加入 100 μL 5 mol/L NaAc，轻轻摇匀，冰上放置 30 min，13 000 r/min，离心 5 min，转移上清至一个 10 mL 离心管；反复抽提 1 次。

4）加入 10 μg 担体，0.6 倍体积的异丙醇；轻微混匀后–20℃过夜，13 000 r/min，

4℃，离心 10 min，弃上清。

　　5）加 2 mL 70%乙醇洗涤 2 次，干燥 15 min。

　　6）加 50 μL 0.1×TE 溶解 DNA，37℃保温 1 h 后移至 1.5 mL 离心管，4℃保存。

九、直接抽提法

　　1）50 mL 离心管中加入 5 mL 含 1% β-巯基乙醇的 CTAB 提取液（现用现配，65℃预热）和 35 mL 棉籽油，180 次/min，45℃，振荡 30 min。

　　2）13 000 r/min，室温离心 5 min，去除油层，富集 6 次。水相按 600 μL/管加入 1.5 mL 离心管中。

　　3）每管加 600 μL 三氯甲烷∶异戊醇（24∶1）；轻微混匀后静置，13 000 r/min，离心 5 min，转移上清；反复抽提 1 次，所有上清移至 10 mL 离心管。

　　4）加入 10 μg 担体，0.6 倍体积的异丙醇；轻微混匀后–20℃过夜，13 000 r/min，4℃，离心 10 min，弃上清。

　　5）加 2 mL 70%乙醇洗涤 2 次，干燥 15 min。

　　6）加 50 μL 0.1×TE 溶解 DNA，37℃保温 1 h 后移至 1.5 mL 离心管，4℃保存。

十、上清重复离心法

　　1）50 mL 离心管中加入 35 mL 棉籽油和 5 mL TE，平置于振荡仪，固定，180 次/min，37℃，振荡 30 min。

　　2）13 000 r/min，室温离心 5 min，去油脂层；富集 10 次并 400 μL/管分装水相。

　　3）水相中加入 200 μL 20% SDS，65℃水浴 30 min，每 10 min 轻微摇匀 1 次。

　　4）加入 100 μL 5 mol/L NaAc，轻轻摇匀，冰上放置 30 min，13 000 r/min，离心 5 min，转移上清至一个 10 mL 离心管；反复抽提 1 次。

　　5）加入 10 μg 担体，0.6 倍体积的异丙醇；轻微混匀后–20℃过夜，13 000 r/min，4℃，离心 15 min。

　　6）将上清轻轻移至另一 10 mL 离心管重复离心一次，弃上清。

　　7）加 2 mL 70%乙醇洗涤 2 次，干燥 15 min。

　　8）加 30 μL 0.1×TE 溶解 DNA，37℃保温 1 h 后移至 1.5 mL 离心管，4℃保存。

第九节　水产品 DNA 提取方法

　　从水产品肌肉组织中提取 DNA 主要依靠苯酚和盐析法。DNA 是极性化合物，一般都溶于水，不溶于乙醇、氯仿等有机溶剂，它们的钠盐比游离酸易溶于水。从肌肉细胞中提取 DNA 时，要先把 DNA 抽提出来，然后去除蛋白质、糖、RNA 及无机离子等。脱氧核糖核蛋白（DNP）在盐溶液中的溶解度受盐浓度的影响而不同，DNP 在低浓度盐溶液中，几乎不溶解，如在 0.14 mol/L 的氯化钠中溶解度最低，仅为在水中溶解度的 1%，随着盐浓度的增加溶解度也增加，至 1 mol/L 氯化钠中溶解度很大，比纯水中高 2 倍。核糖核蛋白（ribonucleoprotein，RNP）在盐溶液中的溶解度受盐浓度的影响较小，在 0.14 mol/L 氯化钠中溶解度较大。因此，在提取时，常用此法分离这两种核蛋白。苯酚作为蛋白变性剂，同时可以抑制 DNase 降解 DNA。用苯酚处理匀浆液时，由于蛋白质与 DNA 连接键已断，蛋白质分子表面又含有很多极性基团与苯酚相似相溶。蛋白质分子溶于酚相，而 DNA 溶于水相。离心分层后取出水层，多次重复操作，再合并含 DNA 的水相，利用核酸不溶于醇的性质，用乙醇沉淀 DNA。水产品不同部位肌肉在提取 DNA 的难易程度上也存在一定的差异，大量的试验表明，尾部肌肉，尤其是尾棘部位的肌肉在提取上能够获得更好的结果。肌肉组织以 100 mg 左右为宜，这个量主要是与加入的蛋白酶 K 的量相对应，一般加入蛋白酶 K（20 mg/mL）至终浓度 200 μg/mL 左右，此时在 55℃水浴锅中水浴 3～4 h 可以把肌肉组织消化得较为彻底，溶液呈透明状。

一、鱼类肌肉 DNA 提取方法

鱼类肌肉组织首先应借助机械力使之破碎，通常将取得的肌肉组织块用小型手术剪刀充分剪碎即可。为了节省剪碎的时间，可以预先把虾放在-20℃的温度下冷冻，然后利用手术刀刮去虾壳，再用力把肌肉组织一层层刮下来，这样可以更容易剪碎。特殊情况下，如大量提取 DNA 需要的组织量较大时，可以用搅拌器粉碎。另外，使组织较为彻底破碎的方法是用液氮速冻组织块，并用液氮预冷的研杵在盛有液氮的研钵内迅速研磨将组织粉碎，液氮挥发后再把组织粉末收集到盛有裂解液的烧杯，振荡使粉末浸没混匀后转移到离心管中（Liu et al.，2005a；2005b）。提取步骤如下。

1）取新鲜鱼的肌肉组织，清洗干净，称取 0.5 g，用纱布包好，另外再包多层牛皮纸，浸入液氮冰冻，取出后将其敲碎。

2）将组织碎块放入研钵，加少许液氮研磨，反复添加液氮直至组织被碾成粉末，此步要求低温操作。

3）在 15 mL 离心管中加入 5 mL 提取液，用玻璃棒一边搅动液体一边加入组织粉末，37℃温育 1 h。

4）加入蛋白酶 K（10 mg/mL）10 μL 至终浓度 100 μg/mL，55℃温育直至裂解液澄清，同时不断摇动。

5）在裂解液中加入等体积的酚：氯仿：异丙醇（25：24：1）溶液，封严离心管盖，反复轻柔地转动离心管，形成乳状液，室温 5000 r/min 离心 20 min。

6）取上清液，重复步骤 4），至水相和有机相间没有蛋白质层。

7)取上清液加入氯仿：异丙醇(24：1)溶液，缓慢抽提 30～60 min，然后 5000 r/min 离心 20 min，取上清液。

8)将上清液分装在 1.5 mL 的离心管中，每个离心管加入 400 μL 上清液，再在离心管中加入 1/10 体积的 NaAc(3 mol/L)，终浓度为 0.3 mol/L。轻轻摇匀，再加入 2 倍体积的冰冷无水乙醇，混匀，置冰上 10～30 min，使 DNA 沉淀。

9)用移液枪头挑出沉淀的 DNA 至一新的离心管中。

10)加入 70%乙醇至管中 2/3 体积，混匀漂洗，去除残余的成分。

11)重复步骤 8)和 9)。

12)不盖管盖，室温下让乙醇挥发，晾干。

13)重新悬浮 DNA：适当容积的 TE 缓冲液(pH 8.0)，每个离心管 300 μL，45℃条件下不断摇动促使 DNA 溶解。

14)将每个离心管的 DNA 溶液合并起来。

15)分光光度法测定 DNA 浓度：吸取 5 μL DNA 溶液加水至 1 mL，混匀后转入石英比色杯中，测 OD_{260} 和 OD_{280}。

16)–20℃保存。

二、虾类肌肉 DNA 提取方法

虾类肌肉 DNA 提取主要采用的方法是酚/氯仿联合抽提法。一般是先用苯酚抽提后再用氯仿抽提，氯仿配置时应加入异戊醇(24：1)，氯仿的作用是使蛋白质变性，同时可溶解残留的苯酚，而异戊醇的作用则为减少泡沫，有助于分离。

1. 不用 RNase 处理的苯酚/氯仿法

此法较为简单，对于新鲜的虾类肌肉组织可以提取到较高质量的 DNA。操作步骤如下所述。

1)破碎肌肉：取 100 mg 尾部肌肉(去表皮)，剔除杂物后放入 1.5 mL Eppendorf 管中；加入 475 μL TE 缓冲液，用剪刀剪碎肌肉，越碎越好。

2)蛋白酶消化：在以上溶液中加入 25 μL 10% SDS，再加入 4 μL 蛋白酶 K(20 mg/mL)，反复倒置 10 次，用封口膜封住管口，在 55℃水浴锅中水浴 3～4 h，其中每消化 1 h，轻轻上下摇动试管 2～3 次，以利于消化。

3)第一次酚处理：从水浴锅中取出，去除封口膜，冷却至室温后，在 Eppendorf 管中加入 500 μL 饱和酚，上下颠倒摇晃 10 min。

4)第一次离心：5℃ 12 000 r/min，离心 10 min。

5)第二次酚/氯仿处理：离心后，取上清液，加入 250 μL 酚和 250 μL 氯仿，上下颠倒 10 min。

6)第二次离心：5℃ 12 000 r/min，离心 10 min。

7) 氯仿处理：取上清液，加入 500 μL 氯仿，摇 10 min。

8) 第三次离心：5℃ 12 000 r/min，离心 10 min。

9) DNA 沉淀析出：小心吸取上清液，加入 1/25 总体积的 NaCl(5 mol/L) 溶液，再加入 2 倍体积无水乙醇(预先冷冻至–20℃)，静置沉淀。

10) 风干 DNA：上下颠倒沉淀液，离心，去上清，加入 70%乙醇(约 500 μL)，静置 1 h，再离心，如此洗 2 次，自然风干后加入 TE 溶解，–20℃冰箱中保存备用。

2. 用 RNase 处理的苯酚/氯仿法

此法主要针对提取的 DNA 中含有大量 RNA 或者对 DNA 纯度要求特别高的情况下使用。操作步骤如下所述。

1) 破碎肌肉：取 100 mg 尾部肌肉(去表皮)，剔除杂物后放入 1.5 mL Eppendorf 管中；加入 475 μL TE 缓冲液，用剪刀剪碎肌肉。

2) 加入 10% SDS 溶液 25 μL，混合均匀。

3) 加入 10 mg/mL 胰 RNase 2～4 μL，37℃消化 0.5～1.0 h。

4) 蛋白酶消化：在以上溶液中加入 4 μL 蛋白酶 K(20 mg/mL)，反复倒置 10 次，用封口膜封住管口，在 50℃水浴锅中水浴 2.5～3 h，其中每消化 1 h，轻轻上下摇动试管 2～3 次，以利于消化。

5) 抽提：500 μL 重蒸酚抽提 2 次，每次 10 min，10 000 g 离心 5 min，取上清。

6) 酚：氯仿(1∶1)(各 300 μL)抽提 1 次：10 min，10 000 g 离心 5 min，取上清。

7) 加入 600 μL 氯仿抽提 1 次，5 min，5000 g 离心 5 min，取上清。

8) 加入 1/25 体积的 5 mol/L NaCl 溶液，混匀后再加入 2 倍体积的(–20℃预先保存的无水乙醇)沉淀 DNA 15 min，挑出 DNA 后用 70%的乙醇洗涤 2 次，干燥 DNA 后用 TE 或者灭菌的去离子水溶解保存。

在以上 DNA 提取过程中要注意以下几个问题：①保证水浴时间充足，在水浴过程中应不时振荡以充分混匀溶液，使蛋白酶 K 发挥最佳消化活性，使 DNA 完全释放到裂解液中，这一点关系到 DNA 的产量；②在加入蛋白酶 K 后，一切的操作动作要轻，不可以剧烈振荡，以防止 DNA 的降解，保证基因组 DNA 的完整性；③吸取上清液时，可使用大口径的吸头(用剪刀将吸头尖部剪掉)，同时避免吸取两相界面的乳白层，这一点对于所提取的 DNA 的纯度很关键。

三、贝类 DNA 提取方法

贝类 DNA 提取的材料主要是闭壳肌及其他肌肉组织，由于肌肉组织多糖、蛋白质等含量相对较多，其方法在常规 DNA 提取方法上略有改进。贝类 DNA 提取主要有如下 3 种方法。

1. 苯酚/氯仿/异戊醇法

1）取 100 mg 左右贝类肌肉组织，在冰浴中加入 300 μL 预冷的提取缓冲液（50 mmol/L Tris-HCl，pH 7.5，100 mmol/L NaCl，10 mmol/L EDTA）研磨，研磨完毕后再加入 350 μL 的提取缓冲液。

2）取匀浆液 600 μL 置于 1.5 mL 离心管中，加入 60 μL 10%的 SDS，10 μL 蛋白酶 K（10 mg/mL），颠倒混匀 10 min，置于 55℃水浴直到消化完全，一般需要 3～5 h。

3）加入 65 μL 饱和的 KCl，颠倒混匀，放在冰上 5 min。14 000 r/min 离心 10 min，将上清液倒入一个新离心管中。

4）加入等体积的饱和酚（pH 8.0），颠倒混匀 10 min，12 000 r/min 离心 10 min，取上清液。

5）加入等体积的酚：氯仿：异戊醇（25：24：1）颠倒混匀 10 min，12 000 r/min 离心 10 min，将上清液转入新的离心管中。

6）用等体积的氯仿：异戊醇（24：1）抽提一次，取水相加入 2 倍体积的预冷的无水乙醇，室温下静置 15～20 min。

7）用玻璃棒直接绕起 DNA 或加入 1/10 体积的 3 mol/L NaAc（pH 5.2）12 000 r/min 离心 10 min 沉淀 DNA，用–20℃预冷的 70%乙醇洗涤 2 次。

8）干燥后溶于 100 μL 的 TE（pH 8.0）中。

9）在溶解的 DNA 中加入 1 μL 的 RNase A（10 mg/mL），37℃中水浴 1 h。

10）使用紫外分光光度计将 DNA 浓度调整至 20 ng/μL 和 100 ng/μL。

该方法所用的提取缓冲液成分为 100 mmol/L NaCl，25 mmol/L EDTA（pH 8.0），10 mmol/L 的 Tris-HCl（pH 8.0），质量分数为 0.5%的 SDS，以及质量分数为 2%的 2-巯基乙醇等体积混合。

2. CTAB 法

1）称取 1 g 贝类肌肉组织置于三角瓶中，立即加入 65℃预热的 CTAB 提取缓冲液 20 mL，于 65℃水浴下保温 30 min，其间摇动数次。

2）加入等体积氯仿/异戊醇抽提数次，至上清液清澈为止。

3）再加入等体积–20℃下预冷的异丙醇，室温下静置 2 h。

4）挑取沉淀，风干，加一定量 TE 溶解。

5）提取 DNA 加入 RNase A，37℃保温 30 min。

6）再加入 1/10 体积 3 mol/L 的乙酸钠和 2 倍体积的无水乙醇，于–20℃过夜。

7）挑取沉淀物，以后操作同苯酚/氯仿/异戊醇法。

该方法所用的 CTAB 提取缓冲液为 50 mmol/L 的 Tris-HCl（pH 8.0），0.7 mol/L 的 NaCl，10 mmol/L 的 EDTA（pH 8.0），质量分数为 1%的 CTAB，及质量

分数为 2%的 2-巯基乙醇等体积混合。

3. SDS 法

1)取鲜活体的贝类闭壳肌 200 mg，用蒸馏水洗净，加入液氮研磨至干粉状。

2)加入已在 65℃水浴中预热的 DNA 提取液 1 mL 继续研磨 1 min，转到 1.5 mL 离心管中。

3)65℃水浴中加热 4 min，8000 r/min 离心 5 min。

4)取上清液，加入等体积的 5 mol/L KAc，0℃冰浴 30 min 以除去多糖，8000 r/min 离心 5 min。

5)取上清液，加入 8 mol/L LiCl，沉淀 RNA，8000 r/min 离心 5 min。

6)取上清液，加入等体积的苯酚：氯仿：异戊醇(25：24：1)提取 10 min。

7)6000 r/min 离心 15 min；取上清加入等体积的苯酚：氯仿：异戊醇(25：24：1)重提取一次，离心除去蛋白质。

8)取上清液，加入等体积的氯仿，6000 r/min 离心 10 min 除去残留的苯酚。

9)取上清液，加入 1/10 体积的 3 mol/L 乙酸钠和 2.5 倍体积的 100%乙醇，−20℃ 30 min 沉淀 DNA。

10)8000 r/min 离心 15 min，弃上清液，沉淀用 75%乙醇洗涤 2 次，置于超净台内晾干，溶于 40 μL 去离子水中。

该方法所用的 SDS 提取缓冲液为 100 mmol/L 的 Tris-HCl(pH 8.0)，500 mmol/L 的 NaCl，100 mmol/L 的 EDTA(pH 8.0)，质量分数为 1%的 2-巯基乙醇，及 1.5 mL/100 mL 的 SDS 等体积混合。

四、藻类 DNA 提取方法

藻类细胞含有细胞壁，首先要破碎细胞。细胞壁的破碎方法有 3 种：①机械方法，超声波处理法、研磨法、匀浆法；②化学试剂法，用 CTAB 或 SDS 处理细胞；③酶解法，加入溶菌酶或蜗牛酶，都可使细胞壁破碎。DNA 的提取方法同大多数植物 DNA 的提取方法，主要使用以下 3 种方法。

1. 改良 CTAB 法

CTAB 是一种去污剂，可以与核酸形成复合物。该复合物在高盐溶液(>0.7 mol/L NaCl)中可以溶解并且稳定存在；在低盐溶液(<0.3 mol/L NaCl)中会因溶解度降低而沉淀，而大部分蛋白质和多糖仍然溶解在溶液中。CTAB 法是提取藻类 DNA 的经典方法，该方法的关键是在提取过程中加入 10%(质量比)的 CTAB 提取液和 1%的 CTAB 沉淀缓冲液的量一定要准确，否则 CTAB 与核酸的复合物不易产生沉淀，或得到的 DNA 容易被部分降解。CTAB 法所用的提取缓冲液中还要含有一

定量的 β-巯基乙醇，可防止酚类氧化。如果藻类材料中含酚类物质较多，β-巯基乙醇可增加至 6%（体积比）。

（1）操作步骤

1）取 200 mg 新鲜的藻类材料，置于液氮中，充分研磨，呈粉末状，将材料转移到 1.5 mL 的离心管中，加 600 μL CTAB 缓冲液，混匀，于 65℃水浴保温 1 h，其间要不时摇动离心管。

2）取出后加等体积氯仿/异戊醇，轻轻颠倒离心管，混匀，在室温下，12 000 r/min 离心 10～20 min。

3）把上清液转入另一离心管中，加入 1/10 上清液体积的 10% CTAB，混匀，在室温下，12 000 r/min 离心 10 min。

4）取上清液，重复步骤 3）一次。

5）将上清液转至另一离心管中，加入 RNase 至终浓度为 1 μg/mL，在 37℃下放置 30 min。

6）加入 1～1.5 倍体积的 1×CTAB 沉淀缓冲液，混匀，室温下静置 30 min 使沉淀生成。

7）室温下 4000 r/min 离心 5 min，去掉上清液。

8）按照每克材料加入 0.5 mL 1 mol/L 乙酸铵的标准加入乙酸铵溶液，使沉淀溶解，再加入 7.5 mol/L 乙酸铵溶液至终浓度为 2.5 mol/L。

9）加入 2 倍体积的异丙醇（或无水乙醇），室温下放置 8～12 min，沉淀 DNA。

10）室温 12 000 r/min 条件下离心 5 min，收集沉淀。

11）弃去上清液，用 70%乙醇洗涤 DNA 沉淀 3 次，吹干，沉淀溶入适当体积的 TE 缓冲液中。

（2）操作要点

1）CTAB 溶液在 15℃以下会发生沉淀，因此不能在低温下进行操作。

2）10%的 CTAB 很黏稠，取液前可以将其预加热至 50℃左右。

3）对于含酚类物质多的材料，提取缓冲液中加入 1%的聚乙烯吡咯烷酮（PVP）。

4）对于多糖含量高的材料，提取缓冲液中加入 CTAB 的含量可以大于或等于 3%。

2. SDS 法

利用高浓度的阴离子去污剂 SDS 使 DNA 与蛋白质分离，在高温（55～65℃）条件下裂解细胞，使染色体离析，蛋白质变性，释放出核酸，然后采用高盐溶液及降温的方法使蛋白质和多糖杂质沉淀，离心去除沉淀。上清液用酚/氯仿抽提，最后用乙醇(异丙醇)沉淀水相中的 DNA。

(1)操作步骤

1)称取 100 mg 左右的样品，置于液氮中研磨成粉末。

2)将样品转入 1.5 mL 离心管中，加入 450 μL 提取液，轻轻混匀。

3)加入 500 μL 10%的 SDS，充分混匀，65℃水浴中放置 10~15min，间隔倒置摇动 3 次。

4)加入 800 μL 乙酸钾，充分混匀，冰浴中放置 30 min。

5)4℃条件下 12 000 r/min 离心 15 min。

6)上清液转入另一离心管中，加入等体积的酚/氯仿，轻轻颠倒离心管数次，静置 2 min。

7)4℃条件下 8000 r/min 离心 10 min。

8)上清液转入另一离心管中，加入 2/3 上清液体积的预冷异丙醇，混匀，静置 30 min。

9)4℃条件下 8000 r/min 离心 10 min，去除上清液。

10)加入 100 μL TE 缓冲液，充分溶解沉淀，再加入 1 μL RNase 溶液，37℃保温 1 h。

11)加入等体积的酚/氯仿溶液，混匀，室温放置 30 min。

12)4℃条件下 8000 r/min 离心 5 min。

13)上清液转入另一离心管中，加入 1 mol/L 的乙酸钠，使其终浓度为 0.3 mol/L，再加入 2 倍体积的异丙醇，混匀，室温静置 2 min。

14)10 000 r/min 离心 5~10 min。

15)去除上清液，加入 70%的乙醇洗涤沉淀 2~3 次，吹干。

16)加入 20 μL TE 缓冲液溶解 DNA，4℃储存备用。

(2)操作要点

1)提取材料的酚类含量高时，提取缓冲液中的 Tris 浓度可以减半，巯基乙醇的含量应提高一些。

2)材料的酚类含量高，加入提取缓冲液后，还需加入 20%的 PVP，至终浓度为 6%，PVP 可以与酚类物质结合，可以通过离心去除。SDS 的量也应提高，至终浓度为 2%。

3. Dellaporta、Wood 和 Hicks 法

本方法可用于分离藻类总基因组 DNA。首先是用热的去污剂 SDS 进行抽提，然后将抽提物置于 0℃并加入高浓度的乙酸钾，离心去除蛋白质和多糖类杂质，最后用乙醇或异丙醇沉淀(Dellaporta et al.，1983)。

（1）操作步骤

1）将 2 g 材料在液氮中研磨成粉末。

2）将冷冻粉末转入 50 mL 离心管中，并加入 15 mL 提取缓冲液，轻轻颠倒混匀。

3）加入 1 mL 20% SDS，混匀，65℃水浴保温 10 min，其间轻轻颠倒混匀 2～3 次。

4）加入 5 mL 5 mol/L 的乙酸钾，混匀后，冰上静置 20～30 min。

5）4℃条件下 12 000 r/min 离心 20 min。

6）上清液用一层 Miracloth 纱布过滤，滤液转移至另一 50 mL 离心管中，加入 10 mL 异丙醇，轻轻颠倒混匀，-20℃放置 30 min。

7）4℃条件下 8000 r/min 离心 20 min，去上清液，晾干沉淀 5 min。

8）用 700 μL TE 缓冲液溶解沉淀，转移至 1.5 mL 离心管中。

9）加入 7 μL RNase A，37℃保温 1 h。

10）加入 75 μL 3 mol/L 乙酸钠，混匀，8000 r/min 离心 15 min。

11）将上清液转入另一离心管中，加入 500 μL 异丙醇，轻轻混匀，室温静置 5 min。

12）8000 r/min 离心 15 min 沉淀 DNA，去上清液。

13）用 70%乙醇清洗 DNA 3 次，晾干。

14）沉淀溶于 200 μL TE 缓冲液中，4℃保存。

（2）操作要点

1）β-巯基乙醇要在试验前加入提取缓冲液。

2）RNase A 在使用前需要经过热处理。

第十节　DNA 的定量和纯度测定

利用上述各种方法提取的 DNA，在用于分子生物学实验以前，必须对其浓度、纯度和相对分子质量等基本情况有所了解。因为 DNA 中如果含有酚类和多糖类物质会影响酶切和 PCR 的效果。另外，DNA 浓度是一个非常关键的因素。在 DNA 分子标记技术中，PCR 扩增所用的 DNA 模板浓度对 PCR 反应的影响很大；在对 DNA 进行限制性内切酶消化时，在给定时间内消化是否完全，取决于酶与 DNA 的比例是否达到一定的阈值，这是下一步操作成功与否的关键。因此必须知道所用 DNA 样品的浓度，一般采用紫外光谱分析、EB 荧光分析、水平式琼脂糖凝胶电泳、聚丙烯酰胺凝胶电泳（polyacrylamide gel electrophoresis，PAGE）、脉冲电泳和二苯胺显色等方法对 DNA 进行定量和纯度测定。以下以紫外光谱分析为例说明核酸的定量和纯度测定。

一、紫外光谱分析的原理

紫外光谱分析的原理基于 DNA 分子在 260 nm 处有特异的紫外吸收峰，且吸收强度与系统中 DNA 的浓度成正比。分子形状、双链与单链之间的转换也会导致吸收水平的改变，但是这种偏差可以用特定的公式来校正。该法的特点是准确、简便，但是所需仪器较昂贵。

二、操作步骤

1) 首先用 TE 缓冲液或蒸馏水对待测 DNA 样品进行 1：20 或更高倍数的稀释。

2) 用 TE 缓冲液或蒸馏水作为空白，在波长为 260 nm、280 nm 及 230 nm 处调节紫外分光光度计读数至零。

3) 加入 DNA 或 RNA 稀释液，于上述 3 处波长处读取 OD 值。记录 OD 值，通过下列公式计算确定 DNA 浓度或纯度。

$$双链 RNA 结果（\mu g/mL）=50 \times OD_{260} \times 稀释倍数。$$

$$单链 DNA 结果（\mu g/mL）=37 \times OD_{260} \times 稀释倍数。$$

$$RNA 结果（\mu g/mL）=40 \times OD_{260} \times 稀释倍数。$$

$$寡核苷酸结果（\mu g/mL）=33 \times OD_{260} \times 稀释倍数。$$

所提取的 DNA 的纯度可用 OD_{260} 与 OD_{280} 的比值来评判。OD_{260}/OD_{280} 对于 DNA 而言，其值大约为 1.8，高于 1.8 则有可能有 RNA 的污染；大于 2 时，则 RNA 浓度过高，要去除 RNA。当 $OD_{260}/OD_{280}<0.9$ 时，该样品可适当稀释，用 TE 缓冲液饱和的酚、氯仿/异戊醇各抽一次，再用无水乙醇沉淀，TE 缓冲液悬浮，最后用紫外分光光度计测定。由于测定 OD_{260} 时，难以排除 RNA、染色体 DNA 及 DNA 解链的增色效应的因素，因此测得的 DNA 数据往往比实际浓度偏高。RNA 纯品的 OD_{260}/OD_{280} 的值为 2.0，故根据 OD_{260}/OD_{280} 值可以估计 RNA 的纯度。若比值较低，说明有残余蛋白质存在；比值太高，则提示 RNA 有降解。

参 考 文 献

陈莉, 魏莉, 周童, 等. 2007. 几种中药 DNA 提取方法的比较研究. 广西植物, 27(1): 137-139

陈盛相. 2013. 茶树品种(系)亲缘关系与遗传多样性分析. 四川农业大学博士学位论文

代翠红, 李杰, 朱延明, 等. 2005. 不同 DNA 提取方法对 4 种重要作物 DNA 提取效率的比较. 东北农业大学学报, 36(3): 329-332

党尉, 尉亚辉, 张华平, 等. 2003. 葡萄总 DNA 提取方法的比较研究. 西北大学学报(自然科学版), 10(5): 572-574

段中岗, 黄琼林, 杨锦芬, 等. 2009. 适合中药材 DNA 条形码分析的 DNA 提取方法的研究. 中药新药与临床药理, 20(5): 480-484

郝会海, 李燕玲, 杜志军, 等. 2006. 利用简化的 SDS 法提取杨树基因组 DNA. 河北林果研究, 21(4): 363-366

蒋超, 黄璐琦, 袁媛, 等. 2013. 使用碱裂解法快速提取药材 DNA 方法的研究. 药物分析杂志, 33(7): 1081-1090

刘少华, 陆金萍, 朱瑞良, 等. 2005. 一种快速简便的植物病原真菌基因组 DNA 提取方法. 植物病理学报, 35(4): 362-365

罗军武, 沈程文, 施兆鹏, 等. 2002. 茶树基因组 DNA 提取纯化技术研究. 茶叶通讯, 4: 20-24

罗焜, 马培, 姚辉, 等. 2012. 中药 DNA 条形码鉴定中的 DNA 提取方法研究. 世界科学技术: 中医药现代化, 14(2): 1433-1439

马文丽. 2012. 核酸提取与纯化实验指南. 北京: 化学工业出版社: 52

沈夏艳, 陈颖, 黄文胜, 等. 2008. 苹果汁中 DNA 提取方法的比较及 RAPD 扩增研究. 中国食品学报, 8(2): 18-23

谭和平, 余桂容, 徐利远, 等. 2001. 茶树基因组 DNA 提纯与 RAPD 反应系统建立. 西南农业学报, 14(1): 99-101

王春利. 2007. 利用 PEF 技术快速提取食用家畜 DNA 的实验研究. 吉林大学博士学位论文

吴艳艳, 代德艳, 蔡春梅. 2015. 一种改良的大豆 DNA 提取方法. 大豆科学, 34(1): 112-115

张海亮, 吴亚君, 陈银基, 等. 2010. 食用油中 DNA 提取方法的研究进展. 食品与发酵工业, 11: 128-132

张秀丰. 2007. 五重 PCR 检测转基因大豆及其食用油脂的研究. 河北农业大学博士学位论文

郑秀芬. 2002. 法医 DNA 分析. 北京: 中国人民公安大学出版社: 37-38

周杨, 龚加顺, 和志娇, 等. 2006. 不同年代云南普洱茶 DNA 提取分离方法初探. 云南农业大学学报, (03): 396-398

Adam R E. 1997. Shear degradation of DNA nucleic acids. Res, 4: 1513-1537

Ausubel F M. 1992. Current Protocols in Molecular Biology. New York: Greene Publishing Associates and Joth Wiley & Sons

Bourrain M, Achouak W, Vincent U. 1999. DNA extraction from activated sludges. Current Microbiology, 38: 315-319

Dellaporta S L, Wood J, Hicks J B. 1983. A plant DNA minipreparation, version II. Plant Mol Biol Rep, 1(4): 19-21

Klein J. 1998. Nucleic acid and protein elimination during the sugar beet manufacturing process of conventional and transgenic sugars beets. Biotechnol, 60: 145-153

Liu Y G, Chen S L, Li B F. 2005a. Assessing the genetic structure of three Japanese flounder (*Paralichthys olivaceus*) stocks by microsatellite markers. Aquaculture, 243(1-4): 103-111

Liu Y G, Chen S L, Li B F, et al. 2005b. Analysis of genetic variation in selected stocks of hatchery flounder, *Paralichthys olivaceus*, using AFLP markers. Biochemical Systematics and Ecology, 33(10): 993-1005

Martin-Laurent F, Philippot L, Sallet S, et al. 2001. DNA extraction from soils: old bias for new microbial diversity analysis methods. Applied and Environmental Microbiology, 67(5): 2354-2359

Murray M G, Thompson W F. 1980. Rapid isolation of high molecular weight plant DNA. Nucleic Acids Res, 8(19): 4321-4325

第二章　DNA 分子鉴定技术

第一节　DNA 分子标记概述

DNA 分子标记是指能反映生物个体或种群间基因组中某种差异特征的 DNA 片段,它能够直接反映基因组 DNA 间的差异,可遗传并能够被检测。DNA 分子标记是基因的直接反映,多态性遍布整个基因组;能对各种食品及动植物产品进行检测,不受基因表达与否的影响,具有数量丰富、多态性强及操作简便等特点。这些分辨率好、信息量大的 DNA 分子标记目前已被广泛应用于粮油制品、果蔬制品、肉制品、乳制品、水产品、茶叶及其制品、中药材及转基因食品中。

第二节　限制性片段长度多态性(RFLP)标记

限制性片段长度多态性(restriction fragment length polymorphism,RFLP)标记是用限制性内切酶酶解样品 DNA,从而产生大量的限制性片段,通过凝胶电泳将 DNA 片段按照各自的长度分开。当酶解片段数量比较多时,电泳后虽按片段长度分开,但实际上仍然是形成连续一片的带。为了把多态片段检测出来,需要将凝胶中的 DNA 变性,通过 Southern blotting 转移至硝酸纤维素滤膜或尼龙膜上,使 DNA 单链与支持膜牢固结合,再用经同位素或地高辛标记的探针与膜上的酶切片段分子杂交,通过放射自显影显示杂交带,即检出 RFLP。当利用同一种限制性内切酶酶解不同品种或同一品种的不同个体时,由于目标 DNA 既有同源性又有变异,因而酶切片段长度有差异,不同材料显示杂交带位有差异,这种差异就是 RFLP。这种 DNA 分子水平上的差异,可能是由于内切酶识别序列的改变,也可能涉及部分片段的缺失、插入、易位、倒位等。RFLP 实际反映了 DNA 分子水平的差异,而且这种变异是可遗传的。

1. 限制性内切酶

限制性内切酶(restriction endonuclease)是一类能够识别 DNA 特定碱基序列,并在特定位点水解外源 DNA 的 DNA 内切酶。目前已鉴定出有 3 种不同类型的内切酶,即Ⅰ型酶、Ⅱ型酶和Ⅲ型酶。这 3 种不同类型的内切酶具有不同的特性,其中 II 型酶，由于其内切酶活性和甲基化作用活性是分开的，其内切酶水解位点的 DNA 碱基序列是一定的，所以，其在基因工程、基因克隆和 DNA 分子标记等研究中有特别广泛的应用。例如，从大肠杆菌 R I 菌株中分离出的 *Eco*R I 内切酶属于 II 型酶，其识别和酶切位点为 G↓AATT↑C。在 DNA 分子中凡是有上述碱基序列的地方，均能被 *Eco*R I "切断"。由于内切酶位点的特异性，特定的酶能将一段含有其识别位点的 DNA 稳定、精确地水解成若干个 DNA 片段，其片段的多少取决于该 DNA 上此酶切位点的多少。

2. DNA 的变异类型

DNA 分子中限制性内切酶识别位点和切割位点的改变是由 DNA 的变异引起的。DNA 的变异有以下几种情况：①碱基置换（如 A 被 G 取代，C 被 A 取代等）；②单个碱基缺失或插入；③一段 DNA 片段缺失或插入；④一段 DNA 片段产生倒置；⑤一段 DNA 片段产生相连性重复片段。

对于一段特定的 DNA 来说，若上述情况①、②、④出现的位置正好在某个酶切位点上而改变了原碱基序列，那么此酶切位点将会消失，但 DNA 总长度不变（一个碱基的增加或减少，普通电泳无法分辨）；若情况①、②、④变化不处于酶切位点上，则有可能因序列的改变而增加一个酶切位点，但总长度并不改变；若发生上述情况③、⑤，酶切位点有可能减少，也有可能增加，但是不论增加或减少，这段 DNA 总长度均可发生变化。

3. PCR-RFLP 产物的电泳

在电场中，中性溶液中带负电 DNA 的分子将从负极向正极移动。将水解后的 DNA 片段进行琼脂糖凝胶电泳或 PAGE，不同大小的 DNA 片段因为迁移率的不同而被分开，若同时以已知大小的一些 DNA 片段为标准进行电泳，因为 DNA 的迁移距离与其分子量的对数成比例，将已知大小的 DNA 片段及其电泳的迁移率绘制一标准曲线，能根据样品 DNA 片段的迁移距离查出样品中 DNA 片段的大小。另外，现在也有一些计算机程序（如 DFRAG303）可根据 DNA 的迁移距离直接计算出其分子量。对不同个体的某些特定 DNA 片段，当用某些内切酶进行水解后，只要不同个体的这些 DNA 片段发生了上述变化，便能在电泳的结果上反映出来。通过对这些个体的 DNA 片段的酶切结果进行酶切位点的变化和酶切片段长短的变化等的比较分析，将得出有关这些个体之间亲缘关系及进化机制等方面的结论。由于该方法是用限制性内切酶，而分析的内容是水解后的 DNA 片段多态性，因此称之为限制性片段长度多态性（RFLP）分析。

RFLP 是由 DNA 一级水平的变异造成的。然而，如果 DNA 变异的位点不在内切酶位点，变异则很难被测到，这个缺陷可以通过增加内切酶的种类来弥补。绝大多数内切酶识别位点的碱基序列是不同的，内切酶种类用得越多，被研究的片段的覆盖面就越大。尽管 RFLP 不如 DNA 测序所得的信息全，但只要内切酶数量应用适当，便能得到较可靠的实验数据。

一、RFLP 标记技术的特点

1. RFLP 标记技术的优点

RFLP 标记技术之所以被发现、重视和使用，是因为在研究应用中它具有下列诸多优点：①RFLP 标记广泛存在于生物体内，不受组织、环境和发育阶段的影响，具有个体、种、属及品种各层次水平的特异性；②核基因组的 RFLP 标记表现为孟德尔的共显性遗传，而细胞质基因组的 RFLP 一般表现为母性遗传；③大多数的 RFLP 表现为单位点上的双等位基因的变异，且 RFLP 标记在等位之间是共显性的，可区分纯合基因型和杂合基因型，不受杂交方法的影响；④在非等位的 RFLP 标记之间不存在上位互作效应，因而互不干扰；⑤标记源于基因组 DNA 的自身变异，理论上，由于分析可以采用的限制性内切酶及选择性碱基组合数目和种类有很多，可以产生的标记数目是无限的，可覆盖整个基因组；⑥结果稳定可靠，重复性好，特别是 PCR-RFLP 由于是由特定引物扩增，退火温度高，因而假阳性低，可靠性更高。

2. RFLP 标记技术的缺点

尽管 RFLP 标记技术有上述诸多优点，但是其也有局限性：①使用放射性同位素进行分子杂交；②对样品 DNA 中靶序列拷贝数的要求高，因此，靶序列的异质性会严重影响 RFLP 标记技术分析；③由于编码基因具有相当高的保守性，RFLP 的多态性变异程度偏低，多态信息量较低；④此操作需要酶切，对 DNA 质量要求高，而且检测的多态性水平过分依赖内切酶的种类与数目；⑤对于线粒体 DNA 而言，因为其进化速度快，影响种以上水平 RFLP 分析的准确性，但是对种以下 RFLP 水平的影响很小。

二、RFLP 标记技术的操作

RFLP 标记技术要求样品 DNA 中靶序列拷贝数足够多。样品中靶序列的数量和纯度决定着 RFLP 的研究方法。目前，RFLP 标记技术的研究方法可将标记技术归纳为两类：标准 RFLP 标记技术和 PCR-RFLP 标记技术。标准 RFLP 标记技术适合用于分析样品靶序列相对含量很高的样品，如线粒体 DNA、核糖体 DNA 或 PCR 扩增产物。但是，标准 RFLP 标记技术因需制备探针、筛选限制性内切酶、操作过程烦琐等，其应用受到限制。PCR-RFLP 标记技术采用 PCR 技术，扩增出决定等位特异性的 DNA 区域，扩增产物用限制性内切酶消化后，再经电泳分离。根据获得的 RFLP 格局，判断不同等位基因的特异性。PCR-RFLP 标记技术克服了标准 RFLP 标记技术需要大量 DNA 的缺陷，可对微量的 DNA 样品进行研究，而且经 PCR 扩增的产物经限制性内切酶消化后，可直接用 EB 染色法检测，快速简便，唯一的缺点是需要事先选择并设计出扩增序列的引物。

1. 试剂

1) 限制性内切酶(*Bam*H Ⅰ，*Eco*R Ⅰ，*Hin*d Ⅲ，*Xba* Ⅰ) 及 10×酶切缓冲液。

2) 5×TBE 电泳缓冲液。

3) 变性液：0.5 mol/L NaOH，1.5 mol/L NaCl。

4) 中和液：1 mol/L Tris-HCl (pH 7.5)，1.5 mol/L NaCl。

5) 10×SSC。

6) 其他试剂：0.4 mol/L NaOH，0.2 mol/L Tris-HCl (pH 7.5)，2×SSC，ddH$_2$O，0.8%(质量浓度)琼脂糖，0.25 mol/L HCl。

2. 操作步骤

(1) 基因组 DNA 的酶解

与其他分子标记实验相比，RFLP 标记技术对 DNA 的质量要求最高，而且要保证一定的量。

1) 取基因组 DNA 5 μL 加入到 1.5 mL 离心管内，再分别加入 5 μL 10×酶切缓冲液，20 单位(U)限制酶，加 ddH$_2$O 至 50 μL。在 50 μL 反应体系中，进行酶切反应。

2) 轻微振荡，离心，37℃反应过夜。取出放在 4℃冰箱中保存备用。

3) 取 5 μL 反应液，0.8%琼脂糖电泳观察酶切是否彻底，这时不应有大于 30 kb 的明显亮带出现。

(2) Southern 转移

1) 酶解的 DNA 经 0.8%琼脂糖凝胶电泳后经 EB 染色观察。

2) 将凝胶块浸没于 0.25 mol/L HCl 中脱嘌呤，10 min。

3) 取出胶块，蒸馏水漂洗，转至变性液变性 45 min。经蒸馏水漂洗后转至中和液中和 30 min。

4) 预先将尼龙膜、滤纸浸入水中，再浸入 10×SSC 中，将一玻璃板架于盆中铺一层滤纸(桥)然后将胶块反转放置，盖上尼龙膜，上覆 2 层滤纸，再加盖吸水纸，压上 0.5 kg 的重物，以 10×SSC 盐溶液吸印，维持 18～24 h。也可用电转移或真空转移。

　　5) 取下尼龙膜，于 0.4 mol/L NaOH 中浸泡 30 s，迅速转至 0.2 mol/L Tris-HCl (pH 7.5) 和 2×SSC 溶液中，漂洗 5 min。

　　6) 将膜夹于 2 层滤纸内，80℃真空中干燥 2 h。

　　7) 放射自显影：标记探针 (每泳道探针 DNA 用量为 5 ng，^{32}P-dCTP 的用量为 1 μCi[①]) 后进行分子杂交。探针与尼龙膜保温在 65℃，缓慢转动 16～18 h。洗膜压片，取出杂交膜，用 SSC 和 SDS 洗去未杂交的探针。用保鲜膜将尼龙膜包好，压上 X 光片，在–70℃下放射自显影 5～15 h。洗片、显影结束后取出，定影、晾干保存。

第三节　随机扩增多态性 DNA (RAPD) 标记

　　任何生物中都具有特定顺序和结构的遗传物质——DNA。由于在生物进化过程中选择性的不同，生物基因组 DNA 的不同区域表现出高度保守或高度变异的现象，具有不同的遗传多样性。随机扩增多态性 DNA (random amplified polymorphic DNA，RAPD) 标记技术是通过分析遗传物质 DNA 经过 PCR 扩增的多态性来诊断生物体内在基因排布与外在性状表现的规律的技术。RAPD 利用 PCR 技术从扩增的 DNA 片段上分析多态性，由于片段被引物选择性地扩增，扩增的片段能在凝胶上清晰地显现出来，这样就可以通过同种引物扩增条带的多态性反映出模板的多态性。RAPD 只需要一个引物，长度为 10 个核苷酸左右，引物顺序是随机的，因而可以在被检对象无任何分子生物学资料的情况下对其基因组进行分析。单引物扩增是通过一个引物在两条 DNA 互补链上的随机配对来实现的，但基因组 DNA 分子内可能存在或长或短的被间隔开的颠倒重复序列，那么在两条单链上就各有一个引物结合的部位，构成单引物 PCR 扩增的模板分子。如果引物的核苷酸序列很短，退火温度又很低，引物与 DNA 模板颠倒重复序列的机会就会增多，产生若干单引物 PCR 扩增产物，形成该引物的特异图谱。不同 DNA 中的这种颠倒重复序列数目及间隔长短的不同，扩增的条带就不同，即出现多态性。当引物较短时，很多在染色体上相邻且方向相反的引物位点存在于基因组内。PCR 技术扫描含有这些颠倒重复序列的基因组而且扩增不同长度的插入 DNA 片段。实际中，长度为 400～2000 bp 的扩增 DNA 片段在琼脂糖凝胶上呈现为一条条带。一般短于 400 bp 的 DNA 片段或者长于 2000 bp 的 DNA 片段在琼脂糖凝胶上不出现。RAPD 原理示意图见图 2-1。

---

　　① 1Ci=3.7×10^{10}Bq。

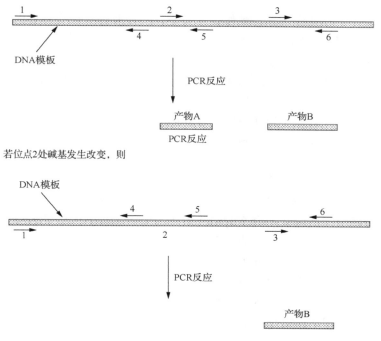

图 2-1　RAPD 原理示意图

1～6 为 RAPD 引物

一、RAPD 标记技术的特点

RAPD 标记技术由于操作简便、快速、省时、省力、DNA 用量少，迅速受到人们的重视，并在农学、林学、医学及植物学和微生物学的各个领域中得到广泛应用，在基因定位与分离、连锁和系统演化等各方面取得了很大的进展。

1. RAPD 标记技术的优点

RAPD 标记技术具有诸多优点：①无须专门设计 RAPD 扩增反应的引物，随机设计的长度为 9～10 个碱基的脱氧核糖核苷酸序列均可运用。但是，为了保证退火反应时双链的稳定性，G+C 含量应在 40%以上。而常规的 PCR 反应必须通过已知的序列设计特定的引物；在每个 RAPD 反应中只加入一个引物。通过一种引物在两条 DNA 互补链上的随机配对实现扩增。②PCR 引物没有种属限制，一套 RAPD 引物可以应用于任意一种生物的研究，具有广泛和通用性的特点。③在最初的反应周期中，退火温度较低，一般为 36℃或 37℃。一方面保证短核苷酸链引物与模板的稳定配对，另一方面允许适当的错误配对，从而扩大引物在基因组 DNA 中配对的随机性,提高对基因组 DNA 进行多态性分析的效率。④不需要 DNA 探针，设计引物也无须预先知道序列信息。⑤显性遗传(极少数为共显性遗传)，不能鉴别杂合子和纯合子。⑥操作技术简便，不涉及分子杂交和放射性自显影等技术，省工、省力，工作效率高。⑦DNA 样品需要量少，引物价格便宜，成本较低。⑧不受环境、发育、数量性状遗传等的影响，能够客观地提示供试材料之间 DNA 的差异，因而成为一项理想和有效的分子生物学技术。⑨RAPD 产物经克隆和序列分析后，可作为 RFLP 和原位杂交的探针，也能够转变成为利用经典 PCR 技术的分子标记，诸如序列标签位点（sequence-tagged site，STS）、序列特征扩增区域（sequence characterized amplified region，SCAR）等。

2. RAPD 标记技术的缺点

RAPD 标记技术虽然具有上述诸多优点，但是仍然存在着下列一些复杂的实际困难。①发生一次或几次突变时引物就不能与引物位点匹配的假设未必成立，不匹配可能只发生在二次突变或者多次突变的时候。②该技术用于二倍体生物时，区别纯合子和杂合子的统计分析会有难度。③在某些情况下，实验结果不能重复，结果可靠性较低。然而能否重复也取决于实验条件，工作细致可以提高重复的可能性。④该技术使用的效果因生物种类而定。在细菌中，因其是单倍体又是无性繁殖，所以，RAPD 标记技术很有用。

二、RAPD 标记技术的操作

1. 试剂

1）20 μmol/L 随机引物（10 碱基）。

2）5 U/μL *Taq* DNA 聚合酶。

3）10×PCR 缓冲液：100 mmol/L Tris-HCl（pH 8.3），500 mmol/L KCl，0.1% Triton X-100。于–20℃冷冻。

4）25 mmol/L MgCl$_2$。

5）dNTP：每种 2.5 mmol/L。

6）1×TBE 电泳缓冲液或 TAE 缓冲液。

2. 操作步骤

（1）PCR 扩增

首先需要配制一个所有试剂的混合反应液，然后等分到各管中。

1）以 25 μL PCR 反应体系为例，配方见表 2-1。

2）将上述反应混合液等量分装到每个反应管中。

3）加入 DNA 或引物。

4）每个管中加入两滴矿物油。

5）盖上小管盖子，放到 PCR 仪上，进行 PCR 反应。

表 2-1　PCR 反应体系

试剂（浓度）	用量
DNA（合适浓度）	2.0 μL
10×PCR 缓冲液	2.5 μL
25 mmol/L MgCl$_2$	1.5 μL
引物（20 μmol/L）	0.25 μL
10×dNTP	2.0 μL
5U/μL *Taq* DNA 聚合酶	0.25 μL
水	16.5 μL
终体积	25 μL

（2）RAPD 反应通用的三步 PCR 程序为：

第一步，1 个循环。94℃，300 s。

第二步，45 个循环。94℃，60s；36℃，60s；72℃，90 s。

第三步，72℃，300 s。

（3）PCR 产物琼脂糖凝胶电泳

1）用 1×TBE 或者 TAE 缓冲液配制 1.5%～2%（质量浓度）的琼脂糖凝胶，并加入 EB 或 Gelred 染料。

2）PCR 扩增结束后，在每个样品中加入 5 μL 上样缓冲液。

3）每个泳道上样 15 μL，选择合适的分子 Marker。

4）适当长时间的电泳，一般 30～60 min。

5）在紫外线透射仪上观察，拍照。

三、实验中可能发生的问题及其解决的方法

1. 无扩增

①可能因为在部分或全部管中缺少一部分反应物，重复少量几个反应以确定所有的 PCR 组分是否都已加入。②PCR 抑制物可能与 DNA 一起纯化，改变 DNA 的浓度。③在 DNA 分离过程中加入一个清洗步骤（如苯酚抽提）。④稀释新的 DNA 溶液。⑤引物母液失效。重新配制母液，使用不同的引物或提高引物浓度。⑥延长退火时间，或降低升温转换步骤之间的速率。⑦提高每个反应中的 *Taq* DNA 聚合酶的浓度。⑧补加新的组分，该组分需高压灭菌。

2. 扩增结果差，条带模糊难以辨认

①更换 *Taq* DNA 聚合酶缓冲液。②检查引物，使用另外一个引物，或者标

记引物末端，用含 6 mol/L 尿素、胶浓度为 16%（质量浓度）的 PAGE 检测。③检查 *Taq* DNA 聚合酶活性（与不同批量的酶比较）。④改变 DNA 浓度。

3. 高分子量产物（＞4 kb）弥散状分布

①降低 DNA 浓度。②降低 *Taq* DNA 聚合酶浓度。③减少上样量。④可能是由于循环次数过多，可减少循环次数。⑤确认是否使用正确的缓冲液制备凝胶。⑥在较低的电压下电泳。

4. 带谱不可重复

DNA 过多或过少。把每个反应中基因组 DNA 的量控制在 10～100 ng，DNA 量太少时，"真正"靶序列与引物的结合效率低，因此引物扩增会产生假的条带，这就被称为引物伪迹；DNA 量太多会导致错误配对（引物与基因组 DNA 的配对）。每个样品进行两个不同 DNA 浓度的反应。

5. 影响 RAPD 图谱重复性的因素

RAPD 带谱对实验程序和条件的变化很敏感。在同一个实验室中 RAPD 的可靠性和可重复性较高，而不同实验室之间 RAPD 的可比性却较差。一般影响条带的数目、大小和强度的因素有 PCR 缓冲液、脱氧核糖核苷三磷酸（deoxy-ribonucleotide triphosphate，dNTP）和 Mg^{2+} 浓度、循环参数（退火温度、变温时间、PCR 仪）、*Taq* DNA 聚合酶来源、DNA 浓度、引物浓度。一般情况下：①每个反应所需 DNA 模板的量为 20～80 ng。②dNTP 浓度为 100～200 μmol/L。在 PCR 热循环过程中，每种 dNTP 的终浓度为 20～200 μmol/L 时，产物量高，特异性、忠实性较好。③*Taq* DNA 聚合酶浓度在 PCR 中的用量受到反应体积、酶活性、酶耐热性等因素的制约，在条件合适时，每 25 μL 体系中一般使用 1～1.5 U 的 *Taq* DNA 聚合酶。*Taq* DNA 聚合酶用量过多时会引起非特异性扩增，从而在胶上出现比较深的背景，影响结果的检测，因此 *Taq* DNA 聚合酶的用量不宜过大。④退火温度的影响。退火温度对于 PCR 的特异性十分关键，过高会使引物和模板结合不上，过低会使引物和模板非特异结合，使扩增片段的特异性下降。引物退火所用的温度取决于引物碱基的组成、长度和浓度，合适的退火温度应低于引物在 PCR 条件下真实解链温度（melting temperature，T_m）值 5℃。RAPD 的退火温度一般低于 40℃，40℃ 以上的退火温度会抑制 RAPD 反应。

第四节　序列特征扩增区（SCAR）标记

序列特征扩增区（SCAR）标记是在 RAPD 技术的基础上发展起来的。其基本步骤是：先进行 RAPD 分析，然后把目标 RAPD 片段(如与某目的基因连锁的 RAPD 片段)进行克隆和测序，根据原 RAPD 片段两端的序列设计特定引物(一般比 RAPD 引物长，通常 24 个碱基)，再进行 PCR 特异扩增，这样就可把与原 RAPD 片段相对应的单一位点鉴定出来。SCAR 比 RAPD 和其他利用随机引物的方法在基因定位和作图中的应用效果更好，因为它有更高的可重复性(原因是使用的引物长)，标记是共显性遗传的。RAPD 标记技术利用单引物扩增多个基因位点对反应条件敏感和在不同杂交之间不能转换使用等特点，在一定程度上限制了 RAPD 标记技术的应用。通过对多态性 RAPD 产物进行克隆和测序，设计更长的引物将 RAPD-PCR 转变成为经典的 PCR 可以克服此限制。

一、SCAR 标记技术的特点

SCAR 标记技术是在对多态性产物测序的基础上，设计一对新的引物特异地扩增一个在特定位点的 DNA 片段，一般在原 RAPD 引物的 3′端与 5′端延长 14 个碱基，利用两端各 24 个碱基的引物进行特异扩增，因此，该方法与 RAPD 相比具有如下优点：①由于使用较长的引物和高退火温度，因此可靠性高，重复性好，对反应条件不敏感。②揭示的信息多，有利于构建高密度的遗传图谱。③类似于 STS，可以作为物理图谱和遗传图谱之间的锚定点。④能进行比较图谱(与 RFLP 图谱)研究或种间同源性研究。可以将显性 RAPD 标记转化为共显性的 SCAR 标记，如果是显性标记，则在检测中可以直接染色，而不需要进行电泳检测。

二、SCAR 标记技术的操作

1) RAPD 特异条带的回收。

RAPD 扩增的产物经电泳后，找出特异的 DNA 条带。将目的 RAPD 片段从琼脂糖电泳胶板上切下，放入 TE 缓冲液(pH 7.5)，加热到 94℃，使琼脂糖块熔解。制备一系列稀释梯度，从每个稀释样品中取 1 μL 作为模板，用原先 RAPD 引物和扩增条件扩增出一个或几个较小的片段，回收目的片段。

2) PCR 产物的克隆。

3) PCR 产物的序列分析。

4) 根据 PCR 产物序列设计正向和反向引物。

5) 经典 PCR 反应。

6) 电泳获得 SCAR 标记。

第五节　简单重复序列(SSR)标记

微卫星(microsatellite)又称为简单重复序列(simple sequence repeat，SSR)，是由 Moore 和 Sollotterer 于 1991 年同时提出来的，是指含少数几个(1～6 个)碱基对的短串联重复 DNA 序列，其串联重复的核心序列为 1～6 个碱基，其中最常见的是双核苷酸重复，每个微卫星 DNA 的核心序列结构相同，重复单位数目 10～60 个，其高度多态性主要来源于串联数目的不同(Liu et al.，2006b)。SSR 的产生是在 DNA 复制或修复过程中 DNA 滑动和错配或者有丝分裂、减数分裂期姐妹染色单体不均等交换的结果。微卫星主要以两个核苷酸为重复单元，也有一些微卫星重复单元为 3 个核苷酸，少数为 4 个核苷酸或更多。SSR 标记的基本原理是根据微卫星序列两端互补序列设计引物，通过 PCR 反应扩增微卫星片段，由于核心序列串联重复数目不同，因而能够用 PCR 的方法扩增出不同长度的 PCR 产物，将扩增产物进行凝胶电泳，根据分离片段的大小决定基因型并计算等位基因频率。SSR 标记为共显性遗传，可鉴别纯合子和杂合子；检测到的多态性比 RFLP 更丰富，重复性很高。其缺点是依赖测序设计引物，成本较高。

一、SSR 标记技术的特点

由于微卫星寡核苷酸的重复次数在同一种物种的不同基因型间差异很大，因而 SSR 标记呈现高度多态性。另外，微卫星标记还具有简单的孟德尔遗传方式、能用 PCR 扩增、提供高质量的信息及在单个微卫星位点上可做共显性的等位基因分析等优点。因此，微卫星标记已成为比较理想的分子标记，其特点如下所述。

1)SSR 标记技术一般检测到的是一个单一的多等位基因位点。

2)微卫星呈共显性遗传，符合孟德尔遗传规律。故可鉴别杂合子和纯合子，对个体鉴定具特殊意义。

3)SSR 标记技术所需 DNA 量少，仅需微量组织。即使 DNA 降解，其亦能有效地分析鉴定。

4)SSR 标记位点专化性。

5)SSR 标记数量丰富。标记覆盖整个基因组，而且分布均匀。

6)实验重复性好，结果可靠性高。

7)SSR 序列的两侧顺序常较保守，在同种而不同遗传型间多相同。

8)多数 SSR 无功能作用，增加或减少几个重复序列的频率高，因而在品种间具广泛的位点变异，比 RFLP 及 RAPD 分子标记具多态性。

但是，利用 SSR 标记技术进行研究时，由于创建新的标记时需要知道重复序列两端的序列信息，如不能直接从 DNA 数据库存查寻，则首先必须对其进行测序。因此其开发有一定困难，费用也较高，必须根据微卫星侧翼序列设计引物，减小了其应用范围。虽然开始筛选重复序列和引物设计过程较慢，但只要引物确定，使用便极为简单，结果极为稳定。

二、SSR 标记技术的操作步骤

1. PCR 扩增

（1）引物设计

使用 SSR 标记的前提是已知重复序列两侧的 DNA 序列和设计引物。因此，SSR 标记技术所用引物对于 SSR 标记技术的应用至关重要。SSR 标记技术的引物有下列 4 种来源。①相关文献。②近缘种的引物。③根据从研究类群基因组文库中筛选出的一套 SSR 位点两翼序列设计的引物。开发 SSR 引物的方法主要有经典方法、微卫星富集法和省略库选法等。④数据库的搜寻法：利用专门的 SSR 分析软件 Sputnik 与 WisconsinGCG 程序包中的 FindPatterns 程序搜索 GenBank、EMBL 和 DDBJ 等公共数据库中的 DNA 序列和 EST 序列获得 SSR 序列。

（2）PCR 反应

PCR 反应终体积为 15 μL。每个反应含有下列成分：45 ng 模板 DNA；2.5 μmol/L 引物；11.5 mmol/L MgCl$_2$；各 625 μmol/L 4 种 dNTP；10×PCR 缓冲液；1.5 U *Taq* DNA 聚合酶。

反应参数：第一步，94℃、5 min。第二步，35×（94℃、30 s，引物实际温度、45 s，72℃、45 s）；第三步，72℃、5 min。

反应物用于电泳，或者储存于 4℃ 备用。

2. 扩增产物的检测

在 SSR-PCR 扩增以后，要对扩增产物进行检测。一般用 PAGE 或者特殊的琼脂糖凝胶检测扩增产物。用 PAGE 对扩增产物进行检测时，通常 PCR 产物在变性聚丙烯酰胺序列胶上分离的效果优于非变性胶上的分离效果。因为杂合个体在 PCR 后期的循环中会产生异源双链分子，导致在杂合的情况下胶中产生了 3 条带甚至是 4 条带，而不是正常的 2 条带。这种情况的出现会干扰等位基因的统计。SSR-PCR 扩增产物在 5%～8%（质量浓度）的变性聚丙烯酰胺序列胶上分离后，微卫星 DNA 中 1～2 个核苷酸的变化可以分辨出来。每个 PCR 反应物占据一个电泳泳道，进行序列胶电泳时使用的鲨鱼齿具 25～50 个样孔，因此每板电泳可同时分析 25～50 个个体中等位基因的精确变化,这种方法适于做群体遗传的研究。另外,微卫星位点的分离也可在高浓度琼脂糖凝胶上进行。

3. 统计分析

PCR 产物经过电泳在凝胶上分离以后,必须读带和统计分析所获得的数据资料。在合适大小的范围内,微卫星位点的共显性遗传应产生一条(纯合子)或两条(杂合子)带,有时会出现几条弱带,这是 PCR 扩增的假带。较长的重复,如 3 个或 4 个核苷酸重复,产生这种假带较少,但较长的重复少见,而且比两个核苷酸重复较难从文库中分离。任何类型的微卫星的分析都会产生等位基因和基因型频率的数据,因此可采用标准的群体遗传的模式进行分析。例如,可计算谱系的近交系数,估测近交和居群亚分化水平,计算基因和基因型频率用于测定偏离哈迪-温伯格(Hardy-Weinberg)平衡的程度。此外,对亲缘关系的分析,包括亲子鉴定与谱系的确立也比其他方法简单和直接。

在 SSR 数据处理中,通常采用多态的比例或多态信息含量(polymorphism information content,PIC)来表示信息含量。作为一种分子标记的 SSR 位点的信息含量,与一个居群中现存等位基因的数目和频率直接成比例,与串联重复单位的数目直接相关,PIC 的范围从接近 0($n=10$)到 0.8($n=24$)。不完全重复的 PIC 比预期的要低,最高的预期值是那些最长的、中间没有被替换的重复序列。例如,人类基因组潜在含有约 7000 个(AC)$_n$ 位点,其 PIC>0.7。用于计算 SSR 信息含量 PIC 值的公式为 PIC=$1-\sum_i f\frac{2}{i}$,式中,f_i 表示第 i 个等位基因的频率。例如,以二进制记录凝胶电泳结果,在相同迁移位置,有带记为 1,无带记为 0,构建所有引物扩增结果数据库,采用 SYSTA 8.0 软件,应用 Ward 数据度量方法和 Eudidean 距离进行聚类分析。

第六节　简单重复序列区间(ISSR)标记

简单重复序列区间(inter-simple sequence repeat,ISSR)标记又称为微卫星-锚定 PCR(SSR-anchored PCR),是一种新型的分子标记,为加拿大蒙特利尔大学 Zietkiewicz 等于 1994 年创立的。在 SSR 标记技术中,采用 PCR 反应必须知道扩增 DNA 片段两侧序列,在大多数情况下,某些序列本身或其旁侧序列并不清楚,而且 SSR 由于两侧引物具有物种特异性,引物设计费时耗力,要检测多个基因座是不现实的。这就限制了 PCR 技术的应用,而 ISSR 标记可克服上述障碍。用于 ISSR-PCR 扩增的引物通常为 16～18 个碱基序列,由 1～4 个碱基组成的串联重复和几个非重复的锚定碱基组成,从而保证了引物与基因组 DNA 中 SSR(又称为微卫星 DNA)的 5′端和 3′端结合,通过 PCR 反应扩增 SSR 之间的 DNA 片段(Liu et al.,2006a)。ISSR 原理示意图见图 2-2。

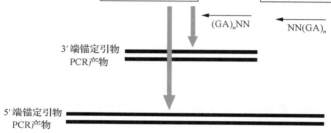

图 2-2 ISSR 原理示意图

一、ISSR 标记技术的特点

ISSR 标记技术是一种在 PCR 中直接使用微卫星序列进行 DNA 扩增的分子标记技术,具有如下特点。①实验操作简单、快速、高效,不需要烦琐地构建基因文库、杂交和同位素显示等步骤。②扩增基因组 DNA,适用于任何富含 SSR 重复单元和 SSR 广泛分布的物种,要同时提供多位点信息和揭示不同微卫星座位个体间变异的信息。③遗传多态性高,重复性好。ISSR 标记技术采用了较长的引物(17~24 bp),退火温度较高,因此,引物具有更强的专一性,与模板结合的强度提高,降低了杂带的干扰,随之提高了实验结果的可重复性。④ISSR 标记为显性标记,符合孟德尔遗传规律。⑤无须知道任何靶标序列的 SSR 背景信息。ISSR 标记技术在引物设计上比 SSR 标记技术简单得多,不需要知道 DNA 序列即可以用引物进行扩增,又可以揭示比 RFLP、RAPD 和 SSR 更多的多态性。其引物可基于任何在微卫星位点发现的 SSR 重复单元(2~4 个核苷酸等),并且侧翼靶标 SSR 的任何一端均能够锚定基因组序列。⑥ISSR 标记技术结合了 RAPD 标记技术和 SSR 标记技术的优点,耗资少,模板 DNA 用量少。

然而,ISSR 标记技术也有不足。其不足之处在于:PCR 扩增反应的最适条件需要一定时间摸索;ISSR 标记大多是显性标记,在解决交配系统、计算杂合度与父系分析等问题时效果不佳。

二、ISSR 标记技术的操作

1. 引物设计

引物设计是 ISSR 标记技术关键且最重要的一步。ISSR 引物常为 5′端或者 3′端加锚(1～4 个碱基)的二核苷酸、三核苷酸、四核苷酸重复序列,重复次数常为4～8 次。

2. PCR 扩增反应

扩增步骤与 RAPD 技术相似,但不同引物、不同材料的扩增条件有异。一般25 μL PCR 反应体积中含 0.2～0.8 μmol/L 引物、20～100 ng 模板 DNA 和 0.4～1.0 U *Taq* DNA 聚合酶,pH 8.3～9.0;需要做预备实验优化 PCR 条件,以获得清晰、可重复、易统计的条带。

第七节　扩增片段长度多态性(AFLP)标记

扩增片段长度多态性(amplified fragment length polymorphism,AFLP)是 1993年由 Zebeau 和 Vos 建立的一种分子标记技术,最初被称为限制性片段选择扩增(selective restriction fragment amplification,SRFA),它是将基因组 DNA 用成对的限制性内切酶双酶切后产生的片段用接头(与酶切位点互补)连接起来,并通过 5′端与接头互补的半特异性引物扩增得到大量 DNA 片段从而形成指纹图谱的分子标记技术。AFLP 技术实际上是将 RFLP 和 PCR 相结合的一种技术。该技术既继承了 RFLP 的稳定性,又具有 PCR 反应快速、灵敏的特点,实验重复性高,检测的多态性丰富,呈孟德尔式遗传。高分辨率、准确性和重复性是 AFLP 分子标记最突出的特点(Vos et al.,1995)。AFLP 标记是基于对基因组 DNA 双酶切,再经PCR 扩增后选择限制片段。在使用 AFLP 标记技术进行研究时,由于不同物种其基因组 DNA 的大小不同,基因组 DNA 经限制性内切酶酶切后产生的限制性片段的分子量大小不同。使用特定的双链接头与酶切 DNA 片段连接作为扩增反应的模板,用含有选择性碱基的引物对模板 DNA 进行扩增,选择性碱基的种类、数目和顺序决定了扩增片段的特殊性。所以,只有那些限制性位点侧翼的核苷酸与引物的选择性碱基相匹配的限制性片段才可以被扩增。扩增产物经放射性同位素标记、PAGE 分离,然后根据凝胶上 DNA 指纹的有无来检测多态性。AFLP 标记技术的实验流程如图 2-3 所示。

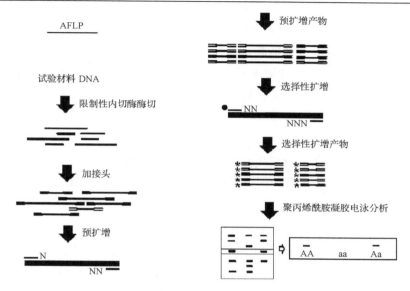

图 2-3　AFLP 流程图

一、AFLP 标记技术的特点

1. AFLP 标记技术的优点

(1) AFLP 标记理论上可以无限多

由于 AFLP 标记技术可采用多种不同类型的限制性内切酶及不同数目的选择性碱基，因此，理论上 AFLP 标记技术能够产生无限多的标记数并且可以覆盖整个基因组。AFLP 的多态性远远超过其他分子标记，一般一次检测可获得 50～100 个 AFLP 扩增产物，能够在遗传关系十分相近的材料中产生多态性，因而被认为是指纹图谱技术中多态性最丰富的一项技术。

(2) 多态性高

AFLP 标记技术在揭示物种多态性水平方面比 RFLP、RAPD、SSR 标记技术可靠、经济、有效。每个 PCR 反应产物经变性 PAGE 后，通过 AFLP 标记可检测到的标记数为 50～100 个，AFLP 能够在遗传关系十分相近的材料间产生多态性，故被认为是指纹图谱技术中多态性最丰富的一项技术(Liu et al.，2004)。

(3) DNA 用量少，检测效率高

AFLP 分析所需模板的 DNA 量少(0.05～0.5 mg)，而且对模板浓度的变化不敏感。一般 0.5 mg 的 DNA 样品可进行 4000 个反应。

(4) 可靠性好，分辨率和重复性高

AFLP 分析由于扩增片段较短，故分辨率高；它采用特定引物扩增，退火温度高，使假阳性率降低，提高了可靠性。

(5)对 DNA 模板质量要求高，对其浓度变化不敏感

AFLP 反应对 DNA 浓度要求不高，在浓度相差 1000 倍的范围内仍可得到基本一致的结果，但该反应对模板 DNA 的质量要求较为严格。DNA 的质量影响酶切、连接和扩增反应的顺利进行。

(6)选择中性

可将 AFLP 用于亲本对后代群体种质贡献及基因追踪的研究。引物在不同物种间是通用的，可用于没有任何分子生物学研究基础的物种的研究。

(7)方便快速

因为 AFLP 标记技术结合了 RFLP 标记技术及 RAPD 标记技术各自的优点，不需要进行 Southern blotting，不需要预先知道 DNA 的顺序信息。又因为 AFLP 银染技术具有快速、方便的特点，在 1~2 h 内可以得到图谱结果。

(8)通用性

AFLP 引物在不同物种间是通用的，可用于没有任何分子生物学研究基础的物种。

正因为 AFLP 标记技术再现性高，重复性好，所以非常适合于品种指纹图谱的绘制、分子遗传连锁图谱的构建及遗传多样性的研究。在一些多态性很少，而且在待测样品较少的情况下[如近等基因系(near iso-genic line，NIL)和分离群体分组分析法(bulked segregant analysis，BSA)分析]，用 AFLP 标记技术也能获得满意的结果。对于高密度基因图谱的绘制或对某个基因所在区域精细作图，AFLP 标记技术是较为理想的方法。

2. AFLP 标记技术的缺点

尽管 AFLP 标记技术具有上述诸多优点，但是也存在一些缺点。①AFLP 技术过程复杂，基因标记获得的程序复杂，成本较高。②AFLP 分析中需要同位素或非同位素标记引物的程序，就必须配备有放射性同位素操作过程中特殊的防护措施及配套的仪器设备。③AFLP 标记技术对操作人员的技术水平要求高，在一般实验室开展此项技术尚存在一定困难。④AFLP 扩增时有假阳性结果和假阴性结果出现，以及凝胶背景杂乱等。

二、AFLP 标记技术的操作

AFLP 标记技术的主要步骤包括模板 DNA 制备、酶切片段扩增和扩增产物的电泳分析 3 个步骤。其中模板 DNA 制备、引物选择及引物标记是 AFLP 技术的

关键。

1. 模板 DNA 的制备

在进行 AFLP 标记分析时,首先要制备高分子量(high molecular weight,HMW)基因组 DNA。HMW 基因组 DNA 的成功制备和避免部分降解是 AFLP 标记成功的关键。在制备过程中要特别注意避免核酸酶及各种失活物质的污染。然后,用两种限制性内切酶酶切,通常一种酶的识别位点是 6 个碱基,另一种是 4 个碱基,如 EcoR I 和 Mse I。选择这样两种酶共同酶切基因组 DNA,可以产生比较小的酶切片段,经过 PCR 反应扩增出的产物大小主要在 1 kb 以下,可能在 100~1100 bp。酶切片段在 T4 DNA 连接酶作用下与特定接头(adaptor)连接,产生带接头的特异性片段即模板 DNA,长度为 14~18 bp,模板 DNA 由核心序列和内切酶位点特异序列组成。例如,EcoR I 接头和 Mse I 接头如下:

EcoR I 接头

5′CTCGTAGACTGCGTACC
CTGACGCATGGTTAA5′

Mse I 接头

5′GACGATGAGTCCTGAG
TACTCAGGACTCAT5′

在用限制性内切酶酶解时,酶解反应一定要彻底。

2. 引物选择及引物标记

在利用 AFLP 标记技术研究中,一般酶切片段要进行两次连续的 PCR 扩增,以提供大量的模板,并产生清晰、重复性高的扩增结果。第一次扩增被称为预扩增(pre-amplification)。用含一个选择性碱基的引物进行 PCR 预扩增。EcoR I 和 Mse I 对应的预扩增引物为 EA(5′ACTGCGTACCAATTCA3′)和 MC(5′GATGAGTCCTAGTAAC3′)。预扩增产物经稀释后可作为模板进行第二次扩增,即选择性扩增(selective amplification),此次扩增多采用含 2~3 个选择性碱基的引物进行。选择扩增采用温度梯度 PCR。PCR 开始于高复性温度(一般为 65℃)以期获得最佳选择性,然后复性温度逐步降低直到稳定于复性效果最好的温度(一般为 56℃)。最终保持在这个复性温度下完成其余的 PCR 循环,一般情况下可使目的序列扩增到 0.5~1 μg。其中,引物的选择和引物的标记是关键。

(1)引物及其选择

AFLP 标记技术研究中所用的引物长度常为 18~20 bp,由核心顺序、内切酶位点特异顺序和选择性顺序 3 部分组成。

在 AFLP 标记引物中,3′端选择性核苷酸数目的多少决定了 AFLP 酶位点特异顺序选择性扩增产物的多少。实验中可根据基因组的 DNA 大小确定引物末端所需的选择性核苷酸的数目。目前在基因组 DNA 的 AFLP 分析中,选择性扩增反应所用的引物一般含有 2 个或 3 个选择性核苷酸顺序，文献中常提到的+3 或+2 就是表示在引物 3′端的选择性核苷酸数目分别为 3 或者 2。可以根据所研究的基因组大小分别选 2+2，2+3，使每个泳道中的扩增产物数目平均在 50 个，但随条件不同，波动范围可在 20～100 个。一般大于 10^8 bp 的基因组可以用两个末端各有 3 个选择性核苷酸进行扩增，即 3+3 引物组合；10^5～10^8 bp 的基因组 DNA 可以用两个分别含有 2 个和 3 个选择性核苷酸的引物进行扩增，即 2+3 引物组合。

(2) 引物标记

为检测 AFLP 扩增产物，用 γ-^{33}P ATP 或 γ-^{32}P ATP 在 T4 多核苷酸激酶的作用下对选择性扩增的引物之一进行末端磷酸化标记。在实际应用中 ^{33}P 比 ^{32}P 更受青睐，因为 ^{33}P 标记后形成的放射性自显影条带不易扩散，更为清晰易于分辨，而且 ^{33}P 的放射性半衰期长，是 ^{32}P 的 2 倍，使用起来也更为经济。

3. AFLP 标记技术的核心试剂和引物

1) *Eco*R I /*Mse* I 每种 4U/μL。

2) 10×反应缓冲液。

3) 10 mmol/L ATP

4) 接头，各 5 pmol/L。

*Eco*R I 接头：　5′CTCGTAGACTGCGTACC3′
　　　　　　　　3′CTGACGCATGGTTAA5′

Mse I 接头：　5′GACGATGAGTCCTGAG3′
　　　　　　　3′TACTCAGGACTCAT5′

5) T4 DNA 连接酶，3 U/μL。

6) 基因组 DNA，50 ng/μL。

7) 预扩增引物 5 ng/μL。

*Eco*R I 预扩增引物：5′GACTGCGTACCAATTC3′

Mse I 预扩增引物：5′GATGAGTCCTGAGTAA3′

8) 4 种核苷酸混合物(dNTP)，每种 2.5 mmol/L。

9) 水。

10) TE 缓冲液：10 mol/L Tris-HCl、0.1 mol/L EDTA (pH 8.0) 的混合溶液。

11) 10×PCR 缓冲液。

12) *Taq* DNA 聚合酶，2 U/μL。

三、AFLP 多态性的检测方法

随着分子生物学的发展，琼脂糖凝胶溴乙锭染色、聚丙烯酰胺凝胶电泳(PAGE)和变性 PAGE 银染法等各种 DNA 的检测方法产生。用于 AFLP 标记技术的 DNA

多态性的检测方法，除了放射自显影技术外，主要是变性 PAGE 银染法、荧光扩增片段长度多态性检测和琼脂糖凝胶溴乙锭染色法。

1. AFLP 银染技术

AFLP 银染技术不用放射性同位素标记扩增产物，而是将其经过变性 PAGE 后，用银染方法代替放射性标记进行多态性的检出。Chalhoub 等（1997）及万春玲和谭远德（1999）的实验证明 AFLP 银染技术与放射性标记一样可靠；AFLP 银染技术比同位素标记操作安全、快速且成本低，可获得与应用同位素一样清晰的条带。

2. 荧光扩增片段长度多态性

荧光扩增片段长度多态性（fluorescent AFLP，FAFLP）技术是用荧光染料代替放射性同位素来标记引物，从而得到荧光染料标记的片段，用自动化测序仪进行片段的检测，该方法较传统方法可获得更多的信息，是 AFLP 技术的一大进步。

3. 琼脂糖凝胶分离技术

应用单限制性酶酶切基因组 DNA，会得到平均长度更大的片段，通过设计专一性接头和引物，选择性扩增后，产物经含溴乙锭的琼脂糖凝胶电泳后即可得到分离。

四、cDNA-AFLP

AFLP 标记基础上的 cDNA-AFLP 是先从总 RNA 中提取出 mRNA，然后逆转录合成双链 cDNA，cDNA 经限制性内切酶酶切，再与寡核苷酸接头连接，产生 PCR 扩增的模板，经过 2 次扩增后通过凝胶电泳进行分离。cDNA-AFLP 常用于从基因家族中分辨高度同源性的基因而无须知道基因的序列，以及真核生物亚种间的不同基因和基因表达的时空性。

第八节　表达序列标签（EST）标记

cDNA 是指与 RNA 序列互补的 DNA。cDNA 不含任何内含子，可用于后续的序列分析。1983 年，cDNA 的短序列被发现可以用于基因鉴定，1991 年，Adams 等创始高通量 cDNA 的测序时提出了"EST"的概念。此后，表达序列标签（expressed sequence tag，EST）技术在世界范围内广泛开展起来。随着高速自动测序与 DNA 芯片测序等方法的不断发展使一些生物体基因组测序成为可能，EST 标记技术得到了广泛应用，特别是在功能基因组研究中发挥巨大作用，已经成为研究基因最有效的捷径。1993 年，美国国家生物技术信息中心（National Center of Biotechnology

Information，NCBI）建立了一个专门的 EST 数据库（database of EST，dbEST）来保存和收集所有的 EST 数据。EST 标记是通过从 cDNA 文库中随机挑取的克隆进行测序所获得的部分 cDNA 的 3′端或 5′端序列，一般长度为 300～500 bp，平均长度为（360±120）bp。EST 来源于一定环境下一个组织总 mRNA 所构建的 cDNA 文库。每一个 EST 代表一个表达基因的部分转录片段。通过对 EST 序列的分析，从中可以获得大量的基因表达信息。EST 标记分为两大类：①以分子杂交为基础的 EST 标记，使用本身为探针和经过不同限制酶酶切的基因组 DNA 杂交可以产生这类标记；②以 PCR 为基础的 EST 标记，按照 EST 的序列设计引物对基因组特殊区域进行 PCR 扩增能够产生此类 EST 标记。

一、EST 标记技术的特点

1. EST 标记技术的优点

与一般分子标记技术相比，EST 标记技术的优越性体现在：第一，EST 标记可直接和一个表达基因相关，且便于转变成为 STS 标记。因为表达基因只占整个基因组的 2%左右，EST 标记反映的只是编码部分的基因，所以利用 EST 标记可以直接获得有关基因表达的信息。第二，用 EST 标记替代基因组测序将使研究费用大大降低，并大大提高了测序效率，具有多、快、好、省之特点。第三，大量的 EST 标记累积起来可以建立一个新的数据库，为表达基因的鉴别提供了大量信息。因为 EST 标记来源于 cDNA 克隆，故它们反映了基因组的结构和不同组织中基因的表达模式。第四，EST 标记在 GenBank 和蛋白质信息资源库（Protein Information Resources，PIR）等数据库中能够进行比较，从而获得其可能的功能和表达模式等信息。第五，EST 来源于编码 DNA，一般其序列保守性强，所以在家系和种界间的通用性比来源于非编码序列的标记更好。因此，EST 标记特别适合于远源物种间比较基因组研究与数量性状位点信息的比较。EST 图谱将会加速种间连锁信息被确认的速度。第六，如果发现一个 EST 标记与一个有益农艺性状连锁，它很可能直接影响该性状。第七，与组织差异显示相关的 EST 或者与某些候选基因具有同源性的 EST 能够成为遗传连锁作图的特定目标。

2. EST 标记的缺点

第一，EST 标记所获得的基因组信息不全，如调控序列、内含子等在基因表达调控中起重要作用的信息不能体现出来。第二，EST 技术所需的费用高。高表达丰度和中表达丰度基因的 EST 存在冗余性，增加了测序成本。尽管可以利用扣除杂交预先处理 cDNA 文库，减少高表达丰度和中表达丰度基因的冗余克隆，尽可能地提高发现特异的细胞群体中低丰度 mRNA 的概率。第三，EST 序列数据相对不精确，精确度最高为 97%。EST 数据库中约有 0.5% 的 EST 克隆是错误的或是相同的克隆，5% 的克隆的插入片段是反向的，2.5% 的克隆其引物结合在 cDNA 内部。所以，所得序列并非从末端开始，一次测序所造成的序列不精确，可能在判断 EST 是代表已知基因还是新基因时会造成误差。第四，每一条 EST 序列仅仅是一个完整基因的一部分，是基因序列的"窗口"，用 3'-EST 和 5'-EST 推测基因的功能只能间接获得基因的功能信息。第五，EST 标记对所用的 DNA 质量和 cDNA 文库要求高。由于 EST 是随机对大量 cDNA 克隆测序所获得的，因此对 cDNA 文库有一定的要求。第六，获得 EST 需要大批量测序，故该技术不适用于中小型实验室的操作。

二、EST 标记的产生过程

目前，产生 EST 标记的程序已日渐完善。在 EST 标记产生过程中，首先从样品组织中提取 mRNA，在逆转录酶的作用下，用 oligo(dT) 作为引物进行逆转录 PCR(reverse transcription PCR，RT-PCR)，合成 cDNA，选择合适的载体构建 cDNA 文库。其次，根据载体多克隆位点设计引物将每一个插入片段进行两端一次性 (single-run) 自动化测序和资料分析。EST 产生的基本步骤如下所述。

1. cDNA 文库的构建

为了尽可能完整地提取与分离 mRNA，有效地构建 cDNA 文库，必须从不同组织和不同发育阶段的材料中提取 mRNA。

2. 序列测定

利用载体上的多克隆位点的互补序列作为通用引物，从 5' 端定向 EST 测序，每次测出 250～400 bp cDNA 的片段。另外，也有人采取先从 5' 端进行测序，后从 3' 端对所有不冗余克隆进行测序。这样来自两个末端的 cDNA 序列往往能够用于鉴定包含两个或者不同片段 mRNA 的嵌合克隆。

3. 资料分析

在利用手工编辑的方法去除所测得的 EST 序列中载体和末端的多余序列后，得到所需的 EST 序列。然后，把这些 EST 序列与 dbEST 数据库中的数据比较，找出哪些代表已知基因，哪些代表未知基因，哪些代表已知 EST。最后，进行综合评价分析，获得所需的 EST 标记。EST 分析的工具很多，但是通用的公用工具有以下 3 类。

序列相似性查询(sequence similarity search)。序列相似性查询工具中的 BLAST 系列可用于 EST 查询。tBLASTn 可以翻译 DNA 数据库，BLASTx 翻译输入数据，tBLASTx 则两者均可。FASTA 亦有类似的功能。

序列组装(sequence assembly)。用一个"探针"序列在数据库中搜索可以获得与之相匹配的 EST 序列,通常需要对这些 EST 序列进行对位排列(sequence alignment)以获得一致性序列。下一轮搜索得到的 EST 同样也应参与对位排列。这种反复的对位排列工作被称为序列组装。相关的软件工具有 Staden 组装器、TIGR 组装器和 Phrap 等。

序列聚类(sequence clustering)。序列聚类工具是指将一个大的序列集合分解成亚集(subset)或簇(cluster)的计算机软件,其基础是使聚合序列的范围限制在一个最小重叠的区域内。一个可靠而有效的 EST 聚类方法将减小数据库的冗余度,节省数据库搜索时间。总之,如果已得到大量的 EST 序列,并且需要估计出它们所代表基因的数目时,聚类工具就显得特别重要。

三、EST 数据库

数据库是生物信息学的主要内容,从数据库的种类来看,核酸和蛋白质序列数据库是最基本的。鉴于 EST 在基因研究和商业开发中重要的价值,大量的数据库已被建立。近年来 EST 数据库发展迅速,EST 序列数量以惊人的速度增长。EST 数据的迅速增长提供了丰富的资源,目前较为常用的核酸序列数据库有:NCBI 的 GenBank,欧洲分子生物学实验室的 EMBL,日本 DNA 数据库 DDBJ。这 3 个数据库是收录范围最广并完全向公众开放的数据库,它们均含有 EST 子数据库 dbEST。在核酸序列数据库中,EST 的数量占 65%以上,中国于 1996 年在北京大学建立了生物信息中心 CBI,引进了核酸蛋白质序列及结构等近 40 个数据库。作为 EMBL 的节点,它具有多种服务功能。

1. EST 数据库存在的问题

EST 数据库正逐渐成为发现药物、改进动植物遗传性状及解决人类疾病的研究基础;并作为有遗传标记价值的资源,为在相关物种间构建基因组的表达基因连锁及比较图谱提供了良机,从而克隆有经济价值的基因位点。然而,EST 数据库中的数据在很大程度上是没有组织、没有注解、冗余和质量较低的,这是因为 EST 数据库存在着下列问题:①在获取 cDNA 时,前体 mRNA 剪接时可能存在变体,因而存在多条 cDNA 对应同一基因,导致来源于同一基因的 EST 存在多样性。②cDNA 克隆两端测序是一次性测序并没有经过再次确认,而且一些无法由分析仪自动判断的区域可能也未以人工的方式予以校正,因此这些序列含有不少的错误信息。③构建 cDNA 文库时可能会存在被污染的问题,如载体 DNA、线粒体 DNA、细菌 DNA 等的污染。④低丰度的 mRNA 很难用于产生 EST,但是,这些低丰度的 mRNA 对应的基因很可能具有关键性的功能。

更重要的是,随着人们对基因组研究的更深入开展,EST 数据库所涉及的范围也不断扩大，必定会导致数据库中序列及生物学数据的剧增，作为一个理想的数据库，其中基因、cDNA、EST 和氨基酸序列等数据都应根据它们的功能来归类，并与代谢图谱、相应的表达水平、组织特异性、亚细胞定位等信息相关联。显而易见，目前还没有构建如此广泛信息的数据库，作为当今数据库中占主导地位的 EST 序列在开发过程中有许多问题尚待解决。

2. 优化 EST 数据库的策略

1) 构建高质量的 cDNA 文库时，提高基因发现的频率。构建 cDNA 文库时，取材要广泛，要具有代表性。例如，在不同的发育阶段和环境条件下，取不同的特异组织、表型不同的个体构建 cDNA 文库。这样所得到的 EST 信息含量高，不仅有助于借助高密度的转录图进行定位克隆，而且有助于人们在细胞水平理解复杂的生理过程。

2) 解决低丰度 mRNA 构建 cDNA 文库时较难得到的问题。通过常规化处理来增加低量表达基因对应的 cDNA 克隆是有效的，但打乱了在特殊组织中基因的表达图谱。而且通过以量取胜产生大量的 EST 的办法也存在一定的局限性。

3) 在 cDNA 克隆测序前进行特异性筛选，避免重复测序 EST 带来的冗余克隆，进一步提高测序工作的准确度。

4) 模块表达序列标签(module-EST，M-EST)技术，即依据蛋白质最小功能单位——蛋白质基序相对保守的特点，根据研究需要，选择与某类基因功能相关的蛋白质模体，设计简并引物，经 PCR 扩增、测序胶分离、序列测定，结合已知 EST 数据来定义每一条序列所代表的基因(可能属于该类基因)的特异的表达标签。所选择的蛋白质模体两两组合的数目越大，所获得的 M-EST 片段群体数也越多，能定义的基因群体就越大。对每一分离的特异性扩增片段进行 DNA 序列测定后建立 M-EST 数据库(M-EST database，dbM-EST)。dbM-EST 除能提供类似的 EST 序列外，还可通过 M-EST 序列对照模体简并引物，在计算其模体符合率后明确蛋白质序列。利用 M-EST 并结合国际公共数据库开放信息，可以极大地加快 cDNA 全长的克隆与鉴定，提高实验效率，节省克隆基因所需的科研投入。

5) 对 EST 进行聚类。随着 EST 标记技术成熟，全球很多实验室都开始进行大量各种 cDNA 文库克隆的测序，并将所有测序得到的序列提交至一个公共的中心数据文库——dbEST。但大部分 EST 数据是未经整理的，来源众多，重复性高，这些低质量的资料需要进行聚类，目的是构建基因的索引，将 EST 和全长的转录物划分成不同的种类，以便代表相同基因的序列被放在同一索引分类中。精确的索引使基因的表达研究变得容易，减少寻找基因的花费，而且有效的基因聚类也有助于新的基因表达变化的发展。目前与 EST 聚类相关的工程有：NCBI 为了将重复的序列合并建立的 UniGene 数据库，TIGR 基因索引、STACK、Merck/

Washington University 的基因索引及基因表达。2003 年，张利达等报道了一种有效的 EST 聚类方法——EST Clustering 方法，现在此将其介绍如下。

序列预处理：在大规模测序中，EST 数据中难免含有污染序列。例如，细菌基因组和核糖体的序列污染；另外，部分 EST 序列内部带有载体、接头和 poly（A）或 poly（T）序列的污染。因此，在聚类分析之前需要对污染序列进行处理。通过收集核糖体序列、细菌基因组序列和载体序列，构建污染序列数据库；利用 Cross Match 分析工具，以污染数据库中的序列为对照，对所有待聚类分析的 EST 序列进行扫描并去除污染序列。并且对去除污染后的 EST 进一步筛选，舍弃序列长度小于 100 个碱基的 EST。

EST 聚类：EST 数据的测序错误率平均在 3%左右。如果对同一片段分别进行 2 次测序，产生的 2 条序列之间的相似程度大约为 94%（97%×97%）。经调试，设定聚类阈值为 2 条 EST 序列的重叠区超过 40 个碱基，且该区域的碱基同源性大于 94%。具体聚类过程如下。

首先，取 1 条待分析的 EST 作为检索序列，对其进行延伸。利用 MEGABLAST 工具，使其与数据库中的其余 EST 进行局部对齐，收集符合聚类条件的 EST。其次，用 Phrap 软件（默认参数）将这些 EST 拼接成一致序列。如拼接后的一致序列的有效延伸长度大于 20 个碱基，则该一致序列代替上述检索序列进行重新检索、拼接，直至获得的序列长度不能用此法继续延伸为止。将这些 EST 合并成一簇，并将它们从待分析序列的数据库中删除。

然后另取 1 条待分析，进入新的聚类循环，直至所有 EST 聚类成簇。在整个聚类分析过程中，与其他 EST 不匹配的 EST 序列单独成簇（single cluster）。按照匹配阈值对生成的所有 EST Clustering 再进行聚类，符合聚类条件的若干个簇重新合并成一簇，直至没有新簇产生。

第九节　单核苷酸多态性（SNP）标记

一个单核苷酸多态性（single nucleotide polymorphism，SNP）的含义是在给定的一个群体中，超过 1%的个体在给定的遗传区域内发生一次核苷酸改变。这个定义不包括其他遗传变化如插入和缺失、重复序列拷贝数的变化等。遗传学的一个关键课题是把序列变化与可遗传的表型变化联系起来。SNP 是最普遍的序列变化，被认为是一个物种中不同个体表型差异的主要来源。地球上的大部分物种都具有各自特定的稳定的基因组序列。但是，对于一个物种群体中的每一个体，在其 DNA 序列上的某些特定的位置却会出现不同的碱基，这就是 SNP。人们认为它们在易患病体质、对药物具有抗药性或药物过敏性体质及在临床上的个体差异现象中扮演了极其重要的角色。因此，对多态性和单核苷酸突变的发现成为当今生命科学领域研究的热点。基因组 DNA 是生物体各种生理、病理性状的物质基础。人类众多个体的基因组序列的一致性高达 99%以上，然而，个体之间各种性状的差异仍然很大，包括对疾病的易感性、对同一疾病治疗药物的反应性等。在同一生物群体中明显存在两种以上不同的遗传性状，而且出现频率较高，称为遗传的多态性(polymorphism)，而遗传物质 DNA 的多态性如 RFLP、STR 和 SNP 是个体间差异的遗传学基础。SNP 是指在基因组水平上由单个核酸序列的变异引起的 DNA 序列多态性。理论上讲，SNP 既可能是二等位多态性，也可能是 3 个或 4 个等位多态性。然而实际上，后两者非常少见，几乎可以忽略。因此，通常所说的 SNP 都是二等位多态性的。这种多态性只涉及单个碱基的变异，这种变异可以由单个碱基的转换(transition)(包括 C 与 T、G 与 T、C 与 G、A 与 T 互换)，或颠换(transversion)(包括 C 与 A、G 与 T、C 与 G、A 与 T 互换)引起，也可以由碱基的插入或缺失所致。但是，通常所说的 SNP 并不包括后两种情况。转换的发生率总是明显高于其他几种变异，具有转换型变异的 SNP 约占 2/3，其他几种变异的发生概率相似。转换的概率之所以高，可能是因为 CpG 二核苷酸上的胞嘧啶残基是人类基因组中最易发生突变的位点，其中大多数是甲基化的，可自发地脱去氨基而形成胸腺嘧啶，1998 年建立的 SNP 技术，目的是检测人类基因组中单个核苷酸的改变。同年 5 月 *Science* 杂志发表第一张人类遗传 SNP 连锁图谱，也被称为人类第三代遗传图谱，包括了 2227 个位点，平均刻度达到 2 cM。人类基因组中每 1000 个核苷酸就有一个 SNP，人类 30 亿碱基中共有 300 万以上的 SNP。

一、SNP 标记技术的特点

由于 SNP 在任一特定位点上只有两个等位基因，因此，与简单序列长度多态性相比，其涵盖的信息量很有限，似乎很难满足疾病易感基因精确定位的要求。但这个不足可通过加大分布密度来弥补，而且这个目标并不是难以实现的，因为完整的 SNP 图谱完成之后，可以提供远高于此要求的密度。有研究认为，1 个二核苷酸重复多态性标记的信息量是 SNP 的 2.25~2.5 倍，也就是说，1 个有 900~1000 个均匀分布的 SNP 的图谱在进行基因组扫描时，其所能提供的信息量就足以和目前最常用的有 400 个标记位点的多态性图谱的信息量相当。所用 SNP 数量虽多，但因检测速度快，故它将能最终取代简单序列长度多态性，用于复杂性状的多基因遗传病研究。SNP 标记由于具有以下优点而成为继限制性片段长度多态性(RFLP)和微卫星标记后的第三代分子遗传标记。

1. SNP 标记技术的优点

①SNP 等位基因的频率易于估出。SNP 在生物中是二等位基因性的，在任何生物群中其等位基因频率都可估计出来。②SNP 数量多，分布广泛。SNP 通常是一种

二等位基因，即二态的遗传变异，CG 序列出现最为频繁。它在基因组中的分布较微卫星标记广泛得多。③与串联重复的微卫星位点相比，SNP 是高度稳定的，尤其是处于编码区的 SNP，而微卫星位点的高突变率容易引起生物群遗传分析的困难。④部分位于基因内部的 SNP 可能会直接影响产物蛋白质的结构或基因表达水平，因此，它们本身可能就是疾病遗传机制的候选突变位点。⑤SNP 适于快速、规模化筛查，易于进行自动化分析，缩短了研究时间。⑥易于基因分型。因为 SNP 的二态性，SNP 在基因组中常常只需要进行＋/–分析，便于自动化的筛选或者检测技术的开发。虽然 SNP 只有两种等位基因型，在个体中的多态信息量比 SSR 等多等位基因型的信息量少。但是，SNP 二态性、高频率和稳定性弥补了其信息量的不足。3～4 个相邻的 SNP 双等位标记构成的单倍型基因就有 8～16 种，相当于一个 SSR 形成的多态性，而且突变率很低。⑦SNP 在单个基因和整个基因组中分布不均匀。SNP 在非转录序列中比在转录序列中多，绝大多数在非编码区。

2. SNP 标记技术的缺点

SNP 标记是非常有用的分子标记，但是在 SNP 图制作、SNP 分型、SNP 结果分析等方面还存在一些问题：①制作 SNP 图理论上需要约 500 个有代表性的个体，以开发一套密度至少在 100 000 左右的 SNP。即使多重 PCR 和 SNP 芯片取得了很大进展，仍需要大量单个扩增反应对每个 SNP 进行靶扩增。但由于成本太高，一般实验室难以开展该工作。统计学上的准确性需要增加 SNP 的密度，但大批量扩增和检测反应所产生的错误信号也随之增加。②难以确定用哪个 SNP 解决错误的遗传问题，并对数据进行有效的分析。目前，对导致复杂性状的多因素遗传基础还缺乏了解，经典的孟德尔概念(两个等位基因，正常对异常)常常用于分析复杂的问题。实际上，只有当导致复杂疾病的基因仅有一个野生型和一个易感等位基因，并且等位基因杂合度较低时，才能用统计学方法分析遗传标记与疾病表型的关系。连锁分析在确定复杂性状的基因方面几乎未取得成功，遗传统计方法和工具也有待于开发和完善。③SNP 存在专利问题。如果 SNP 的开发得不到足够的重视和经费支持，那么大量 SNP 的 cSNP 就可能被大量的私人研究机构开发与占有，这对SNP 的研究与应用是很不利的。④SNP 改变了基因原有的结构和连锁率，从而表现为生物对外界反应的不适应，因此，随着 SNP 的增加，致命性疾病可能会增加。

二、SNP 研究的内容和检测方法

1. 研究内容

SNP 的研究内容主要包括两个方面：①SNP 数据库的构建。SNP 数据库构建的主要目的是发现特定种类生物基因组的全部或部分 SNP。②SNP 功能的研究。

大规模 SNP 数据库构建只是基因组序列分析中心可以胜任的工作,常规实验室是不太可能进行该工作的。但应该注意到,发现只是研究的第一步,而 SNP 功能的研究才是 SNP 研究的目的。特定 DNA 区域的特定 SNP 在特定群体中的序列验证和频率分析,以及 SNP 与特定生理/病理状态的关系是 SNP 研究的主要方面。

2. SNP 检测方法

与为数有限的蛋白质测序和 DNA 序列分析方法相比,SNP 分析的基本方法在数量上已达 20 余种。但是,按其研究对象主要分为两大类:①对未知 SNP 进行分析,即找寻未知的 SNP 或确定某一未知 SNP 与某遗传病的关系;②对已知 SNP 进行分析,即对不同生物群 SNP 遗传多样性检测,或在临床上对已知致病基因的遗传病进行基因诊断。在实际应用中许多检测未知 SNP 的方法也可以用来对已知 SNP 进行检测,而对已知 SNP 检测的方法也可用于对未知 SNP 的粗筛,筛选后再用测序方法确定 SNP 突变类型及其位置。具体而言,有以下几种主要的 SNP 检测方法。

(1)基于分子杂交的 SNP 检测方法

1)等位基因特异寡核苷酸(allele-specific oligonucleotide,ASO)片段分析。

2)基因芯片技术。基因芯片(gene chip)又称为 DNA 芯片(DNA chip)或生物芯片(biological chip),是用标记的探针去杂交固定的样品,最后通过检测杂交信号的强弱判断样品中靶分子的数量。近年来已经在晶体上用“光刻法”实现原位合成,直接合成高密度的可控序列寡核苷酸,使 DNA 芯片法显示出强大威力,对 SNP 的检测可以自动化、批量化,并已在构建 SNP 图谱方面有实际应用。

(2)基于公共数据库的直接方法来寻找新的 SNP

1)POLYBAYES 计算法(polybayes algorithm)。根据 SNP 在 EST 中的分布比在其他基因组区域中的多,即许多 SNP 源于 EST,应用 Polybayes 软件可对任意 DNA 进行序列变异性的检测。

2)SNPpipeline。SNPpipeline(single nucleotide polymorphism pipeline)是利用信息学工具设计的检测任意 DNA 序列中 SNP 位点存在情况的一套半自动装置,分为 PHERD、PHRAP 和 DEMIGIACE 三个部分。

(3)以构象分析为基础的 SNP 检测方法

1)温度梯度凝胶电泳(temperature gradient gel electrophoresis,TGGE)。

2)单链构象多态性(single strand conformation polymorphism,SSCP)。

3)变性梯度凝胶电泳(denaturing gradient gel electrophoresis,DGGE)。

4)变性高效液相色谱(denaturing high performance liquid chromatography,DHPLC)。

（4）基于酶切或者 PCR 反应的 SNP 检测方法

1）限制性片段长度多态性（RFLP）。

2）突变错配扩增检验（mismatch amplification mutation assay，MAMA）。

（5）直接测序 SNP 的检测方法

1）测序。在人类基因组中搜寻 SNP 最普遍的方法是将已定位的序列标签位点（STS）和表达序列标记（expressed sequence tag，EST）进行再测序。David 等 1998 年在 *Science* 上报道采用该方法从 1139 个 STS（全长 279kb）中得到 279 个 SNP，平均每 1001 pb 有 1 个 SNP。

2）SNPshotGeneScan。SNPshotGeneScan 也被称为小测序（minisequencing），是一项利用测序仪 GeneScan 的功能检测 SNP 的技术，它可以在检测已知 SNP 时代替测序，但比测序更方便、更省时、更经济。

（6）毛细管电泳技术与 SNP 检测

毛细管电泳（capillary electrophoresis，CE）是近年发展的高效快速分离和分析的技术，泛指在散热效率高的 20～100 μm 的细管内，利用在有或无凝胶的筛分机制和高强度电场的双重作用下，DNA 片段因离子表面积和分子外形的变异导致迁移时间的不同而检测 SNP。

此外，还有引物延伸结合飞行时间质谱分析（time of flight mass spectrometry，TOF-MS）、基质辅助激光解吸电离飞行时间质谱（matrix-assisted laser desorption/ionization time of flight mass spectrometry，MALDI-TOF）、DNA STS 标记、分子信标（molecular beacons）技术、原子探针显微镜和 EST 分析法及 TaqMan 系统等。但由于需要荧光标记及专门的分析仪器，用上述技术进行研究时，其可行性较差。因此，像 DNA 的焦磷酸序列分析（pyrosequencing）方法可能成为这些研究的主流技术。通过 PCR 技术可以将已知的 SNP 所在的 DNA 片段扩增出来，然后在 SNP 位点的上游或下游设计一个测序引物，通过焦磷酸测序对 SNP 位点碱基类型及 SNP 位点上下游的若干碱基序列进行分析。

上述列举出的各种方法有利亦有弊，如 DNA 芯片法具有快速和高效的优点，但是也有仪器复杂和不易推广的缺点。再如，等位基因特异性扩增法虽是一种检测点突变较快捷的方法，但此方法实验条件要求较高，需严格控制，否则易出现假阳性。为此，2004 年卜莹等在等位基因特异性扩增法的基础上研究建立了一种准确、快速和廉价的 SNP 测定方法：四引物 PCR 扩增反应的单管 SNP 快速测定法。该方法是将两对引物同时加入单管中进行 PCR 扩增，所设计的两条特异性引物即内引物分别与 DNA 双链的两条单链互补，其 3′端正好与 SNP 位点重合，由此物的 3′端控制着引物的延伸反应，根据延伸产物的长度确定 SNP 类型，并通过在引物的 3′端区域引入一个人为不匹配的碱基来提高延伸反应的特异性。

第十节　序列标签位点（STS）标记

STS 最早是由 Olson 于 1989 年提出并开发成功的。任何单拷贝的多态性标记都可以作为基因组的界标转变为 STS 标记。获得 STS 的方法是将单拷贝的克隆 DNA 从两端测序，设计一对专门的扩增引物（大约 20 bp）特异性扩增这一段序列。STS 标记的突出优点是共显性遗传方式，很容易在不同组合的遗传图谱间进行标记转移。STS 是指基因组中长度为 200～500 bp，且核苷酸顺序已知的单拷贝序列，通过 PCR 可将其专一扩增出来。其基本原理是，依据单拷贝的 RFLP 探针、微卫星序列、Alu 因子等两端序列，设计合适的引物，进行 PCR 扩增，电泳显示扩增产物多态性。有时扩增产物还需要特定的限制性内切酶酶解后才能表现出多态性。目前用于 STS 引物设计的主要是 RFLP 探针。

STS 标记的主要特点

1）标记来源广，数量多。

2）共显性遗传，可区分纯合子和杂合子。

3）技术简便，检测方便。

4）与 SSR 标记一样，其开发依赖于序列分析及引物合成，成本较高。

5）多态性常常低于相应的 RFLP 标记，这是因为 STS 仅仅检测该引物分布区域的片段差异或酶切位置差异，而 RFLP 标记的多态性往往可能是探针以外区域的差异，这一部分差异无法转化成 STS 标记的多态性。

第十一节　单链构象多态性（SSCP）标记

20 世纪 80 年代，日本学者金泽等发现相同长度的 DNA 片段之间即使相差一个碱基，经中性聚丙烯酰胺凝胶电泳（PAGE）时，单链电泳迁移率也会不同（Orita，1989）。这就是单链构象多态性（SSCP），这一发现为基因变异的检测开辟了一条新途径。DNA 单链在非变性聚丙烯酰胺凝胶上电泳时，其迁移率除与 DNA 的长短有关外，还取决于 DNA 单链所形成的构象，即单链 DNA 的构象差异会导致其在凝胶电泳中的迁移率变化（Hayashi，1992）。在非变性条件下，DNA 单链可自身折叠形成具有一定空间结构的构象，这种构象由 DNA 单链碱基决定，其稳定性靠分子内局部顺序的相互作用（主要为氢键）来维持。相同长度的 DNA 单链其顺序不同，甚至单个碱基不同，所形成的构象不同，电泳迁移率也不同。PCR 扩增产物变性后，单链产物经非变性 PAGE，目的 DNA 中如果含有单碱基置换等突变，就会形成不同的构象，突变基因与正常基因迁移率不同而被分开，基因的多态性得以检测和鉴定。由于该技术可检测到单碱基变化，因此可对等位基因进行分型(赵广荣等，2005)。

一、SSCP 标记的优点

1. 高灵敏度

SSCP 技术在检测 100～300 bp 长度的 DNA 片段时，其突变的检出率为 99%～100%；而片段长度为 300～450 bp 时，其检出率可达到 89%(Orita，1989)。SSCP 可以检测到用 RAPD、RFLP 等其他分子标记所不能检测到的差异。

2. 操作简便

双链 DNA 分子经过热变性之后成为单链，然后迅速放入冰中，避免互补链的复性并促进单链复合体的形成。单链产物在非变性聚丙烯酰胺凝胶上电泳，在电泳过程中单链 DNA 分子会形成特定的谱带，最后用银染等方法进行染色、显色。整个过程操作简单，不需要特别仪器，技术容易掌握，PCR 产物变性后无须特殊处理就可直接电泳，试验步骤少，周期短，最快可在 1.5 h 内得出结果。

3. 应用范围广

适合于大样本筛查，在测序之前使用 SSCP，可避免盲目测序所带来的工作量，加快测序速度。该方法既能分析 DNA 的多态性，又可检测 DNA 片段中的各种突变，并可应用于基因制图等领域。

二、SSCP 分析的缺点

首先，SSCP 不能识别突变位置，只能作为一种突变检测方法，要最后确定突变的位置和类型，还需进一步测序。且当碱基转换或颠换不影响 DNA 构象时检出率较低，如 G-T 之间的转换，其检出率为 57%，而且突变位点周围序列的变化对 SSCP 分析结果影响非常小，检测存在假阴性(Sheffield et al.，1993)。其次，对于大于 300 bp 的 DNA 片段随着长度的增加，检测的敏感性逐渐降低。通过荧光物质标记引物来提高 SSCP 分辨效果，或采用低离子强度 PCR，或毛细管电泳技术与 SSCP 相结合，可有效提高 SSCP 技术的检测敏感性，解决传统 SSCP 技术敏感性降低的问题。

三、SSCP 的实验操作

1. PCR 产物的制备

在进行 SSCP 前首先要通过 PCR 扩增出特异性好的产物，扩增产物的琼脂糖电泳不能有过强的拖尾。PCR 产物的制备过程中，一个值得注意的问题是，扩增基因常常使用热稳定性 *Taq* DNA 聚合酶，该聚合酶会使 DNA 链的 3′端附加上不配对的多余碱基 A，所以 PCR 产物通常是加尾碱基和无加尾碱基 DNA 片段的混合物，这使得 SSCP 结果的分析变得十分复杂。而 DNA 聚合酶 I 的 Klenow 片段具有核酸内切酶活性，用 Klenow 片段处理 PCR 产物，可以除去加尾碱基，使所有的分子都变成平末端，从而解决这一问题。

2. DNA 样品变性预处理

DNA 样品的变性是进行电泳构象分离的前提，为了提高变性的效果和均一性，需要添加化学变性剂。甲酰胺是常用的变性剂，它能够降低双链 DNA 的熔链温度。此外，通常向 DNA 样品溶液中加入少量的氢氧化钠，以辅助提高 DNA 的变性效果。

3. 聚丙烯酰胺凝胶制备

平板凝胶电泳都使用非变性聚丙烯酰胺作为筛分介质；而毛细管 SSCP 技术中可以使用羟乙基纤维素、羟甲基纤维素、羟甲基丙基纤维素等纤维素衍生物及聚氧乙烯等，其中聚丙烯酰胺的分辨率很高，是广泛使用的筛分介质（赵广荣等，2005）。可用测序板进行 SSCP 分析，凝胶板长度通常在 40 cm 以上。凝胶浓度很重要，一般使用 5%～8%的凝胶，凝胶浓度不同，突变带的相对位置也不相同，如果在进行未知突变种类的 SSCP 分析时，最好采用两种以上凝胶浓度，这样可以提高突变种类的检出率。凝胶的厚度对于 SSCP 分析也很重要，凝胶越厚，背景越深，在上样量较多的前提下，尽量使凝胶越薄越好。在小于 1 kb 长度的情况下，DNA 片段长度与聚丙烯酰胺的浓度选择如表 2-2 所示。

表 2-2　DNA 片段长度与丙烯酰胺的浓度选择表

DNA 片段长度（核苷酸数）	丙烯酰胺/%
1 kb 至 700 bp	3.5
700～500 bp	5
500～200 bp	8
＜200 bp	12

4. 凝胶电泳缓冲体系

平板凝胶 SSCP 分析中，常用由 Tris-硼酸盐-EDTA 和 5%～10%的甘油组成的低 pH 电泳缓冲液系统，可有效提高 SSCP 的灵敏度。为了提高分辨率，在平板凝胶电泳缓冲液中还可加入低浓度变性剂，如 5%～10%甘油、5%尿素或甲酸胺、10%二甲基亚砜（dimethyl sulfoxide，DMSO）或蔗糖等，它们能够轻微改变单链

DNA 的构象，增加分子的表面积，降低单链 DNA 的泳动率。但有些变异序列却只能在没有甘油的凝胶中被检出。因此，对同一序列使用 2～3 种条件进行 SSCP 分析，可提高敏感性。

5. 电泳温度

保持凝胶内温度恒定是 SSCP 分析最关键的因素，温度直接影响 DNA 分子内部稳定力的形成及其所决定的单链构象，从而影响突变的检出。不同的样品、不同的缓冲液、不同的聚合物成分都会有不同的最适温度，SSCP 应在最适温度下进行操作(一般 4～15℃)，其检出率最高。由于在电泳时温度会升高，为确保电泳温度相对恒定，应采取以下措施：减小凝胶厚度，降低电压，有效的空气冷却或循环水冷却等。在没有冷却装置的电泳槽上进行 SSCP 时，开始的 5 min 应用较高的电压(如 250 V)，以后用 100 V 左右电压进行电泳。这主要是由于开始的高电压可以使不同立体构象的单链 DNA 初步分离，而凝胶的温度不会升高，随后的低电压电泳可以使之进一步分离。

6. 检测系统

平板 SSCP 的检测主要用 DNA 嵌合染料染色(银染或其他荧光试剂染色)或放射性同位素标记，使结果可视化，在紫外灯下观察，用凝胶成像仪记录结果或压片曝光。染色比放射性同位素安全、方便，目前广泛应用，但灵敏度不如放射性同位素高。毛细管 SSCP 分析中现在主要使用荧光标记。

第十二节　基于反转录转座子的分子标记

一、反转录转座子的结构和类型

反转录转座子是广泛分布于真核生物中的一类可移动因子。根据是否包含有长末端重复序列(long terminal repeat，LTR)而将反转录转座子分为两大类，即 LTR 反转录转座子和非 LTR 反转录转座子。LTR 是研究较多的反转录转座子，根据其序列相似程度及编码基因的排列顺序，又进一步分为 Ty1-copia 和 Ty3-gypsy 两大类；而非 LTR 反转录转座子的两侧没有 LTR 的存在，而以 Poly(A)或 A-rich 序列结尾，根据其结构，又可以分为长散在重复序列(long interspersed repetitive element，LINE)和短散在重复序列(short interspersed element，SINE)两类。LTR 反转录转座子两侧翼具有长末端重复序列，其长度从 100～500 bp 不等。非 LTR 反转录转座子是比 LTR 反转录转座子简单的转座因子。其中的 LINE 也包含有和 LTR 反转录转座子相同的蛋白质基因(周延清，2005)。

二、反转录转座子的特点

反转录转座子有如下特点：①分布广泛。反转录转座子广泛分布于真核生物基因组中。②纵向传递。反转录转座子可以从亲代传递到下一代。称为纵向传递（vertical transmission），还可以在不同物种之间进行传递，这类似于病毒传递，称为横向传递（horizontal transmission）。③基因组高异质性。同一类反转录转座子的同一家族，在基因组上都是高度异质的。④反转录转座子的活性。研究表明许多反转录转座子可被多种生物的（如真菌提取物和病毒等）和非生物的（如甲基茉莉酮酸酯和水杨酸等）逆境所激活。

三、反转录转座子的分子标记

反转录转座子由于其上述特性而很容易作为一种分子标记，应用于遗传变异的研究中。基于反转录转座子的分子标记（retrotransposon-based marker，RBM）主要有下列几种：①特异序列多态性（sequence-specific amplification polymorphism，SSAP）。②反转录转座子插入位点间多态性（inter-retrotransposon amplified polymorphism，IRAP）。③反转录转座子与简单重复序列间多态性（retrotransponson-microsatellite amplified polymorphism，REMSP）。④基于反转录转座子插入的多态性（retrotransposon- based insertion polymorphism，RBIP）。

第十三节　　DNA 条形码技术

在分类学上，根据对一个统一的目标基因 DNA 序列的分析来完成物种鉴定的过程被称为 DNA 条形码编码过程。就像商业中的条形码一样，每个物种的 DNA 序列都是唯一的。因为在 DNA 序列上，每个位点都有 A、T、G、C 4 种选择，一段长度为几百个碱基的基因序列就有数亿种组合，由于分子生物学技术的发展，获得一段几百个碱基长度的序列已经比较容易。虽然实际上由于自然选择的原因，基因中某些位点上的碱基是固定不变的，从而导致可能的码组合数减少，但能够变异的碱基提供的信息已经足够。DNA 条形码工作完全可以建立在一段长度为几百个碱基的基因序列信息的基础之上，而从理论上讲它能够包括所有的物种。DNA 条形码技术的操作过程比较简单，包括以下几个步骤：提取 DNA、利用通用引物 PCR 扩增目的片段、纯化 PCR 产物、测序及序列分析。序列分析的思路很简单，只要将所有序列进行两两比较并计算其差异值，然后根据差异值来确定物种之间的关系即可。

一、DNA 条形码序列的选择

　　能够用作条形码的基因，必须具备两个特征：一是必须具有相对的保守性，便于用通用引物扩增出来；二是要有足够的变异能够将物种区别开来。核内基因变化速率通常要低于线粒体基因，由于其太过保守，要解决物种级的问题有困难。目前线粒体 12S 和 16S 基因被广泛用作水产生物系统发育研究的标志基因，但这些核糖体基因中存在大量的插入和缺失（indels）现象，从而使序列比对受到阻碍，不便操作，而且还容易造成错误的比对。线粒体存在于生物的细胞之中，相对于细胞核的 DNA，线粒体 DNA 之所以是一个很好的遗传鉴定工具，是因为大多数生物细胞中只有一组染色体，但都有上百个线粒体，因此等量的样品中线粒体的 DNA 更容易被放大和使用，而且线粒体 DNA 的演变相对于染色体的 DNA 快了许多，因此累积了更多信息，这样用它鉴定物种的准确性也就大大提高了。另外，线粒体中存在的 13 个蛋白质编码基因很少存在插入和缺失，在这 13 个候选基因中，综合基因序列的长度和进化速率两个条件，最终选定了细胞色素氧化酶Ⅰ（cytochrome oxidase Ⅰ，COI）基因中靠近 5′端一段约 645 个碱基长度的片段。因为 COI 基因在能够保证足够变异的同时又很容易被通用引物扩增，而且目前研究表明，其 DNA 序列本身很少存在插入和缺失。同时，它还拥有蛋白质编码基因所共有的特征，即密码子第三位碱基不受自然选择压力的影响，可以自由变异。

　　DNA 条形码技术已经被初步证明是一个行之有效的生物鉴定手段。其主要作用包括可以完成物种的区别和鉴定，发现新种和隐存种，重建物种和高级阶元的演化关系。它将完成一些传统形态学鉴定手段无法完成的工作，如可以鉴定生物的卵和幼体、动物或植物的寄生物，还能很快鉴定新种，并有可能解决形态学手段难以攻克的隐存种问题，或者根据动物肠道包含物或排泄物分析来解决食物链问题。

二、DNA 条形码应用于物种鉴定存在的问题

　　有关利用 DNA 条形码技术应用于物种鉴定展现了美好的前景。目前所引数据似乎证明 COI 基因能够完成生物条形码，但其前提是现在所有的数据都来自于各属非常有代表性的种类，并都能很明确地鉴定出来。然而，国际上对此项计划的争论也相当大，主要问题是单靠一段几百碱基的序列能否解决所有物种鉴定的问题，尤其是近缘种鉴定的问题。Sperling 根据他所在实验室一系列昆虫 COI 基因序列的数据，认为至少有 1/4 的物种是不容易用 DNA 条形码技术的方法来区分的（Sperling，2003）。另外一个问题就是，物种鉴定都是基于两两比较的差异度，那么，这些差异到何种程度才可以被称为传统意义上的一个物种呢？而且随着数据的增多，不得不再去考虑一个阶元划分标准的问题，到

底序列差异到何种程度是一个种间差别，到何种程度又分别是属间、科间差别。Hebert 等(2003)对鳞翅目的序列数据分析结果表明，同属各种 *COI* 基因序列的平均差异程度是 11%～13%，而种内的 *COI* 基因序列差异程度通常都很低，低于 2%，因此不妨碍物种鉴定。

线粒体 *COI* 基因用作 DNA 条形码技术的目的基因尚存在某些不足。目前 *COI* 基因序列主要适用于动物界，对于植物界和其他生命界，尚需选择其他基因序列作为标记，而且线粒体基因中可能会存在杂交或者基因渗透现象，不能解决某些复杂生物的关系问题，因此就需要联合几个核内基因来增加标记数，扩大基因选取的范围。要突破单分子标记的局限性，要尝试多个分子标记的结合使用，而且在选取除 *COI* 之外的基因时，也绝不能仅限于现行通用的分子标记，要大胆尝试一些新的有潜力解决问题的基因，比如物种形成基因可能是区分近缘物种的重要分子标记。

第十四节　荧光定量 PCR 技术

荧光定量 PCR 技术，是指在 PCR 反应体系中加入荧光基团，利用荧光信号积累实时监测整个 PCR 进程，最后通过标准曲线对未知模板进行定量分析的方法。在荧光定量 PCR 反应体系中，荧光标记物有两种：荧光探针标记和荧光染料标记。目前常见的基于荧光共振能量传递(fluorescence resonance energy transfer，FRET)技术的荧光杂交探针(引物)主要有 FRET 探针、TaqMan 探针、分子信标及蝎形引物等；荧光染料标记中最为常用的是 SYBR Green 荧光染料。荧光定量 RCR 技术可避免常规 PCR 技术中，在产物扩增后的一系列烦琐操作，如琼脂糖凝胶电泳、溴化乙锭染色、荧光标记、放射性标记等，以及溴化乙锭的致癌作用。杂交技术的特异性较高，理论上 20 bp 的序列只有 1/420 的相同概率，因此使用 TaqMan 探针不仅简便、快捷、准确，而且具有特异性强的特点。

荧光染料能特异性掺入 DNA 双链，发出荧光信号，而不掺入双链中的染料分子不发出荧光信号，从而保证荧光信号的增加与 PCR 产物增加完全同步。荧光探针是将 FRET 技术应用于常规 PCR 中，在探针的 5′端标记一个荧光报告基团(R)，3′端标记一个猝灭基团(Q)，两者可构成能量传递结构，即 5′端荧光基团所发出的荧光可被猝灭基团吸收或抑制，当两者距离较远时，抑制作用消失，报告基团荧光信号增强，荧光监测系统可接收到荧光信号。利用以上荧光产生原理，在 PCR 过程中可以连续不断地检测反应体系中荧光信号的变化。

当信号增强到某一阈值(PCR 反应的前 15 个循环的荧光信号作为荧光本底信号，阈值的缺省设置为 3～15 个循环的荧光信号的标准偏差的 10 倍)时，*Ct* 值被记录下来，每个模板的 *Ct* 值与该模板的起始拷贝数的对数存在线性关系，起始拷贝数越多，Ct 值越小。利用已知起始拷贝数的标准品可做出标准曲线，其中横坐标代表起始拷贝数的对数，纵坐标代表 Ct 值。这样，只要获得未知样品的 Ct 值，即可从标准曲线上计算出该样品的起始拷贝数。

一、荧光定量 PCR 定量的理论模式

特定的待扩增基因片段起始含量越大，则指数扩增过程越短，当扩增速率趋于稳定后，则无论原来样品中起始模板含量多少，最终扩增片段的含量通常是一样的。理想的扩增结果：$Y=X\times2^n$，其中 Y 代表扩增产物量，X 代表 PCR 反应体系中的原始模板数，n 为扩增次数；理论上 PCR 扩增效率为 100%，PCR 产物随着循环的进行呈指数增长，但实际上 DNA 的每一次复制都不完全，即每一次扩增中，模板都不是呈 2 的倍数增长；实际应为 $Y=X(1+E)^n$，其中，E 代表扩增效率：$E=$ 参与复制的模板/总模板，通常 $E\leqslant1$，E 在整个 PCR 扩增过程中不是固定不变的。通常 X 在 1～105 拷贝，循环次数 $n\leqslant30$ 时，E 相对稳定，原始模板以相对固定的指数形式增加，适合定量分析，这也就是所谓的指数期；随着循环次数 n 的增加（>30 次），E 值逐渐减少，Y 呈非固定的指数形式增加，最后进入平台期。

荧光扩增曲线（图 2-4）分成 3 个阶段：荧光背景信号阶段（线性增长期）；荧光信号指数扩增阶段（指数增长期）；平台期。

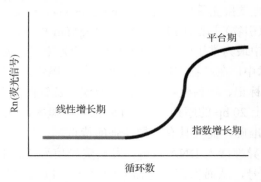

图 2-4　荧光扩增曲线

二、荧光阈值和 Ct 值

1. 荧光阈值的设定

荧光阈值（threshold）是在荧光扩增曲线上人为设定的一个值，它可以设定在荧光信号指数扩增阶段任意位置上（图 2-5），但一般我们将荧光阈值的缺省设置为 3～15 个循环的荧光信号的标准偏差的 10 倍。

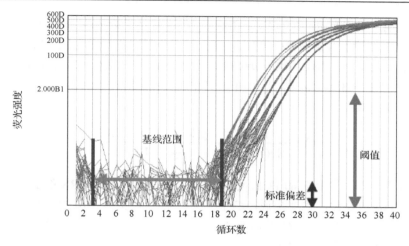

图 2-5　荧光阈值的确定

2. Ct 值的定义

在荧光定量 PCR 技术中，还有一个很重要的概念——Ct 值。C 代表 Cycle（循环数），t 代表 threshold（阈值），Ct 值的含义是：每个反应管内的荧光信号到达设定的阈值时所经历的循环数（图 2-6）。

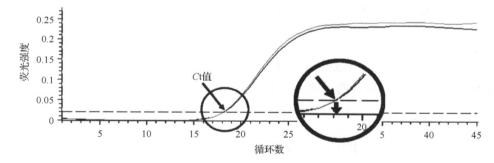

图 2-6　Ct 值的确定

Ct 值取决于阈值，阈值取决于基线，基线取决于实验的质量，Ct 值是一个完全客观的参数。研究表明，每个模板的 Ct 值与该模板的起始拷贝数的对数存在线性关系，起始拷贝数越多，Ct 值越小。利用已知起始拷贝数的标准品可做出标准曲线。因此，只要获得未知样品的 Ct 值，即可从标准曲线上计算出该样品的起始拷贝数。正常的 Ct 值范围在 18～30，过大和过小都将影响实验数据的精度。

Ct 值与模板 DNA 的起始拷贝数成反比，这一结论可以从数学上严格证明。为使表达式简便，以下推导忽略 PCR 效率等细节。如果考虑这些因素，可以在方程上增加修正项。这些修正项的增加并不改变方程的线性性质。

一般地，我们有 Rn=RB+Xo(1+Ex)nRS，也就是说第 n 次 PCR 循环时的荧光信号强度(Rn)等于背景信号强度(RB)加上每个分子的荧光强度(单位荧光强度，RS)与分子数目的乘积。当循环次数 n=Ct 时，则有 RT=RB+Xo(1+Ex)CtRS。两边取对数，得 lg(RT–RB)=lgXo+Ct lg(1+Ex)+lgRS。整理此式，Ct lg(1+Ex)＝－lgXo＋lg(RT–RB)－lgRS。

$$Ct=-\frac{\lg Xo}{\lg(1+\mathrm{Ex})}+\frac{\lg(RT-RB)-\lg RS}{\lg(1+\mathrm{Ex})}$$

所以对于每一个特定的 PCR 反应来说，Ex、RT、RB 和 RS 都是常数，所以 Ct 值与 lgXo 成反比，也就是说，Ct 值与起始模板拷贝数(Xo)的对数成反比，起始 DNA 浓度每增加 1 倍，Ct 值减小 1 个循环。根据 Ct 值的定量是精确和严格的，而传统的终点定量则比较粗放。

三、荧光定量 PCR 技术的特点

1. 敏感性

荧光定量 PCR 技术的敏感度通常达 10^2 个拷贝/mL，且线性范围很宽，为 $0\sim10^{11}$ 个拷贝/mL。一般来讲，临床标本中病原体的数目为 $0\sim10^{10}$ 个拷贝/mL，在此范围内 FQ-PCR 定量较为准确，标本无须稀释。同时荧光定量 PCR 应用了光谱技术，与计算机技术相结合有较多的优点，有效地减少了工作量。例如，TaqMan PCR 使用氩激光来激发荧光的产生，利用荧光探测仪检测荧光信号的大小，通过计算机的分析软件进行分析，灵敏度达到了极限，可以检测到单拷贝的基因，这是传统的 PCR 难以做到的，敏感性大大提高。

2. 特异性

荧光定量 PCR 技术具有引物和探针的双重特异性，故与传统的 PCR 相比，特异性大为提高。荧光探针的使用相当于在 PCR 的过程中自动完成了 Southern blotting，进一步提高目的基因检测的特异性。

同时，降低了产物污染的风险性，传统的 PCR 在扩增结束后需要电泳和紫外线下观测结果除了有污染外，还会对人体产生一定的伤害，而荧光定量 PCR 在全封闭状态下实现扩增及产物分析，有效地减少了污染及对人体的伤害。在大批量的标本检测中能有效地减少工作量。

3. 可重复性

荧光定量 PCR 技术结果相当稳定，同一标本的 Ct 值相同，但是其产物的荧光量却相差很大。因为阈值设置在指数扩增期，在此阶段，各反应组分浓度相对稳定，没有副作用，Ct 值与荧光信号的对数呈线性关系。而当 PCR 反应进入平台期后，反应体系各组分耗尽、酶活性降低及产物的反馈抑制等原因导致产物不再增加。与终点法相比 Ct 值能更稳定、更精确地反映起始模板的拷贝数。同时，因 PCR 是对原始待测核酸模板的一个扩增过程，任何干扰 PCR 指数扩增的因素都会影响扩增产物的量，如扩增孔间温度差异、标本中 DNA 聚合酶抑制剂的存在、加样的差异和待测标本中核酸模板的量等。因此，在扩增产物的数量与起始模板数量之间没有一个固定的比例关系，通过检测核酸产物很难对原始模板准确定量。

第十五节　环介导等温扩增(LAMP)技术

随着分子生物学技术的发展和对传统核酸扩增技术的改进，Notomi 等(2000)发明了一种新的核酸扩增技术，即环介导等温扩增(loop-mediated isothermal amplification，LAMP)。该技术的特点是针对靶基因的 6 个区域设计 4 种特异引物，利用一种链置换 DNA 聚合酶(Bst DNA polymerase)在恒温条件(65℃左右)保温几十分钟，即可完成核酸扩增反应，直接依靠扩增副产物焦磷酸镁沉淀的浊度判断是否发生反应，短时间扩增效率可达到 $10^9 \sim 10^{10}$ 个拷贝。扩增反应不需要模板的热变性、长时间温度循环、烦琐的电泳、紫外观察等过程。目前，国外已有较多的此类报道，并建立了专门的官方网站(http://loopamp.eiken.co.jp/lamp/index.html)。现在人们在不断对 LAMP 技术进行改进，并已逐步应用于疾病基因诊断、性别判定、食品分析和环境监测等领域。

一、LAMP 技术的原理

LAMP 技术是针对靶基因的 6 个区域，设计 4 条特异性引物，利用一条链置换 Bst DNA 聚合酶，在恒温 65℃左右反应 1h。同一链上的一组引物迅速地复性到靶区域。Bst DNA 聚合酶有链置换活性，在其作用下，后阶段复性的引物置换前面引物所形成的链。置换发生在两条链上，对引物设计的要求是能形成环状结构。反应在恒温条件下进行，链的变性是由链置换产生的。LAMP 反应形成一系列不同长度茎-环结构的 DNA，再通过特定的方法判断扩增与否。由于 4 条引物杂交到目标 DNA 的 6 个不同区域而使得反应高度特异。

扩增原理：DNA 在 65℃左右处于动态平衡状态，任何一个引物向双链 DNA 的互补部位进行碱基配对延伸时，另一条链就会解离，变成单链。在链置换型 DNA 聚合酶的作用下，以 FIP 引物 F2 区段的 3′端为起点，与模板 DAN 互补序列配对，启动链置换 DNA 合成。F3 引物与 F2C 前端 F3C 序列互补，以 3′端为起点，通过链置换型 DNA 聚合酶的作用，一边置换先头引物合成的 DNA 链，一边合成自身

DNA，如此向前延伸。最终 F3 引物合成而得到的 DNA 链与模板 DNA 形成双链。由 FIP 引物先合成的 DNA 链被 F3 引物进行链置换产生一单链，这条单链在 5′端存在互补的 F1C 和 F1 区段，于是发生自我碱基配对形成环状结构。同时，BIP 引物同该单链杂交结合，以 BIP 引物的 3′端为起点，合成互补链，在此过程中环状结构被打开。接着类似于 F3，B3 引物从 BIP 引物外侧插入进行碱基配对，以 3′端为起点，在聚合酶的作用下合成新的互补链。通过上述两过程，形成双链 DNA。而被置换的单链 DNA 两端存在互补序列，自然发生自我碱基配对，形成环状结构，于是整条链呈现哑铃状结构。该结构是 LAMP 法基因扩增循环的起始结构。至此为止的所有过程都是为了形成 LAMP 法基因扩增循环的起点结构。

LAMP 法基因扩增循环首先在哑铃状结构中，以 3′端的 F1 区段为起点，以自身为模板，进行 DNA 合成延伸。与此同时，FIP 引物 F2 与环上单链 F2C 杂交，启动新一轮链置换反应。解离由 F1 区段合成的双链核酸。同样，在解离出的单链核酸上也会形成环状结构。在环状结构上存在单链形式 B2C，BIP 引物上的 B2 与其杂交，启动新一轮扩增。经过相同的过程，又形成环状结构。通过此过程，结果在同一条链上互补序列周而复始形成大小不一的结构。

二、反应体系

标准的反应体系含有具链置换活性的 *Bst* DNA 聚合酶、dNTP、缓冲液、引物、模板 DNA。模板 DNA 首先在 95℃加热 5 min 预变性，然而在检测对虾白斑综合征病毒（white spot syndrome virus，WSSV）时发现，模板 DNA 不经过热变性也能取得较好的结果，这与 Nagamine 等（2002）的实验结果相同。LAMP 反应在 60～65℃进行 45～60 min，然后 80℃加热 2 min 终止反应。常用的反应体系（20 μL 或者 25 μL）包括：40 pmol/L FIP、BIP；5 pmol/L F3、B3；1.4 mmol/L dNTP；0.8 mmol/L Betaine；0.1% Tween 20；10 mmol/L $(NH_4)_2SO_4$；8 mmol/L $MgSO_4$；10 mmol/L KCl；20 mmol/L Tris-HCl（pH 8.8）；8U *Bst* DNA 聚合酶。

三、结果判断

1. 目视检测

在 LAMP 扩增过程中从 dNTP 析出的焦磷酸盐和体系中的镁离子结合，生成大量的反应副产物焦磷酸镁从而产生白色沉淀，使反应体系呈白色混浊状，具有极高的特异性，故可以直接通过肉眼观测是否形成白色沉淀（或混浊）来定性判断扩增反应是否发生。

2. 实时检测

Mori 等（2001）发现反应的副产物焦磷酸镁和反应产物 DNA 的量呈线性关系，

并且焦磷酸镁沉淀在 400 nm 处有吸收峰，因此，通过实时监测沉淀的形成量就能推算出反应中 DNA 的合成量。2004 年 Moil 又利用 LAMP 这个反应特性设计了一种实时检测装置，对反应进行实时定量检测，进而改进开发了一种浊度实时检测仪。

3. 电泳检测

LAMP 法的扩增产物是各种不同长度的茎-环状结构，通过琼脂糖电泳检测呈梯形状条带。

4. 荧光探针标记

为了使 LAMP 反应结果更加可视化，Mori 等（2006）通过加入带有不同荧光素的特异性探针，其与反应产物发生特异性结合，在反应结束后加入阳离子聚合物聚乙烯亚胺（polyethyleneimine，PEI），使 PEI 和带有探针的反应产物形成不溶性的 LAMP 产物——PEI 聚合物，从而释放出与探针相对应的荧光，在普通的荧光激发装置下可以用肉眼进行观察。

第十六节　焦磷酸测序技术

焦磷酸测序（pymsequencing）技术是由 Nyren 等于 1987 年发展起来的一种新型的 DNA 测序技术，其核心实质是由 4 种酶催化的同一反应体系中的酶级联反应。在本节，我们将以液相焦磷酸测序的反应为例对焦磷酸测序技术进行详细介绍。

一、焦磷酸测序技术的一般原理

焦磷酸测序的反应体系中一般会存在 4 种酶，分别为 DNA 聚合酶（DNA polymerase）、ATP 硫酸化酶（ATP sulfurylase）、萤光素酶（luciferase）和双磷酸酶（apyrase），反应底物为 5′-腺苷磷酰硫酸（adenosine 5′-phosphosulfate，APS）及萤光素（luciferin），在反应体系中还包括待测序 DNA 单链和测序引物。具体原理为引物与模板 DNA 复性后，在上述 4 种酶的协同作用下，每一个 dNTP 的聚合会与一次荧光信号的释放偶联起来，最终以荧光信号的形式实时记录模板 DNA 的核苷酸序列。

二、焦磷酸测序的反应过程

1）在正式进入焦磷酸测序反应的步骤后，我们前期预处理的模板单链会与测序引物相结合。然后其再与 DNA 聚合酶、ATP 硫酸化酶、萤光素酶和三磷腺苷双磷酸酶，及底物 APS 和萤光素一起孵育。

2）4 种 dNTP（dATP、dTTP、dCTP、dGTP）之一被加入反应体系，如与模板配对（A—T，C—G），此 dNTP 与引物的末端形成共价键，dNTP 的焦磷酸基团（PP$_i$）

释放出来(图 2-7)。而且释放出来的 PP$_i$ 的量与和模板结合的 dNTP 的量成正比。需要说明的是,在焦磷酸测序过程中,dATP 能被萤光素酶分解,对后面的荧光强度测定影响很大,而 dATPαS(S 原子取代了 dATP 分子 aF=O 上 O 原子)对萤光素酶分析的影响是 dATP 的 1/500 倍,因此在焦磷酸测序中用 dATPαS 代替自然状态下的 dATP。

$$(DNA)_n + dNTP \xrightarrow{\quad 聚合酶 \quad} (DNA)_{n+1} + PP_i$$

图 2-7　合成反应中焦磷酸释放的示意图

3) ATP 硫酸化酶(ATP sulfurylase)在 APS 存在的情况下催化 PP$_i$ 形成 ATP,ATP 驱动萤光素酶(luciferase)介导的萤光素(luciferin)向氧化萤光素(oxyluciferin)的转化,氧化萤光素发出与 ATP 量成正比的可见光信号。光信号由 CCD 摄像机检测并由 pyrogram™ 反应为峰。每个光信号的峰高与反应中掺入的核苷酸数目成正比(图 2-8)。

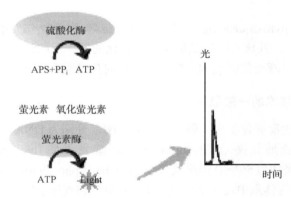

图 2-8　ATP 介导的荧光信号反应示意图

4) ATP 和未掺入的 dNTP 由 Apyrase(三磷酸腺苷双磷酸酶)降解,猝灭光信号,并再生反应体系(图 2-9)。

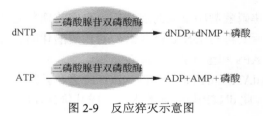

图 2-9　反应猝灭示意图

5) 然后加入下一种 dNTP。最终待测序列顺序，可从反应光强的信号峰中读出。一般仪器通过信号峰的有无判断碱基的种类，通过信号峰的峰高来判断碱基的数目(图 2-10)。在此过程之中有几点值得注意的是，在体系中使用的是 dATPαS 而非 dATP，因为 dATPαS 不是萤光素酶的底物，而且 DNA 聚合酶对 dATPαS 的催化效率更高。而且在系统之中，底物的浓度已经最佳化，使得 dNTP 的降解速度慢于它的掺入速度，ATP 的合成速度快于水解速度，其中三磷腺苷双磷酸酶的特异浓度，可以保证降解完全，使系统复原。

核苷酸测序

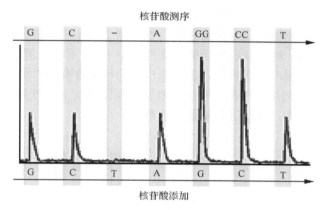

图 2-10　焦磷酸测序信号反应结果示意图

第十七节　变性高效液相色谱(DHPLC)技术

变性高效液相色谱(DHPLC)作为一种新型的核苷酸分析技术，已经越来越多地被应用于实验研究当中(杨大伟等，2011a，2011b，2011c)。DNA 分子带负电荷,通过一种充当桥梁作用的分子使 TEAA(三乙基铵乙酸盐)的阳性铵离子与 DNA 相互作用，与柱子固相填料表面分子结合，DNA 分子本身得以吸附到柱子上。这样 DNA 分子越长，结合的 TEAA 越多，与固相结合得越牢固。DNA 链与固相结合的强度会随着流动相中乙腈浓度的增加而减小，DNA 片段越长，结合的 TEAA 越多，越不易被洗脱。因此 DNA 片段大小分析是长度依赖性分离，而非序列依赖性分离。变性温度是影响 DNA 片段分析的一个重要因素。而在不变性温度条件下,可分离长度不同的双链 DNA 分子，可进行 RFLP 分析和 AFLP 分析。

一、单核苷酸多态性分析原理

DHPLC 对单核苷酸多态性分析基于对异源双链的分析(heteroduplex analysis)。

异源双链(heteroduplex)是指由不完全互补的两条 DNA 单链形成的双链 DNA，同源双链(homoduplex)是指由完全互补的两条 DNA 单链形成的双链 DNA。简略来说，异源双链和同源双链对介质有不同的亲和力，因此，它们从介质中被洗脱下来的条件有差别。如果 PCR 产物源自纯合子或者发生了纯合突变的个体，那么只有在与另外一种纯合野生型序列的 PCR 产物混合，再变性复性，才能够形成上述杂合和纯合双链。如图 2-11 所示，杂合双链存在错配碱基，其变性温度低于纯合双链，当温度升高到一定程度，先于纯合双链在错配碱基周围解链变性，导致双链减少和单链增多。由于单链比双链所带的负电荷少，杂合双链比纯合双链更容易形成单链，其保留时间短于纯合双链，在图谱上先于未解链的纯合双链出现。随着变性温度升高，纯合双链也会部分变性，A═T 含有 2 个氢键，C≡G 含有 3个氢键，前者变性程度比后者低，因此先出现的峰为含有 AT 的双链，后出现的为含 CG 的双链。利用这种杂合和纯合双链在保留时间上的差异，可以快速分析单个核苷酸的多态性，从而进行基因型的判定。

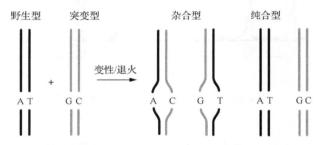

图 2-11　通过杂交形成同源和异源双链

二、基因型多态性分析原理

1) 部分变性时的基因分型：在 DNA 部分发生变性的温度条件下进行基因分型，此时，需要将待分析的 DNA 片段与已知基因型的参考片段混合，然后经过变性、复性等过程，使变异型和野生型的 PCR 产物不仅分别形成同源双链，同时也错配形成异源双链。根据色谱固定相对于它们的保留能力的不同进行基因型的判定。该方法的不足之处在于不同类型(变异型和野生型)的纯合子的保留时间几乎相同，所以很难对它们进行区分。

2) 完全变性时的基因分型：将分子充分变性，再结合引物延伸可有效进行基因分型。相同长度的单链 DNA 分子的保留时间与它们的碱基组成有关，根据固定相对不同碱基的亲和力，按照待分析片段 3'端 C、G、A、T 的次序依次进行洗脱。在 DHPLC 过程中，由于进样与分析的自动化及无须对引物延伸产物进一步纯化，所以它是一种适合于高通量基因分型的方法。

三、温度工作原理

1. 在非变性的温度条件下（50℃）

该温度条件可检测并分离分子量不同的双链分子或分析具有长度多态性的片段，以及 PCR 产物的检测和纯化，类似琼脂糖凝胶电泳双链 DNA 大小分析（最大到 2000 bp），也可进行微卫星不稳定性检测和基因杂合性缺失分析，并结合多重 PCR 扩增对大片段的缺失和重复进行基因剂量分析，该温度模式下检测的依据源自基因片段的长短、分子量大小，并不依赖于序列的核苷酸排列及空间组合特点。

2. 在部分变性的温度条件下（52～78℃）

用于整个基因的突变筛查和发掘单核苷酸多态（SNP），主要是由于变异型和野生型的 PCR 产物经过变性复性过程，不仅分别形成同源双链，同时也错配形成异源双链，根据柱子保留时间的不同将同源双链和异源双链区分。

3. 在充分变性温度条件下（78～80℃）

可以区分单链 DNA 或 RNA 分子，适于寡核苷酸合成纯度分析和质量控制，用于寡核苷酸探针的质控和纯化，也可通过单引物延伸进行基因分型。

四、DHPLC 实验设计及影响要素

DHPLC 是一种自动、快速、高通量的基因检测方法，是新型的小分子诊断技术，由于实验流程涵盖了 PCR 或 RT-PCR，DNA 双链部分变性、充分变性、不变性及片段复性，固相液相分离，过柱等多个环节和步骤，其检测效率的高低及检测结果的可靠性和精确性受到引物设计、DNA 聚合酶种类选择、PCR 方案及产物、分离温度、固定相与流动相组成与比例、DNA 分离柱质量等诸多要素的制约，这些要素对 DHPLC 检测体系的灵敏度和特异性具有直接的影响力。

第十八节　变性梯度凝胶电泳（DGGE）技术

变性梯度凝胶电泳（DGGE）最初是 Lerman 等于 20 世纪 80 年代初期发明的，起初主要用来检测 DNA 片段中的点突变。双链 DNA 分子在一般的聚丙烯酰胺凝胶电泳（PAGE）时，其迁移行为取决于其分子大小和电荷。不同长度的 DNA 片段能够被区分开，但同样长度的 DNA 片段在胶中的迁移行为一样，因此不能被区分。DGGE/TGGE 技术在一般的聚丙烯酰胺凝胶基础上，加入了变性剂（尿素和甲酰胺）梯度或是温度梯度，从而能够把同样长度但序列不同的 DNA 片段区分开来。

　　一个特定的 DNA 片段有其特有的序列组成，其序列组成决定了其解链区域 (melting domain，MD) 和解链行为 (melting behavior)。一个几百个碱基对的 DNA 片段一般有几个解链区域，每个解链区域由一段连续的碱基对组成。当温度逐渐升高 (或是变性剂浓度逐渐增加) 达到其最低的解链区域温度时，该区域这一段连续的碱基对发生解链。当温度再升高依次达到其他解链区域温度时，这些区域也依次发生解链。直到温度达到最高的解链区域温度后，最高的解链区域也发生解链，从而双链 DNA 完全解链。不同的双链 DNA 片段因为其序列组成不一样，所以其解链区域及各解链区域的解链温度也是不一样的。当进行 DGGE/TGGE 时，一开始变性剂浓度 (或温度) 比较小，不能使双链 DNA 片段最低的解链区域解链，此时 DNA 片段的迁移行为和在一般的聚丙烯酰胺凝胶中一样。然而一旦 DNA 片段迁移到一特定位置，其变性剂浓度 (或温度) 刚好能使双链 DNA 片段最低的解链区域解链时，双链 DNA 片段最低的解链区域立即发生解链。部分解链的 DNA 片段在胶中的迁移速率会急剧降低。因此，同样长度但序列不同的 DNA 片段会在胶中不同位置处达到各自最低解链区域的解链温度，因此它们会在胶中的不同位置处发生部分解链导致迁移速率大大下降，从而在胶中被区分开来。

　　然而，一旦变性剂浓度 (或温度) 达到 DNA 片段最高的解链区域温度时，DNA 片段会被完全解链，成为单链 DNA 分子，此时它们又能在胶中继续迁移。因此如果不同 DNA 片段的序列差异发生在最高的解链区域时，这些片段就不能被区分开来。在 DNA 片段的一端加入一段富含 GC 的 DNA 片段 (GC 夹子，一般为 30～50 个碱基对) 可以解决这个问题。含有 GC 夹子的 DNA 片段最高的解链区域在 GC 夹子这一段序列处，它的解链温度很高，可以防止 DNA 片段在 DGGE/TGGE 胶中完全解链。当加了 GC 夹子后，DNA 片段中基本上每个碱基处的序列差异都能被区分开。

　　目前常用的变性剂有尿素 (urea) 和甲酰胺 (formamide)。根据 DGGE 变性梯度方向与电泳方向是否一致，可将其分为两种形式的 DGGE：垂直 DGGE 和平行 DGGE。垂直 DGGE 的变性梯度方向与电泳方向垂直，可用于优化样本的分离条件，也可用于分析 PCR 产物的组成；平行 DGGE 的变性梯度方向与电泳方向一致，可用于同时分析多个样本。

一、DGGE 的衍生技术

1. CDGE

　　Hovig 等于 1991 年建立了一种恒定变性凝胶电泳 (constant denaturant gel electrophoresis，CDGE)，它是由 DGGE 改变而来。其主要化学物质和基本方法都一样，只是凝胶浓度由垂直 DGGE 确定后，用均一的变性浓度凝胶代替梯度凝胶，使得整个电泳变得更加简单快速。

2. TTGE

瞬时温度梯度电泳(temporal temperature gradient electrophoresis，TTGE)检测突变的能力与 DGGE 几乎一样，但不需要变性梯度胶。基本方法是：在加有一定浓度尿素的聚丙烯酰胺凝胶电泳过程中，使外界温度恒定地增加，这样在跑胶的过程中形成一个温度梯度，变性环境是由恒定浓度的尿素和瞬时温度梯度共同形成。这样使得全过程更加简单迅速，分辨率极高。

3. TGGE

温度梯度凝胶电泳(temperature gradient gel electrophoresis，TGGE)基本原理与 DGGE 相似，只是由变性剂形成的梯度被温度梯度代替。这样的梯度可由微处理器控制，与 DGGE 相比，更加稳定可靠。例如，在 DHPLC 中，其杂合双链和纯合双链的分离就是通过精确的温度控制，使杂合双链部分变性，从而与纯合双链分离开来。

二、PCR-DGGE 方法的优点

1. 不需要培养

直接从所研究的样品中抽提总 DNA，然后对 16S rRNA 的可变区进行 PCR 扩增，扩增产物通过 DGGE 进行分析，能检测到难以培养或不能培养的微生物，可以发现一些原来没有检测到的新的微生物种类。

2. 检测极限低

PCR-DGGE 技术检测极限为 1%～3%，如果结合使用 rRNA 杂交技术，还可使检测极限降至 0.1%左右。有研究表明，用这种方法能检测出数量仅占总群落数 1%的微生物(Muyzer and Smalla，1998)。

3. 检测速度快、经济

Cocolin 等(2001)对意大利香肠发酵动力学变化进行了研究，PCR-DGGE 方法能在取样后 8 h 内得到结果，能够实时监测发酵状态，因此可以根据生产的实际需要做出调整。

4. 结果准确可靠

传统的生化鉴定方法虽然也能对细菌进行鉴定，但会出现假阳性或假阴性结果，主观性比较强，而且会漏掉一些不能培养的微生物。而 PCR-DGGE 方法则能客观完整地鉴定微生物，结果也很直观，它根据参考菌株和样品微生物 16S rRNA

的 PCR 扩增产物在凝胶中的相对位置来进行判断。若将凝胶上的条带切割下来测序，然后与 GenBank 中的标准序列进行比较，就可以得出它们的遗传相关性。

5. 同时检测多种微生物并与其他方法结合

DGGE 凝胶上至少可以区分出 10 个清晰可辨的条带，每个条带可能来自不同的微生物。DGGE 可以和许多方法结合，从而全面认识微生态的组成、优势菌群等。实际上，这种结合起来的方法目前被认为是研究微生物真正的系统发育最有力的手段。

第十九节　基因芯片技术

基因芯片(gene chip)作为生物芯片(biological chip)的一种，是指按照预定位置固定在固相载体上很小面积内的千万个核酸分子所组成的微点阵阵列。基因芯片的基本原理是分子生物学中的核酸分子原位杂交技术，即利用核酸分子碱基之间互补配对的原理，通过各种技术手段将核苷酸固定到固体支持物上，在一定条件下，载体上的核酸分子与荧光素标记的样品核酸进行杂交。通过检测杂交信号的位置及强弱判断样品中靶分子的性质与数量，从而获得样品的序列信息，以实现对所测样品基因的大规模检验。

由于用该技术可以将大量的、序列不同的探针分别固定在同一个固体支持物上(图 2-12)，并排成易于分辨的阵列，所以可同时对样品中复杂的 DNA 分子或 RNA 分子的序列信息进行检测分析，其效率比传统核酸印迹杂交(Southern blotting 和 Northern blotting 等)大幅度提高。该技术实现了在微芯片固相载体上对大量目的 DNA/RNA 的特异杂交检测，具有高通量、多样化、微量化、集成化、自动化等显著优点，在生物学领域具有十分广泛的应用前景。

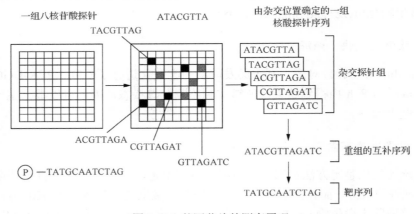

图 2-12　基因芯片的测序原理

一、基因芯片的基本分类

基因芯片技术的分类方法很多，常用的分类方式如下所述。

1) 按载体上所点探针的长度分类：一是 cDNA 芯片，由 Schena(1995)建立，是将特定的 cDNA 经 PCR 扩增后借助机械手直接点到基片上；二是寡核苷酸芯片，由 Fodo(1991)首先报道，用照相平板印刷术和固相合成技术在基片上生成寡核苷酸，分为长寡核苷酸芯片和短寡核苷酸芯片，与 cDNA 芯片制作的一个主要不同点是多一步转录获得 cRNA 的过程。目前，关于不同基因芯片技术的灵敏度和特异性仍存在争议。起初，人们认为长寡核苷酸芯片和 cDNA 芯片有更高的特异性和灵敏度，现在看来，短寡核苷酸芯片同样有很高的特异性，因为每一个基因代表 11～20 个寡核苷酸。

2) 根据芯片的功能分类：根据芯片的功能可分为基因表达谱芯片和 DNA 测序芯片两类。基因表达谱芯片可以将克隆到的成千上万个基因特异的探针或其 cDNA 片段固定在一块 DNA 芯片上，对来源于不同个体(正常人与患者)、组织、细胞周期、发育阶段、分化阶段、病变、刺激(包括不同诱导、不同治疗手段)下的细胞内 mRNA 或逆转录后产生的 cDNA 进行检测，从而对这些基因表达的个体特异性、组织特异性、发育阶段特异性、分化阶段特异性、病变特异性、刺激特异性进行综合的分析和判断，迅速将某个或几个基因与疾病联系起来，极大地加快了对这些基因功能的确定，同时可进一步研究基因与基因之间相互作用的关系。基因表达图谱的绘制是目前基因芯片应用最广泛的领域，也是人类基因组工程的重要组成部分，它提供了从整体上分析细胞表达状况的信息，而且为了解与某些特殊生命现象相关的基因表达提供了有力的工具，对基因调控及基因相互作用机制的探讨有重要作用。

DNA 测序芯片则是基于杂交测序发展起来的。其原理是，任何线状的单链 DNA 或 RNA 序列均可分解成系列碱基数固定、错落且重叠的寡核苷酸，又称为亚序列(subsequence)，假如我们能把原序列所有这些错落重叠的亚序列全部检测出来，就可据此重新组建出原序列。

另外，也可根据所用探针的类型不同分为 cDNA 微阵列(或 cDNA 微阵列芯片)和寡核苷酸阵列(或芯片)，根据应用领域不同而制备的专用芯片如毒理学芯片(toxchip)、病毒检测芯片(如肝炎病毒检测芯片)、p53 基因检测芯片、表达谱芯片、诊断芯片、指纹谱芯片、测序芯片等。

二、基因芯片的检测方法

样品核酸需要经过体外扩增和标记才能经与芯片杂交而被检测。目前最常用的是把 PCR 方法扩增待检测靶核酸同时掺入标记物以获得足量的标记待检靶分子。由于所使用的标记物不同，因而相应的探测方法也各具特色。大多数研究者使用荧光标记物，也有一些研究者使用生物素标记，联合抗生物素结合物检测 DNA 化学发光。通过检测标记信号来确定 DNA 芯片杂交谱型。

基因芯片的分子杂交原理和普通核酸杂交一样，即单链的标记靶核酸分子根据碱基互补配对的原则，与固定在固体基质上的与之互补的单链探针结合成双链结构，滞留在杂交位点而被检测，未能与探针结合的核酸分子则被洗掉，根据标记物的不同，常见的检测方法有以下两类。

1. 荧光标记杂交信号的检测方法

简要过程是：靶 DNA 先被荧光素标记，如荧光素或丽丝胺(lissamine)等，杂交后经过 SSC 和 SDS 的混合溶液或 SSPE 等缓冲液清洗，用连有"电荷偶联装置照相机"(eharged-eoupled deviee camera，CCD camera)的荧光显微镜分析杂交的荧光信号模式，后者经计算机分析后重建靶 DNA 序列。由于荧光显微镜可以选择性地激发和探测样品中的混合荧光标记物，并具有很好的空间分辨率和热分辨率，特别是当荧光显微镜中使用了共焦激光扫描时，分辨能力在实际应用中可接近由数值孔径和光波长决定的空间分辨率，而利用传统的显微镜是很难做到的，这便为 DNA 芯片进一步微型化提供了重要的检测方法的基础。由于基因芯片获取的信息量大，所以对基因芯片杂交数据的分析、处理、查询、比较等需要一个标准的数据格式。目前，一个大型的基因芯片的数据库正在构建中，若能将各实验室获得的基因芯片的结果集中起来，那么对今后数据的交流及结果的评估与分析将非常有利。

2. 生物素标记方法中的杂交信号探测

以生物素(biotin)标记样品的方法由来已久，通常都要联合使用其他大分子与抗生物素的结合物，再利用所结合大分子的特殊性质得到最初的杂交信号，按照与抗生物素结合的不同结合物主要分为以下两类。

1)荧光素结合物：使用这种方法的研究者一般所选用的固相支持物多为载玻片。当生物素标记的靶分子与 DNA 芯片杂交并经缓冲液清洗后，用抗生物素-异硫氰酸盐(FITC)或抗生物素-藻红蛋白等抗生物素-荧光携带物进行染色。由于抗生物素与生物素结合的作用使荧光携带物定位于 DNA 芯片上发生杂交的位点，由此便可通过前面所述荧光标记杂交信号检测方法检测。有些研究者联合使用荧光素直接标记方法，可得到多波长的荧光杂交信号图谱。

2)化学发光底物酶结合物：许多研究者采用抗生物素化学发光底物酶如抗生蛋白链霉素结合物，化学发光底物可选用鲁米诺(Lumino)和 1,2-dioxe-tane 等，相应的酶为辣根过氧化物酶(horseradishperoxidase)和碱性磷酸酯酶(alkaline phosphatase）等。生物素标记的样品与芯片杂交并清洗之后，通过抗生物素与生物素的结合，将化学发光底物酶-抗生物素结合物结合于杂交部位。随即在芯片表面均匀喷涂化学发光底物，由于杂交部位含有化学发光底物酶可激活化学发光底物发光，便可通过探测化学发光束得知芯片上分子杂交情况。

三、扫描阅读

杂交反应结束后，清洗芯片，去除未杂交的标记靶分子及其他杂质后在基因芯片扫描仪上进行芯片的荧光扫读，并把荧光扫描信号转变成可供分析的图像数据，再利用计算机分析和处理这些数据，给出检测结果。与芯片的制作、杂交一样，芯片扫读也直接影响芯片的分析结果。

商业化芯片扫描仪主要有两类：激光共聚扫描仪和 CCD 扫描仪。前者以激光作为激发光源，可以产生较高强度的发射荧光，从而有较高的检测灵敏度，检测极限可达 0.1 个荧光分子每平方微米。又由于激光经聚焦后产生极小的光斑，因此具有较高的分辨率，最高可达几个微米。扫描时间较长，完成一次扫描一般需 5 min 左右，比较适合于研究使用。CCD 芯片扫描仪结构比较简单，其激发光多采用氙气或高压汞灯。芯片经激发产生的图像信号由 CCD 摄像头直接传送到图像卡，变成数字信号，由计算机储存和分析，给出检测结果。其特点是扫描时间短，灵敏度和分辨率稍低，比较适合于临床诊断使用。荧光检测方法重复性好，但其缺点是灵敏度偏低。一些更快速、灵敏的检测方法正在研究中，包括质谱法、化学发光法、光导纤维、DNA 生物传感器法等均是有希望取代荧光法的手段。

第二十节　数字 PCR（dPCR）技术

1992 年，数字 PCR（digital PCR，dPCR）的概念首次被提出（Sykes et al.，1992），几年后，约翰霍普金斯大学的 Bert Vogelstein 和 Ken Kinzler 将之命名为“数字 PCR”。最初，dPCR 实验在市售的每个分区为 5 µL 的带有 384 孔的孔板上进行。由于实验需要大量的试剂，当时许多科学家对该项技术的推广应用持有怀疑态度。但如今，纳米加工和微流体技术取得了很大进步，使生产成千上万纳升甚至皮升级别的分区系统成为可能，这使得 dPCR 技术的应用变成了现实。目前主流商业化产品主要应用两种不同方法进行分区，Fluidigm 和 Life Technologies 公司擅长利用芯片在板内创建反应室，而 Bio-Rad 和 RainDance 公司则是将试剂隔离成独立的微滴。该技术可简单概括为“微化分析”：一个样品被稀释和分割至最多包含一个目标序列拷贝的百万甚至数百万独立反应室中，通过计算“阳性”反应（能够检测到序列）与“阴性”反应的数量，从而确定样本中 DNA 分子的绝对拷贝数。

近几年，dPCR 从产生到应用，得到了快速的发展，已广泛应用于序列测定分析 (Fresard et al.，2014)、转基因成分分析(Morisset et al.，2013；Burns et al.，2010)，以及微生物检测(Racki et al.，2014；Kelley et al.，2013)等领域。

一、dPCR 的特点

dPCR 是核酸绝对定量的新方法，它首先通过分液，将含有目的基因模板的 PCR 反应体系分配到各自独立的反应器中，然后进行计数。因此，它具有其他方法尤其是目前应用最广的荧光定量 PCR 不能比拟的优点。

1)灵敏性更高。dPCR 通过微滴反应器将反应体系分为 20 000 个甚至更多的，每个包含 0、1 甚至多个 DNA 拷贝的微滴。经过 PCR 扩增后，阳性和阴性微滴能被精确记录。最终通过泊松分布法直接计算出目的基因的 DNA 绝对数量。其本质是将一个传统的 PCR 反应分解成数万个反应，在这数万个反应单元中分别独立检测目的序列，从而大大提高了检测的灵敏度。

2)耐受性更高。dPCR 技术第一步反应体系分配可以使背景序列和 PCR 反应抑制物被均匀分配到每个反应单元，而大部分反应单元中并不含有目的序列，低丰度的目的序列被相对富集于某些反应单元中，从而显著地降低了这些反应单元中背景序列和抑制物对反应的干扰。另外，dPCR 在对每个反应单元进行结果判读时仅判断阳性/阴性两种状态，并不像荧光定量 PCR 依赖于 Ct 值，因而受扩增效率的影响大为降低，对背景序列和抑制物的耐受能力大大提高。

3)效率更高。分区越多，dPCR 的分辨率越高。对于 dPCR 来说，如能区分 2 个和 3 个拷贝之间的差异，原则上需要 200 个反应室；区分 10 个和 11 个拷贝之间的差异，则需多达 8000 个反应室。而若要达到同等精度，荧光定量 PCR 则需相应数量的反应次数，这无疑工作量巨大。由此可见，dPCR 的效率和精度远高于荧光定量 PCR。

4)绝对的计数定量能力。dPCR 可以进行绝对定量，尤其是对于监测低丰度的基因拷贝。而且其结果直观，不需要校准和内部控制，数据只通过绝对拷贝数的计数便可获得。利用这种特性，dPCR 也可用来进行精确定量，并校正其他分辨率和精度相对较低的方法，如荧光定量 PCR(Maker et al.，2012)。

虽然 dPCR 技术有其绝对的优势，但相比传统方法仍存在一定不足。①dPCR 比传统方法成本高。昂贵的仪器和相对更贵的试剂在一定程度上限制了 dPCR 技术的广泛应用。②dPCR 动态监测范围没有传统 PCR 方法宽泛。例如，即使一个基因的转录量比另一个基因高出 10 亿倍，荧光定量 PCR 技术也能够成功监测。但 dPCR 如检测变化范围宽的基因拷贝，需要稍为复杂的前期工作。③dPCR 应用没有其他 PCR 技术广泛。例如，dPCR 应用刚刚开始起步，而荧光定量 PCR 应用已相当成熟。目前许多实验室进行的荧光定量 PCR 实验远多于 dPCR。

二、dPCR 的类型

1. 基于芯片的 dPCR

Fluidigm 公司在 2006 年生产的 dPCR 仪，其原理是利用微流控芯片将两个系统进行试剂与样品的混合，然后对反应混合物进行分区，经 PCR 反应扩增后，最终读取每个分区的结果。主要分为构造相对简单、价格相对便宜的 EP1 和 BioMark HD 两种系统。其特点是两个系统都使用了复杂的微流控芯片，微型阀门将样品划分至大约 800 个反应分区（每区有 12 个或 48 个样品）。EP1 系统用来监测反应结果，即只能监测反应是否成功，而 BioMark HD 系统不仅能实时监控反应过程，还可对假阳性结果进行排除，且该系统也可用来进行荧光定量 PCR。

Life Technologies 公司在 2009 年生产的 dPCR 仪，原理是通过毛细管力及样品表面的疏水作用力在具有纳米级反应孔的反应板上将样品分液。主要产品型号为 OpenArray 和 QuantStudio 12K Flex，这两款的特点是既具有 dPCR 功能，也可同时进行荧光定量 PCR。OpenArray 机器拥有最多 3 片平板，每个平板包含 48 个阵列，每个阵列包含 64 个分区。QuantStudio 拥有最多 4 片平板，也可以兼容 TaqMan 探针的高通量荧光定量 PCR。

2. 基于微滴的 dPCR

Bio-Rad 公司旗下的 QuantaLife 公司是第一个将微滴式数字 PCR（droplet digital PCR，ddPCR）系统进行商业化的公司。现阶段最前沿的为 QX200 系统，设备由微滴生成仪和微滴分析仪两部分组成。生成仪将 PCR 反应液生成微滴，经 PCR 热循环仪扩增后，分析仪分析每个液滴的成分。微滴被吸入后，经管路分解乳化，依次通过双色光学检系统进行分析，每次最多可处理 96 个样品。该系统具有分辨力强和灵敏度高的明显优势，Floren 等（2015）的研究表明，应用该系统进行定量分析，检出限和定性检出限分别可达到质量分数的 0.01% 和 0.001%。此外，该系统还可进行测序或克隆分析。

Raindrop plus dPCR 系统由 RainDance 开发。其原理和工作流程与 Bio-Rad 的 QX200 类似。该系统的原理是用 RainStorm 微液滴专利技术将反应液均分为千万个微滴。该系统也具有较强的分辨力和较高的灵敏度，检出限可达 0.0001%（Kang et al.，2016）。

Bio-Rad 和 RainDance 公司的 ddPCR 体系反应原理和特点一致，在仪器中反应室不是由物理的隔膜来分隔，而是由油、水和化学稳定剂组成的精细乳液分隔。首先，样品通过仪器与试剂混合，并分散成微小的液滴；然后，每个样品微滴被转移至 PCR 仪中进行扩增；最后，反应管被转移至微滴计数器中进行读数，从而分析每一个液滴是否发生了反应。2017 年 1 月，Bio-Rad 宣布收购其 dPCR 的竞争对手——RainDance，且已在 2017 年第一季度完成。这进一步巩固了 Bio-Rad 在 dPCR 领域的领先地位，我们期待着 dPCR 为生命科学和临床诊断客户提供更为多样化的核酸检测应用解决方案。

三、dPCR 在食品及动植物产品分子鉴定上的应用现状

传统的食品和动植物源性成分检测方法主要依靠普通 PCR 或荧光定量 PCR，这些方法现阶段应用虽较为成熟，但仍有缺陷：一是传统方法步骤较为复杂；二是仍有很多不可消除的因素严重制约着传统方法在食品及动植物产品检测上的准确性，如 PCR 扩增的效率、非特异目的基因的背景干扰，以及内参照基因的选取等；三是传统方法无法进行精确定量。dPCR 技术在食品检测领域上的应用正好可弥补以上缺陷。商业化 dPCR 技术的出现和应用使其在食品安全检测领域发挥的作用越来越大。

1. dPCR 在食品及动植物产品鉴定上的优势

dPCR 是一种对核酸进行精确定量的全新方法(Hindson et al., 2013; Sanders et al., 2011)，它利用有限稀释及泊松分布分析对目的 DNA 的拷贝数进行绝对定量(Pinheiro et al., 2012)。因此，对于食品及动植物产品鉴定来说，dPCR 在定性和定量检测方面都具有明显的优势。

一方面，食品种类和各类添加物繁杂，传统方法受复杂基质影响较大，而 dPCR 不依赖标准曲线和对照，不受 PCR 抑制物及 PCR 效率的影响，而是通过单分子计数方式实现基因拷贝数绝对定量等，结果更为准确，更适合用于食品及动植物产品定量分析。作为荧光定量 PCR 的升级版，dPCR 具有更精确、更灵敏的 DNA 拷贝数测量结果。另一方面，dPCR 的灵敏度明显优于食品及动植物产品传统鉴别方法，这在鉴别食品中掺入的微量成分时意义重大。此外，dPCR 的分液技术使其拥有更高效的优点，可同时筛选多种成分，总体看来这大大节省了食品及动植物产品检测领域内的成本。

2. dPCR 在食品及动植物产品鉴定上的应用现状

将 dPCR 技术应用于食品中动植物源性成分检测，并对各组分进行定量分析是近几年研究的热点。Cai 等(2014)采用 dPCR 方法建立了一种新的肉源性定量方法，利用该方法能够在肉制品的重量、DNA 重量及特定目标基因的拷贝数之间建立良好的线性关系，进而检测肉类样品中猪肉和鸡肉的准确重量及百分含量，并利用上述方法对超市中买到的 11 种不同的肉制品中鸡肉和猪肉的比例进行了实测，结果表明这种新方法能精确判定猪肉和鸡肉的含量，从而具有较大的

应用前景。苗丽等（2016a）为准确定量肉及肉制品中羊源性成分的含量，建立了dPCR 定量检测系统，结果显示，在一定范围内羊肉质量与 DNA 含量、DNA 含量与 DNA 拷贝数之间存在线性关系。通过这种线性关系对各类肉含量进行定量，结果偏差小，最大仅为 1.52%。利用同样的方法，苗丽等（2016b）还建立了定量检测肉及肉制品中牛肉和猪肉含量的方法，结果也能够准确检出不同样品中牛肉和猪肉的含量。

王珊等（2015）建立了一种定量检测羊肉制品中羊源性和猪源性成分的 ddPCR方法，结果表明 dPCR 方法能够对 DNA 模板进行定量分析。通过对 dPCR 和荧光定量 PCR 方法的比较，结论表明在肉种成分真伪鉴定上，dPCR 方法更为科学和准确。Floren 等（2015）通过将 dPCR 与荧光定量 PCR 相结合，建立了肉及肉制品中牛、马和猪源成分的定量检测方法，通过方法比较，证明 dPCR 明显优于荧光定量 PCR。dPCR 在检测羊、马、猪源性成分上的定量限和检出限可低至 0.01%和 0.001%。Ren 等（2017）利用 dPCR 对鸡、猪、山羊和绵羊肉源性进行精确定量，实验重复性和稳定性良好。综合来看，dPCR 无论在精确性、灵敏度及稳定性上都优于荧光定量 PCR，且肉的不同部位来源并不影响实验结果（Ren et al.，2017；任君安等，2017）。

除利用 dPCR 进行精确定性和定量分析外，一种多重 dPCR 定量检测方法近期被用于动植物源性成分检测上。杨硕等（2017a；2017b）利用多重 dPCR 定量检测技术快速检测食品原材料及加工食品中的核桃、大豆、椰子及花生源性成分，取得巨大市场和经济价值。利用相同的原理，杨华等（2017）对加工食品中掺入的鸡、鸭和猪成分进行了多重 dPCR 的快速筛选方法研究。dPCR 能一次性快速检测多种物种，在食品检测应用上前景广阔。

四、问题与展望

虽然 dPCR 不像其他方法需要精细的校准和内控，但仍需进一步深入研究，毕竟在极其微小体积内的单分子克隆是个复杂且精细的工程。现阶段，dPCR 仍处于技术应用的早期阶段，如需要利用 dPCR 得到精确的数据，以下几个关键点尤其需要注意。①实验的可操控性和重复性，这对于 dPCR 尤其重要。②实验的特异性。在寻找稀有目的基因时，了解假阳性率对实验的准确性是至关重要的。在某些情况下，假阳性的数量会干扰最终的数据判断。③实验的预估性。在量化诸如拷贝数变异或基因表达等高丰度基因分子的应用上，通常需要先对目的基因浓度进行粗略估计，以便得到合适的稀释液。否则，一个反应区内会包含多拷贝，如果每个分区都显示出阳性反应，就无法准确计算原始分子的浓度，这必然影响实验结果准确性。这还需要研究人员应用统计学知识去弥补这一点。除以上三点之外，还要确保有足够体积的样品能获取稀有目的基因片段。

　　dPCR 技术虽在食品及食品相关产品检测上已经发挥了巨大作用,但也存在一定局限性。一方面,仪器昂贵一定程度限制了该技术的推广;另一方面,在定量检测中,仍不能满足市场中多种类、多样式的检测需求,比如对于市场上千奇百怪的未知掺假物质,以及添加各类复杂添加剂的食品来说,其作用依然有限。还需要进一步的科研支撑来突破这类瓶颈。总体而言,dPCR 的应用潜力无疑是巨大的。随着技术的成熟和成本的下降,相信越来越多的研究者会利用 dPCR 去解决现阶段无法解决的科研难题,dPCR 技术也将发挥越来越重要的作用。

参 考 文 献

苗丽, 张秀平, 陈静, 等. 2016a. 肉制品中羊源性成分微滴数字 PCR 法定量检测方法的研究. 食品工业科技, 37(4): 73-76

苗丽, 张秀平, 陈静, 等. 2016b. 微滴数字 PCR 法对肉制品中牛源和猪源成分的定量分析. 食品科学, 37(8): 187-191

任君安, 邓婷婷, 黄文胜, 等. 2017. 微滴式数字聚合酶链式反应精准定量检测羊肉中掺杂猪肉. 食品科学, 38(2): 311-316

万春玲, 谭远德. 1999. AFLP 的一种改进方法. 南京师范大学学报(自然科学版), 22(2): 88-91

王珊, 李志娟, 苗丽. 2015. 微滴式数字 PCR 与实时荧光 PCR 检测羊肉制品中羊源和猪源性成分方法的比较. 肉类工业, 7: 38-41

杨大伟, 刘云国, 雷质文, 等. 2011a. 凝结芽孢杆菌 PCR-DHPLC 检测方法. 青岛科技大学学报(自然科学版), 32(2): 138-141

杨大伟, 刘云国, 谭乐义, 等. 2011b. 食品中 A 型肉毒梭菌 PCR-DHPLC 检测方法的建立. 食品工业科技, 32(6): 398-400

杨大伟, 周裔彬, 刘云国, 等. 2011c. PCR 结合变性高效液相色谱快速检测发酵乳酸杆菌. 渔业科学进展, 32(3): 111-115

杨华, 汪小福, 肖英平, 等. 2017. 牛肉及其制品中掺入鸡肉、鸭肉和猪肉的多重数字 PCR 快速检测方法研究. 浙江农业学报, 29(6): 994-1000

杨硕, 江丰, 刘艳, 等. 2017b. 多重数字 PCR 定量检测市售核桃乳中核桃、大豆源性成分的方法. 食品科学, 38(16): 280-286

杨硕, 李诗瑶, 王鸣秋, 等. 2017a. 市售椰子汁(植物蛋白饮料)中椰子、大豆、花生源性成分鉴定的分子生物学方法. 基因组学与应用生物学, 36(12): 1-7

张利达, 袁德军, 张建伟, 等. 2003. 一种新的 EST 聚类方法. 遗传学报, 30(2): 147-153

赵广荣, 郭晓静, 元英进, 等. 2005. 核酸单链构象多态性技术研究进展. 化工进展, 24(4): 378-382

周延清. 2005. DNA 分子标记技术在植物研究中的应用. 北京:化工业出版社

Burns M, Burrell A, Foy C. 2010. The applicability of digital PCR for the assessment of detection limits in GMO analysis. European Food Research and Technology, 231: 353-362

Cai Y, Li X, Lv R, et al. 2014. Quantitative analysis of pork and chicken products by droplet digital PCR. Biomed Research International, 810209. doi: 10.1155/2014/810209

Chalhoub B A, Thibault S, Laucou V, et al. 1997. Silver staining and recovery of AFLP^{TM} amplification products on large denaturing polyacrylamide gels. Bio Techniques, 22: 216-220

Cocolin L, Heisey A, Mils D A. 2001. Direct identification of the indigenous yeasts in commercial wine fermentations. Am J Enol Vitic, 52: 49-53

Floren C, Wiedemann I, Brenig B, et al. 2015. Species identification and quantification in meat and meat products using droplet digital PCR (ddPCR). Food Chemistry, 173: 1054-1058

Fodor S P, Read J L, Pirrung M C, et al. 1991. Light-directed, spatially addressable parallel chemical synthesis. Science, 251: 767-773

Fresard L, Leroux S, Servin B, et al. 2014. Transcriptome-wide investigation of genomic imprinting in chicken. Nucleic Acids Research, 42 (6): 3768-3782

Hayashi K. 1992. PCR-SSCP: a method for detection of mutation. Genet Anal Tech Applic, 9 (3): 73-79

Hebert P D N, Ratnasingham S, de Waard J R. 2003. Barcoding animal life: cytochrome c oxidase subunit 1 divergences among closely related species. Proc R Soc Lond B (Suppl.), 270 (S): S96-S99

Hindson C, Chevillet J, Briggs H, et al. 2013. Absolute quantification by droplet digital PCR versus analog real-time PCR. Nature Methods, 10 (10): 1003-1005

Kang Q, Parkin B, Giraldez M, et al. 2016. Mutant DNA quantification by digital PCR can be confounded by heating during DNA fragmentation. Biotechniques, 60 (4): 175-185

Kelley K, Cosman A, Belgrader P, et al. 2013. Detection of methicillin-resistant Staphylococcus aureus by a duplex droplet digital PCR assay. Journal of Clinical Microbiology, 51: 2033-2039

Liu Y G, Chen S L, Li J, et al. 2006b. Genetic diversity in three Japanese flounder (*Paralichthys olivaceus*) populations revealed by ISSR markers. Aquaculture, 255 (1-4): 565-572

Liu Y G, Wang X Y, Liu L X. 2004. Analysis of genetic variation in surviving apple shoots following cryopreservation by vitrification. Plant Science, 166 (3): 677-685

Liu Y G, Zheng M G, Liu L X, et al. 2006a. Five new microsatellite loci for Oliver flounder (*Paralichthys olivaceus*) from an expressed sequence tag (EST) library and cross-species amplification. Molecular Ecology Notes, 6 (2): 371-373

Maker M. 2012. Digital PCR hits its stride. Nature Methods, 9 (6): 541-544

Mori Y, Hirano T, Notomi T. 2006. Sequence specific visual detection of LAMP reactions by addition of cationic polymers. BMC Biotechnology, 6 (1): 3

Mori Y, Nagamine K, Notomi T, et al. 2001. Detection of loop-mediated isothermal amplification reaction by turbidity derived from magnesium pyrophosphate formation. Biochem Biophys Res, 23 (11): 150-154

Morisset D, Stebih D, Milavec M, et al. 2013. Quantitative analysis of food and feed samples with droplet digital PCR. PLoS One, 8: e62583

Muyzer G, Smalla K. 1998. Application of denaturing gradient gel electrophoresis (DGGE) and temperature gradient gel electrophoresis (TGGE) in microbial ecology. Antonie Van Leeuwenhoek, 73: 127-141

Nagamine K, Hase T, Notomi T. 2002. Accelerated reaction by loop-mediated isothermal amplification using loop primers. Mol Cell Probes, 16 (3): 223-229

Notomi T, Okayama H, Masubuchi H, et al. 2000. Loop-mediated isothermal amplification of DNA. Nucleic Acids Res, 28: 63

Orita M, Iwahana H, Kanazawa H, et al. 1989. Detection of polymorphism of human DNA by gel electrophoresis as single-strand conformation polymorphisms. Proc Natl Acad Sci USA, 86: 2766-2770

Pinheiro L, Coleman V, Hindson C, et al. 2012. Evaluation of a droplet digital polymerase chain reaction format for DNA copy number quantification. Analytical Chemistry, 84 (2): 1003-1011

Racki N, Morisset D, Gutierrez-Aguirre I, et al. 2014. One-step RT droplet digital PCR: a breakthrough in the quantification of waterborne RNA viruses. Analytical and Bioanalytical Chemistry, 406: 661-667

Ren J, Deng T, Huang W, et al. 2017. A digital PCR method for identifying and quantifying adulteration of meat species in raw and processed food. PLoS One, 12 (3): e0173567

Sanders R, Huggett J, Bushell C, et al. 2011. Evaluation of digital PCR for absolute DNA quantification. Analytical Chemistry, 83 (17): 6474-6484

Schena M, Shalon D, Davis R W, et al. 1995. Quantitative monitoring of gene expression patterns with a complementary DNA microarray. Science, 270: 467-470

Sheffield V C, Beck J S, Kwitek A E, et al. 1993. The sensitivity of alternative single-strand conformation polymorphism analysis for the detection of single base substitutions. Genomics, 16 (2): 325

Sperling F. 2003. DNA barcoding: deus ex machina. Newsletter of the Biological Survey of Canada (Terrestrial Arthropods), 22 (1): Opinion Page

Sykes P, Neoh S, Brisco M, et al. 1992. Quantitation of targets for PCR by use of limiting dilution. BioTechniques, 13 (3): 444-449

van de Lee T, Pot J. 1995. AFLP: a new technique for DNA fingerprinting. Nucl Acid Res, 23: 4407-4414

Vos P, Hogers R, Bleeker M, et al. 1995. AFLP: a new technique for DNA fingerprinting. Nucleic Acids Res, 23: 4407-4414

第三章　DNA 分子鉴定技术在食品和动植物产品鉴定中的应用

第一节　DNA 分子鉴定技术在粮油制品上的应用

一、谷物类及其制品鉴定

小麦是我国乃至全世界最重要的粮食作物，小麦品种的改良对于我国小麦产量稳定增收和粮食安全具有重要意义。小麦生产的发展依靠小麦品种的遗传改良等科技进步，发掘抗病、优质等关键基因，筛选抗病、优质的小麦种质资源，是小麦品种改良的有效途径。有关小麦品种或品系所含抗病、品质等基因的信息常来自系谱推导、单体分析、基因定位、抗谱分析等分析方法(刘金元等，2000)。系谱推导虽然快速、简单，但对于含 2 个或 2 个以上相同基因的材料，则常因不同基因在表型中出现的遮盖作用而难以确认起作用的是哪一个基因。单体分析是定位新发现基因的有效手段，但单体分析的过程烦琐、工作量大，而且还存在单体迁移问题，从而使单体分析出现偏差。近年来，分子标记技术的不断完善和发展，使人们能够在 DNA 分子水平上了解小麦品种特性，并正在广泛应用于小麦的育种工作中。采用与基因紧密连锁或共分离的分子标记进行检测，可快速、准确地鉴定出小麦材料所含的具体基因。分子标记相对于形态标记、细胞学标记和生化标记有以下特点：①不受时空限制，不依赖基因表达，可在任何生育期和组织中进行检测；②有许多分子标记表现为共显性，能够鉴别基因型是否纯合，提供完整的遗传信息。目前，已获得许多重要农艺性状相关基因的分子标记，其中 STS、SCAR、CAPS 和 SSR 标记具有操作简单快速、结果稳定可靠等优点，现已广泛应用于基因鉴定和分子标记辅助育种。

1. 小麦品种及抗病的分子鉴定

(1)小麦抗病基因的分子鉴定

A. 白粉病

由禾布氏白粉病菌(*Blumeria graminis* f. sp. *tritici*)引起的白粉病是小麦的重要病害，在严重流行年份可导致小麦减产 34%以上(Johnson et al.，1979)。自 20 世纪 70 年代，由于生产上大面积种植矮秆和半矮秆的小麦品种，氮肥施用量也有所增加，使白粉病迅速蔓延，成为小麦生产中的主要病害(Alam et al.，2013；乔麟轶等，2016）。有研究表明，小麦白粉病不但会对产量造成严重损失，而且还会影响小麦籽粒的品质（刘金栋等，2015；Lu et al.，2016）。抗病品种在小麦白粉病防治中发挥了重要作用，但白粉病菌的变异会导致抗病品种丧失抗性，因此需要不断挖掘新的抗病基因来培育小麦抗白粉病新品种。

　　分子标记类型的丰富及越来越成熟的分子标记技术极大地推动了小麦抗白粉病新基因的发掘，越来越多的小麦抗白粉病基因通过分子标记技术得到鉴定，如 *Pm47*（Xiao et al.，2013）、*Pm50*（Mohler et al.，2013）、*Pm51*（Zhan et al.，2014）等。迄今为止，已经在 50 个位点报道了 80 多个抗白粉病基因（Xu et al.，2015），分布在小麦除 4D 和 5A 以外的所有染色体上。

　　目前，已经克隆的小麦抗病基因有 *Lr10*（Feuillet et al.，2003）、*Vrn1*（Yan et al.，2003）、*Yr36*（Fu et al.，2009）和 *Lr34/Yr18/Pm38*（Krattinger et al.，2009）等，而抗白粉病基因只克隆了 *Pm3*（Yahiaoui et al.，2004）和 *Pm21*（Cao et al.，2011）。付必胜等（2017）鉴定出一个抗白粉病新基因 *Pm48*。为精细定位该基因，利用混池 dRAD 测序鉴定了 81 个与该基因关联的序列，开发了 STS 标记 Xmp931，转化了 CAPS 标记 Xmp928、Xmp930 和 Xmp936；同时，利用粗山羊草基因组序列开发了 71 个基因组 SSR 标记，定位了其中的 Xmp1089 和 Xmp1112。利用 3 个 '中国春' 5DS 缺失系，最终将 *Pm48* 定位在小麦 5DS 上 0.63～0.67 的臂区段中。

　　目前，已开发出 *Pm2*、*Pm3b*、*Pm3d*、*Pm3e*、*Pm39*、*Pm4*、*Pm13*、*Pm21* 等基因的酶切扩增多态性片段（cleaved amplified polymorphic sequence，SCAR）或 STS 分子标记。Tommasini 和 Campbell（2006）通过对 *Pm3* 的 7 个复等位基因的测序，设计特异引物，并用源于世界不同国家的 93 个品系进行验证，结果表明这些标记具有高诊断性，可用于不同遗传背景的检测。Mohler 和 Jahoor（1996）将 *Pm2* 基因的 RFLP 标记转化成 STS 标记 Pm2-Res，并用一组携带不同 *Pm* 基因的小麦品种（系）进行了验证，可用于检测 *Pm2* 的有无。刘金元等（1999）将 *Pm4a* 的共分离标记 Xbcd1231 转化为 STS 标记，在 11 个已知含有 *Pm4a* 基因的小麦材料中均扩增出此标记，而在不含 *Pm4a* 的小麦材料中未扩增出此标记，该标记可用于 *Pm4a* 基因的检测。抗白粉病基因 *Pm21* 来自簇毛麦，抗目前已知所有生理小种，具有重要的应用价值，刘志勇等（1999）将与其连锁的 RAPD 标记 OPHl7$_{1400}$ 转化为 SCAR$_{1265}$ 和 SCAR$_{1400}$，用于 *Pm21* 的检测。陈新民等（2005）用 SSR 标记了 '70281' 品系所携带的白粉病抗性基因 *Pm16*，获得紧密连锁的标记位点 Xgwml59，遗传距离为 5.3 cM，该标记存在于含 *Pm16* 或 *Pm30* 的品系中，但 *Pm16* 与 *Pm30* 位于同一位点且抗谱几乎相同，因此用分子标记 XgWml59 还不能区分这两个基因。抗白粉病基因的研究进展迅速，开发的很多分子标记可用于育种。

B. 条锈病

　　小麦条锈病是一类世界性病害，也是中国北方麦区普遍发生的病害。长期以来抗锈病品种的选育和推广应用是控制锈病危害最基本、最经济的措施。近年来，由于抗病基因利用的单一化和病菌毒性的变异，推广品种的抗性不断地被新的毒性基因所克服，因此筛选具优良抗性基因的抗源材料，培育抗病品种，有效控制小麦锈病的危害，已成为育种家的共识。

　　自 1962 年 Lupton 提出用 *Yr* 命名系统对小麦抗条锈病基因进行命名以来，共有不同载体品种（系）、不同来源的 67 个位点 70 个正式命名的小麦抗条锈病基因位点，即 *Yr1*～*Yr67*，其中包括两个复等位基因位点，即 *Yr3* 位点上有 *Yr3a*、*Yr3b* 和 *Yr3c* 三个复等位基因，*Yr4* 位点上有 *Yr4a* 和 *Yr4b* 两个复等位基因。除了 *Yr11*～*Yr14* 外，上述已命名基因被定位在特定的小麦染色体上。Smith 等（2002）应用 AFLP 技术将一个与小麦 YrMoro 抗条锈基因共分离的 AFLP 标记转化为 STS 标记，为遗传育种提供了方便。邵映田等（2001）对抗条锈基因 *Yr10* 的近等基因系（NIL）进行 AFLP 分析，发现 TP0502 与 *Yr10* 基因连锁，转化为 PCR 专用引物，与 *Yr10* 的连锁距离为 0.5 cM，可用于 *Yr10* 基因的快速准确检测。Ma 等（2001）用 SSR 标记了 R55 品系所携带的条锈病抗性基因 *Yr26*，获得与之紧密连锁的标记位点 WMSl 1 和 WMSl8，遗传距离均为 1.9 cM。Wang 等（2002）筛选到一个与抗条锈基因 *Yr10* 连锁的位点 Xpsp3000，遗传距离为 1.2 cM。Sun 等（2002）以 BC_3F_2 和 BC_3F_3 为材料，筛选到一个距 *Yr5* 基因（抗条锈小种 '条中 30' '条中 31'）10.5 cM 的微卫星标记位点 Xgwm501。

　　目前，对我国流行小种 '条中 32' '条中 33' 存在抗性的全生育期抗性基因主要有 *Yr5*、*Yr10*、*Yr15*、*Yr24/Yr26*、*Yr41*、*Yr50* 和 *Yr67* 等（Chen et al.，2003；邵映田等，2001；Liu et al.，2010；Luo et al.，2008；Sharma-Poudyal et al.，2013）。Zeng 等（2014）应用 *Yr5*、*Yr9*、*Yr10*、*Yr15*、*Yr17*、*Yr18* 和 *Yr26* 的特异分子标记对来自我国 13 个条锈病发病省份的 494 份小麦品种或品系进行了研究，发现这些基因在我国小麦中均有分布。

　　Krattinger 等（2009）克隆出成株抗性基因 *Yr18*，该抗病基因具有广谱抗病性，但其抗性水平较低。曾庆东等（2012）研究表明其抗性仅达到中抗水平，但该基因对我国所有小种均具有抗性，分子检测表明该基因在我国核心、种质中存在比例较高，但在生产品种中存在比例较低。杨文雄等（2008）的研究结果表明我国主栽品种中 *Yr18* 比例较低，我国地方品种中比例较高。这可能是由于该基因抗性水平低，在实际育种中不易选择，因此被育种者所忽视。

　　随着小麦条锈病抗性基因研究的深入，越来越多的抗条锈病材料被证明携带有抗性基因，并定位到特定的小麦条染色体上，这其中，有很多基因还未被国际小麦基因命名委员会正式收录，暂时命名 *Yr* 加上品种名或品系号等。这些条锈病抗性基因的来源可分为两大类，一类是普通小麦，另一类是小麦的近缘种属。虽然源于小麦近缘种属的抗条锈基因所占比例比较小，但这些基因的导入能有效地扩大外源基因资源，使得抗源基因多样化，增强小麦对条锈病的抵抗能力，应对突变较快的条锈菌毒性小种。

目前，使用 DNA 分子鉴定对基因进行作图定位，是进行抗病基因定位的主要手段。通过分子标记连锁图谱构建我们可以知道基因在染色体上的位置。已正式命名的抗条锈病基因的定位大多数采用这种方法。Basnet 等 (2013) 应用 SSR 及 DAT 分子标记技术进行数量性状基因座位 (quantitative trait locus，QTL) 分析，发现在 2D 染色体有一个贡献率高达 49%~54%的主效基因位点，定名为 Yr54。Li 等 (2011) 应用 SSR、RGAP 及 SNP 分子标记技术对普通小麦材料进行抗性分析，发现在 3D 染色体存在一个显性主效基因，定名为 Yr45。

C. 叶锈病

小麦叶锈病是我国小麦生产上的一个重要病害，培育和利用抗病品种是防治病害最经济有效的措施。目前，众多学者已将品种抗病性研究建立在基因的基础上，许多重要基因已在小麦抗锈病育种中得到广泛应用。目前，已发现了近 90 个抗叶锈病基因，其中很多是叶锈病的良好抗源，利用的潜力很大。在发现的近 90 个抗叶锈病基因中，51 个已被标定在小麦染色体上，30 个左右抗叶锈病基因借助 RFLP、RAPD、SSR 和 AFLP 等技术成功获得了分子标记。

目前，利用 NIL、分离群体分组分析法 (BSA) 等方法，已找到了与 Lr1、Lr9、Lr10、Lr19、Lr24、Lr28、Lr34 等抗叶锈病基因紧密连锁或共分离的分子标记。Feuillet 等 (1995) 利用小麦抗叶锈病 NIL Lr1/6* Thatcher 和 Thatcher，发现定位在染色体 5D 上的探针 pTAG621 与 Lr1 紧密连锁，并将这一 RFLP 标记转化为更为可靠的 STS 标记。Naik 等 (1998) 利用含 Lr28 的抗叶锈病 NIL，筛选到 RAPD 标记 OPJ-01，将此 387 bp 的多态性产物设计成更为稳定的 STS 标记，并证明此标记均与 Lr28 紧密连锁。Schachemayr 等 (1994) 筛选获得 3 个与小麦抗叶锈病基因 Lr9 紧密连锁的 RAPD 标记，将其特异性产物克隆、测序，转化成更为稳定的 STS 标记。Dedryver (1996) 利用含 Lr24 的小麦抗叶锈病 NIL，筛选获得与 Lr24 完全连锁的 RAPD 标记 OP-H5，将其转变成便于应用的 SCAR 标记。Schachemayr 等 (1995) 利用 NIL 找到了与抗叶锈病基因 Lr24 紧密连锁的 RAPD 的标记，并将该 RAPD 产物克隆、测序转化为更为稳定可靠的 STS 标记，为分子标记辅助育种奠定了良好的基础。

(2) 小麦主要品质性状相关基因的分子鉴定

A. 多酚氧化酶

小麦籽粒中多酚氧化酶 (polyphenol oxidase，PPO) 的活性是面条等面制品颜色褐变的主要因素。小麦品种间 PPO 活性差异很大，主要受 PPO 基因的等位变异影响 (Yun and Quail，1996)。Anderson 和 Morris (2001) 通过对代换系 PPO 活性的测定，推测控制小麦 PPO 的主效基因为 1~2 个，同时指出针对 PPO 的底物专化性存在多个等位基因。Mares 和 Campbell(2001)利用 AFLP 标记分析了一个双单倍体系(doubled haploid lines，DH)群体，发现控制 PPO 活性的主效基因位于第二同源群染色体上，但其他染色体如 3B、3D、6B 上亦存在一些微效基因。Raman 等(2005)研究表明控制 PPO 活性的第一主效基因位于 2AL 染色体上，能解释 82% 的表型变异。张立平等(2005)对普通小麦 PPO 的 QTL 分析发现，控制籽粒 PPO 活性的主效 QTL 有 2 个，分别位于染色体 2AL 和 2DL 上，分别解释 37.2%～50.1% 和 25.1%～29.1%的表型变异。分子标记技术的发展为准确快速鉴定 PPO 基因提供了可能，发掘可应用于籽粒 PPO 活性辅助选择的分子标记，将有助于小麦面粉颜色性状的遗传改良。孙道杰等(2005)发现引物 Xgwm312 的 198 bp PCR 扩增片段的有无与籽粒 PPO 活性大小密切相关，该片段的出现意味着籽粒 PPO 活性较高，符合率达 98%。Xgwm312 可应用于籽粒 PPO 活性的分子标记辅助育种。He 等(2007)利用小麦 PPO 基因序列开发了位于 2DL 染色体上等位基因 *Ppo-A1a* 和 *Ppo-A1b* 的互补显性标记 PPO16 和 PPO29。PPO 功能标记的开发，为我们准确检测小麦品种的 PPO 基因(PPO16 和 PPO29)和分子标记辅助选择育种提供了有力工具。肖永贵等(2007)利用 PPO18、PPO16 和 PPO298 功能标记对来自全国 311 份冬小麦品种进行了分析，明确了 PPO 基因类型在我国冬小麦品种(系)中的分布规律。

B. 黄色素

黄色素的主要成分是类胡萝卜素。八氢番茄红素合成酶(phytoene synthase，Psy)是植物类胡萝卜素合成途径中的限速酶，直接影响籽粒胚乳的颜色(Korzun et al.，1997)。*Psy* 基因是影响小麦黄色素含量的关键基因，小麦籽粒黄色素是造成面粉白度下降的重要因素。据 Oliver(1988)报道黄色素与面粉、面团黄度的相关系数高达 0.8～0.9，基因型是影响黄色素含量的主要因素。Parker(1998)研究表明，黄色素含量的遗传力为 0.67。关于小麦 *Psy* 基因定位的研究很多，许多研究结果显示第七同源群的 7A 和 7B 染色体上的基因对籽粒黄色素含量的影响较大。Parker(1998)定位了 7A 和 3A 染色体上的主效 QTL，可分别解释黄色素含量表型变异的 60%和 13%。Mares 和 Campbell(2001)利用 DH 群体进行研究，发现了位于 7A 和 3B 染色体上的主效 QTL，可分别解释 27%和 20%的表型变异。张立平等(2006)在中优 9507/CA9632 DH 群体中发现了一个位于 7AL 上的主效 QTL，可解释 12.9%～37.6%的表型变异。He 等(2008)根据玉米的 *Psy1* 基因(GenBank 编号：ZMU32636)克隆了小麦 7A 染色体上的 *Psy* 基因(暂定名为 *Psy-A1*)，并依其 DNA 序列多态性开发了 *Psy-A1* 的功能标记 YP7A。标记 YP7A 在黄色素含量高的品种中扩增出 194 bp 的片段，而在含量低的品种中扩增出 231 bp 的条带，能有效地区分小麦 7A 染色体上控制高、低黄色素含量的等位基因 *Psy-A1a* 和 *Psy-A1b*，为快速检测高、低黄色素含量的小麦品种(系)及其分布规律提供了可能。杨芳萍等(2008)利用 YP7A 标记对我国 217 份小麦品种(系)进行检测，并用分光光度计测定黄色素的含量，验证了此标记的有效性，明确了我国冬小麦品种 *Psy-A1* 基因的等位变异及其分布规律。

C. 高分子量谷蛋白亚基

高分子量谷蛋白亚基(HMW-GS)是影响面粉加工品质和烘烤品质的重要因素，某些特定的亚基(如优质亚基 5+10)可以明显改善小麦的品质，而有些亚基(如 lJNull、2+12)则与较差的品质相关。张学勇等(2001)研究称，与国外同类品种相比，我国小麦品种的蛋白质含量并不低，主要是蛋白质组成较差。因此利用已有 HMW-GS 基因和发掘新的 HMW-GS 基因是我国小麦品质育种的重要内容。

目前，有 20 多个 HMW-GS 基因被克隆和测序，即 *1Ax1*、*lAx2**、*lAx2*^B*、*1Ay1*、*1Bx7*、*1Bx9*、*1Bxl7*、*1Dx2*、*1Dx5*、*1Bx20*、*1By8*、*1By9*、*1Dy10*、*1Dy12*、*1AxNull*、*1Bxl4*、*1Bx23*、*1Dx2.1*、*1Dx2.2*、*1Dy10.1*、*1Dy12* 等，还不断有新的基因被发现和克隆，为用分子技术改良小麦品质提供了基础(张立平等，2004)。Harberd 等(1986)用 cDNA 作探针进行研究，发现在小麦 HMW-GS 位点上存在限制性片段长度的变异。但普通小麦中可检测到的 RFLP 的水平比较低，目前在研究谷蛋白基因的多态性及变异上，主要应用基因特异 PCR(gene specific PCR，GS-PCR)或等位基因特异 PCR(allele specific PCR，AS-PCR)方法。Schwarz 等(2004)根据 Glu-1B 位点的 X 型亚基编码序列的差异，设计了一对 Glu-1B-1d(B-x6)的特异引物，并用 86 个德国小麦品种进行验证，结果表明这对 PCR 引物能够用来诊断性检测 Glu-1B-1d(B-x6)和分子标记辅助选择。

D. 低分子量谷蛋白亚基

关于低分子量谷蛋白亚基(LMW-GS)的研究在我国尚处于起步阶段，LMW-GS 对小麦品质有很大影响，主要与面团的韧性和延展性有关。D'Ovidio 等(1997)从硬粒小麦中克隆了一个 Glu-B3 位点上的基因，并根据该基因序列设计了 Glu-B3 位点特异的引物。赵惠贤等(2004)根据 GenBank 中公布的已知 LMW-GS 基因序列，设计并合成小麦谷蛋白 Glu-D3 和 Glu-B3 位点 LMW-GS 基因特异 PCR 引物。并用特异引物通过 PCR 技术克隆到'小偃 6 号'小麦 Glu-D3 位点的 LMW-GS 基因(登录号为 AY263369)。

E. *Wax* 基因

Wx 蛋白(GBSSI)是一种颗粒结合淀粉合成酶(granule-bound starch synthase，GBSS)，负责直链淀粉的合成。普通六倍体小麦含有 3 种 Wx 蛋白亚基：Wx-A1、Wx-B1 和 Wx-D1。3 种 Wx 亚基对直链淀粉含量的作用大小不同，Wx-B1 亚基的缺失对直链淀粉含量的影响最大，而 Wx-Al、Wx-Dl 亚基的缺失影响较小。缺失 Wx-B1 亚基的小麦品种的面粉，直链淀粉含量低、具有良好的面条品质(Yun and Quail，1996)。

Briney 等(1998)根据内含子变异设计 Wx-4A 位点特异的引物，Wx-B1 蛋白亚基缺失材料不能产生 440 bp 条带,与蛋白质 SDS-PAGE、膨胀势的测定结果高度一致。梁荣奇等(2001)应用这个 PCR 分子标记检测 12 个小麦品种和 5 个高代株麦株系,并用 SDS-PAGE 验证,结果一致。Vrinten 等(1999)设计了 Wx-7A 基因位点特异的 STS 引物,在野生型中扩增出 1 条 1172 bp 的特异带,而缺失 Wx-A1 蛋白亚基的突变材料中没有扩增出该特异带。

F. 硬度基因

粒硬度是最重要的小麦品质性状之一,它影响小麦的出粉率、面粉颗粒大小和最终食品加工品质等。国内外有关研究表明,硬度受一个主效基因和一些微效基因的控制,硬度主基因位于 5DS 上,软质(Ha)对硬质(ha)为显性,Ha 编码的蛋白质复合体 friabilin(脆性蛋白),可以作为硬度的生化标记。friabilin 由两个多肽 pinA 和 pinB 按 1∶1 的比例组成,控制这两个多肽形成的基因 *Pina* 和 *Pinb* 的共同作用决定了小麦籽粒的硬度。*Pina* 基因不表达(缺失),或者 *Pinb* 基因突变都会导致籽粒表现为硬质。

Lillemo 等(2002)根据基因启动子序列设计引物,分别扩增含有 *Pina* 基因和 *Pinb* 基因全长的片段。其中引物 Pina-DF/Pina-DR 扩增片段 524 bp,可用于 *Pina* 缺失类型的筛选。陈锋等(2006)利用上述引物对人工合成小麦与普通小麦杂交后代进行了分析,并利用测序等手段检测了籽粒硬度基因的多种等位变异类型。Giroux 和 Morris(1997)根据 *Pinb* 基因编码蛋白质的第 46 位点甘氨酸向丝氨酸变化,设计引物可以检测 Pinb-Dlb 变异类型。另外,Bettge 等(2000)先用 *Pinb* 基因的特异引物扩增全长,然后根据编码蛋白的第 60 位点亮氨酸突变为脯氨酸的样品(Pinb-Dlc)不能被 *Pvu* II 内切酶切割,来鉴定 Pinb-Dlc 突变类型。李根英等(2007)利用 Lillemo 和 Groux 等开发的 *Pina* 和 *Pinb* 等位基因特异的引物对山东小麦品种进行了分析,并用硬度测定仪和测序等手段进行了验证,证明了标记的可靠性。

(3)小麦其他性状相关基因的分子鉴定

A. 株高

郭保宏等(1997)利用赤霉酸不敏感性作为遗传标记,通过系谱分析和基因等位性测验,确定了我国 76 个优良小麦矮秆品种的矮秆基因。结果显示:我国优良矮秆小麦遗传资源中,*Rht2* 基因型占绝对优势,*Rht1* 基因型次之,*Rht1+Rht2* 基因型较少。Cadalen 等(1997)发表的遗传图谱,许多与株高基因有关的分子标记已经通过 RFLP 标记被定位在不同的染色体上。*Rht1* 和 *Rht3* 都被定位在染色体 4BS 上,且二者为等位基因。Ellis 等(2005)对 *Rht4*(2BL)、*Rht5*(3BS)、*Rht8*(2DS)、*Rht9*(5AL)、*Rht12*(5AL)、*Rht13*(7BS)等赤霉素敏感型矮秆基因型,用微卫星标记进行了定位,并开发了相应的分子标记。

B. 春化特性

根据对温度高低和时间长短的不同要求,小麦品种分为春性和冬性两大类型,春化阶段是小麦对不同气候条件适应性具有决定作用的重要发育阶段，小麦对春化的要求受遗传控制，春性表现为显性。目前已发现的春化基因有 4 个，即 *Vrn-A1*、*Vrn-B1*、*Vrn-D1* 和 *Vrn-B3*，分别位于小麦的 5A、5B、5D 和 7B 染色体上。Iqbal 等(2007)利用染色体代换系和一组已知春化基因春小麦品种研究了这 4 个春化基因对开花期、成熟期和重要农艺性状的影响，发现同时携带 *Vrn-A1*、*Vrn-B1*、*Vrn-D1* 三个基因的小麦品种，开花和成熟得最早，籽粒蛋白质含量也最高，但产量却是最低；同时携带 *Vrn-A1* 和 *Vrn-B1* 两个基因的基因型，成熟较早，产量也较高；但是同时携带 *Vrn-D1*、*Vrn-A1* 和仅携带 *Vrn-D1* 基因的基因型却晚熟。因此，*Vrn-A1* 对 *Vrn-B1* 及 *Vrn-D1* 不是表现为完全的上位性。Toth 等(2003)利用重组代换系作图群体把 Vrn-B1 位点定位在 5B 染色体长臂末端。

(4) DNA 分子鉴定在小麦育种中的应用

A. 抗病育种

李博等(2007)采用 SDS-PAGE 技术分析了黄淮麦区 1389 份小麦地方品种的 HMW-GS 的组成，结果发现总共出现了 23 种等位基因和 42 种亚基组合，由此可见黄淮麦区小麦地方品种的 HMW-GS 组成是比较丰富的。翟雯雯等(2008)利用 SSR 标记对蚂蚱麦的抗性基因进行了定位，初步定位出位于小麦 7BL 染色体上，并且与 7BL 上的 *PmE* 不同，暂命名为 *Mlmz*，为下一步的精确定位做了准备，极大地丰富了小麦抗病基因库。

近年来随着分子生物学的迅猛发展，DNA 分子标记越来越多地被运用到小麦抗白粉病染色体定位的研究中。到目前为止，利用各种分子标记技术已在小麦基因组的 50 个基因位点鉴定了将近 70 个主效抗白粉病基因。

多种标记类型被广泛应用于基因发掘与定位，利用不同的遗传群体包括重组自交系(recombinant inbred lines，RIL)、近等基因系(near iso-genic lines，NIL)、双单倍体系(doubled haploid lines，DH)等，取得了卓有成效的研究成果，这些标记主要包括 SSR、RAPD、RFLP、AFLP 及 SNP 等。

SSR 标记是小麦抗病基因定位中较为常用的技术。目前已利用该技术定位了大量的小麦抗白粉病基因，如 *Pm3c*、*Pm3g*、*Pm3h*、*Pm3i*、*Pm3j*、*Pm4b*、*Pm5a*、*Pm5e*、*Pm16*、*Pm17*、*Pm22*、*Pm24a*、*Pm27*、*Pm30*、*Pm31*、*Pm32*、*Pm33*、*Pm34*、*Pm35*、*Pm36*、*Pm37*、*Pm38*、*Pm39*、*Pm40*、*Pm41*、*Pm42*、*Pm43*、*Pm53* 和 *Pm54* 等。

RFLP 属于第一代分子标记技术，标记具有共显性，且结果稳定可靠，因此广泛应用于抗白粉病基因的分子标记中。已利用该技术定位的小麦抗白粉病基因有 *Pm1a*、*Pm2*、*Pm3a*、*Pm3b*、*Pm3g*、*Pm4a*、*Pm4b*、*Pm5a*、*Pm6*、*Pm12*、*Pm13*、*Pm17*、*Pm18*、*Pm26*、*Pm27* 和 *Pm29* 等。

RAPD 需要的 DNA 量少，设计引物时无须预知 DNA 序列信息，也不需要探针，无放射性，且操作简单，成本低廉，因此在小麦抗白粉病基因标记中得以广泛应用。目前已利用该技术定位的小麦抗白粉病基因有 *Pm1a*、*Pm2*、*Pm3b*、*Pm4a*、*Pm5e*、*Pm6*、*Pm12*、*Pm13*、*Pm17*、*Pm18*、*Pm21*、*Pm23* 和 *Pm25* 等。

目前已利用 AFLP 技术定位的小麦抗白粉病基因有 *Pm1b*、*Pm1d*、*Pm4b*、*Pm17*、*Pm18*、*Pm20*、*Pm22*、*Pm24a* 和 *Pm29* 等。

除以上这些常用标记，越来越多的新型标记技术被开发出来，如多样性序列芯片技术（diversity arrays technology，DArT）、单核苷酸多态性（SNP）及基于测序的基因分型（genotyping-by-sequencing，GBS）技术等，并已开始应用于小麦抗白粉病基因鉴定当中。

目前已发现的小麦主效抗病基因中，多数已有与其紧密连锁的 SSR、SCAR、STS 等在实验室中操作简单，便于大量资源检测的分子标记，包括目前在我国大部分麦区表现出中抗、高抗至免疫反应的抗病基因 *Pm2*、*Pm4a*、*Pm4b*、*Pm12*、*Pm13*、*Pm16* 和 *Pm21* 等。其中有与 *Pm2*、*Pm4a* 和 *Pm4b* 等紧密连锁的 STS 标记；与 *Pm13*、*Pm21* 等紧密连锁的 SCAR 标记；与 *Pm16* 紧密连锁的 SSR 标记等（罗瑛皓等，2005）。有些分子标记与基因间的遗传距离很小，为共分离或小于 5 cM，可在不同遗传背景下有效检测抗性基因。王俊美等（2005）对小麦抗白粉病基因 *Pm4* 三个 STS 标记的实用性进行分析，结果表明 4G+4I 和 4aF+4aR 两对引物扩增产物稳定，均能扩增出特异性较强、易于检测的目标片段 STS470 和 STS410，并且标记 STS470 与 *Pm4a* 基因完全连锁。

刘金元等（2000）利用已验证过的与 *Pm2*、*Pm4* 及 *Pm6* 紧密连锁的分子标记，对南京农业大学细胞遗传所与江苏省里下河地区农业科学研究所合作育成的优良抗病新品系，以及其他单位育成的但所含具体 *Pm* 基因尚有异议的抗病品种进行了分析，明确了这些材料中所含具体的白粉病抗病基因，显示出分子标记技术在育种应用上的独特优越性。桑大军等（2006）利用与 *Pm2*、*Pm4*、*Pm8*、*Pm13*、*Pm21* 及 *Pm24* 紧密连锁的 PCR 标记对河南省的主推品种进行抗白粉病基因鉴定，发现 20 世纪 80 年代以前的品种几乎没有上述抗性基因，80 年代以后利用 *Pm8* 较多，*Pm2*、*Pm4*、*Pm21* 和 *Pm24* 也得到一定应用。张军刚等（2014）为筛选与抗白粉病基因 *Pm13* 紧密连锁的分子标记，以携带 *Pm13* 的抗病品系中大 01 与感病品系金光 588 为亲本进行杂交，获得 F_1、F_2 分离群体和 $F_{2:3}$ 家系，并利用 BSA 法进行 SSR 标记分析。

B. 品质育种

目前，影响小麦品质的重要性状基因的分子标记都已开发出来，如影响面粉白度的多酚氧化酶（PPO）位点，影响籽粒胚乳颜色的黄色素位点，影响面粉加工品质和烘烤品质的高分子量谷蛋白亚基（HMW-GS）位点，影响面团的韧性和延展性的低分子量谷蛋白亚基（LMW-GS）位点，影响直链淀粉含量的 Wx 蛋白位点，影响籽粒硬度的硬度基因位点等。这些重要品质性状基因的分子标记都已开发并开始应用于育种。

徐相波等(2005)利用 D'Ovid 等报道的 1Dx5 亚基的特异性引物,对我国新育成的 49 份优质小麦品种的 HMW-GS Glu-D1 位点进行了鉴定,同时对农艺件状较好、产量较高但不含优质亚基 1Dx5-1Dy10 的'农大 3383'等小麦品种,利用 1Dx5 亚基特异 PCR 标记进行分子标记辅助选择,转育成含有 1Dx5-1Dy10 亚基的'新农大 3383'等品系。梁荣奇等(2006)利用亚基 5 和 10 的特异 PCR 标记,对 19 个小麦品种进行了扩增,结果表明,8 个品种具有 5 亚基特异带,2 个小麦品种扩增出 10 亚基特异带,并用这两个标记利用分子标记辅助选择手段,对后代品系进行了检测,选育出具有 *1Dx5+1Dy10* 基因型小麦品系。梁荣奇等(2004)利用 WaxB1 的 STS 标记、WaxA1 和 WaxD1 的 SSR 标记对'江苏白火麦''内乡白火麦'等品种进行了检测,确定它们都缺少 *WaxD1* 基因,并对 5 个糯性小麦株系进行了检测,证明这 5 个材料均缺失 *Wax-A1*、*Wax-B1* 和 *Wax-D1*。

DNA 分子水平上的检测,在小麦早代选育过程中有快速、准确、方便的特点,因而在国内外受到人们的重视。许多学者致力于小麦品质的改良,获得了相关品质性状的分子标记,同时尝试利用分子标记结合常规育种方法来聚合优质基因,以期加快品质改良的步伐。应用分子标记能够在基因水平上直接鉴定品质相关基因,为分子标记辅助育种奠定坚实基础。

C. 基因聚合

小麦白粉病病菌群体大,生理小种变异快,单一抗病基因的品种易丧失抗性,因此,培育多个抗白粉病基因聚合的小麦品种是提高抗病广谱性、持久性的有效途径之一。近几年育种家们利用抗白粉病基因的分子标记检测多聚抗病基因的小麦品种。张增艳等(2002)利用小麦抗白粉病基因 *Pm4*、*Pm13*、*Pm21* 的特异 PCR 标记对含有 *Pm4*、*Pm13*、*Pm21* 的小麦品系复合杂交后代植株进行检测,从中选择到三个基因聚合的植株,为持久广谱抗性育种奠定了基础。研究还表明抗性基因在小麦背景下的遗传稳定性,与基因供体和普通小麦的亲缘关系密切相关,亲缘关系越远,丢失的概率越大。因此,在育种过程中,对外源基因鉴定和跟踪非常必要。2005 年高安礼等利用分子标记技术对含有 *Pm2*、*Pm4a*、*Pm21* 的小麦品系复合杂交后代经分子标记检测,选育到聚有 *Pm2+Pm4a+Pm21* 的抗病植株。

综上所述,利用 DNA 分子鉴定技术,可以快速有效地对小麦品种资源的抗病和品质等性状基因进行鉴定,从分子水平上深刻认识品种资源的特性。把 DNA 分子鉴定这种先进技术与小麦遗传育种家的丰富经验相结合,充分利用国内外已有的研究成果(如连锁图谱、探针、引物等)获得的优秀抗性种质资源,培育优良的抗性新品种,使其尽快在我国产生经济效益和社会效益。

2. 水稻品种及抗病的分子鉴定

(1)水稻 DNA 分子标记辅助育种

水稻是我国重要的粮食作物，近年来其种植面积和总产量约占粮食作物的 27%和 38%，其生产及产量在保障我国粮食安全方面占有特别重要的地位(朱德峰等，2013)。近 20 年来迅速发展起来的以 DNA 分子标记技术为基础的分子标记辅助选择育种方法为传统育种工作提供了崭新的工具(吴昊等，2014)。

水稻 SNP 位点的发掘及其应用

水稻作为重要的粮食作物，其 SNP 分子标记的研究与应用具有很大的发展空间。对 SNP 分子标记的利用首先是发掘 SNP 位点，当前已有多种方法应用于植物 SNP 位点的开发，主要分为两种：一种是基于生物信息学发掘 SNP 位点；另一种是通过实验的方法发掘 SNP 位点。

随着籼稻、粳稻的测序完成(Goff，2005；Goff et al.，2002)，基于生物信息学的水稻 SNP 开发已具有成熟的条件。在利用此种方法进行 SNP 发掘的过程中，主要使用了各种核酸序列数据库。表达序列标签(EST)数据库来自不同的 cDNA 文库，与基因组上的表达核酸序列相对应，因此将各数据库中的 EST 相对比就可以发掘出对应基因的 SNP 位点信息。美国国家生物技术信息中心(NCBI)对其 EST 库中的序列进行了归类，将可能位于同一个基因上的 EST 组成一个 UniGene 簇，通过对比这些 UniGene 簇中的 EST 就能发掘出需要的 SNP 位点(杨仑等，2004)。

随着水稻中的籼稻、粳稻两个亚种测序草图的完成及水稻全基因组序列全图 (Matsumoto et al.，2005)的完成，水稻 SNP 的研究便有了一个更加方便有力的工具。SNP 分子标记在水稻中的应用有以下几个方面。

1)遗传图谱的构建。由于 SNP 在基因组中具有高密度分布的特点，因此一张完整的 SNP 图谱可以提供远高于基因精确定位所要求的密度。在水稻育种实践中，SNP 分子标记为定位功能基因提供了极大的便利，运用 SNP 分子标记图谱，能够将 SNP 标记的功效利用最大化。在过去的育种工作中，基于 SSR 标记的遗传图谱为育种工作提供了很多的帮助，但与 SNP 标记相比，其数量相对比较少，由此提供的遗传信息要少，其检测手段不易进行高通量的检测，所以在应用上就很难与 SNP 标记相比。在 SNP 分子标记图谱的研究中，有报道利用一种抗真菌病基因 *Eds16* 序列中的 237 个 SNP 标记在拟南芥(*Arabidopsis thaliana*)中构建了分辨率为 3.5 cM 的二等位基因遗传图谱，这是第一次在二倍体植物中构建二等位基因标记的遗传图谱，它所确立的一系列方法也可用于其他植物的 SNP 遗传图谱构建 (Cho et al.，1999)。而水稻 SNP 分子标记物理图谱的构建也可以参考以上的工作方法，Yu 等(2011)利用水稻 RIL 群体构建了高密度的 SNP 遗传图谱，并进行了 QTL 和谷物理化性质的分析。

2) 分子标记辅助选择育种。在育种工作中，分子标记辅助选择育种技术起到的作用越来越大，它极大地提高了育种的工作效率，减少了育种实践中的盲目性。SNP 作为新一代的分子标记，广泛存在于水稻染色体上，高密度且易实现自动化分型，将其应用于分子标记辅助选择育种，将显著提升水稻分子育种效率。Hayashi 等（2004）应用一种等位基因特异的 PCR 方法对水稻抗稻瘟病基因 Piz 位点等位基因间 SNP 基因分型，证明用等位基因特异的 PCR 方法进行 SNP 基因分型在水稻分子标记辅助选择育种中是一个很有应用价值的工具，并在育种实践中得到初步应用。

3) 品种鉴定与种质资源管理。种质资源是遗传育种的原材料，许多现代育成品种遗传背景相近，根据农艺性状进行管理和鉴定变得十分困难。由于 SNP 标记能提供精细、准确的特征，已成为进行种质亲缘关系分析和检测种质多样性的最有效工具之一。例如，Xu 等（2016）使用 Illumina 的 Infinium 技术开发了一个含有 5219 个 SNP 的全基因组芯片，并用于对来自中国的 471 份籼稻品种进行了分型，结果显示该芯片能够将这些品种分为本地品种、引进品种和改良品种 3 个亚群。

高分辨率熔解曲线（high-resolution melting，HRM）技术是一种新型的 SNP 检测技术，该技术的理论基础主要是基于 DNA 序列物理性质的不同，因为不同 DNA 分子的片段长度、GC 含量、GC 分布等是不同的，因此任一双链 DNA 分子在加热变性时都会有自己特有的熔解曲线形状与位置。Ririe 等（1997）发明了利用荧光染料对双链 DNA 进行熔解曲线分析的技术，之后 Lipsky 等（2001）改良了该项技术，在 PCR 产物中加入高浓度的荧光染料，成功地把这个技术引入 SNP 的分析中。Wittwer 等（2003）使用 LCGreen 作为荧光染料，首次实现了 PCR 反应后闭管直接进行熔解曲线的分析。熔解曲线技术实现了闭管直接分析及高分辨率分析仪的出现，使得实验的操作步骤和耗时得到了大大的简化，进而极大地增强了该技术对双链 DNA 及其 SNP 位点的区分能力。

在 SNP 多态性的检测中，HRM 技术因其具有高灵敏度、高准确性而发挥了很大的作用，通过对比不同样品目的基因在熔解曲线波峰上的差异，HRM 技术能够很好地检测出不同样品间单核苷酸之间的差异。李潇和卢瑶（2010）通过分析不同 SNP 在群体中的频率，能够为基因的分型、疾病的诊断提供技术上的支持。在 2011 年发表的关于利用 HRM 技术，赵均良等（2011）通过对粳稻品种'丽江新团黑谷'和籼稻品种'三黄占 2 号'及其衍生的 RIL 群体中一个 G/A 转换的 SNP 标记及 PAGE 较难区分的一个 SSR 标记和一个 InDel 标记进行分析，验证了相对于凝胶电泳分析，HRM 技术在水稻 SSR、InDel 及 SNP 标记分析方面的可行性和可靠性。又如王平等（2016）利用基于 HRM 体系的 fgr、Pita、Pi-k 等功能型分子标记对四川省三系杂交稻育种中的 46 份不育系进行了基因检测与分型，结果发现具有纯合 *fgr* 香味基因型的不育系有 10 份，具有显性纯合抗稻瘟病 *Pita*、*Pi-k* 基因型的不育系分别有 9 份和 29 份，而同时含有 *Pita* 和 *Pi-k* 基因型有 5 份；同时具有 *fgr*、*Pita*、*Pi-k* 基因型的仅仅只有 2 份，这些为水稻的香味基因和抗稻瘟病的研究提供了理论基础。罗文龙等(2013)则利用 HRM 技术开发出了调控水稻直链淀粉含量的 *Wx* 基因和香气形成的 *fgr* 基因功能标记并对 88 份水稻种质进行了基因型鉴定，其中 25 份是含纯合 *Wxa* 基因型的种质；59 份是含纯合 *Wxb* 基因型的种质，其余 4 个为杂合型(*Wxa*/*Wxb*)；携带纯合 *fgr* 基因的有 3 份种质('巴太香占'、'象牙香占'和'Basmati 370')，其全部米粒均带有香气，而携带杂合 *fgr* 的 2 份种质，只有部分米粒带有香气，在这一研究中充分展现了 HRM 技术的高通量、操作简单等特点。

(2) 水稻遗传多样性的 DNA 分子鉴定

中国稻类种质资源丰富，目前中国共收集并编入国家种质资源库共 71 970 份稻种资源，其中，50 530 份是地方水稻品种，还有 120 份是遗传标记材料，1605 份杂交稻三系资源，4085 份属于国内培育品种，6944 份稻属野生近缘种资源，8686 份国外引进品种。除从外国引进的稻种和遗传标记材料外属于我国独有的稻种数为 63 164 份(Ge et al.，1999)，居世界产稻国之首。水稻是农业可持续发展的重要作物遗传资源，也是生物多样性的重要组成部分，因而遗传多样性也是水稻种质资源研究的主要内容之一，这对于选育水稻新品种意义重大。目前，对生物遗传多样性的研究水平已经先后从传统的形态标记、染色体标记及生化标记发展到如今的 DNA 分子标记水平。

DNA 分子标记检测遗传多样性从原理上大致可分为两类：一类是基于限制性酶切和分子杂交的直接测序，主要是分析一些特定基因或 DNA 片段的核苷酸序列，度量这些 DNA 片段的变异性；另一类是基于 PCR 技术和重复序列检测基因组的特定位点的变异。以 RFLP、PCR 技术和重复序列为基础，至今已有几十种分子标记技术相继出现，主流的分子标记技术有 RFLP、RAPD、AFLP、SSR、SNP 等，其他类型的分子标记还有 VNTR、ISSR、DAF、STS、SCAR、SPAR、SSCP、MLPA、CAPS 等，但仍然没有一种技术适用于所有情况。每种分子标记技术在基因检测位置、多态性水平、位点特异性、重复性、技术操作的难易、实验成本等方面的侧重点都不同。目前 RAPD 与 SSR 在作物遗传多样性的研究上应用较多，尤其是 SSR 分子标记技术，在水稻种质资源研究中应用非常广泛，并且普遍认为 SSR 优于 RAPD。

王松文等(2005)利用筛选到的 28 个 RFLP 籼粳特异性探针对多个水稻品种进行分析，生物信息学分析表明，这些标记在基因组水平上存在差异，能对水稻品种进行籼粳稻分子分类。姜延波等(1999)用 45 个籼粳特异 RFLP 标记探针对 58 个水稻种系分析研究双亲籼粳差异与杂种优势的关系。结果表明利用 RFLP 标记可将亲本和杂种明显地分为籼粳两群。虽然 RFLP 是出现较早的第一代分子标记技术，但迄今为止它的应用仍然比较广泛。

李云海和钱前(2000)用 100 个 RAPD 引物分析了 30 个水稻品种。其中 72 个引物中筛选出 14 个 RAPD 引物，有效区分出所有供试的雄性不育系及恢复系。毛加宁等(2002)利用 RAPD 技术，筛选出 13 个能在供试的三系杂交水稻及亲本间扩增出 43 条较稳定的多态性片段的引物。利用这些标记能有效地区分各组合中不育系、保持系、恢复系和 F$_1$，并能看出各组合中不育系与保持系、不育系与恢复系、F$_1$ 与亲本间的遗传关系。段世华等(2001)筛选出 13 个 RAPD 引物分析了我国 35 个主要的杂交水稻恢复系，检测出重演性较好的多态性片段 93 条，能够有效地区分所有供试的恢复系材料。早期 RAPD 分子标记技术曾被较广泛地应用于水稻基因定位和遗传变异性分析，但是由于 RAPD 技术不适合育种和品种鉴别，因而目前水稻 RAPD 分子标记技术的应用已经日渐式微。

范文艳等(2008)对采自 13 个地区的 29 个水稻纹枯病菌菌株进行了致病力测定和 AFLP 分析，结果表明黑龙江省水稻纹枯病菌的群体遗传多样性较为丰富，致病性分化较为明显，并且 AFLP 类群划分与菌株的致病性鉴定之间存在一定相关性。智逢刚等(2014)采用 AFLP 标记技术，对来自不同国家的 118 份甘蔗种质进行遗传多样性分析，结果表明各国甘蔗种质亲缘关系较近，其中美国种质遗传多样性相对较丰富。AFLP 既具有 RFLP、RAPD 的优点，又避免了两者的缺点，被认为是最有效的分子标记技术，广泛应用于一般分子标记的所有应用范围，如遗传多样性和种质鉴定、分子标记育种、基因追踪、基因定位、连锁图谱的构建等(Zsbeau and Vos，1995)。

陆静姣等(2014)利用 SNP 标记对南方 104 个籼型两系杂交水稻亲本进行了遗传差异分析。结果表明 104 个籼型两系杂交水稻亲本两两之间的遗传距离变异较大，平均遗传距离为不育系与父本间>不育系>父本。SNP 标记用于分析水稻品种间的遗传差异与系谱分析结果具有较好的一致性。吴金凤等(2014)利用 1041 个 SNP 位点对 51 份玉米自交系进行基因型分析，将其划分为 7 个杂种优势群，群体间遗传距离划分结果和系谱来源基本一致。

(3)水稻遗传图谱的构建

美国、韩国和日本等国家早就已经完成了水稻品种 DNA 指纹图谱的构建，而我国近年来也开始对国内各个地区的稻米品种进行 DNA 指纹图谱的构建工作。中国农业科学院水稻研究所等机构对水稻南、北方稻区的国家稻米品种构建了指纹图谱(程本义等，2007)，四川省领衔的各个省及市水稻研究单位也分别对本省试验稻和历年推广的稻米品种构建了指纹图谱(李茂柏等，2011)。构建水稻 DNA 指纹图谱的分子标记技术包括 SSR、AFLP、RFLP、ISSR、RAPD、SRAP 等。其中基于 SSR 构建水稻 DNA 指纹图谱的文献报道最多，其次为 AFLP。SSR 检出的平均多态性的比例最高，因此很适用于构建稻米遗传图谱(Wang et al.，2015)。

目前，在构建物种 DNA 指纹图谱技术的研究中，应用最多的是 SSR 分子标记技术，其次为 AFLP 分子标记技术。

近年来基于 SSR 对特定地区稻米的 DNA 指纹图谱库的建立有很大的应用。例如,中国水稻研究所利用 12 个首选 SSR 标记构建了 199 个稻米试验品种的 DNA 指纹库，进行了指纹鉴定，并构建了基于 12 个 SSR 标记的 279 个浙江省水稻品种的 DNA 指纹图谱数据库(程本义等，2009)。2010 年福建省三明市农业科学研究所马红勃等(2010)对福建省若干稻米品种构建了 SSR-DNA 指纹图谱构建。沈阳农业大学水稻研究所北方粳稻育种重点开放实验室陈英华等(2009)筛选出 10 对核心 SSR 引物，用于构建东北地区近两年区域试验品种的 DNA 指纹图谱。从目前的发展趋势看，未来 SSR 分子标记技术将是农作物(包括水稻)品种鉴定及 DNA 指纹数据库构建的首选分子标记技术。而且未来分子标记技术和形态学标记技术相结合，并借助互联网平台实现品种真实性的快速鉴定是农作物品种鉴定的趋势，可以有效地打击农作物假冒伪劣品种，提高农作物品种的质量，促进中国农作物品种产业健康稳定的发展。

AFLP 也是一种十分理想的、有效的分子标记技术，其检测效率高，多态性条带多，可以在短时间内提供巨大的信息量。AFLP 标记刚起步时已用于水稻 AFLP-DNA 指纹图谱的构建。对于水稻进行 AFLP 法构建 DNA 指纹图谱的报道不及 SSR 标记多，但其在水稻 DNA 指纹图谱库的建立和品种鉴定，水稻种质资源遗传多样性和亲缘关系，以及转基因水稻的相关检测的研究方面仍有较大的应用价值。Chandel 等(2010)利用 AFLP 检测了转 Bt 大米基因组的变化。Rajkumar 等(2011)、Kingsakul 等(2012)、Na 等(2012)利用 AFLP 分子标记技术分别对斯里兰卡和泰国东北地区稻米及亚洲栽培稻基于 AFLP 进行了种质遗传多态性的研究。Theerawitaya 等(2011)利用 AFLP 研究了 KDML105 稻米突变株中与盐耐受相关基因的多态性。曾晓珊等(2016)利用农业行业标准(NY/T 1433—2014)中公布的 48 对 SSR 引物构建 27 个水稻核心亲本指纹图谱，并获得所有亲本的 SSR 分子身份证号。48 对 SSR 引物在 27 个亲本中共扩增到 162 个多态性片段，平均每对引物可检测到 3.53 个等位基因。核心亲本 SSR 分子身份证的确定，不仅为品种鉴定提供了一个平台和标尺，便于建立品种的遗传指纹档案，还为保护品种知识产权，鉴定品种真伪及纯度提供了可靠依据。

3. 玉米品种及抗病的分子鉴定

(1)玉米遗传多样性的 DNA 分子鉴定

近年来，利用 RFLP、SSR 和 AFLP 等标记技术对玉米自交系进行遗传多样性分析不仅仅是国外在使用，国内也是越来越重视这方面研究。例如,郑得刚等(2006)在利用 SSR 标记技术的基础上对黑龙江省常用的玉米自交系进行遗传多样性的相关研究，将玉米种质归纳为 Reid 和非 Reid 两大类。姜树坤等(2007)关于 16 个玉米自交系在利用 SRAP 标记优势的基础上进行了基因多样性的分析，结果显示对于玉米遗传多样性的研究 SRAP 标记技术不仅十分有效，而且具有较高的稳定性。黄世全等(2006)在利用 RAPD 分子标记技术的基础上，对 16 个玉米自交系进行基因多样性和聚类分析时发现，得到的结果与系谱分析的结果很相似。杜金友等(2006)利用 AFLP 分子标记技术对 55 份玉米种质材料进行了研究，结果显示 AFLP 分子标记技术有利于玉米遗传多样性分析，认为来源美国先锋的 Pioneer 系列中有很多材料与瑞得种群有亲缘关系。吉琼等(2012)利用 108 对 SSR 标记引物，对 96 份玉米自交系进行遗传多样性分析。王凤格等(2014)利用 SSR 标记分析 328 份玉米品种的遗传多样性及遗传分化特点，发现近年来育成品种遗传多样性指数在不同年份间变化不大，除北京、天津、唐山地区之外在其他区试组间差异性也不大。赵宁娟等(2015)利用 100 对 SSR 核心引物分析了 44 份玉米自交系的遗传多样性，并划分其杂种优势群，试验结果说明，44 份玉米自交系种质具有很高的遗传多样性。张全芳等(2017)利用多重 SSR-PCR 荧光标记检测技术，对本单位自育和引进的 259 份玉米自交系进行遗传多样性和亲缘关系分析，并以 11 个归属于不同杂种优势群的代表自交系为参照进行群体结构分析。将 270 份自交系划分成三大类群，进一步进行数值化杂种优势群分析，以明确所用种质资源的杂优类群利用方向，为玉米自交系的有效利用和品种的选育提供了依据。

(2) 基因定位

玉米大多数重要的经济性状均是数量性状，如营养品质、产量、穗行数和容重等。由于受到微效多基因的作用，同时随着环境影响的连续变异，数量遗传的表现型与基因型之间的关系并不明确。所以传统的数量遗传学方法并不能有效鉴定单个数量基因或染色体片段，对于控制数量性状的基因在基因组中的定位也就十分困难，而这种情况导致人们在长久以来的育种事业中对数量性状的遗传控制受到很大制约。但随着 DNA 分子标记技术及分子连锁图谱的迅猛发展，可通过 QTL 将数量性状的基因精确定位到染色体的某一区段上，每个相关 QTL 对其相应表型的效应及它们之间的互作都可进行估算。分子标记技术在玉米重要基因的定位上应用十分广泛，如与产量相关的性状、与营养品质相关的性状、与植株株型相关的性状及抗性基因等均有研究。孙海艳等(2011)通过以玉米杂交种'黄 Cx 178'的 F_2 群体构建的遗传连锁图谱共检测到 16 个品质性状的 QTL，其中，检测到 5 个蛋白质含量位点、6 个油分含量位点及 2 个淀粉含量位点。杨俊品等(2005)以'48-2'×'5003'的 $F_{2:3}$ 家系作为定位群体对株高、穗位高、穗长等 12 个经济性状进行定位共检测出 59 个 QTL。

(3) 玉米遗传图谱的构建

1935 年，第一张关于玉米的经典遗传图谱由 Emerson 等通过采用两点测验方法，根据所得的重组率作为相对遗传图距绘制而成。其后，1986 年 Helentjaris 等发表了首张玉米 RFLP 图谱，自此随着分子标记技术快速发展，玉米遗传图谱构建这一领域也在不断地更新。

向道权等(2001)利用中国农业大学培育的高产、多抗性玉米杂交组合'农大 3138'的 $F_{2:3}$ 为材料，构建了具有 80 对 SSR 标记的玉米遗传图谱。兰进好和张宝石(2004)以'黄早四'×'Mo17'自交形成的 191 个 F_2 单株为作图群体，利用 240 对 SSR 引物和 280 对 AFLP 选扩引物，在亲本'黄早四'和'Mo17'之间进行了多态性检测，筛选出 91 对 SSR 引物和 20 对 AFLP 选扩引物用于 F_2 群体分析。利用上述引物组合共检测到 248 个多态性标记位点，其中的 218 个标记构建了玉米分子连锁图谱，该图谱覆盖基因组全长 2015.5 cM，标记间平均间距 9.69 cM。张帆等(2006)以'R15'(抗)和'Ye478'(感)为亲本配制 F_2 分离群体并以该群体为作图群体。利用 778 对 SSR 引物对亲本'R15'、'Ye478'之间的多态性进行了检测，筛选出 159 对多态性 SSR 引物用于 F_2 群体分析。利用这 159 对(20.4%)多态性标记构建玉米的遗传连锁图谱，其中有 9 个 SSR 标记未连锁上。其余 150 个标记分布于玉米的 10 条染色体上，覆盖玉米基因组 1775.7 cM，标记间平均距离为 11.8 cM。秦伟伟等(2015)以玉米自交系'黄早四'(HZS)和'Mo17'为亲本，构建包含 130 个 RIL 的群体。基于 GBS 技术获得的高密度多态性 SNP 位点，构建了包含 1262 个 Bin 标记的高密度遗传图谱。该研究结果为分子标记辅助选择籽粒性状提供了实用标记，也为主效基因的进一步精细定位和候选基因挖掘奠定了基础。两年后，赖国荣等(2017)以玉米自交系'X178'和'NX531'为亲本，构建了包含 150 个株系的 RIL 群体。基于 GBS 获得基因型纯合的多态性位点，使用滑动窗口(sliding windows)的方法进行基因型分型，构建了总长为 2569 cM 的高密度遗传图谱，标记间平均遗传距离为 0.35 cM。该研究所构建的高密度遗传连锁图谱将为玉米农艺性状的遗传基础研究提供良好的基础，同时为玉米籽粒品质的育种改良提供一定的参考。

(4) 玉米杂种优势的预测

Smith 等(1990)通过使用分散于玉米整个基因组的 257 个 RFLP 探针对 37 个玉米自交系及它们间的杂交组合进行检测发现，亲本的 RFLP 遗传距离与 F_1 的产量和杂种优势有极显著水平的相关性。Melchinger 等(1992)通过使用 RFLP 标记方法时发现，RFLP 遗传距离与 F_1 杂种优势的相关性也十分显著。以上研究充分表明了，F_1 代的产量和杂种优势在利用分子标记检测亲本间遗传距离的基础上就能够进行预测。袁力行和 Warburton(2001)的实验结果表明 RFLP 分子标记技术能将近 30 个广泛应用的玉米系划分为 5 类,且该方法划分的结果能与系谱分析高度重合。黄益勤和李建生(2001)在 RFLP 技术的基础上,将我国南方玉米区的 41 份自交系和 4 份美国自交系划分为六大类群。黄益勤等(2006)在利用 RFLP 分子标记划分玉米杂种优势群的基础上,分析了 37 个玉米品种的基于 RFLP 分子标记杂合性与 132 个杂交组合的产量性状 F_1 的相关性表现。结果表明要获得较强的杂种优势必须保证亲本之间有一定的杂合性,但并不是杂合性越高杂种优势越强。骈跃斌等(2012)利用 SSR 分子标记研究了 32 份玉米自交系的遗传变异,初步进行了杂种优势群划分。说明利用 SSR 标记可以对玉米自交系的遗传变异进行初步分析,并可用于杂种优势群划分。王兵伟等(2014)在 SSR 分子标记基础上,对 60个玉米自交系进行划分。结果表明,60 个玉米自交系可分为近 10 个类群。

二、油料作物及其制品鉴定

1. 花生的分子鉴定技术

DNA 分子鉴定技术已广泛用于花生的遗传多样性、指纹图谱的构建、品种鉴定、基因标记和遗传图谱的构建等许多方面,并显示出独特的优势。目前许多国内外学者已利用分子标记对花生的相关性状进行了关联分析(Belamkar et al.,2011;Wang et al.,2011a;黄莉等,2011),对有些性状进行了 QTL 定位(Khedikar et al.,2010;Ravi et al.,2011)并完成了部分花生的遗传连锁图谱的构建(Hong et al.,2010;Wang et al.,2012)。

(1)花生抗性辅助育种的分子标记

夏友霖等(2007)利用 RFLP 分子标记对花生晚斑病抗性基因进行了分子标记的首例报到。随后许多科研工作者依据该技术对抗、感黄曲霉侵染、青枯病及锈病等(雷永等,2005;侯慧敏等,2007;任小平等,2008)进行了大量研究,为花生抗性辅助选择育种奠定了基础。洪彦彬等(2011)采用 100 对 SSR 引物扩增 14个抗感青枯病和 14 个抗感锈病花生品种,结果表明,共有 39 对引物在不同品种间检测出 2~6 个等位基因,多态信息含量(PIC)为 0.184~0.882。肖洋等(2011)利用抗、感矮化病毒病的花生品种'ICGV86699'和'远杂 9102'为亲本配制杂交组合,构建 RIL 群体,采用 SSR 技术和 BSA 分析方法,结合 F_6 各个家系接种病毒后 ELISA 的鉴定结果,得到 1 个与花生矮化病毒病抗性连锁的分子标记 XY38。此标记与抗性基因间的遗传距离为 7.5 cM,具有作为抗性育种辅助选择技术的潜力。徐志军等(2015)利用 72 对多态性 SSR 引物对 57 份具有不同青枯病抗性的花生品种进行遗传多样性分析,结合青枯病抗性鉴定结果,利用 Pearson's 相关和多元线性逐步回归鉴定与花生青枯病抗性相关的 SSR 标记。SSR 标记多态性分析表明,57 份花生品种遗传相似系数为 0.4978~0.9607,平均为 0.7038。

(2)花生遗传图谱的构建和遗传多样性的分子鉴定

自 Hopkins 等(1999)发现花生基因组中存在丰富的微卫星 DNA 多态性标记以来，与花生微卫星序列信息相关的分子标记技术发展极为迅速。目前应用在花生研究中的花生 SSR 标记 6000 多对(Cuc et al.，2008；Hong et al.，2010；洪彦彬等，2010；Ravi et al.，2011)，这为利用分子标记技术加快花生品种的检测、鉴定和基因组研究奠定了良好基础。现 SSR 标记已被广泛用于花生的基因研究中。Marcio 等(2012)用内含子序列和微卫星标记对栽培花生与野生花生之间的遗传关系进行了研究。由于栽培花生的遗传基础狭窄，RFLP、RAPD 检测到的多态性非常有限，在花生中的应用非常少。AFLP 具有 RFLP 的可靠性和 PCR 技术的高效性，但高质量的 DNA 和高分析成本限制了其在花生中的应用。SSR 标记是一种较为理想的标记，具有数量丰富、多态性较高、共显性遗传等优点，被广泛地用于栽培花生的基因/QTL 定位及遗传图谱构建(Khedikar et al.，2010)。刘冠明等(2006)利用 SSR 标记建立南方花生产区 20 个品种的指纹图谱，研究结果表明，SSR 标记带型稳定、操作简单、能检测出微小的变异，用 4 个标记构建的指纹图谱能使 19 个品种相互区分。此外，Koppolu 等(2010)利用 101 对 SSR 标记对花生属 7 个区组的 96 份材料的亲缘关系进行分析，认为花生栽培种的 A 和 B 基因组分别来自于 *Arachis monticola* 和 *A. hypogaea*。

另外，其他的分子鉴定技术也被广泛应用于花生的图谱构建方面。1999 年，翁跃进等利用 AFLP 技术对从国际半干旱作物研究所(International Crops Research Institute for the Semi-Arid Tropics，ICRISAT)引进的 9 份花生抗旱品种绘制了指纹图谱。通过引物 E-ACA 和与之匹配的 M-CAG 和 M-CAT，在 300～6000 bp 共获得 1577 条 AFLP 扩增产物，每个品种有主带和次带至少 71 条，其中 10 条为多态性的带纹。首次报道了 AFLP 技术在花生上的利用，以及花生引进品种指纹图谱的绘制。姜慧芳和任小平(2002)运用 83 个 RAPD 随机引物对 7 个不同植物学类型的花生种进行扩增和电泳。其中有 13 个引物的扩增产物在电泳结果中显示 7 个品种间具有明显差异，这 13 对引物在研究的花生材料上有多态性，可根据扩增结果对这 7 个花生品种进行品种鉴定。说明 RAPD 技术在鉴定花生种质资源的多态性方面是有效的。2003 年，陈强等首次利用 AFLP 技术对我国山东、湖北、四川等花生产区的 32 个栽培花生品种进行了 AFLP 指纹图谱及相似性聚类分析。结果表明 AFLP 指纹图谱分析技术能很好地反映出花生品种之间存在的遗传差异。同年，吴兰荣等(2003)运用 76 对 RAPD 引物对其培育出的新种质材料进行扩增，从中发现了 OPE-2、OPF-8、OPF-20 三个特异性引物。该引物可以在新品种 '8126' 中明显地扩增出亲本野生种 *A. cardenasii* 的特异条带，表明此新品种 '8126' 是野生种 *A. cardenasii* 的后代。由 3 个 RAPD 引物的特异谱带组成了 '8126' 的 RAPD 指纹图谱，可作为其区别于其他品种的鉴定依据。2006 年，李双铃等运用 *Mse*I

和 *Eco*RI 酶切和 9 对引物组合对 10 个山东省花生主栽品种进行了 AFLP 分析,结果显示采用两对引物组合的配合就可以将这 10 个品种完全区分开。研究表明 AFLP 分子标记在栽培种花生品种中具有较强的多态性,完全可以用于花生品种鉴别和指纹图谱的研究。康凯等(2007)通过 16S rRNA PCR-RFLP 和 16S～23S rRNA IGS PCR-RFLP 技术对来自我国不同花生生长区域的 55 株花生慢生根瘤菌和 6 株参比菌株进行了遗传多样性分析。运用 16S rRNA PCR-RFLP 技术研究发现,在相似系数为 63%时,91%的供试花生慢生根瘤菌与 *Bradyrhizobium japonicum* 和 *B. elkanii* 被聚成一类;运用 16S～23S rRNA IGS PCR-RFLP 技术研究发现,供试花生慢生根瘤菌具有较宽广的遗传基础,在相似系数为 65.8%时,被聚为三大类群。闫苗苗等(2011)利用 RAPD 引物和 ISSR 引物分析我国 24 份花生栽培种材料的遗传多样性,将 24 份花生材料分成 4 类:'四粒红'、'汕油 523'、'冀花 2 号'、'花育 16' 和 '粤油 7 号' 5 个品种聚为一类;'花育 20'、'中花 8 号' 聚为一类;黑花生单独为一类;其余的花生聚为一类。此结果表明,RAPD 和 ISSR 标记能够揭示花生栽培种的遗传多样性,在种质鉴定和遗传作图等方面具有一定应用潜力。同年,赵新燕等(2011)应用 SSR 构建了 20 份野生花生高油种质 DNA 指纹身份数据库。王洁等(2012)利用 7 个 AhMITE1 转座子分子标记成功鉴定了来自 6 个杂交组合的 166 个 F_1 单株的真实性。胡宏霞等(2013)利用 215 对 EST-SSR 引物对 70 份河北省花生地方品种的遗传多样性进行了检测,结果表明,58 对引物在不同材料间具有多态性,多态性引物比例为 26.98%。标记-性状相关分析获得了与 5 个农艺性状显著相关的标记 12 对,可以应用于花生育种中农艺性状的分子标记辅助选择。2014 年,詹世雄等从 212 对 SSR 标记引物中筛选出 48 对引物,对 63 份花生品种进行遗传多样性分析,共得到 251 个等位变异,变异范围为 2～13 个,平均每个标记位点有 5.23 个变异。黄春琼等(2015)利用 15 对 SRAP 标记引物分析落花生属(*Arachis*)17 份材料间的遗传变异情况。结果表明 17 份材料共检测出 119 个位点,其中多态性位点为 100 个,多态性比例为 89%,平均每对引物检测出 6.67 个多态性位点,扩增范围为 5～10。材料间的遗传相似性范围为 0.310～0.967,平均为 0.666。研究结果证实了花生种质资源遗传多样性丰富,为花生育种工作奠定了基础。胡晓辉等(2016)为从分子水平上快速鉴别花生品种和选配优良杂交组合,以山东省审定的 46 个花生品种为材料,利用 SSR 标记进行 DNA 指纹图谱的构建和遗传多样性分析。从 788 对 SSR 引物中筛选出 50 对多态性高、稳定性好、谱带清晰的引物,共检测到 175 个等位位点,其中 122 个为多态性位点,多态性比例达 70.52%。利用 SSR 标记构建的指纹图谱可为花生种质资源管理及育种实践提供依据。2017 年,卞能飞等为进一步了解江苏省花生地方品种的遗传多样性,用 25 对 SSR 引物评价了 133 份地方品种,共扩增出 93 个等位基因。研究结果表明,江苏省花生地方品种遗传多样性较丰富,普通型品种的遗传多样性低于龙生型、珍珠豆型和多粒型。

2. 大豆的分子标记

(1) 大豆遗传多样性的分子标记和遗传图谱的构建

Gurley 早在 1979 年就报道大豆含有广泛的复制区和丰富的重复序列，并且基因组较大，约为 $1.29 \times 10^9 \sim 1.81 \times 10^9$ bp。与玉米、水稻等作物相比较，大豆的遗传图谱发展比较缓慢。1988 年，Apuya 等把 'Minsoy' 和 'Noirl' 杂交得到的 F_2 群体作为研究对象，构建了第一张大豆 RFLP 图谱，共有 11 个 RFLP 标记，覆盖 4 个连锁群。1997 年，张德水等以 '长农 4 号' × '新民 6 号' 的 F_2 群体构建了我国第一张大豆遗传连锁图谱，包括 8 个 RAPD 标记和 63 个 RFLP 标记，覆盖 20 个连锁群，总遗传距离 1446.8 cM。1999 年，Cregan 等将 3 个（'A81-356022' × 'PI468916'、'Minsoy' × 'Noir 1'、'Clark' × 'Harosoy'）遗传连锁图谱整合为一个包括 20 个连锁群、标记总数为 1423 个的大豆"公共图谱"。2004 年，Song 等利用 5 个群体对大豆整合遗传图谱进行了加密，增加了 420 对新的引物，成功构建了最具代表性的一张包含 1849 个 SSR 标记的大豆"公共图谱"，该图谱总遗传距离 2524.6 cM，标记间的平均距离缩短为 2.5 cM。

到现在为止，SSR 标记已经被广泛地运用在遗传多样性领域研究中，SSR 标记在植物遗传学中的应用潜力第一次得到证明便是在大豆属（Glycine）黄豆亚属（Soja）中的栽培大豆和野生大豆上；之前应用 RFLP 标记对这两种植物的研究表明其 DNA 序列变异水平较低，给用 RFLP 构建大豆遗传图谱带来巨大的困难。因此，具有高度多态性的 SSR 标记的应用，极大地方便了大豆遗传连锁图谱的构建及遗传多样性等研究（宋启建，1999）。目前，在大豆遗传多样性的研究领域，应用最广泛的是 SSR 标记。

大豆研究历史中，第一次用 SSR 标记来探究其多样性的是 Akkaya（1992）等，由他们的研究结果可知 SSR 标记存在于大豆中，具有极高的多态性水平，大豆基因组中也有极高的 $(AT)_n$ 和 $(ATT)_n$。Morgante（1994）在之前报道的大豆 DNA 序列中检测到大量的二核苷酸和三核苷酸重复序列。Maughan（1995）等对 94 个品种进行了探究，选择了 5 对引物，获得了等位基因位点共 79 个。许占有（1999）等分析了 SSR 标记与农艺性状之间的关系，发现可用 SSR 标记来鉴定大豆品质。谢华等（2005）选择了黄淮及南方的 158 份夏大豆，通过 67 个标记证明它们有不同的特异性、等位变异频率等；张军和赵团结（2008）对 169 份东北大豆育成品种进行探究，选用 64 个 SSR 标记，获得等位变异数 300 个，平均是 4.69 个，变化范围是 2~9 个以此探寻它们的基因组遗传变异。文自翔等（2009）在分析栽培大豆和野生大豆的遗传多样性时，除了引用 Powell 和 Xu 所使用的引物以外，还使用了 5 对烟草中的叶绿体 SSR 引物。Li 等（2010）选择 SSR 标记 99 个和 SNP 标记 554 个对 303

个中国栽培大豆品种和野生品种进行了分析，检测到 SSR 位点的平均等位基因变异数是 21.5，Nei's 基因多样性指数为 0.77，而 SNP 的遗传多样性指数只有 0.35。Iquira 等（2010）选择 39 个 SSR 标记对加拿大 100 个本地品种和 200 个外来种质进行了分析，检测到外来种质比本地材料具有更高的遗传多样性。Mikel 等（2010）根据系谱关系分析 1970～2008 年北美登记的 2242 个大豆品种，所得遗传多样性指数为 0.89。徐立恒和李向华（2011）等通过 40 对 SSR 标记对 8 个省份天然野生大豆种群的遗传结构和遗传多样性进行了分析，15 个种群共检测到 633 个等位基因，引物的平均等位变异数的数值是 15.83 个，很好地反映了这几个省份大豆的遗传多样性。2012 年，洪雪娟等以 'Peking' × '7605' 组合分别在济南和南京衍生大豆 RIL 群体为材料，利用 145 个 SSR 多态性引物和 1 个形态学标记进行分析，构建出 2 张分别含 27 个和 25 个连锁群的大豆遗传图谱，其总长度分别为 1574.80 cM 和 1682.50 cM，标记间平均距离分别是 13.58 cM 和 15.72 cM，连锁群长度范围分别为 17.30～127.40 cM 和 20.10～137.50 cM。同年，Guo 等（2012a）用 20 个 SSR 标记分析了 40 份中国野生大豆种群的遗传结构和遗传多样性，结合以前的来自东亚的 231 份材料的分析结果来研究中国野生大豆的遗传多样性。秦君等（2013）通过 550 个 SSR 位点在 '绥农 14' 品种上获得 1494 个等位变异，每个 SSR 位点的平均等位变异是 27 164，平均 PIC 值为 0.445。Sun 等（2013）选取 41 个 SSR 标记和 18 个 SRAP 对 141 个中国南方一年生野生大豆种质和中国北方 8 个核心野生大豆进行分析，41 个 SSR 标记共获得 421 个等位基因，各个位点平均等位变异数为 10.27，PIC 值为 0.825，从这些数据可以推测，在中国南方地区，一年生野生大豆的遗传多样性重心主要位于福建省。谭瑞娟等（2013）利用基因芯片 Soybean-6K 对 96 个大豆样本材料进行了 SNP 分析，并比较了各种软件制作 SNP 标记图谱的优劣。杨凯敏等（2014）利用 59 个 SSR 标记对 90 份大豆种质资源进行多态性扫描和遗传多样性分析。筛选出 46 个标记，研究在各关联位点找到了 Satt263-A279、Satt156-A203、Satt567-A112 等表型效应明显的优异等位变异，为大豆育种优异基因的克隆提供科学依据。钟文娟等（2017）利用均匀分布于 20 条染色体的 53 对 SSR 标记（每条染色体上 2～5 对），对 190 份大豆资源进行遗传差异检测，随后根据标记试验结果进行遗传多样性分析、聚类分析、PCA 分析和群体结构分析。从分析结果来看，四川大豆资源的种质创新可以充分地利用国外引进资源与直立型野生大豆资源，进而丰富了四川大豆的基因多样性。

　　(2) 大豆数量性状的基因分析

　　数量性状基因座位（QTL）是指控制数量性状的基因在基因组中的位置。作物中大部分的农艺性状是由多基因或 QTL 控制的数量性状，采用传统的育种方法对这些性状进行选择难度非常大。借助与 QTL 连锁的分子标记，可以在育种中跟踪相关 QTL 的遗传动态，提高数量性状的可操作性。

A. 大豆产量性状 QTL

2010 年, 刘春燕等以美国大豆品种'Charleston'为母本, '东农 594'为父本, 及其 $F_{2:14}$ 代 RIL 的 154 个株系为材料, 用 SSR 引物对群体进行扩增, 对两年同一地点在亲本间表现多态的荚数、百粒重等 12 个与产量相关的农艺性状进行了调查和分析。国外方面, Palomeque 等(2009)利用加拿大和中国高产品种杂交衍生的 RIL 群体在国际大环境下对农艺性状和产量性状进行 QTL 检测, 由 Satt100、Satt277、Satt162 和 Sat_126 定位的 4 个产量性状 QTL 与农艺性状连锁。郭数进等(2015)为分析山西大豆品种在产量及品质等重要性状方面与分子标记的关联位点, 寻找优异等位变异, 优化高产优质种质资源筛选的理论体系, 以大豆自然群体为研究材料(该群体包含 102 份大豆品种, 且均无直接亲缘关系), 以 59 对 SSR 引物对群体进行遗传分析, 并应用 STRUCTURE 2.3.2 软件对群体结构进行分析, 继而用 Tassel 2.1 软件 MLM 模型对 15 个产量性状进行关联分析, 发掘优异等位变异。在所检测的 47 个标记中, 发现有 8 个位点与株高、株质量、主茎节数、有效分枝、主茎荚数、分枝荚数、瘪粒数、虫蚀数、蛋白质含量和脂肪含量这 10 个性状关联,并发掘出 Satt248-A129、Satt168-A226、Sat_299-A286 和 Sat_299-A286 等优异的等位变异。

B. 大豆品质性状 QTL

2011 年, 葛振宇等在 RIL 群体中定位了 3 个控制蛋白质与油分的 QTL。其中控制油分性状的 QTL 位于 H 连锁群的 Satt442 分子标记附近; 控制蛋白质和油分双性状的 2 个 QTL 分别位于 E 连锁群的 Satt384 分子标记附近, 以及 I 连锁群的 Satt496 分子标记附近, 并且 Satt496 分子标记附近的 QTL 是控制油分稳定的主效 QTL。赵雪等(2014)对黑龙江省 92 个大豆品种(系)的蛋白质和油分含量进行评价, 应用 SSR 标记分析和发掘与蛋白质及油分含量性状相关联的分子标记。结果表明, 黑龙江大豆种质蛋白质和油分含量变异丰富, 年际间数据较为稳定; 53 个 SSR 标记在 92 个品种中检测到 121 个等位变异, 品种间相似度范围 12%～77%; 利用亲缘关系树及蛋白质和油分含量表型分析发现蛋白质含量分界值为 44%, 油分含量分界值为 20%; Satt561-250 与蛋白质含量呈显著相关, Satt428-242 与油分含量呈显著相关, 该分子标记为蛋白质和油分性状的资源筛选和辅助育种提供了依据。

C. 大豆抗病虫性状 QTL

Arelli(2009)以 Hartwig 杂交的 $F_{2:5}$ 的 105 个家系为材料, 旨在寻找强毒力大豆孢囊线虫(soybean cyst nematode, SCN)种群抗性基因位点, 利用 SSR 标记分析得到 Satt592、Satt331 和 Sat_274 三个与抗病性连锁的分子标记, 该标记对强毒力 SCN 种群 LY1 抗性的辅助选择效力高达 90%。Hill 等(2009)利用'PI200538'与 3 个感虫类型构建的 F_2 群体对蚜虫抗性 QTL 进行研究, 研究结果支持抗性基因显性假说，该基因被定位在 F 连锁群，与 Satt510、Soyhsp176、Satt114 和 Sct_033 连锁，与 Rag2 定位结果一致。丁俊杰等(2012)以黑龙江省 29 个大豆育种单位的 103 份已鉴定大豆灰斑病 3 个生理小种抗性的大豆品种(系)为材料，选择与大豆灰斑病抗病基因连锁的 19 个 SSR 标记检测，获得等位变异数 86 个，每个标记检测到的等位变异数分布在 2～6 个，平均为 4.4 个。根据标记的等位基因数，使用 ID Analysis 1.0 软件分析表明，利用与大豆抗灰斑病基因连锁的 7 个 SSR 标记 (Satt565、Satt547、Satt431、Sct_186、SOYGPATR、Satt244、Sat_151)就能有效区分各品种(系)，因此利用这 7 个标记构建了供试品种(系)的分子身份证。

在大豆上，几个作图群体的 F、G 和 J 连锁群上紧密聚集着抗病基因、抗病基因类似物及一些与数量抗病基因位点有关的分子标记。如 Imsande 等(1998)、Concibido 等(1997)和 Ashfield 等(1998)报道，大豆 F 连锁群上有大豆疫霉根腐病抗病基因($Rps3$)及与大豆孢囊线虫(SCN)、大豆花叶病毒(soybean mosaic virus，SMV)病、细菌性斑点病抗性等连锁的分子标记。

D. 大豆形态性状 QTL

国外方面，Suzuki 等(2009)对大豆裂荚相关位点进行了精细定位和位点内 DNA 分子标记的开发，成功获得可用于大豆落粒性分子辅助选择的 DNA 分子标记 SRM0、SRM1 和 SRM2，并定位了控制大豆落粒性的候选基因 $qPDH1$，进一步研究表明该位点不会引起豆荚形态学变化。在国内，Du 等(2009)对大豆植株绒毛相关 QTL 进行研究，揭示了大豆绒毛密度的分子遗传机制，进一步确认，利用复合区间作图法和混合区间作图法获得的 qtu H-2 的表型变异解释率分别达 31.81%和 29.4%。

E. 大豆抗逆性状 QTL

国外方面，Ikeda 等(2009)在人工控制环境下，用两个耐冷性差异材料组配 RIL 群体。张海燕等(2005)利用 60 对 SSR 引物对 93 份大豆 1 级耐盐种质资源和 57 份盐敏感种质资源(5 级)进行分析，以确定耐盐种质资源和盐敏感种质资源的遗传多样性及耐盐相关标记在种质资源耐盐性鉴定中的利用程度。60 个位点共检测出等位变异 792 个，平均 13.2 个。耐盐种质资源 PIC 平均为 0.78(0.47～0.90)，盐敏感种质资源 PIC 平均为 0.80(0.46～0.94)。Zhang 等(2009)利用耐低磷品种 'Nannong94-156'和磷敏感型品种 'Bogao'杂交衍生 152 个家系的 RIL 群体构建图谱，并进行 QTL 分析，共发现耐低磷性状相关 QTL 34 个，分布在 9 个连锁群，表型变异解释率为 6.6%～19.3%。2009 年,蒋洪蔚等利用美国大豆品种 'Clark'与主栽品种 '红丰 11'所构建的回交导入系，经过芽期耐低温筛选鉴定，有 46 个导入系个体在芽期耐低温性状上明显超过轮回亲本。利用这套选择群体结合随机对照群体和基因型分析，检测到分布于大豆 8 个连锁群的 12 个与大豆芽期耐低温相关的 QTL。李小威等(2010)以抗碱野生大豆 'Gs0001' (母本)和碱敏感栽培大豆'吉科豆 1 号'（父本）的 F_2 群体作为基因定位群体，通过 BSA 法对大豆耐碱基因进行 SSR 分子标记定位。在分布于大豆 20 个连锁群的 488 对 SSR 引物中，筛选出 7 对与耐碱基因紧密连锁的标记，这 7 对标记位于 G 连锁群相近的区域。利用 Mapmaker/EXP 3.0 分析，在最小似函数值 LOD＝14.0 时，将耐碱基因定位于 Satt298 与 Satt269 之间，距离两个标记的遗传距离分别为 1.3 cM 和 6.9 cM，此耐碱基因的贡献率是 40.31%。

（3）分子标记辅助选择

A. 在回交育种中的应用

当农艺性状由单基因或寡基因等质量性状基因控制时，如果对其进行分子标记辅助选择，大多采用回交育种分析方法。每一回交世代与分子标记辅助选择相结合，筛选出含有目的基因的品系，从而培育出理想品种。

2003 年，段红梅等利用具有'鲁豆 4 号'背景的不同世代脂氧酶缺失株系为材料，用 SSR 标记进行遗传背景回复率相关分析，鉴定出缺失 Lox Z 株系 L144 遗传背景回复率高达 0.9375，加快了大豆种子脂氧酶缺失品种的育种进程。2012 年，曾庆力等利用野生豆'ZYD00006'和'绥农 14'构建的 BC_3F_2 代回交导入系群体为筛选材料，对小粒豆材料进行遗传定位分析，共检测到 9 个与小粒豆相关的位点，分布在 7 个连锁群上，其中有 7 个标记连锁的 QTL 位点是新发现的。

B. 在基因聚合中的应用

基因聚合是将多个有利基因通过选育聚合到一个品种中。基因聚合可以使品种同时在多个性状上得到改良。育种专家将多个控制垂直抗性的基因聚合到同一品种中，可以提高作物抗病的持久性。

2008 年，Maroof 等用分子标记辅助选择将大豆花叶病毒（SMV）抗性基因 *Rsv1*、*Rsv3* 和 *Rsv4*，通过复合杂交聚合到同一个品种中。将含有 1 个、2 个或 3 个 *Rsv* 抗性基因的品系接种 6 个美国 SMV 株系后，发现具有 2 个或 3 个 *Rsv* 抗性基因的品系对 SMV 抗病的持久性显著提高。2017 年，王大刚等将 SMV 抗性基因 *Rsc4*、*Rsc8* 和 *Rsc14Q* 分别精细定位在大豆的 14 号、2 号和 13 号染色体上，利用分子标记辅助抗性基因聚合育种的方法可为大豆抗病育种提供新的抗性材料。研究结果证实紧密连锁的分子标记可以有效地用于对 SMV 抗性基因的聚合，减少了抗病育种选择的盲目性，能较快地选择到纯合的多个抗性基因聚合的后代材料，从而缩短抗病育种的年限，提高抗病育种的效率。

3. 油菜的分子标记

甘蓝型油菜（*Brassica napus*，AACC，*n*=19）是世界上继大豆之后的第二大油料作物。我国是世界油菜主产国，面积和产量均居世界第一，2009 年菜籽油已占国产植物油的 57% 以上（王汉中，2010）。目前，我国食用植物油自给率严重不足，国内消费植物油的 60%需要进口(殷艳和王汉中,2009)。预测到 2020 年,人均年消费植物油约为 20 kg,需求总量将达到 2900 万 t,届时需求量将超过国内生产能力的 3 倍(王汉中,2010)。

(1)甘蓝型油菜遗传图谱的构建

芸薹属(*Brassica*)是十字花科植物中最为重要的一个属,包含众多的蔬菜、油料及饲料作物。早在 1934 年,Morinaga 通过细胞遗传学研究表明,推测 3 个二倍体物种芜青(*B. rapa*,AA,2*n*=20)、黑芥(*B. nigra*,BB,2*n*=16)和甘蓝(*B. oleracea*,CC,2*n*=18)为芸薹属的 3 个基本种。基本种之间经过两两杂交和自然加倍,形成了 3 个异源四倍体复合种,包括甘蓝型油菜(*B. napus*,AACC,2*n*=38)、芥菜型油菜(*B. juncea*,AABB,2*n*=34)和埃塞俄比亚芥(*B. carinata*,BBCC,2*n*=36)。随后韩国学者禹长春(Nagaharu,1935)通过种间杂交证实了这种推测,并用三角形来表示芸薹属基本种和复合种之间的关系,提出了著名的禹氏三角(图 3-1)。芸薹属作物遗传资源丰富,研究者一直致力于构建芸薹属各个物种的遗传连锁图谱,目前芸薹属的 3 个基本种和三个复合种都有遗传连锁图谱发表。

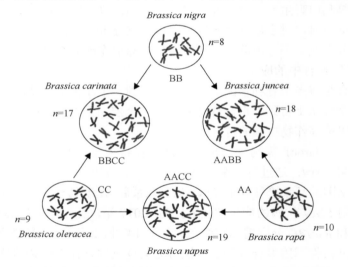

图 3-1　芸薹属基本种与复合种之间的关系(Nagaharu,1935)

以形态、生理和生化标记来构建的遗传图谱称为经典遗传图谱。随着分子标记技术的发展,Donis-Keller 等(1987)构建了包含 393 个 RFLP 标记、覆盖人类基因组 95%的分子遗传图谱,这是第一张用分子标记构建的遗传图谱。1990 年,美国科学家 Slocum 等利用 F_2 群体,构建了第一张芸薹属作物甘蓝的遗传图谱,该图谱覆盖了甘蓝的 9 个连锁群,包含 258 个 RFLP 标记,图谱的长度为 820 cM。1991 年,Landry 等利用 F_2 群体,构建了第一张甘蓝型油菜的遗传连锁图谱,包含了甘蓝型油菜的 19 个连锁群，覆盖整个基因组的 1413 cM。此后，除埃塞俄比亚芥外，芸薹属其他作物的遗传图谱迅速发展。1995 年，Parkin 等构建了第一张能够区分甘蓝型油菜 A、C 基因组的遗传图谱，包含 399 个 RFLP 标记，该图谱被国际上公认为最早的甘蓝型油菜标准图谱。2001 年，Lombard 和 Delourme 对前人发表的 3 张图谱进行整合，构建了第一张甘蓝型油菜的整合图谱，该图谱包含 540 个标记，覆盖整个基因组的 2429 cM。2006 年，Qiu 等以中国的春油菜栽培种 'Ningyou7' 和欧洲冬油菜品种 'Tapidor' 为亲本，构建了一个甘蓝型油菜的 DH 群体并命名为 TN 群体，并以此为作图群体构建了一张包含 277 个分子标记的遗传连锁图谱，此后，该图谱经过不断的改进，被广泛应用于甘蓝型油菜各种性状的 QTL 定位与克隆 (Shi et al.，2009；Feng et al.，2012；Zhao et al.，2012)，是目前国际上公认的甘蓝型油菜标准图谱 (http://brassica.nbi.ac.uk/)。Sun 等 (2007)利用 DH 作图群体，构建了一张含有 13 551 个 SRAP 标记的甘蓝型油菜遗传连锁图谱，图谱总长为 1604.8 cM，标记密度为 8.45 SRAP/cM，平均每 100 kb 就至少有 1 个标记。王通强等 (2009)利用 SSR 分子标记技术对 43 份贵杂系列甘蓝型杂交油菜品种 (组合)及亲本材料进行研究，筛选出一批在贵杂系列亲本和杂种上具有较高多态性的 SSR 引物，构建了贵杂系列油菜亲本及杂交组合的指纹图谱。Wang 等 (2011b)整合了甘蓝型油菜 A 和 C 基因组的连锁图谱，并将其与拟南芥 (*Arabidopsis thaliana*)和白菜型油菜进行了比较作图，利用 JoinMap 和 MergeMap 等软件将多种来源的与甘蓝型油菜相关所有基因的信息整合到了一起，这将为甘蓝型油菜及其油菜籽遗传性状的研究提供更多信息。Guo 等 (2012b)利用一个包含 183 个株系的 DH 群体，构建了一张包含 212 个分子标记、长度为 1703 cM 的埃塞俄比亚芥遗传图谱，此图谱是埃塞俄比亚芥的第一张遗传连锁图谱。Liu 等 (2013)在甘蓝型油菜遗传图谱的构建中使用了高密度 SNP 芯片技术，覆盖了甘蓝型油菜全基因组，长 1832.9 cM 的图谱中包含了多达 9164 个 SNP 标记，其中用于 QTL 定位的 2795 个 SNP 标记的平均标记间距只有 0.66 cM。Raman 等 (2013)构建了甘蓝型油菜共识图谱，其用 DarT 标记技术确定数量性状相关位点，并用生物信息学方法与白菜型油菜 (*Brassica rapa*)遗传图谱的信息进行共同分析，将大量植物组织和器官的结构方面、物候学方面、发芽率、含油量、硼利用效率、蔗糖运输、雄性不育和抗黑胫病相关的质量与数量性状位点信息整合到一张图谱中，进一步增加了甘蓝型油菜遗传图谱的密度。Delourme 等 (2013)利用 4 个 DH 群体整合成一张包含 5764 个 SNP 标记和 1603 个 PCR 标记的高密度甘蓝型油菜遗传连锁图谱，并将 Schranz 等 (2006)提出的 24 个保守区段对应到这张连锁图谱上，同时根据这些保守区段在各连锁群上的排布进行了 A、C 基因组的比较。在白菜基因组测序的基础上，Cheng 等 (2013)通过种间基因组比较研究发现芸薹属物种具有共同的染色体数目为 7 的易位先祖核型 (translocation proto-calepineae karyotype, tPCK)，为芸薹属基因组的进化提供了非常关键的参考。

(2)油菜含油量及其相关性状 QTL 研究进展

Ecke 等(1995)以甘蓝型油菜的 DH 群体为材料，定位了 3 个与含油量有关的 QTL，分别位于第 6、第 10 和第 12 三个不同的连锁群上，其中两个位点与芥酸含量基因紧密连锁。Cheung 等(1998a, b)识别了 2 个与总含油量有关的 QTL 和控制芥酸含量的 QTL 紧密连锁。Butruille 等(1999)检测到一个与含油量有关的 QTL。Lionneton 等(2002)利用芥菜型油菜的 DH 群体对脂肪酸进行了 QTL 定位分析，检测到 2 个控制总含油量的 QTL，分别位于第 11 和第 18 两个不同的连锁群上。Zhao 等(2005)以来自不同生态环境的高油亲本杂交获得的 282 个 DH 系为材料，利用 SSR 标记检测到 17 个与油脂含量有关的 QTL。Qiu 等(2006)以甘蓝型油菜的 DH 群体为材料，对含油量和芥酸含量进行了 QTL 定位，检测到 7 个与含油量有关的 QTL。Delourme 等(2006)用 'Darmor-bzh' 和 'Yudal' 杂交所获得的 445 个甘蓝型油菜 DH 系，构建了一张包含 305 个 SSR 标记的遗传图谱，检测到 14 个与含油量有关的 QTL。同时，以 'Rapid' 和 'NPL96/25' 杂交获得的 242 个甘蓝型油菜 DH 系为材料，定位了 10 个与含油量有关的 QTL。在这两个群体中，只发现 1 个相同的含油量 QTL，这表明在不同亲本的组合中，控制含油量的遗传位点差异较大。Yan 等(2009)利用 RIL 群体在 3 种环境下检测到 11 个与含油量有关的 QTL。2012 年 Zhao 等的研究同样利用 DH 群体并在遗传图谱中加入了一些已知含量相关基因设计的连锁标记，最终在 8 个连锁群上(A1、A5、A7、A9、C2、C3、C6 和 C8)检测到 9 个与含油量相关的 QTL 共解释了总表型变异的 57.79%，而且其中 6 个 QTL 的置信区间中包含了 14 个与油脂代谢相关的候选基因。同年 Sun 等(2012)研究利用大差异表型的亲本构建的 DH 群体来检测含油量 QTL，在 8 个连锁群上(A2、A3、A5、A6、C2、C5、C8、C9)共得到 14 个 QTL，这些 QTL 解释了表型变异的区间大小为 9.15%~24.56%。Wang 等(2013)同样利用大差异亲本构建 DH 群体在多种环境下检测含油量相关 QTL 并与其他相关结果比较，最终得到了 24 个 QTL，分布于 11 个连锁群上(A1、A2、A3、A8、A9、A10、C3、C5、C6、C8 和 C9)，解释表型变异的区间为 2.64%~17.88%。Jiang 等(2014)利用 RC-F2 群体在 13 个连锁群上(A1、A2、A3、A4、A7、A8、A9、A10、C1、C2、C3、C4、C6)共检测到了 36 个非重复的与含油量相关的 QTL，这些 QTL 可解释表型变异的区间为 2%~20%。综合之前的研究结果可以看出，到目前为止检测到的与含油量相关的 QTL 很多，但是重复性不高，基本上很难用于油菜育种，而且不同的材料不同的种质资源带有的高含油量的等位基因也不尽相同。但是最近几年关于含油量的研究的思路和引入的方法为 QTL 定位引入了新的活力(Sun et al.，2012；马珍珍等，2013；Jiang et al.，2014；许剑锋等，2014)。到目前为止在甘蓝型油菜中没有与含油量相关的 QTL 被克隆。

(3) 油菜杂种优势的分子标记

在油菜杂种优势利用的研究方面，我国学者走在了世界前列。国内学者傅廷栋教授于 1972 年从圃甘蓝型油菜品种'波里马'（Polima cms 或 Polcms）中发现波里马细胞质雄性不育株，是世界上首先开启的杂交油菜利用研究，打开了油菜杂种优势利用研究的大门，对世界油菜研究和产业的发展都起到了极大的推动作用。直至现在，应用最广的授粉控制系统仍是雄性不育。国外在油菜雄性不育研究方面所用材料的类型有细胞核不育类的'MSL'、'InVigor'等和细胞质不育类的'Ogura-INRA'等。

A. 细胞质雄性不育

应用细胞质雄性不育系（cytoplasmic male sterility，CMS）、保持系和恢复系三系配套生产杂交种是目前国内外油菜杂种优势利用的主要途径。甘蓝型油菜中已发现很多 CMS 系统，除了两个天然 CMS pol 和 nap，其他来自于种间或属间杂交。

目前甘蓝型油菜中控制 ogura、nap、pol 等不育系的不育基因已定位，分别为 orf138、orf222、orf224（分别在 1992 年、1995 年、1997 年被定位）。在 pol CMS 育性恢复基因（Rf）的相关研究中，Jean 等（1998）将 Rf 定位到甘蓝型油菜第 18 连锁群，王俊霞等（2000）则找到了 2 个与 Rf 基因连锁的位点，他们的基础性研究将促进选育新的 pol CMS。刘平武等（2007）以甘蓝型油菜 pol CMS 不育系 1141A 及其恢复系花叶恢为亲本构建 F_2 分离群体，并进一步构建可育和不育分离群体集团。利用 RAPD、SSR、AFLP 等技术进行标记筛选，获得与 Rfp 基因连锁的 2 个分子标记，这 2 个标记分布于 Rfp 的两侧，其中，AFLP 标记 E7P16$_{230}$ 与 Rfp 遗传图距最近，为 4.3 cM；另一侧的 RAPD 标记 S1-500 与 Rfp 遗传图距为 10.8 cM。魏大勇等（2017）通过芸薹属 60K SNP 芯片对 308 份甘蓝型油菜自然群体进行基因型分型，并用 pol CMS 系 301A 作母本，与上述材料分别进行杂交得到 308 份 F_1，通过甘蓝型油菜自然群体（测交父本）的 SNP 芯片数据对 308 份 F_1 的育性等级进行全基因组关联分析（genome-wide association study，GWAS）。通过 GWAS 分析鉴定到多个与油菜育性恢复有关的候选基因，开发基于与这些基因连锁位点或 SNP 的功能标记将有助于对该不育系统进行恢复系和保持系的筛选。

B. 细胞核雄性不育

在油菜的杂种优势利用各条途径中，细胞核雄性不育系是目前使用最为广泛的。世界上利用的细胞核雄性不育系主要包括互作型隐性核不育、两对重叠隐性基因控制的核不育、显性核不育及转基因核不育（易斌等，2014）。我国育种专家采用的隐性细胞核雄性不育系主要有 2 类：由 2 对基因互作控制的核不育类型：9012A（陈凤祥等，1998）和 7365A（Huang et al.，2007）等；以及由 2 对重叠基因控制的双基因隐性细胞核雄性不育，如 S45A 和 117A（分别于 1988 年和 1990 年发现）等。我国在油菜的杂种优势利用研究中使用最多的核不育系是 S45A 和

7365A（易斌等，2014），在今后的研究中，可根据实际需要继续对其进行研究和改良，完善在核不育系中对杂种优势的利用，同时降低生产成本。

第二节　DNA 分子鉴定技术在果蔬制品上的应用

利用食品工业的各种加工工艺和方法处理新鲜果品蔬菜而制成的产品，称为果蔬制品。根据果蔬植物原料的生物学特性采取相应的工艺，可制成许许多多的加工品，按保存原理和加工工艺的不同可以分为汁制品、酿造品、腌制品、罐制品、干制品、糖制品、速冻制品、鲜切制品 8 类。果蔬制品由于含有天然香气成分和风味物质，且富含营养物质而备受广大消费者的欢迎。

随着分子生物学技术的发展，DNA 分子鉴定技术在果蔬制品上的应用也越来越广泛，其中在汁制品中果汁的掺假、耐热菌和酵母菌的检测、酿造品中果酒酵母菌和乳酸菌的检测及腌制品中泡菜的乳酸菌鉴定等方面研究得比较多。

一、汁制品分子鉴定研究现状

果蔬汁一般是指天然的从果蔬中直接压榨或提取而得的汁液，加入其他成分称为果汁、蔬菜汁饮料或软饮料。果汁饮料作为健康饮品，不但能解渴，而且有营养，同时具有新鲜水果的原汁原味，受到消费者的厚爱。随着人们生活水平的提高，纯正果汁的需求量及消费量逐年增长。

近年来，发达国家的果汁消费量正以每年10%的速度急剧增加，仅2006～2007年中国浓缩苹果汁的出口量就达到 104 万 t，占整个世界的苹果汁交易量的 67%，是 2001～2002 年的 4 倍。在国际市场上，水果加工饮料中尤以苹果汁和橙汁消费量最大，而我国是世界上最大的苹果汁生产国和出口国，同时也是橙汁进口大国之一，果汁品质的优劣对我国果汁内销及出口贸易影响深远。

农业部果蔬加工重点开放实验室自 2001 年以来就致力于果汁特征品质指标体系及鉴伪技术研究，以我国大宗果汁——苹果汁、梨汁、橙汁等为研究对象，在国内各优势产区采集了数百个样品，得到上万个数据，从理化指标、微生物法、光谱分析、PCR 法等多项指标，采用多途径、多手段的方法，研究各果汁特征品质，筛选果汁品质控制指标和鉴伪指标，并建立了鉴伪方法和我国苹果汁、橙汁品质评价指标体系（高海燕，2004；牛丽影，2007；高敏等，2008；沈夏艳等，2008）。

果汁制品的加工生产中，DNA 分子鉴定技术常应用于果汁掺假的分子鉴定、果汁中耐热菌的检测以果汁中酵母菌的检测。

1. 果汁掺假的分子鉴定

(1)果汁的掺假方式

按照 GB/T 10789—2015《饮料通则》对果汁的定义：采用物理方法，将水果加工制成可发酵但未发酵的汁液，或在浓缩果汁中加入果汁浓缩时失去的等量的水，复原而成的制品。标准规定产品加工中可以使用食糖、酸味剂或食盐，调整果汁的风味，但不得同时使用食糖和酸味剂调整果汁的风味。

随着果汁需求量的增加，果汁掺假事件频频发生，从最初的简单勾兑水发展到现在的根据原果汁的特征图谱进行调配，掺假手段可谓越来越高明。针对果汁掺假的鉴别检测技术成为饮料业及食品安全领域亟待解决的难点与热点，据统计，国际市场上有 60%～80%的果汁存在掺假现象。常见果汁掺假方式可归纳为掺加水、掺加糖、掺加酸、掺加低价水果、掺加果渣提取液、掺加胶体溶液、果汁产地掺假、以浓缩还原汁冒充鲜榨汁或非浓缩还原汁 8 种。为了牟取最大利润并掩盖掺假事实，不法生产商经常将几种掺假手段配合使用，严重损害消费者的利益。为了打击这些不法行为、保证食品安全、促进国际贸易，国内外建立了一系列方法来检测和鉴定果汁的真假，为维持果汁饮料市场的长久发展提供技术支持(刘学铭等，2006；沈夏艳等，2007；韩建勋等，2008)。

(2)果汁鉴伪的分子生物学方法

国内外针对这些掺假方式发展起来的鉴别检测技术包括光谱技术，色谱、质谱技术及聚合酶链式反应(PCR)技术等。果汁鉴伪一直基于感官、理化等方法进行检测分析，理化方法在果汁品质评价中具有很大优势，但在果汁物种鉴定方面容易受到原材料的产地、品种、加工方式等诸多因素的影响，尤其是当果汁是多品种混合汁时，理化方法的准确性、灵敏度和检测范围将会受到很大限制。而现代生物技术的发展和应用，给果汁鉴伪研究注入新的血液，具有方便、准确、迅速、简洁的特点，能够准确无误地从基因水平分析果汁的品种和来源，其结果为证明果汁的真伪提供了可靠的依据(苏光明等，2009)。目前，很多研究机构将 PCR 技术应用于果汁的掺伪鉴别和质量控制中。

基于 DNA 的分子生物学法通过设计通用引物或者特异性引物和探针，检测果汁中的水果成分或其他掺杂的水果成分，着重于对单一果汁、完全勾兑型果汁和混合果汁的真伪鉴别，对浓缩汁稀释的果汁鉴定效果不明显。目前应用于果汁的 DNA 技术主要包括普通 PCR、荧光定量 PCR、多重 PCR 及 DNA 条形码等。

A. PCR 技术

聚合酶链式反应(PCR)技术就是利用 DNA 聚合酶对特定基因在体外进行专一性的连锁复制而大量合成特定基因的技术。PCR 技术包括普通 PCR、多重 PCR、荧光定量 PCR、随机扩增的多态性 DNA-PCR（RAPD-PCR）、PCR-限制性片段长度多态性（PCR-RFLP）等。

近几年，PCR 技术被广泛用于水果掺假鉴别检测中。在常见的 DNA 分子生物学技术中，以普通 PCR 发展最早、应用最广，是一种在引物、聚合酶、脱氧核糖核苷三磷酸（dNTP）等物质的介导下，经由高温变性、低温退火、适温延伸多个连续过程，将微量 DNA 进行大量复制的体外扩增技术，扩增产物需进行电泳观察。

Morton 等（1993）用 PCR 技术和琼脂糖凝胶电泳分析了苹果的特征基因图谱，为利用 PCR 技术进行苹果汁的鉴伪奠定研究基础，也使 PCR 技术成为苹果汁掺伪鉴别研究中的热点。Han 等（2012）采用 PCR 技术鉴别不同果汁，结果表明以 DNA 为基础的 PCR 技术与化学分析方法相比具有灵敏度高、条件易优化等优点。Knight（2000）应用 PCR 技术检测橙汁效果明显，该方法能够检测橙汁中掺有 2.5% 的中国柑橘。

Ng 等（2006）用分子生物学方法鉴定鲜榨和还原橙汁。基于 18S rRNA 和内转录间隔区（internal transcribed spacer，ITS）设计引物，模拟不同热处理和储藏条件，研究表明 4℃储藏 21 天内的鲜榨汁 DNA 降解程度低，在 70℃加热 30s 将破坏 DNA 的完整性，此时 18S-TTSe 引物未能成功进行 PCR 扩增，以此鉴别鲜榨和还原橙汁，并经基因工具凝胶分析可对鲜榨橙汁的添加量进行测定。

Sass-Kiss 和 Sass（2002）发现，西柚中的特征性肽类制备多克隆抗体可用于商业掺假西柚果汁产品的鉴别。他们调查了西柚的特异性多肽，发现一个 31ku 的肽是西柚和柠檬果皮中独特的，一个 117ku 的肽在西柚汁和皮、柠檬果皮中有，但在橙汁中没有。刘伟红等（2012）利用 PCR 技术根据橙 UDP-葡糖基转移酶蛋白基因设计特异性扩增引物，研究出一种可用于果汁中的柑橘属成分的检测及鉴伪方法。

Herbst 等（2014）对叶绿体基因 matK 采用多重序列比对法设计蓝莓和蔓越莓的特异性引物和探针，对来自蓝莓和蔓越莓的果实和果汁 DNA 进行普通 PCR 扩增，电泳结果显示 matK 区域的引物不能扩增出葡萄、苹果、梨成分，但蓝莓和蔓越莓条带明亮，显示了 matK 区域引物对于越橘属的特异性，但是该引物不能扩增出蔓越莓果汁和蔓越莓干中的 DNA。当针对水果的 psbA-trnH 区域设计引物，采用 PCR-RFLP 分析时，蓝莓（465 bp）、接木骨（560 bp）、石榴（463 bp）、苹果（392 bp）及梨（411 bp）的叶片和果实 DNA 可以有效地将几种物种区分开来。但当应用于市售产品检测时，果泥和果酱检测结果较好，果汁中则发现多个扩增产物且片段均小于果实和叶片 DNA 的扩增片段，数据出现明显差别，无法对果汁中的 DNA 进行成分鉴定（Clarke et al.，2015）。这可能是由于加工造成了 DNA 的降解，热处理和酸性环境增加了果汁 DNA 非特异性扩增的可能性，需要进一步设计更短的目标序列以适用于浆果加工制品的检测。

将 PCR 技术用于果汁真伪鉴别检测时也有缺点，果汁中 DNA 含量较少，果汁在加工过程中的热处理会降解果汁（尤其是酸性果汁）中的 DNA，从而不利于 PCR 技术的应用（Bauer et al., 2003）。

B. 荧光定量 PCR

所谓的荧光定量 PCR 就是通过对 PCR 扩增反应中每一个循环产物荧光信号的实时检测（陈颖等，2008），实现对起始模板定性及定量的分析。在荧光定量 PCR 反应中，引入了一种荧光化学物质，随着 PCR 反应的进行，PCR 反应产物不断累积，荧光信号强度也等比例增加。每经过一个循环，收集一个荧光强度信号，这样就可以通过荧光强度变化监测产物量的变化，从而得到一条荧光扩增曲线图（朱捷等，2009）。

荧光定量 PCR 类型主要有特异性荧光探针类和嵌入荧光染料类两种。特异性荧光探针类是利用与靶序列特异杂交的探针来指示扩增产物增加，如 TaqMan 探针、Light Cycler 双探针；嵌入荧光染料类是利用染料与双链 DNA 小沟结合发光来指示扩增产物的增加，常用的有 SYBR、Eva green 染料等。

韩建勋等（2010）根据类甜蛋白（thaumatin-like protein）基因在种属间的差异克隆梨类甜蛋白基因内含子并设计梨特异性扩增引物，对苹果、梨、桃等多种水果成分进行特异性筛选，建立梨成分的荧光定量 PCR 检测方法，该方法能够有效检测到果汁中的梨成分，具有特异性强、灵敏度高等优点，可应用于果汁或食品中梨成分的鉴别。

梁宇斌等（2014）通过分析柑橘属植物的 trnL 基因序列，设计特异性扩增引物对多种水果成分进行特异性筛选，建立检测柑橘属植物成分的 SYB Green 实时荧光 PCP 检测方法，该方法对柑橘 DNA 的检测低限为 0.1 pg/μL，可用于果汁或食品中柑橘属植物成分的鉴别。

任君安（2013）利用荧光定量 PCR 技术成功检测出木瓜粉和木瓜汁的外源基因，并定量分析转基因含量，试验稳定性良好。Palmieri 等（2009）报道根据 5S rRNA 基因序列和花青素合成酶（anthocyanidin synthase, ANS）序列设计特异性引物，用荧光定量 PCR 方法检测食品中的橘子、菠萝、蓝莓、草莓成分。

Sordo 等（2008）和 Palmieri 等（2009）从表达序列标签（EST）5S rRNA 和 ANS 中寻找浆果的引物，通过常规 PCR 和 qPCR，源自 ANS 的序列可以对草莓、红树莓、黑树莓、苹果和橘子进行区分，而苹果、树莓、蓝莓、草莓及菠萝和橘子的序列多态性位点在 5S rRNA 中也有检出，实现浆果种属之间及浆果同其他植物种属的定性区分，并成功应用于简单和复杂食品基质中浆果或其他水果成分的识别。

孙建霞等（2014）采用苹果属过敏原蛋白的 mald 4.02 基因，桃属微卫星标记 MA023a 分别作为苹果汁和桃汁特异性引物，并以植物高度保守的叶绿体 AccD 基因作为内标物，利用 PCR 检测方法对两种果汁进行种属鉴定，此方法能快速、准确对苹果汁和桃汁种类进行定性鉴定和掺假检测。

荧光定量 PCR 是在 PCR 扩增过程中，通过在反应体系中加入荧光基团，利用荧光信号积累实时监测整个 PCR 进程，解决了普通 PCR 只能进行终点检测的局限，是一种灵敏度高、特异性强、快速、简便的半定量技术，目前以 TaqMan 探针和 SYBR Green I 探针应用最为广泛（李富威等，2012）。

C. 多重 PCR 技术

多重 PCR 是同一反应体系中加入多对特异性引物，进行多重 PCR 特异性扩增，实现同一反应管中扩增出多条目的 DNA 片段。多重 PCR 方法其操作简便、所需模板量少、特异性强及可以快速获得大量特异性扩增产物等优点，将成为核酸研究的重要工具之一，是目前最具有发展前景的 PCR 方法。

陈文炳等（2006）以果汁饮料中的植物成分（叶绿体 *rb-cL* 基因，即核酮糖 1,5-二磷酸羧化酶/加氧酶大亚基基因）等为研究对象，进行单一与二重 PCR 扩增，以扩增产物作为分子标记，建立加工食品的质量优劣与真假产品的分子生物学鉴定技术。Popping（2002）利用叶绿体 *trnT-trnL* 基因间隔序列的差异性鉴别添加在橙汁中的柑橘汁。

D. 新兴 DNA 条形码技术

在各种分子检测中，DNA 条形码被认为是一种强大、快速、成本低且广泛适用于物种鉴定的方法，是食品真伪鉴别的有效工具。

加拿大科学家 Hebert 等（2003）首次依据核酸序列多样性关系提出 DNA 条形码的概念。类似于超市利用条形码扫描成千上万的零售商品，DNA 条形码是利用一段较短且相对易扩增的基因片段通过测序后数据库比对获得物种信息的生物识别系统。其中，由 ATCG 4 种碱基构成的 DNA 分子一级结构排列方式是基因条码建立的理论依据，假如一段序列含有 10 个核苷酸，那么它的组合方式就有 410 种，足以区分所有物种。并且 DNA 条形码不需要进行特异性引物和探针的设计，通用引物的设计及测序技术的进步实现真正意义上的高通量检测，广泛用于植物物种鉴定和真伪检测（Pečnikar and Buzan, 2014）。不同于常规分子检测在浆果中的广泛应用，DNA 条形码技术起步较晚，在浆果中的应用报道相对较少，还处于初始研究阶段。

Bruni 等（2010）突破传统的理化鉴定方法，采用 DNA 条形码技术对苹果属、接木骨属及番茄属等红色浆果植物进行了物种鉴定。通过对 5 个 DNA 条形码候选片段[3 个叶绿体基因（光系统 II 蛋白 D1 和组氨酸 tRNA 连接酶基因间隔区（intergenic spacer region between photosystem II protein D1 and histidine-tRNA ligase, *trnH-psbA*）、RNA 聚合酶 β 亚基（RNA polymerase β subunit, *rpoB*）基因、成熟酶 K 蛋白基因（maturase K, *matK*）和 2 个核基因（*At103* 基因和 *sqd1* 基因）]的筛选，发

现 *matK* 和 *psbA-trnH* 在美国国家生物技术信息中心(NCBI)的序列比对中匹配效果最好，通过两个片段的结合使用可以大大提高水果的鉴定成功率，建立了以 DNA 条形码进行可食用和不可食用水果物种鉴定的方法。

Jaakola 等(2010)采用 DNA 条形码结合 HRM 技术对野生欧洲越橘的 8 个品种进行研究，通过对越橘的内转录间隔区(ITS)和质体 DNA[trnH-psbA、亮氨酸-tRNA 合成酶(tRNA-Leu gene, trnL)、核糖体蛋白 L36-核糖体蛋白 58(ribosomal protein L36-ribosomal protein 58，rp136-rps8)]进行全基因扫描测序，成功鉴别出不同的越橘品种，适用于包含完整 DNA 片段的加工类浆果制品中越橘成分的鉴定，而在深加工浆果制品中(如果汁)，由于 DNA 断裂严重，其应用受到一定限制。因此，寻找较短的通用目标片段用以区分所有的浆果物种，是目前 DNA 条形码在果汁鉴别应用中的关键点。

2. 果汁中耐热菌的检测

耐热菌，即酸土环脂芽孢杆菌(*Alicyclobacillus acidoterrestris*)，是浓缩果汁生产中重要的目标控制微生物。耐热菌的耐热性强，能够经受酸性果汁加工中的巴氏杀菌过程而存活；存活下来的耐热菌即使在极低的浓度下，遇到合适的条件，也可在果汁中迅速生长繁殖而导致果汁感官品质劣变。因此，国际贸易中一般要求每 10 g 浓缩汁中耐热菌的含量小于 1 CFU。然而，对耐热菌的控制，直至目前仍无成熟可靠的方法。耐热菌超标是浓缩果汁生产中最为严重的质量问题之一，也是当前我国浓缩果汁行业产品出口中所遭遇的主要的技术壁垒之一，成为果汁生产的"瓶颈"。

耐热菌的有效控制，首先要求其得到快速而准确的检测。目前沿用的耐热菌检测方法为常规的培养检测法，耗时很长，一般需要 4～5 天才能出检测报告。检测结果的滞后性使之无法及时指导生产，无法及时向生产线反馈信息以采取相应的防范、控制与清洗措施。所以，苹果浓缩汁生产中迫切需要一种快速、准确的耐热菌检测方法。

(1)16S rRNA 基因序列测定

随着分子生物学的迅速发展，细菌的分类鉴定亦从传统的表型分类进入各种基因型分类水平，如(G+C)mol%、DNA 杂交、rDNA 指纹图谱、质粒图谱和 16S rDNA 序列分析等(Lusardi et al., 2000；Ogier et al., 2002)。由于 16S rDNA 序列分子量适中，信息量较大，碱基序列高度保守，且较稳定，已成为研究生物进化的理想材料(焦振全和刘秀梅，1998)。16S rRNA 序列可分为所有原核生物均相同的保守序列、属特异性的半保守序列和种特异性的保守序列。根据不同保守程度的 16S rRNA 基因序列设计引物，用通用引物进行 PCR 扩增，可以判断细菌的存在与否，对半保守序列设计引物进行 PCR 扩增，可以检测某一属或某一类细菌的存在与否，在高变区设计引物进行 PCR 扩增，则可以判断某一种细菌的存在，但由于高变区的序列差异有时不显著，或在高变区的碱基不适合设计出合适的引物，16S rRNA 对于相近种或同一种内的不同菌株之间的鉴别分辨率较差（Goto et al., 2000, 2002；Daly et al., 2001；Lee et al., 2004）。

（2）常规 PCR 检测

PCR 是利用特异引物在体外对特定 DNA 序列进行快速扩增的检测技术。如果要检测果汁中的某一微生物，即可利用该微生物的特异性的引物对样品中微量的目标 DNA 进行 PCR 扩增，增加靶 DNA 数量，使其达到足够的检测量，通过电泳检测扩增出的特定片段，即可确定感染的微生物。同样，也可利用某一特定的引物检测果汁中是否存在腐败性的微生物。

由于 PCR 检测技术的快速发展，其灵敏度和准确性逐渐提高，检测时间也一再缩短，该技术已广泛地运用于果汁检测。Gouws 等（2005）根据嗜酸耐热菌 16S rDNA 的 PCR 扩增，发现在柠檬汁的生产过程及其最终的果汁中均检测出嗜酸耐热菌的存在，由此说明低 pH、巴氏灭菌及其无菌包装均不能有效地杀灭果汁中的嗜酸耐热菌。Maldonado 等（2008）将橙汁中酵母菌增菌培养后，经简便、快速地提取 DNA 和特异性 PCR 反应，使样品中酵母菌的最低检出限达到 10^3 CFU/mL。此外，常玉华（2003）通过优化 PCR 反应条件，成功地研制出快速检测嗜酸耐热菌的试剂盒，并对该试剂盒的可信度、重复性和有效期进行了评价，证明这种方法可考虑在实践中应用。李建科（2006）和冯再平等（2006）建立了用 PCR 法快速检测苹果浓缩汁中耐热菌的方法，其细胞破壁方法采用简单快速的煮沸法，取上清液直接用于 PCR 扩增。在优化的扩增条件下，可检出 5.0×10^3 CFU/mL 的耐热菌。由于此法不能直接检出苹果汁中低浓度的耐热菌，通过进行预培养增菌 18～20 h 后再进行 PCR，才可检出苹果浓缩汁中的耐热菌，并研制了耐热菌的 PCR 快速诊断试剂盒。Niwa 和 Kuriyama（2003）研究的酸土脂环酸芽孢杆菌试剂盒可以有效地进行定性分析，其他耐热菌快速检测试剂条和试剂盒，有 API20E、API5OCH 等，这些试剂条和试剂盒可对耐热菌进行定性分析，但分析水平还有待提高。

常规 PCR 检测技术可从分子水平上迅速、准确地分析微生物的种群特征，但该技术需要非常干净的实验条件，环境样品的复杂性等问题会给研究造成一定的困难，如非特异性的扩增造成假阳性问题抑制 PCR 反应（Hanna et al., 2010）；无法区分活细胞和死细胞及仅用于定性分析，而非定量分析。

（3）荧光定量 PCR 技术

荧光定量 PCR 技术是在传统 PCR 的基础上引入荧光标记探针，从根本上解决了 PCR 反应中非特异性扩增的难题（胡斌等，2006）。扩增产物的量与荧光信号成正比，从而使定量更加准确。荧光定量 PCR 可检出 1 个拷贝的目的基因，是目前世界上最先进的分子定量检测技术，对难培养的微生物或含量很低微生物的检测具有很高的灵敏度和准确性。Connor 等(2005)应用荧光定量 PCR 方法，能够快速和特异性地检测出脂环酸芽孢杆菌及其一些与它亲缘关系较近的嗜酸菌，并且可以检测出细胞数少于 100 的脂环酸芽孢杆菌。日本学者 Yamazaki 等(1997)运用荧光定量 PCR 方法，以 16S rRNA 基因为扩增对象，设计一对特异性引物，扩增得到一段 298 bp 的片段，能够在 24 h 内完成对耐热耐酸菌的检测。

此外，荧光定量 PCR 与产物分析软件结合使用，可在溶解曲线和序列的解链温度的基础下对亲缘关系很近的种类进行区分，然而这是培养法和电泳法无法做到的。Gasey 等(2004)在对 5.8S rDNA 亚单位的溶解温度最高点分析的基础上，利用荧光定量 PCR 方法区分常见的破坏性酵母菌，结果表明荧光定量 PCR 方法可以对人为感染的苹果饮料进行快速的定性和定量检测。Rawsthorne 和 Phister(2006)通过设计特异引物，应用荧光定量 PCR 对酒和果汁中拜耳接合酵母(*Zygosaccharomyces bailii*)进行鉴定，结果表明，该引物能够在 83.5℃的溶解温度下只产生一种 PCR 产物，在每毫升苹果汁中可以检测到 2 个细胞，每毫升的葡萄汁中可以检测到 22 个细胞。

荧光定量 PCR 是一种更灵敏、快速、准确的检测技术，但是荧光定量 PCR 依然无法区分死细胞与活细胞，从而导致荧光定量 PCR 的计算结果偏高，但该问题可以在 PCR 反应前先对样品进行预浓缩得以解决。

(4)RFLP 技术

限制性片段长度多态性(RFLP)是一种快速、简单鉴定大量菌株在种、属水平上遗传关系的方法(陈文新，1998；Crow et al.，1981；Laguerre et al.，1993)。通过 PCR 选择性地扩增整个基因组 DNA 的内切酶片段，在高分辨率的聚丙烯酰胺凝胶上电泳分离后，表现的限制性片段长度差异(陈世琼等，2006)。RFLP 检测的是分布于某种生物全基因组上的 DNA 片段，可用于各种大小不同的基因组的指纹分析，为研究物种间的亲缘关乃至株间提供了一个有效的手段；它同时具有一定的灵活性，可通过特异性 PCR 引物的设计和内切酶组合的选择来调整 RFLP 图谱中限制性片段的适宜数目。

Heras-Vazquez 等(2003)应用 5.8S-ITS 扩增片段的 RFLP 分析法对存在于橙汁和果汁中的微生物进行了检测。实验从自发发酵的橙汁和果汁中分离得到的 100 种酵母菌属的单菌落，然后分别进行 PCR 产物的酶切消化得到了 9 组酵母菌。在对每个种类的分析中，每种限制性内切酶所对应的所有限制性片段都不同。根据形态和生理生化特点对这些酵母菌进行鉴定核对，发现所有 5.8S-ITS 扩增片段的 RFLP 分析结果都一致。Chen 等(2006)通过 PCR-RFLP 分析鉴定与传统检测相结合，对从苹果汁生产过程中分离得到的 45 种嗜酸耐热的细菌检测鉴定，结果发现了可能与苹果汁腐败变质有关的 7 个新种。Annelies 等(2008)通过末端限制性片段长度多态性(T-RLFP)分析与传统检测法相结合,证实了纯培养的嗜盐四联球菌(*Tetragenococcus halophilus*)可使浓缩果汁的品质下降,此外种属特异性的 PCR 可以对未变质浓缩果汁中的腐败菌进行检测,其灵敏度和准确度也大大优于常规的检测方法。

由于 AFLP 产生的带多,对其分析及结果的解释就较困难,要依赖于先进的计算机程序才能完成。但由于其快速、简便、高分辨率及可靠的鉴定大量菌株在种、属水平上遗传关系的优点,AFLP 技术将会得到不断的发展和更广泛的应用(裴德翠和杨瑞馥,2002)。

(5) RAPD 技术

随机扩增多态性 DNA(RAPD)是用单一的一段随机核苷酸序列作为引物对基因组 DNA 进行 PCR 扩增,PCR 产物经过聚丙烯酰胺或琼脂糖电泳分离,再经 EB 染色或放射性自显影来检测扩增产物 DNA 片段的多态性,该多态性反映了基因组相应区域的 DNA 多态性。亲缘近的物种其基因组 DNA 变异小,显示相近的 RAPD-PCR 带型,反之差异较大,因此 RAPD-PCR 可以进行物种的种属分类、品系鉴定和个体差异的研究,而且可以通过对多态性的比较检测出遗传变异及抗药性等方面的研究,还可以用多个随机引物对整个基因组 DNA 进行多态性检测、构建基因文库及基因图谱分析。

Yamazaki 等(1996)应用 RAPD 试验成功地筛选出 3 个足以区分酸土脂环酸芽孢杆菌(*Alicyclobacillus acidoterrestris*)和其他相关菌的引物,其检测结果与常规检测法具有很好的一致性。

由于 RAPD-PCR 敏感性高,在操作中必须注意准确配制反应体系和加样,才能保证结果的可靠。在实验中发现多种因素均可影响 RAPD-PCR 的扩增结果,其中以 $MgCl_2$ 浓度和退火温度影响最大,$MgCl_2$ 浓度高则为特异性扩增明显,退火温度高则扩增条带少,扩增效率降低(张红卫等,2006)。但 RAPD-PCR 在每次反应中使用 10 个核苷酸的单一引物,需要的 DNA 提取物少,可以在 10h 内通过微生物独特的指纹图谱鉴定微生物,将被检测的样品图谱与标准图谱进行对照就可得到鉴定结果。

(6) LAMP 技术

环介导等温扩增(LAMP)是 Notomi 等(2000)开发出的一种新的核酸扩增技术(Pina et al., 2005; Yamazaki et al., 1996)。该技术以其灵敏度高、特异性强、快速、操作简便、检测成本低等优点在病毒、真菌、细菌及转基因食品的检测中得到应用。因此,建立 LAMP 技术检测耐热菌对于控制耐热菌引起果汁变质具有重要意义。

陈静(2011)采用 LAMP 技术直接检测果汁中的耐热菌(无须增菌),以耐热菌(DSM3922)的 16S～23S rRNA 间区序列为靶基因,设计内、外引物和环引物,优化 LAMP 反应体系和扩增程序，LAMP 检测果汁中耐热菌检出限为 22.5 CFU/mL，从样品处理到报告结果，耗时 2 h，而对照 PCR 检出限为 2250 CFU/mL，耗时 4 h。LAMP 的灵敏度是传统 PCR 灵敏度的 100 倍，检测时间缩短了 2 h。

LAMP 检测果汁中耐热菌的技术，具有灵敏度高、特异性强、耗时短、操作简单、鉴定简便等优点。目前报道的耐热菌快速检测方法有 PCR、电子鼻等，灵敏度均不如 LAMP 方法。如果采用由荣研化学株式会社开发的 LAMP 方法专用的基因扩增测定装置，则一步可以完成从基因扩增到检验出来的整个过程。该装置在等温条件(60～65℃)下孵化，通过测定扩增基因时出现的副产物——焦磷酸镁的混浊度来判断是否存在目标基因。

3. 果汁中酵母菌的检测

中华人民共和国国家标准 GB 7101—2015 中对果蔬汁饮料的酵母指标明确要求产品中酵母数≤200 CFU/mL。但是，有研究表明，酵母含量指标满足该标准的果汁，在生产、消费、储藏过程中仍会出现酵母腐败产气胀袋的现象(胡斌和钱和，2009)。果汁中最常见的腐败酵母菌是酿酒酵母和假丝酵母(Tournas et al., 2006；陈瑶等，2007)。酿酒酵母的发酵产醇即意味着橙汁腐败，应受到严格控制。

酵母菌的传统鉴定方法主要依据形态和生理生化特征，但这些方法测试项目多，耗费时间长，且易受培养条件的影响而出现不确定的结果，不能及时反映样品信息，不利于生产过程中的产品质量控制。随着分子生物学技术的发展，26S rDNA D1/D2 区域序列分析、5.8S-ITS 区 PCR-RFLP、RAPD、AFLP 和种特异性 DNA 探针等(Borst et al., 2003; Kurtzman and Robnett, 1998; Fell et al., 2000)方法已用于酵母菌的鉴定，以前两种方法应用得最为广泛。Estevezarzoso 等(1999)根据 5.8S-ITS 区具有显著的种间差异性特点建立了基于这一序列的 PCR-RFLP 方法，以此来快速鉴定酵母菌。

(1)荧光定量 PCR 技术

荧光定量 PCR 技术是在定性 PCR 技术基础上发展起来的核酸定量技术。荧光定量 PCR 技术具有普通 PCR 的优点，还克服了传统 PCR 方法易污染、需要使用有毒试剂 EB 等的缺点，此方法已被成功应用于转基因成分、临床样品、动植物病毒、微生物等多种生物成分的检测。

陈世琼(2013)建立了果汁中酿酒酵母的荧光定量 PCR 快速检测方法，并用于实际样品的检测，用活菌计数方法进行了验证。用此方法检测样品中的酿酒酵母，全过程仅需约 5 h，大大缩短了样品中酿酒酵母的检测周期，为及时、灵敏地反映生产过程中是否存在样品及环境中的污染，以及为生产过程中产品的质量控制提供了快速、有效的检测手段。与常用的生化鉴定方法相比，简化了鉴定步骤，提高了鉴定准确性，缩短了鉴定时间。

(2)RAPD 技术

RAPD 的基本原理是以基因组 DNA 为模板,以单个人工合成的随机多态核苷酸序列(通常为 10 个碱基对)为引物,在 DNA 聚合酶(Taq 酶)作用下,进行 PCR 扩增。扩增产物经琼脂糖或聚丙烯酰胺电泳分离、溴化乙锭染色后,在紫外透视仪上检测多态性。扩增产物的多态性反映了基因组的多态性。

由于 RAPD-PCR 在每次反应中所用的是长度一般为 10 个核苷酸的单一引物,所需要的 DNA 提取物少,可以在 10 h 内通过微生物独特的指纹图谱鉴定微生物,将被检测的样品图谱与标准图谱进行对照就可得到鉴定结果。RAPD-PCR 一出现即以其简便、快速和多态性检出率高而引起了科学工作者的极大兴趣(张一凡等,2002)。

Pina 等(2005)用 RAPD-PCR 鉴定酵母菌时,选用了 1 种引物,以 GenBank 数据库中的标准酵母菌菌株为对照,对 16 种 58 株来自含二氧化碳的橙汁中的酵母菌菌株基因组 DNA 进行 PCR 扩增,分析其 DNA 指纹图谱,并计算其相似性指数(similarity index,SI):结果表明,GenBank 数据库中的标准菌株与酵母菌的平均 SI 为 83%,而酵母菌的 16 个种种间的平均 SI 为 69%,因此可以用作酵母菌的鉴别。然而,酵母菌属内不同种及同种不同菌株间的平均 SI 差异并不显著,难以作为鉴定参考指标,但是通过比较 RAPD 图谱,发现选择合适的引物扩增后,各物种间的扩增图谱表现出一定的差异,有其扩增的特殊谱带,所以有可能作为区分不同种的指标。

二、酿造制品分子鉴定研究现状

1. 果酒乳酸菌的鉴定

苹果酸-乳酸发酵是葡萄酒酿造中非常重要的二次发酵过程。研究发现,只有部分乳酸菌可进行苹果酸-乳酸发酵,它们分属于酒球菌属(Oenococcus)、明串珠菌属(Leuconostoc)、乳杆菌属(Lactobacillus)和片球菌属(Pediococcus)。国内外研究表明,能够适应葡萄酒环境、较专一地进行苹果酸-乳酸发酵并对酒质有增益作用的乳酸菌主要是酒类酒球菌(Oenococcus oeni),因此乳酸菌种类鉴定对于优良发酵特性菌株的筛选具有非常重要的意义。

乳酸菌分类鉴定方法可分为传统方法和分子生物学方法。传统分类鉴定方法主要是借助菌株间的表型性状,但常烦琐而耗时,且鉴定结果不够准确。分子生物学的快速发展及其在细菌分类鉴定中的应用,是细菌分类鉴定与菌株区分方法的一次革命。科学家开始从分子和基因水平认识乳酸菌的遗传结构、组成和分类,同时许多新的分子标记被用于乳酸菌的分类和鉴定,如 16S rDNA 序列分析、16S~23S rRNA 基因间隔序列分析和基于 PCR 技术的分子标记技术等,其中基于

PCR 技术的分子标记又可分为扩增 rDNA 限制性酶切片段分析(amplified ribosomal DNA restriction analysis，ARDRA)、RAPD、扩增片段长度多态性、RFLP 等。

(1)16S rDNA/rRNA 序列分析

16S rDNA/rRNA 序列同源性分析是指用特定引物对供试菌株保守序列 16S rDNA/rRNA 进行特异扩增，并对扩增产物测序，测序结果与 GenBank 中已知序列进行 BLAST 分析，从而实现对目的菌株的鉴定。

Du 等(2004)综合运用 16S rRNA 序列分析和种内特异性引物PCR来鉴定葡萄汁和白兰地生产过程中分离出的 54 个菌株，其中大多数是酒类酒球菌(22 株)，但也分离出少量短乳杆菌(8 株)、益生菌(8 株)和植物乳杆菌(6 株);Koh 等(2004)通过局部 16S rDNA 排序和系统进化分析来进行菌类鉴定，系统进化分析中，戊糖乳杆菌和植物乳杆菌 16S rDNA 有 99.7%的相似性。Narváez-Zapata 等(2010)利用变性梯度凝胶电泳(DGGE)来分析 16S rRNA 基因，他们发现龙舌兰酒中的乳酸菌群落主要由小片球菌、短乳杆菌、类布氏乳杆菌和植物乳杆菌组成，另外还在残汁中发现了魏斯氏菌属和芽孢杆菌属这些非典型的属。

16S rDNA/rRNA 序列保守且鉴定结果可靠，是目前细菌分类和鉴定经常使用的一种检测方法，但该方法通常用于乳酸菌菌种间的鉴定，对于高同源性的乳酸菌菌株之间分辨率不高，而且该方法费时且成本较高，在生产上的推广受到限制。

(2)16S～23S rRNA 基因间隔序列分析

ITS 是 16S rRNA 基因与 23S rRNA 基因的间隔序列，其进化速度是 16S rRNA 的 10 倍，具有可重复性和保守性，此外其 16S rRNA 端及 23S rRNA 端高度保守，故成为继 16S rRNA 后又一新位点。周利国等(2009)利用 16S～23S rRNA 的间隔序列对 4 株优选菌株进行同源性分析，通过与酒明串珠菌(*Leuconostoc oenos*)16S～23S rRNA 的间隔序列比对构建聚类图，结果显示 4 株菌 16S～23S rRNA 的间隔序列的同源性为 100%，推知这 4 株菌可能为同一类菌株。该方法不但可用于菌种鉴定，还可以用于分辨 16S rRNA 不能鉴别的高同源性菌株。

(3)基于 PCR 技术的 DNA 分子标记

随着 DNA 标记技术的不断成熟，人们建立了一系列以 DNA 标记为基础的微生物鉴定和检测技术，根据菌株之间遗传距离所产生的 DNA 指纹差异来直接反映供试菌株 DNA 多态性。这些技术的最大优势是可以忽略各种复杂的微生物生长条件，不需要预先培养就可鉴定和检测。多数研究结果表明，DNA 标记分型技术具有从种属到菌株各种水平的鉴别能力，为乳酸菌的快速分子鉴定和分型提供了新方法。

A. ARDRA

ARDRA 基于 PCR 技术选择性扩增 DNA 片段，对所扩增片段进行限制性酶切，最后分析酶切后所得片段的多态性。该方法首先提取总 DNA，以其作为模板，采用 PCR 技术扩增目的 DNA，之后选择多种有 4～6 个碱基识别位点的限制性内切酶对产物进行限制性酶切，并对酶切后的 DNA 片段进行聚类分析。

Rodas 等(2003)先对 16S rDNA 进行扩增，然后用限制性内切酶(*Bfa* I 或 *Msc* I 或 *Alu* I)对扩增产物进行酶切。他们按顺序使用 3 种限制性内切酶简化乳酸菌鉴定，先是 *Msc* I，然后是 *Bfa* I，最后若有必要，再用 *Alu* I。这种技术可以区别出 36 个参照乳酸菌种类中的 32 个，而且可以对葡萄汁和葡萄酒中的 342 个菌株进行鉴定，可鉴定出的菌株包括短乳杆菌、丘状乳杆菌、棒状乳杆菌、希氏乳杆菌、媚丽乳杆菌(益乳杆菌)、益生菌、肠膜明串珠菌、酒类酒球菌、微片球菌和戊糖片球菌。Manes-Lazaro 等(2009)则综合运用 16S 扩增性 rDNA 限制性片段分析和 RAPD 技术将西班牙博巴尔(Bobal)葡萄酒中 10 个乳酸菌菌株与它们的近似种区别开来。

Marques 等(2010)发现距离 16S rRNA 基因 5′端大概 300 nt 处存在酒类酒球菌独有的 *Fse* I 识别序列(GGCCGGCC)。对于所有的酒类酒球菌菌株，用 pA 和 pH 引物扩增都能获得大约 1560 bp 的 16S rDNA 扩增子，且在 *Fse* I 酶切后都能获得 326 bp 和 1233 bp 两个片段。酒类酒球菌分子标记(326 bp 与 1233 bp 片段)的检出限要求菌落数达到 $10^2 \sim 10^3$ CFU/mL。

刘树文和余东亮(2010)以实验室保存的 23 株酒类酒球菌为供试材料，对扩增的 16S rDNA 特异条带进行了酶切分析。结果表明，在确立的 PCR 体系上，均能扩增出一条长约 995 bp 的特异条带。酶切结果显示，*Hind*III 和 *Mse* I 酶切图谱未显示出菌株间的差别，表明了菌株间紧密的亲缘关系。*Alu* I 的酶切图谱通过 NT2SYSPC 2.1 软件生成非加权组平均法聚类图(unweighted pair-group method with arithmetic mean，UPGMA)聚类图，在 0.63 水平上可以把 23 株菌区分为 2 个大类。

ARDRA 技术在葡萄酒乳酸菌鉴定中已经得到较好的应用，另外从理论上说，ARDRA 分析中使用的限制性酶的种类越多，所产生的带型越多，最后结果越准确，但使用太多酶进行 ARDRA 分析会加大时间、人力和经费投入，因此优化限制性内切酶的数量和种类、筛选最佳的限制性内切酶组合对于 ARDRA 鉴别体系应是一个不断完善的课题。

B. RAPD 技术

RAPD 技术在乳酸菌的鉴定分型中可作为其他技术的有力补充。Spano 等(2002)联合 RAPD 和物种特异性 PCR 技术对红葡萄酒中植物乳杆菌进行种水平的鉴定。Capozzi 等(2010)则是先用特定引物进行 PCR 来鉴定酒类酒球菌，然后运用多元的 RAPD-PCR 分析进行进一步分类。这种多元方法可筛选有良好苹果酸-乳酸发酵性能的酒类酒球菌；Solieri 等(2010)用 ARDRA 和 16S rRNA 基因序列分析，鉴定出 135 株乳酸菌的 120 个酒类酒球菌菌株，并运用基于 M13 的 RAPD 来研究酒类酒球菌菌落的分子多样性，并提出筛选新型酒类酒球菌发酵剂的框架图；Bartowsky 等(2003)曾用 RAPD 对酒类酒球菌的种内变种进行研究，他们通过 RAPD 成功区分澳大利亚不同产区 15 株菌中的 10 个，用 4 个 RAPD 引物和它们的基因相似性可鉴别 6 个商业酒类酒球菌株，而来自同一个酒厂的酒类酒球菌菌株则不能被区别开来。RAPD 对未知来源的酒类酒球菌进行分析时表现出更高灵敏度，从而能够更好地对有良好发酵性能的酒类酒球菌进行基因分析。

RAPD 技术相对于其他多态性检测技术来说方法简便易行，可以直接对生物 DNA 进行多态性分析，研究所需 DNA 量极少，其引物没有严格的种属局限。但是 RAPD 技术也存在一定局限性，它是一种显性标记，不能有效区分杂合子，稳定性差，可重复性小，对反应条件变化十分敏感。*Taq* 聚合酶的来源、DNA 的不同提取方法、PCR 仪的不同型号都会影响检测的结果。因此，在 RAPD 研究中需要严格控制 DNA 模板的质量和扩增反应条件。

C. RFLP

限制性片段长度多态性(RFLP)是可以用于种内水平鉴定乳酸菌分离株的一种 DNA 指纹方法。Claisse 等(2007)运用 PCR-RFLP 分析 *rpoB* 基因序列从而鉴定分离自葡萄酒的乳酸菌种类。先通过固体培养基和显微镜观察来区别球菌和杆细胞，之后用 *Aci* I 对球菌进行单一的酶切消化，同时用 *Aci* I、*Hinf* I 和 *Mse* I 对杆菌进行 2 个或 3 个酶切消化，7 个球菌菌株和 12 个乳酸杆菌便被准确鉴定。

RFLP 也存在一定缺点，如需要大量高纯度 DNA、步骤烦琐、探针不易制备、周期长、只能检出限制性内切酶识别位点上的变异等，但是该方法可在种内水平鉴定乳酸菌菌株的 DNA 指纹方法，而且特别适用于构建遗传连锁图谱，在分析种群内和种群间的遗传差异时非常有用。

D. AFLP

扩增片段长度多态性(AFLP)的基本原理是对基因组 DNA 进行酶切，用特殊的接头连接 DNA 片段的两端形成特异片段，接头序列和相邻的限制性位点序列作为引物结合位点。金刚(2010)利用带有一个选择性碱基的 4 条引物对酒类酒球菌基因进行单限制性酶切扩增片段长度多态性(single-enzyme amplified fragment length polymorphism，SE-AFLP)分析，该方法可将 22 株酒类酒球菌完全区分开，因此 SE-AFLP 分子标记技术可用于酒类酒球菌菌株区分。AFLP 具有多态性丰富、共显性表达、不受环境影响、无复等位效应、带纹丰富、用样量少、灵敏度高、快速高效等优点，已成为实验室鉴定酒类酒球菌的常规方法。

E. PCR-DGGE

聚合酶链式反应-变性梯度凝胶电泳(PCR-DGGE)是基于不同碱基序列的 DNA 双链解链时需要不同的变性剂浓度的原理，DNA 双链一旦解链，其在聚丙烯酰胺凝胶中的电泳速度会急剧下降，因此将 PCR 扩增得到的等长 DNA 片段加入到含有变性剂梯度的凝胶中进行电泳，序列不同的 DNA 片段就会在各自相应的变性剂浓度下变性，发生空间构型的变化，导致电泳速度的下降，停留在与其相应的不同变性剂梯度位置，染色后可以在凝胶上呈现不同的条带。Giusto 等(2007)先对 16S rDNA 基因 V1 区域的 DNA 片段 PCR 扩增，然后进行 DGGE 来鉴定葡萄酒生产中常用活性干酵母中的乳酸菌，他们鉴定出活性干酵母中的乳酸菌主要是乳酸杆菌和片球菌；Ruiz 等(2010)通过 PCR-DGGE 鉴定出 Tempranillo 葡萄酒苹果酸-乳酸发酵时的菌落群体包括氧化葡糖杆菌、沙雷氏菌属、肠杆菌属的菌株及酒类酒球菌。酒类酒球菌是葡萄酒苹果酸-乳酸发酵过程中的优势菌种。

PCR-DGGE 技术可以鉴定苹果酸-乳酸发酵过程中乳酸菌的种群差异，另外该技术在分析微生物的遗传多样性方面也有明显的优势，但是 DGGE 技术一般只能分析小于 500 bp 的 DNA 片段，得到的相关信息少，试验过程中又常出现共迁移条带，因此在分析鉴定乳酸菌时存在较大困难。

(4) 种属特异性 PCR 鉴定

Zapparoli 等(1998)设计了一对特异性引物，用于扩增酒类酒球菌编码苹果酸-乳酸酶基因的特异性序列，共 1025 bp，并用电泳检测扩增结果，这种方法就是种属特异性 PCR(species-specific PCR)鉴定。

刘延琳等(2006)以酒类酒球菌(*Oenococcus oeni*)苹果酸-乳酸酶基因(*mleA*)为目标基因，设计了 1 对特异性引物，直接以酒类酒球菌的菌落为模板，通过 PCR 扩增得到 *mleA* 基因的特异性条带，用此特异性引物进行供试乳酸菌的 PCR 鉴定，所有酒类酒球菌菌系均得到特异性条带，而供试的其他种类乳酸菌未扩增出目标带。Cappello 等(2008)联合种属特异性 PCR 和 16S rRNA 序列分析，在 220 株乳酸菌中鉴定出 87 株为酒类酒球菌。王华等(2010)采用种属特异性 PCR 对酒类酒球菌进行鉴定，尝试通过优化反应体系和反应条件，直接使用菌液和菌落作为模板进行扩增。在优化后的反应体系下，可直接使用菌液或菌落作为模板进行扩增，扩增结果稳定，条带清晰。种属特异性鉴定方法快速可靠，节约成本，可被广泛应用于酒类酒球菌的鉴定。

(5) 荧光原位杂交法

荧光原位杂交(fluorescence *in situ* hybridization，FISH)法是采用免疫荧光标记的寡核苷酸探针与目标检测物进行原位杂交，计算杂交率来定量检测和鉴定细菌。Blasco 等(2003)提出了一种基于 FISH 快速鉴定乳酸菌的方法，运用于葡萄酒中常见乳酸菌 16S rDNA 同源的荧光寡核苷酸探针进行鉴定。该方案在 36 个参照菌株杂交的基础上对乳酸菌进行特定检测，探针的专一性可用纯培养进行评估。探针可鉴定不同葡萄酒中的乳酸菌种类，这使得对不经过培养的自然样本进行直接的鉴定和量化成为可能。

FISH 法在乳酸菌快速鉴定中有广阔的发展前景，在 4~16 h 便可以得出比较准确的鉴定结果。FISH 可优先检测数量上占优势的细菌。与 PCR 方法相比，它不需要选择性纯化或扩增，可提供一个更详细的微生物图谱。

(6) 序列特征扩增区

序列特征扩增区(SCAR)标记是将目标 RAPD 片段进行克隆并对其末端测序，根据 RAPD 片段两端序列设计特异引物，对基因 DNA 片段进行 PCR 特异扩增，把与原 RAPD 片段相对应的单一位点鉴别出来。Solieri 和 Giudici (2010) 使用 SCAR 方法鉴定苹果酸-乳酸发酵中的酒类酒球菌菌株。试验以酒类酒球菌 LB221 为模板菌株，基于特异性的 PAPD 片段，在原先的 RAPD 引物两端延伸 9~13 个碱基设计出 SCAR 标记引物，该特异引物可以扩增出 LB221 特有的唯一条带。

SCAR 标记是共显性遗传，待检 DNA 间的差异可直接通过有无扩增产物来显示。SCAR 可以用于酒球菌或者是其他乳酸菌的株间鉴定，而且该方法方便、快捷、可靠，可以快速检测大量个体，结果稳定性好，重现性高，但关于葡萄酒乳酸菌的 SCAR 标记研究较少，因此 SCAR 标记对酿酒乳酸菌的株间鉴定及对优良性状连锁基因的标记具有很广阔的研究空间。

2. 果酒酵母菌的检测

酿酒酵母是影响果酒品质的重要因素之一，它的选择会直接影响果酒的感官和理化品质。果酒在生产过程中所采用的酵母菌株一般为葡萄酒酵母，然而这种酵母是针对葡萄酒的生产工艺特点而开发出来的，具有明显的针对性，在其他果酒生产中效果并不显著。因此筛选并鉴定适合各种果酒专用的优良酿酒酵母具有重要的意义，对酵母菌在酿造果酒的应用中提供参考。

牛广财等(2009)筛选出适合酿造沙棘果酒的优良酿酒酵母 Y23，并通过 26S rDNA Dl/D2 区序列测定及系统发育分析对所筛选菌株进行分子生物学鉴定，得出酵母菌 Y23 与酿酒酵母(Saccharomyces cerevisiae)Y-12632T(AY048154)的遗传距离最近，两者之间的同源性为 100%，该菌株被鉴定为酵母属的酿酒酵母。

刘树文等(2010)利用 26S rDNA Dl/D2 区序列分析和 5.8S-ITS 区 PCR-RFLP 两种分子生物学方法对分离于葡萄酒中的 8 株野生酵母进行了鉴定，并评价了分离得到的野生酵母代谢尿素的能力，这些野生酵母属于 5 个种，2 种方法鉴定结果一致。

Ocón 等(2010)通过酵母 rDNA 的 ITS 区的 PCR-RFLP 鉴定技术，获得了假丝酵母和克鲁维酵母两种最适合于乙醇发酵的 NSC 菌种，Gustavo 等(2013)应用

PCR 检测技术从葡萄样品中分离获得了德尔布有孢圆酵母（*Torulaspora delbrueckii*）和法尔皮有孢汉生酵母（*Hanseniaspora valbyensis*）两株，研究表明其果胶酶的表达量很高。苏龙（2007）通过采集东北山葡萄，在葡萄酒的自然发酵过程中，分离得到野生菌株 44 株。对这些菌株进行基因 RFLP 分析，得到酶切图谱 19 种。

三、腌制品分子鉴定研究现状

　　腌制就是让食盐大量渗入食品组织内来达到保藏食品的目的，这些经过腌制加工的食品称为腌制品。蔬菜腌制品又可分为 3 类：腌菜（干态、半干态和湿态的盐腌制品）、酱菜（加甜酱或咸酱的盐腌制品）、糟制品（腌制时还用了米酒和米糟）。在我国不同地域，有着丰富多样的传统发酵蔬菜，代表性的发酵蔬菜有四川泡菜、榨菜、东北酸菜、湖南剁辣椒、发酵芥菜等，这些发酵蔬菜因其独特的色、香、味越来越受到广大消费者的喜爱，已经成为人们日常生活中佐餐的必需品。DNA 分子鉴定技术在果蔬腌制品中的应用主要体现在泡菜中。

　　泡菜是人们喜爱的佐餐食品，我国泡菜出口亚、非、欧、美各洲的十几个国家。泡菜是利用蔬菜上附着的乳酸菌自然发酵而成。但是，附着在蔬菜上的微生物除了乳酸菌外，还有其他微生物，如酵母菌、霉菌、丁酸细菌、大肠杆菌和一些病原菌等。发酵开始后，由于乳酸菌产生乳酸，导致 pH 降低，一些不耐酸的微生物如大肠杆菌因而死亡，乳酸菌迅速成为优势菌。到产品成熟后期 pH 可达到 3.8，主要存在乳酸菌，可能还有酵母菌及其他嗜酸的微生物，自然发酵的关键是使乳酸菌成为优势菌，因而抑制其他微生物的生长（杨洁彬等，1996）。

　　Choi 等（2003）利用 16S rDNA 测序和 DNA 杂交技术研究了泡菜中乳酸菌的菌群变化，在泡菜 5 天的发酵过程中随机分离了 120 株乳酸菌，结果发现在发酵的前中期，柠檬明串珠菌（*Leuconostoc citreum*）是优势种，然而在后期主要为米酒乳杆菌（*Lactobacillus sake*）或弯曲乳杆菌（*L. crvspatus*）及短乳杆菌（*L. brevis*）。Harris 等（1992）从德国泡菜 sauerkraut 中分离到乳酸乳球菌乳酸亚种，NCK400 和 LJH80 能够产生乳酸链球菌素（nisin），并进行了 DNA 探针杂交，将 nisin 基因进行了克隆。

　　付琳琳（2005）运用 PCR-DGGE 技术，对泡菜中乳酸菌的多样性进行研究，并与国内采用传统分离培养方法对泡菜中乳酸菌的研究结果进行比较。进而对自然发酵泡菜的质量进行监控，提高产品的品质，这不仅有益于人们的健康，同时对于建立良好的生产规范，保证食品安全，以及提高产品的国际竞争力都具有十分重要的意义。

第三节　DNA 分子鉴定技术在肉制品上的应用

　　肉制品（meat product），是指用畜禽肉为主要原料，经调味制作的熟肉制成品或半成品。按照《肉与肉制品术语》(GB/T 19480—2009)的国家标准，肉制品分为中式肉制品和西式肉制品两大类，因加工工艺不同而异，包括香肠、火腿、培根、酱卤肉、烧烤肉、肉干、肉脯、肉丸、调理肉串、肉饼、腌腊肉、水晶肉等。

肉制品是人们饮食的重要组成部分，它富含氨基酸、维生素、微量元素，且具有味道鲜美、营养价值高等优点，备受人们喜爱。消费者在选购肉类食品时，出于对价格、生活方式、宗教及健康方面的考虑，对肉类食品的成分、生产方式等信息的需求与日俱增。根据世界卫生组织的报告，肉及肉类产品的年产量稳步增长，预计 2030 年将增长到 37.6 亿 t。

为规范肉制品加工企业的生产管理，保证肉制品的质量安全，国家质量监督检验检疫总局和国家标准化管理委员会于 2012 年 12 月 31 日颁布了《肉制品生产管理规范》(GB/T 29342—2012)，自 2013 年 8 月 1 日起实施。规定了肉制品加工中的文件要求及原料、辅料、食品添加剂和包装、厂房和设施、设备、人员的要求及管理、卫生管理、生产过程管理、质量管理和标识等方面的内容(李江华，2015)。

2015 年 8 月 1 日实施的《肉制品加工中非肉类蛋白质使用导则》(NY/T 2791—2015)规定了以鲜(冻)畜、禽肉为主要原料制成的肉制品加工中非肉类蛋白质的基本要求、标签标识原则及质量要求。

近年来，随着食品供应链全球化、复杂化的发展，经济利益驱动的食品掺假问题有愈演愈烈之势。其中，肉类掺假问题层出不穷，市场乱象令人担忧。肉类掺假是指蓄意替换肉类原料、篡改肉食品成分标签。肉类食品的真实性和可追溯性是现代社会最重要的问题，它关乎经济、公共安全、宗教信仰、生态安全和食品安全。

"挂羊头卖狗肉"，卖肉作假古已有之。我国是一个肉制品消费大国，伴随着肉产品市场的不断扩大，由于肉制品的品种和价格差异，不法商贩以低价肉类代替高价肉类出售，牟取暴利，如江苏无锡的"假羊肉"事件等，肉制品掺假问题一直是消费者投诉的焦点和社会关注的热点。

近年来，国内外肉类食品安全事件频繁发生，肉类掺假并不是我国特有问题，而是一个全球性问题。2013 年年初，影响波及欧洲英国、法国、德国等 16 国的"马肉风波"中，造假者使用来源于退役的赛马肉冒充牛肉，多家企业召回数以百万计"牛肉"汉堡。该食品安全事件引发了公众对食品安全的担忧及各国政府的关注。

随着肉类价格差异逐步拉大，掺假肉冒充高价肉的现象越来越常见。用价格较低的肉代替价格较高的肉，目前在肉食品标签上做欺诈性描述是一个普遍存在的问题；肉类成分的替换可能引起过敏反应，如虾仁等，标签中如果未标注，食用后将引起过敏体质者过敏，甚至过敏性休克。由于巨额利润的驱使，一些肉制品中发现濒危物种和野生动物成分，这些产品被交易导致相应物种数量的急剧减少，对生态系统安全构成严重威胁。

由于我国饮食文化的特点，很多肉制品是经过多道工序和手段制成的，从表象上掩盖了动物源性食品的本来面目，最终使生产厂家无视各类肉及肉制品的好坏和真假。

目前畜禽肉食品动物源性成分的鉴别检测已涉及肉食品的进出口贸易及餐饮业等领域。因此，开发和应用准确、灵敏、快速的检测方法，对加工肉制品的质量进行把关，有利于维护消费者利益，保障人民生命安全，避免假冒伪劣食品的出现，为打击此类违法行为提供技术支撑，也有利于肉类产业的健康发展。同时鉴别肉制品中动物源性成分对于物种鉴定、野生动物管理和保护及解决某些因食品问题引起的民族矛盾和纠纷都十分重要。

为此，各国食品监管部门正积极制定检测标准，加大对肉制品等食品的监管；政府也制定了相应的法律法规来打击这些掺假行为，还消费者一片食品"蓝天"。

一、肉制品鉴别技术

就鉴别手段而言，目前任君安等(2016)阐述了肉制品真伪鉴别技术主要有：①形态学检测方法，是欧盟官方唯一认定的可用于肉骨粉仲裁检测的标准方法，利用显微技术观察样品粗糙颗粒和细小颗粒形态学构造来区分不同动物组织的一种检测方法。②基于代谢物检测的常用方法，如光谱、各类传感器(如电子鼻和电子舌)等。③以蛋白质为基础的检测方法，如电泳、色谱-质谱及免疫学方法。④以 DNA 为基础的分子生物学方法。但前 3 种方法只适合于生鲜肉的鉴别，对于深加工的肉制品，由于蛋白质变性而很难鉴别，因此无法满足市场监管的需要。相比之下，核酸普遍存在、遗传信息丰富、高度稳定，以 DNA 为基础的分子生物学技术具有准确性高、稳定性好等优点，被广泛应用于肉制品的鉴别。

DNA 以其经热加工后良好的稳定性作为鉴定肉制品中动物源性成分的重要依据(Rodríguez et al., 2004)，获得高质量、高纯度及结构完整的基因组 DNA 是开展该方面研究工作的前提，是保证各检验检疫机构这项工作得以顺利进行的必要条件。

DNA 分子技术作为一种肉制品物种鉴别的有效方法得到广泛应用，可以克服许多传统方法的缺点。主要优势是操作简便、鉴别力高、灵敏度高及特异性。从 DNA 分子序列水平进行鉴别，可获得精确的结果，使得分析准确、有效且可靠(刘帅帅等，2011)。

以 DNA 为基础的 PCR 技术和分子生物学技术相结合的 PCR 技术被广泛用来鉴定肉制品中的动物源性成分，在微生物和动物饲料检测中已得到成功应用。国内外已经运用该技术建立了鉴别多种动物源性成分的方法，显示出良好的应用前景，弥补了电泳技术、免疫学技术、光谱技术等常规检测方法灵敏度低、检测周期长、对深加工处理后的肉类产品鉴别可靠性低等诸多不足(徐宝梁等，2004)。

1. 核酸杂交技术

早期研究中多用 DNA 杂交完成动物源性成分鉴定，该方法将用放射性同位素标记的动物全基因组 DNA 物种特异性探针与固定到尼龙膜上的样品 DNA 进行杂交，根据产生的放射信号鉴定样品的物种组成。

Chikuni 等(1990)利用这种核酸杂交方法分别对加工过的鸡肉、猪肉、山羊肉、绵羊肉和牛肉及牛肉和猪肉的混合制品进行同源性鉴定，得到了良好的效果。

Ebbehøj 和 Thomsen(1991a)利用核酸杂交技术鉴定了牛肉中掺杂的猪肉，将提取出的猪 DNA 固定在尼龙膜上，使其与 ^{32}P 标记的猪 DNA 探针杂交，建立信号强度与 DNA 数量的函数关系，可在牛肉样品中检测出 0.1%含量的猪肉成分，在加工后的肉制品中最低可检出 0.5%的猪肉成分。

在许多早期的研究中，已经使用 DNA 杂交与 DNA 探针来调查生肉和经热处理的肉类产品。DNA 探针可以识别猪肉(Buntjer et al.，1999)、羊肉(Buntjer et al.，1999；Hunt et al.，1997)、鸡肉、牛肉、马肉(Buntjer et al.，1995)。检出限从 0.1%降至不到 0.01%取决于肉的物种来源(Ebbehøj and Thomsen，1991a)。大多数 DNA 杂交方法是定量，但两项研究(Ebbehoj and Thomsen，1991b；Hunt et al.，1997)展示了测试已知的混合物中肉含量(m / m)与信号强度之间的相关性，这是定量分析的基础。DNA 杂交相比不太灵敏的 PCR，需要的设备相对便宜。但核酸杂交技术耗时长、有放射性，且对 DNA 的纯度要求高，探针信号的强度常受到样品组织来源或其加工方式等因素的影响，且灵敏度不高，定量困难，因此在实际应用中受到了限制。

2. PCR 技术

聚合酶链式反应(PCR)是一种经典的分子生物学技术，其原理是利用特异性引物体外扩增目的 DNA 片段，然后对所得 DNA 片段进行分析从而达到鉴别物种的目的。PCR 技术用于肉类鉴别，关键在于能够找到各类物种特异性的基因片段，并设计引物扩增目的片段。

线粒体 DNA 具有数量多、比核基因小、种间差异性较高和种内变异较小等特点，已被广泛应用于物种的鉴定。常用的线粒体靶基因有细胞色素 b(*Cytb*)、12S rRNA、16S rRNA、D-loop 区、*ATP6* 和 *ATP8* 等。基于 DNA 的技术，特别是基于 PCR 的技术被认为是用于生肉和加工肉类物种鉴定的最合适的方法。PCR 技术包括普通 PCR、多重 PCR、荧光定量 PCR、随机扩增的多态性 DNA-PCR(RAPD-PCR)、PCR-限制性片段长度多态性(PCR-RFLP)等。用特异性引物进行PCR、实时 PCR 等，可以鉴定不同处理条件下的肉类，但 DNA 含量在物种水平和目标组织上的差异，使得基于 DNA 的方法有些不适于肉类和肉制品中不同物种掺假的定量。

(1)普通 PCR

普通 PCR 是指 PCR 反应体系里只有一对特异性引物扩增目的 DNA 片段，具有简单、快速的特点，是一种常规的肉制品鉴别方法。

普通 PCR 应用于肉制品中单一动物源性检测具有较高的特异性和敏感性，如用于生、熟犬肉的鉴定。例如，熊蕊等(2014)建立了一种检测肉制品中犬源性成分的 PCR 检测方法，用于生、熟犬肉的鉴定，采用 PCR 方法特异性扩增生、熟犬肉基因组 DNA，并采用 PCR 方法检测 46 份保定市的犬肉制品。所检犬源性成分在 213 bp 处出现预期的 DNA 目的片段，扩增片段经限制性内切酶 *Hph* I 酶切分析确认，所得 179 bp 和 34 bp 片段与预期目标一致。应用该引物均可扩增出犬的目的 DNA 片段，而对马、山羊、绵羊、驴、兔和猪等 15 种动物肉的 DNA 扩增则呈阴性。其检测灵敏度达到 4.56 pg DNA。对 46 份犬肉制品进行检测，检出率为 100%。

PCR 方法可有效地鉴别畜禽肉中的鸭源性成分，张晶鑫等(2015)分别以线粒体 16S rRNA 基因和细胞色素氧化酶 I (*COI*)基因序列为靶位点设计鸭特异性引物，以常见畜禽肉(羊肉、牛肉、猪肉、兔肉、鸽肉、鹌鹑肉、鸡肉、鸭肉、鹅肉)DNA 为模板，进行 PCR 扩增，筛选的引物能够有效地对鸭源性成分进行检测，方便简洁，灵敏度较高。曲莉等(2015)应用改良盐析法和柱层析法两种方法提取肉类线粒体 DNA，测定其浓度及纯度；设计鸭肉 *Cytb* 特异性引物，采用 PCR 对 7 种生肉中的鸭肉成分进行鉴别。

鉴别其他动物肉的 PCR 方法有 Karabasanavar 等(2014)针对猪线粒体 D-loop 区设计了一种高特异性引物，经扩增可得到长 712 bp 的特异性扩增产物。该方法特异性良好，与 24 种常见动物均无交叉反应，灵敏度达到 0.1%。经 60~121℃高温高压及微波处理测试，均能稳定检出猪成分。侯晓林等(2014)发明了一种用于肉与肉制品中驴源成分的检测方法与试剂盒。

客观来说，普通 PCR 与蛋白质分析法相比，具有准确性高、特异性强的优点，该方法的缺点是缺乏对比，需各组间互相比较才能得出准确结果。Rak 等(2014)以线粒体 D-loop 区为模板设计特异性引物，通过 PCR 方法对波兰市场上的鹿肉和兔肉进行了检测，结果成功地鉴定了 17 份生鲜肉和 32 份加工肉制品，检出限低至 0.001%。

张慧霞等(2008)根据禽类(鸽子、鸡、鸭、鹅、鹌鹑、鸵鸟、鹧鸪)线粒体 DNA 12s RNA 基因中的保守序列，用 Primer 5.0 设计针对禽类动物的特异性扩增引物，通过 PCR 从禽类样品中得到大约 200 bp 的特异性条带，引物只对禽类有特异性，能将禽类与牛、羊、马、驴、鱼区分开来。通过测序对扩增产物进行验证，结果表明：禽类组织的 PCR 产物序列与基因库中检索到的相应序列相吻合。从而建立了一种检测禽类动物源性成分的 PCR 方法，该方法检测的灵敏度为 0.1%。

李通等（2013）建立了牛、羊、猪、鸡、鸭 5 种常见动物肉类成分的 PCR 鉴别方法。分别使用牛、羊、猪、鸡、鸭的特异性引物对牛肉、羊肉、猪肉、鸡肉、鸭肉的总 DNA 进行扩增，获得 494 bp、716 bp、611 bp、259 bp 和 350 bp 的 DNA 片段，通过限制性内切酶验证了该 PCR 扩增的特异性。使用上述引物对掺杂牛肉、猪肉、鸡肉和鸭肉的羊肉进行鉴别，检出限可以达到 1% 以下。

肉类认证和质量控制研究中对家禽肉的性别决定具有潜在价值。Gokulakrishnan 等（2013）开发了一种简单准确的基于 PCR 的方法判定性别，适用于牛肉、羊肉、山羊肉。基于位于 X 和 Y 染色体上的基因，设计了一对引物，优化了 PCR 系统。在 PCR 扩增后，雄性组织显示 2 条带，而雌性组织仅产生 1 条带。使用从已知性别的肉样品中提取的基因组 DNA 评估引物的准确性和特异性，经过盲样测试，显示出 100% 一致性，证明了其准确性和可靠性。

（2）多重 PCR

多重 PCR 又称复合 PCR，是指同一 PCR 反应体系中加入多对引物，同时扩增出多个 DNA 片段，该技术适合于混合肉制品中多种动物源成分的快速鉴别，而且精确可靠。例如，吕二盼等（2012）建立多重 PCR 方法鉴别动物源性食品中的鸭血、猪血成分，并对市售动物源性血制品进行检测。冯海永和韩建林（2010）建立了猪、牛、绵羊、山羊、鸡、马和牦牛种属鉴别的七重 PCR 体系，检测了 10 种市售羊肉产品中的动物源性成分。区分 157～517 bp 的片段及相互差异在 41 bp 以上的多重 PCR 扩增产物，从而实现对这 7 个物种的快速及准确鉴别，其中 3 个物种（牛、牦牛、山羊）DNA 的检测灵敏度在 2.5 ng 左右；所检测的 10 种羊肉产品中有 2 种混杂有牛肉或完全用牛肉替代。

因为当前肉制品的掺假情况较复杂，往往是多种肉的掺杂，这时多重 PCR 方法的优势尽显无疑，如何玮玲等（2012）利用 Cytb 基因的差异性位点，设计了 5 条不同长度的多重 PCR 引物，建立了一种快速鉴别食品中 4 种肉（猪肉、牛肉、羊肉和鸡肉）成分的方法。尚柯等（2013）根据 GenBank 中猪、牛、羊的线粒体 Cytb 基因序列，设计了猪、牛、羊的通用上游引物和特异性下游引物，通过调节引物比例、反应体系、反应条件及模板量等优化实验确立了多重 PCR 检测方法。对混合样品中的猪、牛、羊成分的检出限可达 10%。熊蕊等（2014）基于动物线粒体 Cytb 基因的差异性位点，设计两组各 5 条长度不同的多重 PCR 引物，建立并优化多重 PCR 反应体系，通过电泳检测扩增产物分子量差异实现 4 种肉类的快速鉴别；应用优化的多重 PCR 方法对 80 份市售食品样本进行盲样检测，检测灵敏度达到皮克级。

多重 PCR 体系中的每对引物需先经普通 PCR 验证其正确性，再同时加入同一 PCR 体系摸索最佳反应条件，Kitpipit 等(2014)采用多重 PCR，选择了 6 种物种特异性引物，并且从线粒体 *Cytb*、*COI* 和 12S rRNA 基因设计合成。该测定产生了 100 bp、119 bp、133 bp、155 bp、253 bp 和 311 bp 的 PCR 产物分别为猪肉、羊肉、鸡肉、鸵鸟肉、马肉和牛肉。验证表明该检测方法稳定、快速、经济、可重复、特异、灵敏度低至 12 500 线粒体拷贝(相当于 7 fg)。它可以用于各种生肉和肉制品，包括高度降解和加工的食品样品。这种方法将对消费者、食品工业和执法机构有很大的帮助。

类似地，Ali 等(2015)以线粒体基因 *ND5*、*ATP6* 和 *Cytb* 为靶基因，设计了 5 对特异性引物，利用多重 PCR 鉴定了清真食品中禁止的 5 种肉(猫肉、狗肉、猪肉、猴肉和鼠肉)，试验结果发现，该方法的灵敏度非常高，即便被检样品中某种肉的 DNA 低至 0.01 ng 也能被检测出。

肉及肉制品定性和定量的检测，吕二盼(2012)用牛、山羊、绵羊、猪、鸡、马、鹿、兔 8 种动物相应的特异性引物进行多重 PCR 扩增，从不同物种扩增得到片段大小各不相同的 PCR 产物，引物的混合比例为通用上游引物：牛：山羊：绵羊：猪：鸡：马：鹿：兔=1：2：3：0.5：1：0.6：2：1.5：1.8(1 代表 20 pmol/50 μL)时，扩增效果最为理想。自行混合的引物完全能够扩增出不同种类肉品相应的特异 DNA 片段，检测灵敏度达到 0.01%，可应用于熟肉制品进行真伪鉴别及掺假成分的判断。

不难发现，多重 PCR 技术已成功应用于肉制品的鉴别，还可以肯定的是，这项技术在食品检测领域里的应用必将越来越多，构建理想的多重 PCR 体系能起到事半功倍的作用。

(3)荧光定量 PCR

荧光定量 PCR，是一种在 PCR 反应体系中加入荧光基团，利用荧光信号的积累实时监测反应进程，最后由标准曲线和 *Ct* 值定量分析未知模板的方法。荧光定量 PCR 能够快速准确地鉴别畜禽肉中猪源性成分。陆俊贤等(2017)以猪特异性基因序列为靶位点设计特异性引物，以常见畜禽肉包括猪肉、羊肉、兔肉、牛肉、鸽肉、鹌鹑肉、鸡肉、鸭肉、鹅肉等参考动物肌肉 DNA 为模板，进行荧光定量 PCR 扩增，建立猪源性成分荧光定量 PCR 检测方法，并将猪肉 DNA 模板浓度进行 8 个梯度稀释，检测其灵敏度。刚宏林等(2012)用荧光定量 PCR 检测羊肉、牛肉、猪肉、鸡肉、马肉及兔肉成分，其灵敏度在 10 ng/μL 左右，实现了对这 6 个物种的快速及准确鉴别。

荧光定量 PCR 常用 TaqMan 和 SYBR Green I 两项技术，前者是利用被荧光标记的探针在 PCR 过程中被降解而发出荧光信号，然后通过监测荧光信号来定量分析 PCR 产物；许如苏等(2015)基于马的种属保守序列，设计特异性引物和 TaqMan-LNA 探针，建立可快速检测肉制品中马源性成分的 TaqMan-LNA 荧光

PCR 检测方法。卞如如等(2017)以驴、马和狐狸的线粒体保守序列 16S rRNA 基因为靶基因，设计通用引物和以不同荧光素标记的特异 Taq Man 探针，构建与通用引物共用的阳性扩增内标(internal amplification control，IAC)作为 PCR 监控反应体系，建立能同时检测驴、马和狐狸源性成分的四重荧光定量 PCR 方法。

Kesmen 等(2013)用 TaqMan 技术建立了荧光定量 PCR 快速检测混合肉中海鸥肉成分的试验体系,试验表明,该方法的灵敏度很高,检出限可达 100 pg DNA,而且对于生鲜肉和加工肉制品均适合。动物源性食品中猪肉、鸡肉成分的同时快速检测,赵新等(2015)用羊的 Cytb 基因设计特异性引物,结合 TaqMan 技术对反应条件进行了优化筛选,最终建立了一种可靠的肉制品中羊源性成分的荧光定量 PCR 鉴别方法。金萍等(2016)建立的 TaqMan 探针双重荧光定量 PCR 检测方法同步检测动物源性食品中猪肉源性和鸡肉源性成分,分别依据猪和鸡的种间保守基因(Cytb)序列设计、合成特异性引物及不同荧光标记(FAM、HEX)的 TaqMan 探针,仅对猪、鸡成分有扩增;灵敏度高,最低检测到猪源、鸡源 DNA 的含量分别为 0.02 ng、0.10 ng;抗干扰性强,当 DNA 混样中猪源、鸡源性成分含量在 2%以上水平时,所建立的混合检测体系均能对 DNA 混样给出正确判断。

SYBR Green I 则是用荧光染料与反应体系中的双链 DNA 结合而发出荧光信号,其信号强度与双链 DNA 的数量成正比,从而达到定量分析的目的。杨丽霞等(2013b)用 SYBR Green I 联合荧光定量 PCR 应用于肉制品鉴定,检测出了牛肉中掺杂的鸭肉成分,其灵敏度低至 1 pg DNA。岳苑(2014)根据马、驴线粒体 DNA 序列,设计并筛选了马、驴源性特异引物及探针,建立了清真食品中马、驴源性成分的荧光定量 PCR 检测方法,最低检出限分别为 1%、0.01%。孙丽君等(2017)设计猪、牛、羊、鸡、鸭、鹅 6 种动物源成分的特异性引物,建立荧光定量 PCR 联合检测方法,灵敏度可达 1%,其检测 50 份样本,与标注成分不符的共有 19 份,占总样本的 38%。

荧光定量 PCR 与多重 PCR 相结合的技术也有文献报道,如 López-Andreo 等(2006)将单重及双重荧光定量 PCR 方法与 SYBR Green I 溶解曲线分析相结合,可对食品中牛、猪、马和大袋鼠成分进行鉴别和定量。该方法通过对不同溶解温度下伴随 SYBR Green I 荧光强度的降低而出现的 DNA 溶解曲线的峰形评价其特异性。该方法可鉴别牛、大袋鼠混合样本中低于 5%的牛或大袋鼠成分,猪、马混合样本中低于 5%的猪成分和 1%的马成分,以及猪、大袋鼠混合样本中低于 60%的猪成分和 1%的大袋鼠成分。

比较两种技术,TaqMan 荧光定量 PCR 技术的成本更低,不需要分离或洗脱等 PCR 后处理过程,因此检测速度快。但是,一个 TaqMan 探针只能对一个 SNP 检测,且容易产生假阳性污染。而 SYBR Green I 荧光定量 PCR 技术的灵敏度高,但其特异性较差。

荧光定量 PCR 方法对马源性成分具有较高的特异性,李楠等(2013)在北京部分超市、农贸市场、餐馆随机采集国产和进口牛、羊肉制品进行马源性成分检测。与羊、猪、鸡、鸭、兔 DNA 均无交叉反应,与牛 DNA 在 Ct 33.81 出现交叉反应;所建方法对牛、羊肉中人工掺入马肉成分的检测灵敏度是 0.1%。对北京市场上随机采集的 122 份牛、羊肉制品的检测结果显示,所有样品均未检出马肉成分。

开展肉制品掺假检测对规范肉制品市场具有积极意义。金萍等(2014)运用自建的动物源性食品种源判定 TaqMan 荧光定量 PCR 检测体系对苏州地区的肉及其制品进行种源判定,与标签明示肉源进行比对,鉴别掺假食品。调查共检验涉及32 个生产单位的 90 份样品,总体不符合率为 25.6%(23/90)。肉制品掺假情况明显,用猪肉、鸭肉部分代替牛肉和羊肉仍是主要的掺假手段,牛肉掺假样品主要是熟制牛肉制品,而火锅食用羊肉卷样品则是羊肉掺假高危品,此外,3 份未知种源成分的牛肉样品提示,在现有检测基础上还需扩大检测范围,防患于未然。

步迅等(2015)发明包含 1 对通用引物、3 种特异 TaqMan 探针,还有一竞争型内标及其特异 TaqMan 探针和多重荧光定量 PCR 检测方法。可同时检测样品中是否含有驴、马、狐狸 3 种动物源性成分,能有效指示假阴性出现,提高了检测的准确性,为皮张、肉类及其加工品中多种动物源性成分的鉴定探索了新的途径。

总体而言,荧光定量 PCR 与其他 PCR 相比较,其最大的特点就是实现了定量检测,是一种实用的鉴别肉制品的技术。

(4) RAPD-PCR

RAPD-PCR 是一种结合了 RAPD 与 PCR 两大技术,用于分析基因组多态性的分子生物学技术。RAPD 技术是以碱基随机排列的寡核苷酸单链(通常为 10 bp)为引物,对目的 DNA 片段进行扩增,PCR 产物通过琼脂糖或聚丙烯酰胺凝胶电泳(PAGE)分离成不同大小的片段,染色后对这些片段加以分析,从而获得基因组 DNA 的多态性。

早在 1998 年时,RAPD-PCR 技术就运用于肉类的鉴别,如 Martinez 和 Yman(1998)用该技术成功地鉴定了牛、马(6 个品种)、骡、驴、水牛、麋鹿、驯鹿、猪、羊羔、山羊、袋鼠和鸵鸟等肉制品。

Saez 和 Toldrá(2004)选择代表不同加工条件的各种物种和肉制品的样品以验证所述技术的适用性。RAPD-PCR 指纹图谱在所有情况下都可以区分猪肉、牛肉、羊肉、鸡肉和火鸡肉。对应于每个物种的样品以相似性水平≥75%聚类在一起。DNA 谱由离散但可重现的谱带组成,这使得通过简单的目视检查可以解释结果。尽管产生了更复杂的模式,包括一些低强度条带,随机引物 PCR(arbitrarily primed PCR,AP-PCR)还允许在每个样品中鉴定 5 种测试物种。在这两种情况下,引入退火和延伸温度之间的斜坡时间以实现良好的再现性。总体而言,RAPD-PCR 模式的简单性使得该技术适用于日常分析中的肉类鉴定。

Rastogi 等(2007)根据线粒体基因 16S rRNA、*ND4* 及核基因建立了 RAPD-PCR 指纹技术鉴别水牛、奶牛、山羊、猪、鸡等肉品的方法，结果显示，在 PCR 的指纹方法中，RAPD 比肌动蛋白指纹识别能力更强，准确性和效率更高。

RAPD-PCR 技术的优点是对 DNA 纯度要求不高，不需专门设计引物，也不需知道被鉴别物种的基因组遗传信息，而且 RAPD 可用计算机进行系统分析，因此该方法具有简单、快速的特点。该技术的缺点是所用的引物长度较短，偶尔会有多态性 DNA 电泳图谱产生，使结果分析较困难，导致试验的重复性较差，若引物的长度、数目及反应条件未标准化，则结果没有可比性，容易导致假阳性或假阴性结果。

(5) PCR-RFLP

PCR-RFLP 与 RAPD-PCR 类似，它结合了 RFLP 与 PCR 两项技术，该方法用特异性引物去扩增含有特定内切酶位点的目的 DNA 片段，经限制性内切酶酶切和琼脂糖凝胶电泳分离，可以得到特异性条带，然后对这些条带进行分析从而鉴别物种。

已有文献报道该技术在肉制品鉴别中的应用，如 Wolf 等(1999)通过 PCR-RFLP 方法分析 *Cytb* 基因，成功地分辨出经过烧烤的野味肉。Partis 等(2000)使用 PCR-RFLP 调查技术作为物种的常规分析工具。该技术用于生成 22 种动物物种的 DNA 指纹，通过扩增 *Cytb* 基因中的 359 bp 区域并使用限制性内切酶 *Hae*III 和 *Hinf* I 酶解扩增产物，除了袋鼠和水牛，所有物种可以使用两种限制性内切酶识别。烹饪后的组织并不影响提取 DNA。Moore 等(2003)使用 RFLP 确定海龟的蛋及其加工肉制品。

胡强等(2007)建立了 PCR-RFLP 方法鉴定牦牛和黄牛肉，从牦牛、黄牛和四川几个地方黑山羊品种的肉中提取基因组 DNA，采用一对通用引物扩增 *Cytb* 基因中一段长度为 421 bp 的序列，并进行了克隆测序。通用引物能很好地扩增不同动物 *Cytb* 基因，扩增片段序列在牦牛与黄牛之间存在较大差异，能用于这两种肉的鉴定；而在金堂黑山羊、白玉黑山羊和美姑黑山羊之间差异非常小。

Chen 等(2010)研究以线粒体 12S rRNA 基因作为遗传标记，在黄牛、牦牛、水牛、山羊和猪 5 个家养畜种的 107 个序列(其中 17 个为新测定)中分析了其中 440 bp 片段的遗传变异，找出每个物种特有的变异位点，最后选择 *Alu* I 和 *Bfa* I 内切酶进行 PCR-RFLP 分析。山羊和猪可以被内切酶 *Alu* I 鉴定，黄牛、牦牛和水牛可以由内切酶 *Bfa* I 鉴定；黄牛和牦牛混合样本中可检测到的黄牛 DNA 最低比例为 20%。根据这个物种特异性酶切片段模型，从超市购得由不同工艺生产和代表不同产品风味的商品化牛肉干牛种来源进行了鉴定，发现存在严重标签标示与实际牛种来源不符合的情况，标示为牦牛肉干的产品大部分由黄牛肉生产加工而来。

冯海永等(2012)在 *Cytb* 基因上设计了山羊、绵羊和鸭的通用引物，并扩增出472 bp 的 DNA 片段，再分别用 *Spe* Ⅰ 和 *Bsu36* Ⅰ 限制性内切酶酶切羊和鸭的 DNA 扩增片段，最后根据这些 DNA 酶切片段的特异性来鉴别羊肉和鸭肉，建立了一种可快速鉴别羊肉和鸭肉的 PCR-RFLP 方法。

食品控制实验室对肉类的日常识别用 PCR-RFLP 方法，要求便宜和快捷。Haider 等(2012)在 *COI* 基因上应用 PCR-RFLP 鉴定牛、鸡、火鸡、绵羊、猪、水牛、骆驼和驴生肉样品的来源。PCR 产生所有物种中的 710 bp 片段。用基于初步计算机模拟分析选择的 7 种限制性内切核酸酶(*Hind* Ⅱ、*Ava* Ⅱ、*Rsa* Ⅰ、*Taq* Ⅰ、*Hpa* Ⅱ、*Tru* Ⅱ 和 *Xba* Ⅰ)消化扩增子，样本中检测到不同程度的多态性。限制性内切酶 *Hpa* Ⅱ 足以区分所有目标物种。

不同热处理方式的肉类和肉制品 PCR-RFLP 检测结果可重现性高。Mane 等(2014)采用 PCR-RFLP 鉴定肉和肉制品的物种来源。采用基于线粒体 16S rRNA 基因自行设计的通用引物对牛肉、水牛肉、羊肉、雪佛龙和猪肉提取的 DNA 中目的片段 497 bp 进行 PCR 扩增。即使在热处理的肉和肉制品中，成功扩增了靶向的所需 DNA 片段。基于序列的限制性图谱分析(*Bgl* Ⅱ、*Hinc* Ⅱ 和 *Hinf* Ⅰ)，用选定的限制性内切酶消化所需的 DNA 片段，产生特征性条带图谱，对于识别肉类，已足够丰富。

Sumathi 等(2015)利用 PCR-RFLP 技术通过线粒体基因 16S rRNA 成功鉴别了5 种不同属的石斑鱼肉，生鱼片和加工产品(如鱼罐头)均可用该方法鉴别。

总体而言，PCR-RFLP 不需设计某物种的特异性引物，只需加入相近物种的通用引物进行 PCR 扩增，RFLP 标记不受标记位点数目的限制，共显性好，结果很稳定，适合用于构建遗传连锁图谱。DNA 扩增片段经特定的限制性内切酶酶切，分析产生的特殊位点即可准确鉴别物种，具有经济、快速、灵敏等特点，该方法在动物源性成分鉴别中的应用前景较大。但是操作过程需构建 DNA 探针，步骤较为烦琐，不利于自动化操作；RFLP 检测周期长、费用高，需接触放射性物质，不安全。

(6) ddPCR 技术

微滴式数字 PCR(ddPCR)技术作为一种全新的准确定量核酸的检测方法，通过把反应体系均分到大量反应单元中独立地进行 PCR，并根据泊松分布和阳性比例来计算核酸数量。与传统 PCR、定量 PCR 相比，其结果的精确度、准确性和灵敏度更佳。定量结果不再依赖于 *Ct* 值，直接给出靶序列的起始浓度，实现真正意义上的绝对定量。

Cai 等(2014)采用数字 PCR(dPCR)技术，以 DNA 含量为中间值计算出 DNA 拷贝数与生鲜肉质量之间的线性关系，对肉制品中猪肉和鸡肉进行成分鉴定及含量的分析。

　　Floren 等(2015)利用线粒体 Cytb 基因 151(马)、146(牛)、147 bp(猪)和染色体凝血因子Ⅱ基因(F2)95(马)、96 bp(牛)和 97 bp(猪)作为标记基因,采用 ddPCR 用于精确定量测定加工肉制品中的牛、马和猪。结果认为线粒体 Cytb 基因作为标记基因进行物种量化是不合适的,利用染色体凝血因子Ⅱ基因(F2)作为标记基因可靠。ddPCR 测定比 qPCR 更有优势,其肉制品中的定量限和检出限分别为 0.01% 和 0.001%,在 14 种不同物种中验证了其特异性。因此,通过 ddPCR 测定食品中的 F2 基因,可以推荐用于生产肉制品系统中的质量保证和控制。

　　Floren 等(2015)在 14 种不同物种中验证 ddPCR 特异性。确定 F2 ddPCR 可以推荐为食品的质量保证和控制生产系统。ddPCR 检测的定量限和检出限在不同的肉类产品中分别为 0.01%和 0.001%。

　　蔡一村(2015)利用最新的 ddPCR 技术,建立了肉类制品的重量与核酸含量之间及核酸含量与核酸拷贝数之间的线性关系。利用这两组线性关系,进一步建立了肉类制品重量与核酸拷贝数之间的换算公式,直接检测肉类制品核酸的绝对拷贝数来估算肉类制品的绝对重量。在随后以混合牛肉、鸡肉和猪肉为例的定量检测验证实验中,充分证明了这种定量方法的准确性和适用性。该定量方法的建立初步解决了这一领域内定量不准确、相对定量误差大、稳定性和可重复性不好等一系列技术难题,为其他动植物成分绝对定量研究奠定了技术基础。

　　王珊等(2015)利用羊肉和猪肉的特异性引物及 TaqMan 探针,分别建立一种定量检测羊肉制品中羊源和猪源性成分的 ddPCR 方法,并将该方法与 SN/T 2051—2008《食品、化妆品和饲料中牛羊猪源性成分检测方法实时 PCR 法》做对比,来检测 3 份羊肉制品中的羊源和猪源性成分,得出结论:在肉种成分真伪鉴定上,ddPCR 方法较荧光定量 PCR 方法更科学、准确。

　　苗丽等(2016)基于 dPCR 技术,建立了定量检测肉及肉制品中牛肉和猪肉质量的方法。该方法利用在一定范围内生鲜肉质量与 DNA 含量、DNA 含量与 DNA 拷贝数之间均呈现明显的线性关系,以 DNA 含量为中间值计算出 DNA 拷贝数(C)与生鲜肉质量(M)之间的换算公式:$M_{牛}=0.062C–0.943$、$M_{猪}=0.045C–1.72$。对已知目标肉种含量的混合肉样进行检测,结果表明测量值和真实值基本一致,且不受外源物种的干扰。

　　任君安(2017)和 Ren 等(2017)基于 ddPCR 技术建立的两种肉制品中物种成分含量分析方法,可分别实现对羊肉中多种掺假物种的定性筛查、单一掺假成分的精准定量检测及多种动物源性成分同时精准定量检测,从而初步建立了羊肉质量检测的表征属性识别技术体系,该体系不仅可以定性和定量羊肉中掺杂的动物源性成分,也可以应用于其他肉类及其他食品掺假的定性和定量检测,为羊肉及其制品的市场监管和相关执法提供有力的技术保障。

　　ddPCR 是一个拥有巨大潜力的新兴技术,具有高灵敏度、高精确度、高耐受性和绝对定量的优点，可以对诸如肉制品这种复杂样品中物种特异性靶基因实现更灵敏、更准确的检测，并且很容易将现成的荧光定量 PCR 检测体系进行直接转化，甚至无须优化。ddPCR 技术将会在动物成分特别是精加工肉类产品的定量检测上进一步发展与完善，应用范围也会大大扩展。

（7）多种 PCR 方法联合使用

王丽媛（2006）应用了普通 PCR、PCR-RFLP 分析和荧光定量 PCR 技术对兔、马、猪、绵羊、牛、鸡和鹿肉进行了检测。应用普通 PCR 对猪火腿、牛火腿和含牛成分的宠物食品，以及肉骨粉、肉松粉、含牛和山羊成分的饲料样品进行了检测，并且建立了双重 PCR 方法检测猪和牛的混合样品，混合样品中猪肉的检测最低比例是 5%。

李通（2013）建立了 5 种常见肉类、4 种犬科动物和驴肉中掺杂牛肉的 PCR 方法；牛、羊肉的真实性鉴定的 PCR-RFLP 和 TaqMan 荧光定量 PCR 方法。

3. LAMP 技术

环介导等温扩增（LAMP）技术是一种新式核酸扩增技术，它依靠一种具有链置换活性的 DNA 聚合酶和 2 对特殊设计的引物，不需要反复的温度循环和昂贵的仪器设备，在等温条件下即可高效快速地完成扩增反应，具有高灵敏度、强特异性、快速简便、成本低廉等特点，广泛应用于病原菌检测、胚胎性别鉴定、食品卫生检验、肉制品鉴别等方面。

与 PCR 方法比对，LAMP 方法可有效用于实际生鲜肉或加工肉制品样本的鉴定。侯东军等（2012）建立了一个鉴定牛羊肉中掺杂杂动物肉的 LAMP 检测方法。确定了一套可在牛羊肉中特异并灵敏地检测出掺杂肉成分的引物对，以动物 Cytb 基因组为模板，可在 63℃恒温特异性扩增出猪等基因片段而无其他扩增片段影响。可检测牛肉中 0.01%～2%的猪肉成分。冯涛（2016）使用交叉引物等温扩增技术（cross priming isothermal amplification，CPA）和核酸试纸条（nucleic acid test strip，NTS）检测方法相结合，建立一种针对单一动物源性成分核酸快速检测的新方法。

LAMP 法能有效、特异地检测出牛羊肉中的猪肉成分，杨丽霞等（2013a）研究建立实时荧光 LAMP 方法，以实现对牛羊肉中猪肉成分的快速检测。针对猪肉线粒体 DNA COXI 基因设计 LAMP 引物，通过扩增产物电泳和终点染色法鉴定反应，同时采用荧光检测仪实时监控反应过程。

李向丽等（2015）建立肉制品中猪、鸭和羊源性成分的 LAMP 检测方法，灵敏度达 0.5%，对市售羊肉片、羊肉卷、羊肉串进行猪、鸭和羊源性成分检测分析，掺假率为 34.5%。

刘少宁等（2015）以待测肉品的 DNA 作为模板，以 DAF3、DAB3、DAFIP、

DABIP 为引物构建 LAMP 检测体系；LAMP 检测体系于 64℃恒温水浴中 LAMP 反应 40 min，反应结束后向反应液中加入 2 μL 荧光染料 SYBR02GREEN02 I；若反应液变成绿色，说明待测肉品中存在貂肉；若为橘黄色，则待测肉品中不存在貂肉。与传统 PCR 相比，在普通恒温水浴锅中反应 40 min 即可完成，而且可以通过在终产物中加入染料的方法直接用肉眼观察。

杨军霞等(2016)为了解牛羊肉制品中掺加猪肉的情况，应用 LAMP 技术对新疆霍尔果斯市几家超市的牛羊肉及其肉制品进行了检测。

LAMP 法具有操作简便、特异性强、灵敏度高、检测结果准确的特点，可作为肉制品掺假的一种快速检测方法。

4. DNA 条形码

DNA 条形码(DNA barcoding)的概念是由加拿大 Guelph 大学教授 Paul Hebert 于 2003 年首次提出的，它是指生物体内能够代表该物种的、标准的、有足够变异的、易扩增且相对较短的 DNA 片段。

2004 年，生命条形码联盟(Consortium for the Barcode of Life，CBOL)在美国成立，大部分国家的自然历史博物馆、标本馆及研究机构和私人机构等都相继加入。Cywinska 等(2003)认定在动物鉴定中以线粒体 CO I 基因作为动物的标准 DNA 条形码，且具备以下两个条件：第一，片段长度适中，利于扩增和测序，通用性好，易于获得；第二，种间差异较大，种内变异较小，表现出良好的识别能力。CO I 基因 5′端 650 bp 左右的一段序列，已经广泛应用于鱼类、鸟类和昆虫等动物物种的鉴定。

DNA 条形码技术，利用标准基因片段对物种进行快速鉴定的手段突破了对经验的过度依赖，是对传统物种鉴定的强力补充，在生物多样性调查、分子系统与进化、生态学、食品安全、生物检疫、资源保护等领域具有广阔的应用前景(邓继贤等，2016)。

欧阳解秀和王立贤(2013)概述了动物 DNA 条形码技术的研究现状，统计分析了 DNA 条形码研究中所选用的基因序列和研究对象等，分析我国地方猪种的系统发育研究现状，阐述和讨论了 DNA 条形码技术应用于中国地方猪种保护中的重要意义及可行性。

王冬亮等(2015)研究采集了贵阳、昆明两地不同品牌、不同类型的 71 份牛肉干样品，通过对线粒体 CO I 基因和 16S rRNA 基因的 DNA 条形码测序，成功对其中的 60 份样品进行了鉴定。其中，39 份样品(65%)来自水牛、马、骆驼等物种，在营养价值和经济上损害了消费者的权益。一些牛肉干样品混入了黑熊等保护动物肉品，可能涉及对保护动物的盗猎。研究证实 DNA 条形码对深加工肉制品物种来源鉴定的可行性。

DNA 条形码包括 5 个步骤：DNA 提取、设计并合成引物、PCR 扩增、DNA 测序、序列分析。与其他鉴别方法相比，DNA 条形码具有 5 个优点。①准确性高：每种物种都有其独有的 DNA 序列，不会因为形态学特征相近而错误鉴定；②样品用量少：只需 0.1 g 甚至更少的样品即可提取 DNA 进行分析；③无组织和器官要求：无论是动物的肌肉组织还是血液，甚至毛发、粪便等均可提取 DNA 用于鉴定；④不受物种的发育阶段限制：同一物种在不同的发育阶段形态特征有所不同，但其 DNA 信息始终保持不变；⑤非专家鉴定：该方法属于机械性操作，非生物学家也能很快掌握。总之，DNA 条形码是目前最可靠的肉制品鉴别方法。

当前中国动物的分类体系在分子上的证据还很匮乏，研究所涉及的品种较少，分子标记数量有限，分子系统发育学的研究才刚起步，以后市场应用将会很广阔。

DNA 条形码是对所得的 DNA 片段进行测序，通过 DNA 序列绝对准确地鉴定物种，而其他方法是对 DNA 片段的特殊位点进行分析。DNA 条形码的准确性最高，不过其所使用的仪器设备价格昂贵。因此，未来肉制品市场上的鉴别技术会是多种分子生物学技术共同作用，而 DNA 条形码将会朝着经济的方向发展。

5. 基因芯片技术

在过去十年中，纳米技术的进步促进了生物芯片发展，使其可以进行生物分子的测量和分析细胞。生物芯片有时被描述为小型测试网站(也称为微阵列)组成的设备，放置在固体基质(如硅、钠玻璃熔融石英、塑料)，可以同时进行许多生化指标的检测。

各种类型的生物感受器(DNA、RNA、蛋白质、酶或抗体)可以用于生物芯片。文献中发现多种命名方式，如 DNA 芯片、生物芯片、基因芯片、微阵列和 PCR 实验室芯片。目前，这项技术应用在许多不同的领域，包括免疫学、临床医学、DNA 分析。蛋白质生物芯片用于临床经常使用基于抗原和抗体的绑定技术，它可以用来测量内分泌激素、载脂蛋白、心血管疾病标志物，凝固蛋白质及血清肿瘤标志物的含量。近年来，这些设备还利用电化学或光学检测技术，可以内置一个集成微传感器，在这种情况下它们平均包含 $10\sim100$ 个探针，既廉价又便携。另外，包含一个微流控生物芯片样品和一个试剂输送系统，尤其对生物样品的分析特别有用，可以实现现场检测、高选择性及快速分析。

基因芯片技术在食品掺假、产地溯源检验中的应用已经很多，如 Dooley 等(2005)采用生物芯片和微流控系统检测鳟鱼中掺杂的鲑鱼。采用基于 PCR-RFLP 技术，检出水平为鳟鱼中掺杂 5%鲑鱼肉。李溪盛和马莺(2014)就当前常用的 DNA 指纹分析手段在食品真伪、掺假鉴定中的应用进行综述，并阐述了技术不足及应用展望。

基因芯片技术与其他生物学技术联合应用于肉制品的鉴别，如朱业培等(2015)

建立一种运用 PCR 结合基因芯片技术鉴别牛、羊、猪、马、鹿、兔 6 种动物源性成分的快速、准确、灵敏的方法。以选择线粒体 DNA 基因和 *Cytb* 基因为目标基因，设计 6 对物种特异性引物和相应的 6 条鉴别探针，检测牛肉和马肉成分时绝对灵敏度为 0.5 pg，实际检测灵敏度也可达到 0.001%；所制备的基因芯片方法特异性好、灵敏度高，可以满足市售生、熟肉及肉制品样品中多种动物源性成分的检测和鉴别的需求。Razzak 等（2015）建立一个 DNA 芯片与多重 PCR 联合检测肉类食品中非清真动物源性成分的鉴别方法。针对线粒体 *ND5*，*ATP6* 和 *Cytb* 基因设计了 5 对物种特异性引物，分别扩增来自猫、狗、猪、猴和老鼠肉的 172 bp、163 bp、141 bp、129 bp 和 108 bp DNA 片段。通过分析和验证，针对肉丸、汉堡、法兰克福香肠等在全球范围内流行的快餐肉制品，此方法检出限达到 0.1%。单一 PCR 检测一次只能检测一个物种，DNA 芯片与多重 PCR 联合可以降低成本至原来的 1/5。

使用生物芯片有许多优势，这些设施小到几厘米，使用方便，效率高、精度高和速度快，只需要少量样本和少量的试剂，因此，是一种便宜又经典的分析技术。这种技术在肉类和肉类产品的真实性调查中似乎非常有前途，应用前景广阔。

6. 我国现行标准现状

我国也于近几年研究建立了利用 PCR 方法和荧光定量 PCR 法鉴别畜、禽、鱼类的一系列国家和行业标准，包括进出口食品和饲料中常见禽类的品种鉴定标准，如 2013 年出入境检验检疫行业标准中出台了《食品及饲料中常见禽类品种的鉴定方法》（SN/T 3731—2013）采用 PCR、荧光定量 PCR 法鉴定食品及饲料中常见禽类品种的方法，包括鹌鹑成分、鹅成分、鸽子成分、火鸡成分、鸭成分及鹧鸪成分的定性检测；《食品及饲料中常见畜类品种的鉴定方法》（SN/T 3730—2013）提供了荧光定量 PCR 法鉴定食品及饲料中貂、狗、马、驴、鹿、骆驼和牛 8 种常见畜类品种的方法。《畜肉食品中牛成分定性检测方法》（SN/T 2557—2010）和三文鱼、鳕、河豚、黄鱼、金枪鱼等鱼类产品鉴定标准《出口食品中常见鱼类及其制品的鉴伪方法》（SN/T 3589—2013）等，为鉴别和检测饲料中的不同动物源性成分提供一种实用、有效的分子生物学方法。

目前，肉及肉制品中牛源性、羊源性成分的测定，在食品安全国家标准中、行业标准及一些地方性标准中陆续有所制定和实施。其中，以荧光定量 PCR 法的应用较为常见且最为成熟。

《畜肉食品中牛成分定性检测方法实时荧光 PCR 法》（SN/T 2557—2010）详细地提供了荧光定量 PCR 法定性检测畜肉食品中牛成分的引物序列、荧光定量 PCR 的反应体系、DNA 的提取和纯化方法及结果的判定与表述。

《肉及肉制品中动物源性成分的测定实时荧光 PCR 法》（SB/T 10923—2012）

也提供了具体的检验检测方法。《肉食品中鸡源性成分实时荧光 PCR 检测方法》(SZDB/Z 267—2017)适用于肉食品中鸡源性成分的定性检测。

《动物产品及饲料中黄牛、水牛和牦牛源性成分实时荧光 PCR 检测方法》(SZDB/Z 268—2017)适用于动物产品及饲料中黄牛、水牛和牦牛源性成分的定性检测。

近年来，对肉类掺假的定性检测也有相应的地方性标准，比如吉林省地方标准《食品安全地方标准　鲜（冻）畜肉中鸭源性成分的定性检测 PCR 方法》(DBS22/018—2013)提供了 PCR 方法定性检测鲜（冻）畜肉中鸭源性成分的具体操作及验证。《食品中鸡、鸭源性成分定性检测方法实时荧光 PCR 法》(DB64/T 965—2014)利用的是荧光定量 PCR 技术进行检测。

尽管近年来荧光定量 PCR 技术给生、熟肉制品及肉类加工品掺假的定性定量检测带来了长足的飞跃，但是相关方法的完善和推广仍然面临着诸多挑战。由于不同动物样品性别、种别、年龄、组织器官和肌肉类型的 DNA 总量，特别是线粒体 DNA 总量存在很大差异，使得较难确定标准样品，并且扩增的靶序列不同，PCR 反应效率之间的差异也会对检测结果产生影响，阻碍方法的标准化。

目前我国已颁布基于普通 PCR 和荧光定量 PCR 的动物源性成分检测方法国家标准及检验检疫行业标准涉及近 22 种动物成分。普通 PCR 方法一般在引物扩增后加限制性内切酶酶切或测序的步骤进行确认以提高检测结果的准确度。而荧光定量 PCR 方法绝大多数是采用 TaqMan 探针的形式提高检测的特异性和灵敏度。需要注意的是，由于 PCR 方法的高灵敏度，采样、核酸提取过程中可能出现的器具、气溶胶污染等情况容易导致假阳性结果出现。一方面应保证采样、PCR 体系配制过程操作规范，尽量避免污染情况的发生。另一方面在对结果进行分析时也应根据扩增条带、曲线的具体情况和操作者的经验进行分析、谨慎判定。目前所有的标准方法均为定性测定，定量检测方法有待进一步研究和建立。

基于 DNA 分析定性确定物种包括传统 DNA 分析和 PCR。PCR 扩增序列可以来自线粒体或基因组 DNA，可以使用单复制和重复序列，或者两者兼而有之。选择的 DNA 序列的大小特别影响检测的低限。

Teh 和 Dykes(2014)基于实时 PCR 分析结果来定量确定物种，结果应该表示为基因组/基因组等价物而不是 m/m。PCR 扩增序列必须源自基因组 DNA，可以使用单复制和重复序列。肌肉组织中线粒体 DNA 的量是变化的，所以，使用线粒体 DNA 是不可能定量物种在未知样本中的含量的。特定的 PCR 扩增 DNA 序列对定量限有很大的影响。

大量的论文综述显示没有确凿的证据表明 DNA 的量与样本的量的相关性，只是从 DNA 结果看掺假肉含量/肉含量(m/m)，这是有问题的，因为很多论文利用 PCR 方法报告检出限表示为肉含量之比(m/m)，而不是基因组等价物。后果是缺乏适当的管理控制与产品标签。此外，肉类产品通常包括很多物质，不仅仅含有 DNA 或蛋白质；PCR 和 ELISA 结果只能表示出肉的含量，而不可能涉及整个产品。

肉制品掺假作为一个全球性的食品安全问题将会长期存在，传统的形态学鉴别法和蛋白质分析法已经无法满足市场的需要，运用分子生物学技术鉴别肉制品已经成为一种不可逆转的趋势。

二、肉制品溯源

肉类通常需要长时间的生产和分销，这需要适当的可追溯性系统。与肉类有关的疾病（如疯牛病、禽流感）和一些生产者肉类掺假等不当行为，提高了公众对肉类的起源和质量的认识。因此，除了使用标签外，准确可靠的鉴别食品成分的方法和追溯体系是必要的，因为标签不能保证产品的实际含量，所以尽快建立肉类市场的可追溯管理系统迫在眉睫。

除了瘦肉精等违规添加剂外，影响肉类安全还有其他因素，如养殖环境受到有害物质的污染致使在猪肉中蓄积，动物生长过程感染致病性微生物，兽药残留在体内，在动物屠宰、加工运输过程中受到病原性微生物如沙门氏菌和大肠杆菌的污染等。肉产品的流通需经过养殖、屠宰、运输、加工及销售等不同环节，在产品流通的各个环节都可能潜藏着食品安全隐患。

建立肉产品全程的可追溯监控体系，即肉类溯源管理体系，可以有效控制肉产品的质量安全。溯源管理就是从产品逆向找到供体个体，即通过追溯污染源的方式，在食品安全事件中果断采取措施，尽可能缩小污染传播的范围，最大限度地降低风险和损失。目前世界上有很多国家已经积极发展肉类食品的溯源管理模式，试图从源头上控制并消除食品安全隐患，并制定相应的法律法规制度来规定肉类溯源管理是控制肉类食品安全的必要前提。例如，日本在 2001 年就已经对牛肉生产进行溯源管理，欧盟的管理法规强制要求自 2005 年 1 月 1 日起在其地区销售的所有肉都必须具备可追溯性，加拿大、澳大利亚等国家也都相继建立肉类溯源管理系统。

我国肉类食品溯源管理尚在起步阶段，虽出台了《农产品质量安全追溯操作规程 禽肉》（DB13/T 2495—2017）标准等，但这些还不能满足食品安全控制要求。随着我国社会生产力的发展，以及人们对肉的质量安全水平要求的提高，建立肉类溯源系统将成为必要的趋势。

目前能够用于肉类溯源识别的方法大致分为 3 类：物理方法（标签技术）、化学方法（同位素溯源）和生物技术（虹膜识别和 DNA 标记）。其中标签溯源、同位素及虹膜识别技术我国都开始有研究，但这些标记在应用过程中都会遇到一个致命的问题，在屠宰阶段，一旦肉块拆分，追溯将被中断，而中断的追溯链再次进行连接时，容易产生欺骗或错误。

目前 DNA 标记是近几年国外新兴的一种用于大型牲畜的标记手段，但在国内却未见报道。标记本身是基于动物生命个体 DNA 序列的差异，不对动物自身造成影响，DNA 标记就像一个嵌入生物体内的隐形标签，永远不会丢失。

DNA 溯源技术是通过建立个体 DNA 指纹图谱的方法实现的。过去，DNA 指纹鉴定常常用于法医及人类亲子鉴定中，如今 DNA 标记也用于肉制品的溯源标识。

当肉制品发生污染或被检出疾病时，对其进行 DNA 标记识别可以快速地追溯到它的原产地。DNA 决定了生命个体的物种、品种、品系等。即便是同一个品种或品系的动物个体之间，DNA 序列也存在差异，即每个生命个体的 DNA 序列都是唯一的。针对同一生命个体而言，其体内的 DNA 在生命活动的生、老、病、死过程中都不会发生改变，并且不同组织或器官的 DNA 序列都完全相同，无论是整个动物胴体还是被分割的肉块，只要能够提取出较高质量的基因组 DNA，便能对样品进行标记和检测，从而能够追溯到肉的个体来源。Aslan 等(2009)研究显示，肉类食品在 80℃高温下烹调后还可以提取出高分子量 DNA，由此可知，DNA 标记能够完成肉的从生产到餐桌的全程溯源。

自 20 世纪 80 年代始，逐渐出现了数十种 DNA 标记方法，包括：限制性片段长度多态性(RFLP)、酶切扩增多态性序列(CAPS)、扩增片段长度多态性(AFLP)、简单重复序列(SSR)、单核苷酸多态性(SNP)(王金斌，2017)。

用于肉类 DNA 溯源标记应具备多态性高、分布广、能稳定遗传，对 DNA 质量要求不高且操作简便等特点。AFLP、SSR 标记分别是第一、第二分子标记法，AFLP 标记对 DNA 模板的质量及检验员操作水平要求严格；SSR 标记过程复杂、烦琐，不适于自动化分型；SNP 标记是第三代分子标记法，弥补了以上两个标记法的缺点，是当前肉类溯源分子标记最为有效的方法(张小波，2011a)。

简单重复序列区间(ISSR)标记是在 SSR 基础上发展起来的一类新型分子标记技术，以其较低的成本、简单的操作、良好的稳定性和重复性、丰富的多态性及能较好地反映物种的遗传结构和遗传多样性变化等特点，被视为理想的遗传标记方法，应用于肉类溯源中。

目前 AFLP、SSR 和 SNP 标记都在肉制品 DNA 溯源中得到应用。例如，Marchi 等(2003)验证了 AFLP 标记技术对鸡肉、鸡蛋、鸡胚等进行追溯，而 Ricardo 等(2008)利用微卫星标记成功地对牛肉产品进行溯源。Jalving 等(2004)研究鸡的溯源，从 32 268 个潜在的鸡 SNP 标记数据库中选出 5332 个，最终实验筛选得到 24 个可通过 Bgl Ⅱ酶切识别的 SNP 位点，验证了 SNP 溯源标记的可靠性。Orrù 等(2009)筛选出 18 个位于不同基因中含丰富信息的 SNP，根据这 18 个 SNP 组建的 DNA 指纹图谱，成功地对 528 头牛进行溯源。

Rohrer 等(2007)评估了猪的 80 个 SNP，发现 60 个 SNP 与小等位基因频率

>0.15，通过实验比较了一组 10 个微卫星的标记和一组 60 个 SNP 的标记，结果发现 SNP 标记的灵敏度要远远高于微卫星标记。

阮泓越(2010)基于 DNA 指纹识别技术进行研究，探索微卫星 DNA 在猪个体识别和溯源应用中的可行性，对家畜屠宰后肉制品的跟踪、追溯具有重要价值。

张小波等(2011a)建立肉类 DNA 溯源系统需要在动物源产地对每个个体进行DNA 标识，并保留标准样品。通过计算机建立个体 DNA 标识的信息数据库，以便在屠宰、加工和销售等环节都能随时追溯到源产地。建立个体标识系统需要确定一组 SNP 标记位点，确保能够准确识别每个个体。

张小波等(2011b)在国内首次对猪肉进行了基于 SNP 标记的 DNA 溯源技术研究。采用 PCR-RFLP 方法检测了猪 12 个 SNP 候选标记，以期寻找到多态信息含量(PIC)丰富的 SNP 位点用于猪肉 DNA 溯源标记，结果 6 个 SNP 位点符合预期标准，分别是 SNP1、SNP2、SNP3、SNP4、SNP5 和 SNP12，为建立猪肉产品的DNA 溯源系统奠定了基础。

杨萨萨(2014)选取 SNP 标记开展了其在猪肉 DNA 溯源技术中的应用研究。将 SNP 标记的检测方法高分辨率熔解曲线(HRM)法与传统 PCR-RFLP 法和TaqMan 探针法进行检测，从猪的 3 种不同的组织中提取的 DNA 样品均能够满足HRM 法的检测需要。但由于从肌肉和血液中提取的 DNA 样品蛋白质杂质较少，检测结果的重复性更好。从已报道的文献及 NCBI 中选取了 10 个猪的 SNP 位点，利用 HRM 法对 299 个样品的所有位点进行了基因型检测。通过计算每个位点的基因杂合度发现这 10 个 SNP 位点的基因杂合度均在 0.4 以上。DNA 溯源系统的构架在实验室原有的猪肉追踪溯源系统的基础上，将 DNA 溯源技术与该系统相结合，开发了应用软件"肉品 DNA 溯源系统 v1.0"。这一系统填补了肉类产品宰后溯源的空白，为今后 DNA 溯源技术的大规模应用奠定了基础。

王兰萍等(2013)在提取黄牛肉、牦牛肉和水牛肉总 DNA 的基础上，设计通用引物进行 PCR 扩增，电泳回收 PCR 产物后双向测序，再通过构建系统进化树鉴别牛肉的物种来源。

对于存在基因渗透的畜种，结合 3 个特异性微卫星位点检测的结果才能得到可靠的结论。何建文(2010)建立了牦牛肉、黄牛(包括瘤牛和普通牛)肉和水牛肉在线粒体和核基因水平上快速、准确的鉴定方法，用于牦牛肉产品的来源追溯和物种成分鉴别，以牦牛肉、黄牛肉、水牛肉和来源于 10 个不同厂家的牦牛肉产品作为研究材料，采用 Cytb 基因和三个特异性微卫星位点进行检测，在 Cytb 基因(472 bp)区域发现牦牛、黄牛和水牛各自的特异性酶切位点，可用于混合牛肉产品的牛种来源的鉴别。通过对 10 个厂家的 30 袋牦牛肉产品的 135 份样品进行 Cytb基因片段的测序检测，发现其中有 68 条牦牛序列，仅占 50.4%；另外有 51 条黄牛序列和 16 条水牛序列，占到了 49.6%。说明黄牛肉、水牛肉掺杂到牦牛肉产品中的现象十分严重。

　　Ctyb 是线粒体 DNA 上常用来进行肉制品鉴别的基因。Chikuni 等(1994)使用线粒体 *Ctyb* 作为分子标记来鉴别绵、山羊肉制品,有不同加工处理方式的肉制品,如经过水煮加工。李齐发等(2006)根据普通牛线粒体基因组序列设计引物对家牦牛基因组进行 PCR 扩增和克隆测序,获得了家牦牛 *Ctyb* 基因的全长序列,并以羊亚科绵羊(*Ovis aries*)为外类群,对牛亚科代表性物种进行了系统发育分析。

　　随着我国人口的增长和人民生活水平的不断提高,消费者对肉类的需求量也在不断增加,畜禽类肉食品安全性从根本来讲是动物源性成分的安全性,畜禽类肉食品的安全隐患直接威胁到人的安危。对于如何进行肉类食品安全有效追溯,及时处理"问题肉"对我国肉市场来讲是一个严峻的考验。肉类 DNA 溯源技术在国外已经兴起,而我国对肉制品的管理还只停留在简单的标签溯源技术,已经远远落后于发达国家。肉类 DNA 溯源技术是源于生物个体的 DNA 遗传图谱,具有唯一性和稳定性,而且不像标签易丢失、损坏,或是人为更换。因此,在我国研究并建立 DNA 指纹图谱数据库,建立肉类食品的 DNA 溯源管理系统对我国肉类品质监管具有重要意义,这对于动物保护及来源不明的肉类产品的区分也具有实际应用价值。

第四节　DNA 分子鉴定技术在乳制品上的应用

一、RFLP

　　利用可发酵性糖产生乳酸的一类革兰氏阳性细菌被通称为乳酸菌。目前已经发现的天然的乳酸菌在细菌分类学上可被分为乳杆菌属、双歧杆菌属、链球菌属、肠球菌属、芽孢菌属及梭菌属等至少 23 个属。乳制品加工业中,乳酸菌有重要的经济价值。许多乳制品,如消毒乳、炼乳、乳粉、酸乳制品、干酪、酸奶油和冰淇淋等是以牛乳、马乳、羊乳等为原料制造的,在原料乳的收集、处理和加工过程中,从外界环境或者添加的发酵剂中都有可能会带入乳酸菌(杨洁等,2015)。保加利亚乳杆菌(*Lactobacillus bulgaricus*)、发酵乳杆菌(*L. fermentum*)、植物乳杆菌(*L. plantarum*)、干酪乳杆菌(*L.casei*)、嗜热链球菌(*Streptococcus thermophilus*)、无乳链球菌(*S. agalactiae*)、乳酸乳球菌(*Lactococcus lactis*)等都是重要的乳酸菌。在发酵乳制品生产过程中,乳酸菌有三方面的作用:酸化、改善质构与产生风味物质。鉴定发酵乳中有益菌和原料乳中污染的有害菌是乳制品中乳酸菌鉴定的两个重要方面,具有原料品质控制和产品质量监控双重的意义(刘云国等,2013a)。在鉴定乳制品中乳酸菌时,传统的方法主要以形态和生理生化特性为主,这种鉴定方法非常困难,而以核酸为基础的分子生物学技术,结合 PCR 和电泳等技术分类和鉴定菌株,这种方法精确、高效而且迅速,因此在乳酸菌的鉴定中应用广泛(刘云国等，2013b）。

RFLP 技术可以将鉴定的乳酸菌菌株分类到种内水平，目前，RFLP 与 PCR 技术结合，常用于菌种的鉴定。于洁等（2009）运用 16S rDNA 和 RFLP 相结合的技术，对我国西藏地区自然发酵乳中分离到的 51 株乳杆菌进行鉴定和分类。实验中通过 3 种限制性内切酶 HaeⅢ、HinfⅠ和 AluⅠ，酶切位点相对较少，聚丙烯酰胺凝胶电泳（PAGE）后条带清晰、简单便于分析，可将 51 种乳杆菌鉴定到种水平。根据 16S rDNA-RFLP 鉴定结果选出有代表性的 8 株菌进行 16S rDNA 序列测定和传统生理生化鉴定，结果均与 16S rDNA-RFLP 结果相吻合，表明 16S rDNA-RFLP 乳酸菌分类鉴定方法简便而准确，比较适用于大批量的菌种分类鉴定。

二、RAPD

郑忠辉等（1997）应用 RAPD 技术，利用 11 种引物，对 6 种 13 株双歧杆菌基因组 DNA 进行 PCR 扩增后分析 DNA 指纹图谱。结果表明，双歧杆菌和非双歧杆菌（嗜酸乳杆菌）之间的相似指数差异显著，说明 RAPD 作为遗传标记，可以快速有效地鉴别双歧杆菌与其他肠道菌。如果选择合适的引物，可对双歧杆菌进行种间或株间的鉴定。

目前，酸乳是中国最主要的发酵乳制品，酸乳发酵剂中最早应用的菌种之一是德氏乳杆菌（Lactobacillus delbrueckii），在食品发酵工业中作用重大，乳杆菌的种类影响着酸乳发酵速度、口感、风味等。根据生态位和发酵能力的不同，德氏乳杆菌可被分为以下 3 个亚种：德氏亚种（L. delbrueckii subsp. delbrueckii）、保加利亚亚种（L. delbrueckii subsp. bulgaricus）和乳酸亚种（L. delbrueckii subsp. lactis）。其中存在于发酵蔬菜中的是德氏亚种，通常存在于发酵乳制品中的是保加利亚亚种和乳酸亚种。马成杰等（2010）收集了 10 个不同产地、品牌的酸牛乳，分离这些酸牛乳中的德氏乳杆菌并进行 RAPD 分析，利用 LB1、LLB1 特异引物快速准确地把德氏乳杆菌区分为保加利亚亚种和乳酸亚种。实验得到菌株的指纹图谱与差异条带，经过聚类分析后，结果发现 10 个菌株相互间的遗传相似系数范围是 0.4167～0.8833，体现了不同德氏乳杆菌菌株间的遗传异质性及亲缘关系，证明 RAPD 是一种有效的德氏乳杆菌菌株的分析鉴定方法。

三、AFLP

乳扇主要产于云南大理白族地区，是一种特色乳制品。酸乳清（酸浆）是制作乳扇后剩下的乳清，让其在清洁的瓦罐中自然发酵，在各种乳酸菌（相当于酸乳生产中的发酵剂）的作用下可用于制作乳扇。乳酸菌在新鲜乳扇和酸乳清中均存在，使乳扇具有特别的风味和质地。传统的对乳杆菌的鉴定和分型是根据形态学和生理学特征及其差异进行的，其准确性和科学性难以保证。AFLP 技术在鉴定遗传多样性和物种亲缘关系中具有很大的优越性，常用于细菌的分类和鉴定。剧柠等（2010）采用 AFLP 技术和 N TSYS-pc2.1 软件分析了云南乳扇用乳清中分离出来的 70 株乳杆菌的多样性。结果表明，AFLP 扩增出的条带清晰，可用于条带分析，AFLP 是一种重复性和多态性很高的分子标记技术。供试菌株的扩增结果的聚类分析表明，以 0.89 作为分界点，70 株乳杆菌可被分为 4 个大群：高加索乳杆菌群 I、发酵乳杆菌群 II、瑞士乳杆菌群 III 和植物乳杆菌群 IV。其中，优势菌群是瑞士乳杆菌群 III，乳杆菌占供试乳杆菌的 65.7%。剧柠等使用软件绘制聚类图，对优势菌群进行种内分型，以 0.90 为界，48 株乳杆菌被分为 8 个基因型。因此，AFLP 技术可以区分乳杆菌种间的多样性。

四、其他分子标记技术

1. DGGE

根据双链 DNA 分子碱基组成的差异，在变性凝胶电泳时就会因为具有不同的解链温度而在凝胶的不同位置滞留，使谱带相互分开，因此发展出一种不依赖于培养过程而对混合样品微生物组成进行检测和鉴定的分子生物学技术，被命名为变性梯度凝胶电泳（DGGE）。

理论上，只要选择的变性梯度、电泳时间、电压等电泳条件合适，可以分开有一个碱基差异的 DNA 片段，因此可从混合样品总 DNA 的 DGGE 遗传指纹图谱中得知微生物的种类和分布。对于分离的靶基因长度而言，一般 500 bp 以下的基因片段能通过 DGGE 技术较好分离。荷兰乳制品研究所学者 Klijn 等（1991）比较了乳球菌和明串珠菌的 16S rRNA 基因，发现在 16S rRNA 基因内部存在 3 个可变区域 V1、V2 和 V3，其中 V3 可变区域在提取 DNA 中易于获得，并且拷贝数高、基因剂量大，因此，在利用 DGGE 技术检测和鉴定乳酸菌时，V3 可变区域常作为靶基因。为了进一步在乳制品发酵中应用和推广，为 PCR-DGGE 技术快速检测和鉴定乳酸菌奠定基础，对变性剂梯度、电泳时间等 PCR-DGGE 技术使用的相关参数进行了摸索，并且利用细菌通用引物对扩增乳酸菌 V3 区域的常用 PCR 和降解 PCR 产物进行了 DGGE 比较。并研究了乳酸菌 16S rRNA 基因 V3 区域在进行 DGGE 时的变性剂梯度、一定电压下的电泳时间，得到了能够完全分离 V3 区域的电泳条件。考虑到在制备垂直 DGGE 凝胶时，为了密封胶板，部分凝胶溶液要传送到另一侧，从而使电泳曲线向右迁移，因此为满足实际应用，把最佳变性剂梯度范围 30%～50%改为 30%～55%。

2. 基因组简单重复序列 PCR 标记

在细菌的基因组的不同位点广泛分布着简单重复序列（SSR），这些 SSR 具有菌株和种属水平上的差异性，并且具有进化过程中的高度保守性。目前，基因外重复回文因子(repetitive extragenic palindromic，REP)、肠杆菌基因间重复共有序列(enterobacterial repetitive intergenic consensus，ERIC)、BOX 指纹图谱技术及 GTG5 被广泛应用。重复序列 PCR(repetitive sequence-based PCR，Rep-PCR) 技术是采用特定引物对细菌基因组 DNA 的重复序列进行扩增得到指纹图谱。在不同的菌株上，这些重复序列分布于不同的染色体位置上，而且这些重复序列之间的基因序列也具有差异，因此菌株间染色体基因组的遗传差异性能被反映出来。满朝新等(2010)利用 BOX-PCR 指纹图谱技术对分离自内蒙古的乳酸菌进行分类和鉴定。结果表明，该地区的乳酸菌多样性高，其中植物乳杆菌(*Lactobacillus plantarum*)和瑞士乳杆菌(*L. helveticus*)等 6 种菌种是这些传统发酵乳中常见的种，而植物乳杆菌为优势种。应用 BOX-PCR 指纹图谱技术时可以针对不同种或属的菌株分别聚群，提高了鉴别效果。BOX-PCR 作为一种单引物为主的指纹图谱技术，可以区分到种、亚种和菌株水平。因此，BOX-PCR 指纹图谱技术可以快速有效地鉴定乳酸菌。

3. 种间特异性 PCR

种间特异性 PCR(species-specific PCR)即通过设计特异性的引物在一定条件下通过 PCR 技术选择性地特异扩增特定的靶 DNA 片段，然后将扩增产物进行电泳分析。

酸马奶是以鲜马奶为原料，经乳酸菌和酵母菌等微生物共同发酵而成的乳饮料，酸马奶具有降血压、降血脂和调节胃肠道等功能。其中，优势乳酸菌菌群在其医疗保健功能中发挥关键作用。酸马奶中优势菌主要集中在 16S rRNA 序列无法鉴定的植物乳杆菌、干酪乳杆菌和嗜酸乳杆菌类群。因此，为了准确区分每个类群中乳酸菌，赵潞等(2010)利用种特异性 PCR 鉴定了新疆酸马奶中的优势种群。实验中，针对同一类群内两种优势菌设计了 2 对特异性引物。以酸马奶中提取的总 DNA 为模板，利用经验证的 6 对种特异性引物鉴定 2 份新疆酸马奶样品中的优势菌群。新疆酸马奶中含有瑞士乳杆菌(*Lactobacillus helveticus*)、戊糖乳杆菌(*L. pentosus*)、植物乳杆菌(*L. plantarum*)、嗜酸乳杆菌(*L. acidophilus*)和副干酪乳杆菌(*L. paracasei*)，表明种特异性 PCR 技术能够快速鉴定酸马奶中乳酸菌优势菌群组成。

4. 荧光定量 PCR 检测技术

乳制品营养丰富、搭配均衡，是一种经济实惠的优质蛋白质来源。我国是乳制品消费大国和世界第三大乳制品生产国。然而，乳制品极易遭受致病菌污染。生乳易受沙门氏菌属(*Salmonella*)的污染，经加工的乳制品细菌数大大减少，但仍存在沙门氏菌污染的风险。张巧艳等(2012)针对沙门氏菌 *invA* 基因建立 SYBR Green Ⅰ 荧光定量 PCR 快速检测技术。该技术特异性好、灵敏度高、重复性好、准确度高、操作简单，可用于生乳中沙门氏菌的筛查和定量检测及乳制品的定性检测，成为生乳及乳制品沙门氏菌快速检测的有效技术手段。

Singh等(2012)建立了荧光定量PCR技术，同时检测了来自超市的60个原料乳和冰激凌样品中沙门氏菌和李斯特氏菌，样品经过6h的预处理，灵敏度提高到 1×10^4 CFU/mL，检测出1个样品是阳性，无交叉反应。

水牛奶制品作为一类高级营养食品，被誉为"奶中之王"。水牛奶不仅营养价值高，而且乳香浓稠、风味浓郁、口感饱满，是老少皆宜的营养佳品。但乳制品存在掺假行为，严重侵犯了消费者的合法权益。我国作为水牛奶酪等乳制品的进口国，迫切需要一种准确的水牛乳成分的检测方法。李富威等(2013)根据水牛(*Bubalus bubalus*)线粒体 *Cytb* 基因的保守序列，设计一对特异性引物和 TaqMan-MGB 探针，建立了水牛乳成分的荧光定量 PCR 检测技术。该方法灵敏度高，检测灵敏度为 0.01%水牛奶(*m/m*)，DNA 浓度检测灵敏度为 0.001 ng/μL。运用荧光定量 PCR 技术对 5 种水牛乳样品和 47 种非水牛动植物样品进行检测，结果只有 5 种水牛乳样品产生荧光信号，说明该方法特异性强。利用该技术对市售的水牛乳制品进行实际样品检测，表明该方法是乳制品中水牛乳成分鉴别的一种有效的方法。该方法操作步骤简单，检测时限短，结果判断准确，为食品的市场监督部门和检验部门提供了技术支持。

金黄色葡萄球菌(*Staphylococcus aureus*)是引起食物中毒的一种主要的致病菌。金黄色葡萄球菌能产生多种毒素，有肠毒素(enterotoxin)、剥脱毒素(exfoliatin)和中毒休克毒素(TSST-10)等，其中肠毒素是引起金黄色葡萄球菌食物中毒的主要原因。肠毒素是一类结构相关、毒力相似、抗原性不同的胞外蛋白质，肠毒素可分为 SEA、SEB、SEC、SED、SEE、SEG、SHE、SEI、SKJ、SEK、SEL、SEM 和 SEO、SEP、SEQ、SER、SET、SEU 等类型。其中肠毒素 A 毒力最强，是乳及乳制品食物中毒事件的主要原因，因此针对 SEA 的检测具有非常重要的意义。荧光定量 PCR 技术具有灵敏度高、特异性强、能实现多重反应、准确性高和具有实时性等优点，已经成功应用于食品中致病菌的检测。李一松等(2008)利用 SYBR Green Ⅰ 荧光定量 PCR 方法检测了乳中携带 *sea* 基因的金黄色葡萄球菌，该方法快速、稳定性高。能在 8 h 内检测乳中的金黄色葡萄球菌，对污染乳中金黄色葡萄球菌检测的最低检出限为 83 CFU/mL。谢雪钦(2016)以金黄色葡萄球菌的耐热核酸酶基因 *nuc* 为靶目标，设定特异性引物及探针，优化了 TaqMan 实时荧光定量 PCR 体系。文中建立的实时荧光定量 PCR 方法灵敏度高和可靠性高，操作简便。经过拟合方程计算的菌浓度等同于传统平板计数法，可有效代替传统的平板计数法，证明建立的方法可用于快速定量微生物。

5. 荧光定量 PCR 检测技术与其他技术联合

阪崎肠杆菌(*Enterobacter sakazakii*)是奶粉(乳)制品中新发现的一种致病菌，由其引发的婴儿、早产儿脑膜炎、败血症及坏死性结肠炎散发和暴发的病例已在全球相继出现，死亡率高达 20%～50%。由阪崎肠杆菌引发的食品污染及中毒事件已引起世界各国的重视。建立一种检测乳制品中阪崎肠杆菌的技术迫不及待。

杨柳等(2011)根据阪崎肠杆菌 *rpsU-dnaG* 基因序列设计引物和探针，采用基因重组技术构建用于金黄色葡萄球菌检测的定量标准品，建立了一种免疫磁珠吸附-荧光定量 PCR(immunomagnetic bead-realtime fluorescence quantitative PCR，IMB-FPCR)联合检测阪崎肠杆菌的方法。该方法特异性强，敏感性高，具有良好的稳定性和重复性，成为检测乳制品中阪崎肠杆菌的新途径。

李雪玲等(2012)建立了分子信标-实时 PCR 技术检测婴幼儿乳粉中阪崎肠杆菌的方法。该方法在 PCR 反应体系中加入 5'端标记 FAM，3'端标记 TAMRA 的分子信标探针。结果表明,分子信标-实时 PCR 反应体系 DNA 灵敏度为 180 fg/PCR反应体系，纯阪崎肠杆菌菌液的检出限为 102 CFU/mL，该方法特异性强，无非特异性扩增和交叉反应，可用于婴幼儿乳粉中阪崎肠杆菌的快速检测。

Singh 等(2011)建立了同时检测单细胞增生李斯特氏菌和沙门氏菌的分子信标-双重荧光定量 PCR 方法，并利用此技术对 60 个样品进行检测。结果表明，1份冰激凌样品中检测出沙门氏菌，1 份鲜奶样品中检测出单细胞增生李斯特氏菌，对沙门氏菌和单细胞增生李斯特氏菌的最低检出限为 1×10 CFU/mL。

副干酪乳杆菌(*Lactobacillus paracasei*)为乳杆菌属干酪乳杆菌(*L. casei*)的一个亚种，常被用于酸奶和干酪等制作的发酵剂和辅助发酵剂，是一种益生乳酸菌，可促进人体消化吸收，调节机体免疫和改善肠道微生态平衡。传统的平板计数法检测时间长，操作烦琐。为了建立一种新的检方法，王力均等(2013)把发酵乳制品中副干酪乳酸菌经过核酸交联试剂叠氮溴化丙锭(propidium monoazide，PMA)处理，提取基因组后，通过 qPCR 方法检测活菌。结果表明,PMA 能抑制死菌(107 CFU/mL)的扩增，但对活菌 DNA 的扩增无影响，因此这种方法可以有效快速地检测到样品中的活菌，适用于检测副干酪乳酸菌活菌。

6. 多重 PCR 法

沙门氏菌、金黄色葡萄球菌和志贺氏菌是乳制品中最常见的 3 种致病菌。其中，沙门氏菌是引起人类食物中毒和伤寒的主要致病菌；金黄色葡萄球菌是人类化脓感染中最常见的致病菌，极易污染牛奶和奶制品；志贺氏菌属(*Shigella*)的细菌通称痢疾杆菌，是染料细菌性痢疾的病原菌。杨军等(2010)首先通过调整混合培养基的配比摸索乳制品中金黄色葡萄球菌、沙门氏菌和志贺氏菌的快速共增菌条件，并选择稳定高效的细菌基因组 DNA 提取方法，然后根据 3 种目标致病菌的保守基因分别设计多重 PCR 引物，对乳制品中的 3 种致病菌进行检测。结果表明，多重 PCR 法特异性强，检出限可达到 10^2 CFU/mL，无交叉反应，李宏等(2011)利用多重荧光定量 PCR 同时检测了霍乱弧菌、副溶血性弧菌和创伤弧菌，特异性强，无交叉反应。将检测周期缩短至 10 h 以内，提高了检测通量，是一种有效的快速检测致病菌的方法。

7. DHPLC 技术

绿脓杆菌又称为铜绿假单胞菌(*Pseudomonas aeruginosa*)，属于假单胞菌属，在自然界中分布广泛，多见于水、空气、土壤中和物体表面上，也可见于正常人体体表及人和动物的肠道中，人、畜肠道是绿脓杆菌的繁殖场所，为环境的主要污染源之一，也是一种重要的条件致病菌。曹际娟等(2009)利用已报道的绿脓杆菌外毒素 A(ETA)基因设计引物和探针，应用 PCR 结合变性高效液相色谱(DHPLC)技术实现绿脓杆菌的快速鉴定，一次可同时自动化分析数百个样本。该方法特异性强，快速简便，灵敏度高，检测灵敏度可达到 100 CFU/mL。此方法既能满足在食品和化妆品检测中需做大批量样本的检测需要，也能满足在临床上需快速检测作出判断的需要，具有广泛的实际应用价值。

8. LAMP 技术

环介导等温扩增(LAMP)技术是日本学者 Notomi 等在 2000 年研发的一种新型核酸扩增技术，目前已在食品安全检测、临床医学和生物学等领域中应用。

(1)利用 LAMP 方法检测乳中金黄色葡萄球菌

Goto 等(2007)利用 LAMP 方法可以在 60 min 内检测到 30 株金黄色葡萄球菌中 4 种产肠毒素的基因 *SEA*、*SEB*、*SEC* 和 *SED*。

李永刚等(2010)对原料乳中金黄色葡萄球菌 *femA* 基因的 8 个区域设计 3 对引物，利用 LAMP 方法进行检测。全部反应在 40 min 左右完成，检出率为 96.43%。

徐义刚等(2010)利用 LAMP 技术对污染食品中金黄色葡萄球菌进行检测，针对金黄色葡萄球菌不同菌株 *SEA* 基因设计 4 条特异引物，检出率达 100%。

(2)利用 LAMP 技术检测乳品中阪崎肠杆菌

胡连霞等(2009)以 16S～23S rRNA 为目的基因，利用 LAMP 技术在 1 h 之内对纯培养菌体的检出限为每毫升菌液 0.101 个单细胞，对于人工污染婴儿乳粉的检出限为每克菌液 1.1 个单细胞。

鲁曦等(2010)利用 LAMP 技术在 5 h 内检测出复原乳样品中每毫升菌液中 10 个单细胞的阪崎肠杆菌，对阪崎肠杆菌基因组 DNA 的检测灵敏度为 100 fg。

(3)利用 LAMP 技术检测乳品中沙门氏菌

沙门氏菌属(*Salmonella*)是引起食品中毒和伤寒的主要致病菌,可以导致人畜共患病。由它引起的食物中毒最为常见,约占食源性食物中毒的 75%(刘伟等,2007)。

朱胜梅等(2008)根据沙门氏菌的特异性 *invA* 基因设计引物进行扩增,利用 LAMP 技术进行检测。检测灵敏度达到每毫升菌液 102 个单细胞。

Li 和 Zhang(2009)利用 LAMP 技术在 24 h 内对包括原料乳在内的 85 种食物样品进行沙门氏菌检测,检出限达到每 250 mL 菌液 35 个单细胞。

Xu 等(2010)针对沙门氏菌的 *fimY* 基因,利用 LAMP 技术检测了包括乳制品在内的 802 个样品,对于纯培养的沙门氏菌,LAMP 方法的检出限为每管菌液 5 个单细胞,对于人工污染食品中沙门氏菌的检出限为每管菌液 9 个单细胞。

(4)利用 LAMP 技术检测乳品中单增李斯特氏菌

单核细胞增生性李斯特氏菌属(*Listeria*)是一种人畜共患的食源性致病菌。在欧洲和美国、日本等地区和国家由该细菌引起的食物中毒问题,已超过沙门氏菌排名第一位(袁耀武等,2009)。

李永刚等(2010)利用 LAMP 方法对原料乳中单增李斯特氏菌的 *LAP* 基因进行检测,结果表明,对于污染的原料乳而言,检出限为每毫升菌液 186 个单细胞,证明此方法灵敏度和特异性强。

(5)利用 LAMP 技术检测乳品中大肠杆菌

大肠埃希氏菌(*Escherichia coli*)通常称为大肠杆菌,是人和动物肠道的正常寄生性革兰氏阴性菌,多数不致病。但某些血清型的大肠杆菌,如肠出血性大肠杆菌,可引起严重的胃肠道和循环系统疾病,严重者甚至死亡。

Yukiko 等(2008)利用 LAMP 方法可以 100%的检测率检测食品中的大肠杆菌 O157 和 O26。

朱海等(2010)针对大肠杆菌 O157:H7,利用 LAMP 方法检测 76 份乳制品、肉等人工污染的样品,实验结果表明,LAMP 方法可以在 2 h 内完成检测,检测率为 96.1%。当用 LAMP 方法对 9 属 13 种共 41 株菌进行检测时,检测灵敏度为每毫升菌液 2.7×10^1 个单细胞。

(6)利用 LAMP 技术检测乳品中嗜酸乳杆菌

嗜酸乳杆菌(*Lactobacillus acidophilus*)是乳酸菌的研究和开发热点,被称为第三代乳酸菌发酵剂菌种,可调节人体肠道内的微生物菌群平衡,有利于控制腹泻、保障人体肠胃道健康。传统的生化培养为主的检测嗜酸乳杆菌的方法操作复杂,检测时间长,而且特异性差。建立快速检测含嗜酸乳杆菌乳品的方法尤为重要。张蕴哲等(2016)采用 LAMP 方法,针对嗜酸乳杆菌 16S rRNA 保守区的序列进行扩增，通过凝胶电泳和离心，进行焦磷酸镁白色沉淀检测，在 5.5 h 内完成检测，灵敏度为 62 CFU/mL，可以 100%检测出 12 株非嗜酸乳杆菌，适用于快速检测酸奶中的嗜酸乳杆菌。

9. 实时荧光 LAMP 技术

蜡样芽孢杆菌(*Bacillus cereus*)是革兰氏阳性兼性厌氧菌，一些菌株可致病。蜡样芽孢杆菌在原料乳中污染严重，是食品安全卫生必须检验的致病菌之一。为了更有效、更快捷地检测蜡样芽孢杆菌，贾雅菁等(2016)建立了实时荧光 LAMP 技术。该方法基于 LAMP 技术，针对 *hblA* 基因的 6 个区域设计内外引物，把荧光染料 SYBR Green I 加入到体系中，利用实时荧光检测仪捕捉荧光信号。实时荧光 LAMP 技术特异性高，检测时间短，稳定性强，操作简单，是检测蜡样芽孢杆菌的新技术。

肠杆菌科的志贺氏菌属(*Shigella*)是一种革兰氏阴性菌，没有鞭毛和荚膜。志贺氏菌具有很高的传染性，是我国引起感染性腹泻的主要病原菌。根据抗原结构，志贺氏菌被分为 4 个群:痢疾志贺氏菌(*S. dysenteriae*)、福氏志贺氏菌(*S. flexneri*)、鲍氏志贺氏菌(*S. bodyii*)和宋内氏志贺氏菌(*S. sonnei*)。我国流行性最广、发病率最高的是福氏志贺氏菌。奶牛养殖过程中的自然环境粗放，导致原料乳容易被志贺氏菌污染。原料乳中志贺氏菌的污染存在潜在威胁。传统的志贺氏菌检测方法时间长，为了建立快速灵敏的检测方法，李月华等(2016)根据特异性基因 *ipaH* 设计 LAMP 引物，将荧光染料 SYBR Green I 结合到 LAMP 扩增技术中，通过实时荧光检测仪对温度、引物、Mg^{2+}和 dNTP 等反应条件进行优化，建立了检测志贺氏菌的实时荧光 LAMP 技术。该技术特异性强，灵敏性高，最低检测浓度可达到 100 CFU/mL，简单快捷，检测时间短(1 h)，LAMP 扩增与产物检测可同时完成，检测结果直观，容易分析。该方法适用于快速检测原料乳中的志贺氏菌污染情况。

第五节　DNA 分子鉴定技术在水产品上的应用

作为世界贸易重要组成的水产品种类繁多(Voorhees, 2008)，涵盖藻类、腔肠动物、软体动物、甲壳动物、棘皮动物、爬行类、鱼类等，范围较广，其遗传资源也十分丰富和多样。

我国是世界最大的水产品生产国家，据中华人民共和国农业部渔业渔政管理局 2017 年年鉴统计:全年水产品总产量达 6901.25 万 t，较上年增加 3.01%，鱼类产量 4039.94 万 t，甲壳类产量 712.21 万 t，贝类产量 1529.41 万 t，藻类产量 220.24 万 t，头足类产量 71.56 万 t，其他类产量 129.15 万 t。

　　水产品属性差别很大，不同门类的水产品中又分别是种类繁多，以鱼类为例，世界鱼类已记录有 2 万余种（焦燕和陈大刚，1997），中国海水鱼类有 1700 多种，经济鱼类 300 多种，高产鱼类约 60 种（沈月新，2001）。繁多的种类导致消费者难以辨别，一方面不法商贩往往用较低价格的鱼类代替形态相似而价格较高的鱼类，以次充好以获取更高经济利益，造假现象常有发生。另一方面，加工后销售的鱼肉产品更容易造假，水产品加工过程中添加的食品添加剂掩盖了低劣产品的真实属性，使消费者无法从形态和味道上直接判断真伪。报道称欧洲一些国家销售的某些鱼肉错贴标签发生率超过 1/5，美国《纽约时报》报道，美国纽约海鲜 39% 涉假，市场上鱼肉制品贴错标签比例在洛杉矶和波士顿分别达到 55% 和 49%，意大利帕隆博鲨鱼产品中存在 77% 的掺假情况，南非水产品的错误标识率也高达 31%（李新光等，2013；Cawthorn et al.，2013；Filonzi et al.，2010；Miller and Mariani，2010）。国内鱼肉制品造假的现象也时有发生，甚至引发食品安全事件，引起社会广泛关注。例如，用外观上难以区别的油鱼假冒鳕鱼进行销售，油鱼体内含有蜡质，食用后易导致消费者腹泻，严重侵害了消费者利益（李富威，2012）。

　　除鱼类外，难辨真伪的现象在其他水产品种类中也较为常见，如虎纹蛙（田鸡）大多野生，价格比牛蛙贵，市场上存在用牛蛙充当田鸡销售的现象；有用生长较快的外地参，冒充受消费者欢迎的辽参的现象；以普通河蟹冒充大闸蟹的现象更是常见；甚至出现了用加工后的猪肉、淀粉，与食品添加剂混合后，冒充鲍鱼片的跨物种造假现象。

　　水产品繁多的种类，往往会造成外观辨别困难，偶尔导致野生濒危物种被当成可食用水产品进行买卖。比如，龟类中养殖甲鱼可以销售，但近年来野生甲鱼数量不断减少，已经被世界自然保护联盟列入濒危物种中的"易危"物种，对它们的捕获需要引起重视，而龟类中的玳瑁是被列为国家二级保护野生动物的珍贵物种，是不允许买卖和食用的。

　　针对以上现象，建立快速有效的鉴定方法对水产品进行真伪鉴别、品系与品种鉴定、资源鉴定和保护显得尤为重要和必要。

　　用于水产品鉴别鉴定的传统方法主要是依据外观形态学，以及气味口感等感官指标，由于许多造假水产品可用于辨别的特征已经被去除或遮盖，甚至有的真伪产品形态非常相近，难以分辨。相对于外观形态可见的未经处理的水产品而言，加工产品的甄别更为困难，所以单纯依据传统的方法进行观察鉴定显得尤为困难。

　　随着现代技术的发展，红外光谱法、DHPLC 法、酶联免疫法、双向电泳等技术逐渐发展起来，这些方法克服了传统方法的不足。但电泳法准确性不高，操作过程很难标准化，易造成对结果的影响；色谱法往往只能判别新鲜的未加工水产品，也有很大局限性，且步骤烦琐，设备价格昂贵；免疫法准确性较其他方法高，但需要价格昂贵的单抗或多抗，且加工水产品中的目标蛋白需要耐受高温而不变性，才能与抗体反应准确鉴定。而 PCR-FINS 技术、AFLP 技术、PCR-RFLP 技术、SSCP 技术、DNA 条形码技术等 DNA 分子鉴定技术的出现，为水产品鉴别提供了更为高效、便捷、可靠的技术支持。在国内，许多实验室开展了 DNA 分子鉴定技术开发相关研究工作。Liu 等（2013；2016）完成了魁蚶、北极茴鱼的线粒体基因组测序工作，并发现了许多用于种质鉴别的 DNA 分子工具如 SNP、小卫星（minisatellite）等。从大菱鲆（Liu et al.，2006）、半滑舌鳎（Liu et al.，2007a；Liu et al.，2008）、黑鲷（Liu et al.，2007b）、鲈鱼（Liu et al.，2009a）、文昌鱼（Liu et al.，2009b）等鱼类中开发了大量微卫星标记。Wang 等（2018）从北极茴鱼中开发了大量微卫星标记，并成功应用于了其种质鉴定。

一、PCR-FINS

在水产品鉴定中，法医学核酸序列测定（forensically informative nucleotide sequencing，FINS）技术是一种常用的检测技术，具体是指利用 PCR 方法扩增获得特定的 DNA 片段，然后进行测序并与已知参考序列进行比较从而鉴定物种。利用 FINS 技术可以进行 *Cytb*、*COI*、16S rRNA 等特异性强的代表性片段鉴定，从而确定对应水产品的种类。

李青娇（2013）利用 PCR-FINS 技术对大西洋鲑和常被用来假冒大西洋鲑鱼的虹鳟及白斑红点鲑进行鉴定分析，研究者通过扩增获得 3 种鱼类的 *COI* 和 16S rRNA 基因片段，进行分子进化分析发现，3 种鱼类具有独立分支，表明 PCR-FINS 技术可以对上述 3 种鱼进行鉴别。该研究者还利用 PCR-FINS 技术对市售鳕鱼进行了鉴定，结果显示 17 块冷冻鳕鱼样中，存在 7 种贴标不明确现象，抽查的 4 种烤鳕鱼样品均与商品名称不相符，分别为黑尾吻鳗、月尾兔头鲀、网纹狮子鱼和暗纹东方鲀，表明 PCR-FINS 可以用来进行鳕鱼加工品真伪鉴定。安丽艳等（2016）利用 RCR-FINS 技术鉴定了金枪鱼罐头中金枪鱼的种类，研究者利用 3 对通用引物对相关鱼的线粒体 *Cytb* 和 12S rRNA 基因片段进行了扩增，鉴定发现市售的 17 个金枪鱼罐头中，58.8%是价格低廉的鲣鱼，其他包含长鳍金枪鱼、青干金枪鱼、扁舵鲣、鲔鱼，表明该方法可以准确地鉴定加工鱼罐头类产品的真伪。

通过 PCR-FINS 对市售水产品的鉴定，不仅可以鉴别真假保护消费者权益，还可以在某种程度上鉴别濒危水产，从而为保护珍贵物种奠定基础。例如，根据取翅鲨鱼的品种不同，鱼翅可分为许多等级，且等级不同价格差别很大，受利益驱动，市面上往往存在以次充好的假冒现象，但也有许多不法分子从濒危鲨鱼身上采集鱼翅，对濒危物种造成伤害。黄文胜等（2011）利用 PCR-FINS 技术建立了鉴定鲨鱼的方法，研究发现通过扩增 *COI* 基因片段并比对，市面上采集的 126 份鱼翅中有 82 份属于青鲨，还有一部分属于尖吻鲭鲨、鼠鲨、加勒比斜锯牙鲨、长鳍鲭鲨、尖吻斜锯牙鲨、舒氏星鲨、澳洲半沙条鲨等，不含有濒危物种大白鲨、姥鲨、鲸鲨等鲨鱼的鱼翅，该结果表明，PCR-FINS 技术可以很好地区分鱼翅所属鲨鱼的种类，在某种程度上为检测市面上鱼翅是否来源于濒危鲨鱼，从而监管濒危鲨鱼避免其流入市场提供了技术支持。

二、PCR-RFLP

聚合酶链式反应-限制性片段长度多态性(PCR-RFLP)是物种鉴定中运用最多的 DNA 指纹技术，在鱼类鉴定中，常被用作鳕鱼、鲑鳟鱼、鲭鱼、沙丁鱼、鲨鱼、安康鱼等鱼种的鉴定(王嘉鹤等，2012)，在鱼类等水产品品质鉴定中发挥了重要作用。Klossa-Kilia 等(2002)利用从麦索隆吉鱼子产品中扩增获得 16S rRNA 上的 630 bp 片段，对扩增获得的 PCR 产物用 3 种限制性内切酶进行处理后发现：样品并不是麦索隆吉鱼子而是其他物种的鱼子，该研究证明了 PCR-RFLP 技术可以用于鱼制品的真伪鉴别。Aranishi(2005)利用 RFLP 技术成功地得到了大西洋鲭鱼和日本鲭鱼 5S rDNA 非转录间隔区扩增产物不同的酶切特异图谱，为日本市场中大西洋鲭鱼冒充日本鲭鱼的现象提供了鉴别依据。Espineira 等(2008)利用 PCR 扩增了 *Cytb* 基因片段，*Mbo* 酶切 PCR 产物，建立了安康属 7 个鱼种的 PCR-RFLP 鉴别方法，进一步用 RFLP 技术对市售 40 个样品进行了检测，结果显示安康鱼加工产品的错误标签比例高达 68.75%。李青娇(2013)对大西洋鲑、虹鳟、白斑红点鲑的线粒体 *COI* 基因片段进行限制性内切酶分析，进一步利用 *Bst*X I 、*Apa* I 、*Sac* I 、*Vsp* I 、*Hind*III 5 种限制性内切酶进行 RFLP 分析，结果表明，上述 3 种鱼可以利用该技术快速鉴别区分开来，有利于鉴别市场上虹鳟或白斑红点鲑对大西洋鲑鱼的冒充。RFLP 技术在其他水产品鉴定中也被广泛运用，如文菁等(2011)利用 *16S rRNA* 的 RFLP 对 19 种商品海参(含冻品和干品)进行了鉴定，发现了 9 种产品属于标签错误。

除鉴定真伪之外，PCR-RFLP 也可对水产品进行品系鉴定。河豚含有河豚毒素，误食会引起中毒，Hsieh 等(2010)利用 PCR-RFLP 技术对 121℃加热处理 10～90 min 的河豚进行鉴定，发现该 DNA 分子鉴定技术可以准确鉴定河豚鱼制品。通过该技术对鱼制品品系的准确鉴定，在某种程度上可避免误食，保护了消费者的权益。

水产品品质存在差异，即使是同一物种，不同地域及生长环境不同，其品质也会有高低区分，如中华绒螯蟹以品质优、个体大被认为是中国的水产珍品，其中长江蟹因地理位置与气候等环境因素影响，品质最佳。而近年长江中华绒螯蟹的过度捕捞，辽河蟹南下、瓯江蟹北上的情况多有发生，导致江淮流域绒螯蟹的种质出现混杂。同时由于利益驱使,市场上也有用其他蟹种冒充长江蟹种的情况发生。孙红英(2002)通过对中国大陆东部 6 个水系合计 110 个绒螯蟹个体进行了线粒体 16S rRNA 部分片段的序列变异研究,发现 16S rDNA 的 PCR-RFLP 差异可作为正确鉴定中华绒螯蟹和合浦绒螯蟹的分子鉴定标记;16S rDNA 片段中 1 个固定位点的碱基替代可作为区分中华绒螯蟹两种单元型的分子鉴定标记。Yamashita 等(2008)也通过 RFLP 技术成功地鉴别了来自日本、荷兰、挪威和爱尔兰地区不同产地的竹夹鱼。

三、PCR-SSCP

聚合酶链式反应-单链构象多态性(PCR-SSCP)技术能区分出非变性聚丙烯酰胺凝胶中单链 DNA 的点突变造成的二级结构差异,多被用在水产品品系间的遗传多态性研究,也可以进行品系鉴定,如 Rehbein 等(1997)发现利用 PCR-SSCP 技术可以鉴定金枪鱼、鳗鱼、鲑鱼等加工水产品标签的真伪性;Rehbein 等(1999)利用该技术完成对鲟鱼鱼子酱的鉴别;刘峰(2007)研究发现 PCR-SSCP 技术可以用在翘嘴鲌、大眼鳜、斑鳜的区分上;黄雪贞等(2012)利用 SSCP 成功地将日本鳖从黄河鳖与黄沙鳖中区分开来。以上实例表明 SSCP 不仅可以鉴别不同水产物种,可作为防止水产交易市场中鱼龙混杂以次充好的鉴定技术,同时也可以进行品系和不同产地来源的同一物种鉴定。

四、荧光定量 PCR

荧光定量 PCR 依据荧光信号随 PCR 扩增的进行而发生变化,信号强度与模板含量及循环次数相关,根据标准曲线和 Ct 值可以对样品进行定量分析(袁亚男和刘文忠,2008)。

近年来,荧光定量 PCR 常被用来进行水产品鉴定,李富威等(2012)根据鳕鱼的 16S rRNA 基因序列设计了引物和探针,对多种鳕鱼及非鳕鱼进行了荧光定量 PCR,结果显示该方法可以准确鉴定出鳕鱼样品,且检测灵敏度高,鳕鱼 DNA 检出限为 0.01 ng/μL,鳕鱼肉粉检出限为 0.01%,表明该方法可以灵敏地检测市售鳕鱼产品中是否含有鳕鱼成分。Dalmasso 等(2007)通过对金枪鱼的 ATPase6 进行荧光定量分析发现,4 种经济价值较高的金枪鱼对应的 T_m 值有明显差别。

李进波(2013)选择鲑科鱼生长激素基因(GH 基因)作为检测靶基因,利用荧光定量 PCR 技术,准确鉴定可以达到 25 pg 的检出限,满足日常检测要求,进一步对市场上 25 份鱼类样品进行检测,发现 4 份未能检出鲑亚科成分,表明市场上有存在用其他鱼种假冒鲑亚科的现象。

五、DNA 条形码

Hebert 等(2003a,b)发现线粒体一段 *COI* 基因片段,可将物种在分子水平上区分开来。这种新兴技术逐渐得到发展,并被命名为 DNA 条形码(DNA barcoding)技术。其基本原理是对样本库中的不同种类进行特征性基因序列扩增,进一步分析获得对应的具有物种特异性的 DNA 条形码,物种间或种内可按照氨基酸序列进行区分,从而实现种质的鉴定(Bariche et al., 2015;Leray and Knowlton, 2015;Xiong et al., 2016)。Becker 等(2015)分别使用传统的形态分类学与 DNA 条形码技术对来自两个新热带地区的鱼类幼体进行鉴定,发现传统的形态学分类只能准确鉴定 25%,而 DNA 条形码技术能完成准确鉴定。

DNA 条形码主要利用 FINS 技术中的 *COI* 片段扩增与测序,依据其序列变异(可区分不同物种且种内变异较小)来完成鉴定和区分。该技术首先在鱼类物种鉴定中获得运用,2005 年国际合作计划——鱼类生命条形码计划开始实施,主要是通过研究鱼类 *COI* 基因,并把含 DNA 条形码、图像和地理位置的全球鱼类用电子数据库的形式构建成标准数据库,目前已对 8000 种鱼类的 *COI* 基因条形码进行了测定(陈信忠等,2017)。DNA 条形码数据库的构建可以为鱼类准确鉴别提供支持,研究结果表明,*COI* 条形码可以区分约 93%的淡水鱼和 98%的海洋鱼类(Ward, 2012)。美国食品药品监督管理局(Food and Drug Administration,FAD)于 2011 年 9 月更新了官方的鱼种鉴定方法,明确用 DNA 条形码技术进行鱼种鉴定。

鱼类 DNA 条形码可以用来对市售产品进行真假鉴别,毕潇潇等(2009)利用 *COI* 片段分析了 4 种鳕鱼的种间存在序列差异,从而可以对市售鳕鱼进行精确鉴定;Hanner 等(2011)利用 DNA 条形码对加拿大市售 254 份样品进行检测分析,发现 41%的样品标签错误;Cawthorn 等(2015)用 DNA 条形码对南非的餐馆与零售商进行采样调查,发现收集的 149 个鱼类样品中,标签误贴率为 18%和 19%;Di Pinto 等(2016)利用 DNA 条形码鉴定了意大利市售鳕鱼和鲽鱼产品,检测到有的面包鲽鱼中混有岩鲽和无须鳕。

鱼类 DNA 条形码还可以用于保护计划,如仔鱼的生态特征对于珊瑚礁鱼类的保护十分重要,但鱼类仔鱼幼体没有明显的形态特征,很难鉴别,而 DNA 条形码技术为仔鱼鉴别开拓了新的方向,Hubert 等(2015)测定了莫雷阿岛开放水域中 505 条仔鱼的 DNA 条形码,其中 373 条被精确到物种水平,涵盖 106 种鱼类,其中 95 种在临近的珊瑚礁中发现了对应的成年鱼。DNA 条形码用于鱼类保护的另外一方面是可用于鱼类濒危物种保护,如鱼翅由于缺乏显著的形态特征而无法判断来自于何种鲨鱼,DNA 条形码技术可以从分子水平上对其进行精确鉴定,可以运用到监管水产品交易中来,以保护濒危鱼种。并且值得一提的是,目前很多观赏鱼类都是采集于野外,由于传统方法准确鉴定物种存在一定难度,故仍有一部分世界自然保护联盟目录中的物种可能被误采集，如 Dhar 和 Ghosh(2015)通过对印度出口观赏鱼进行品种研究发现，51 种鱼中竟有 17 种属于濒危保护物种，所以更准确地鉴定观赏鱼品系，从而有效保护濒危品系，显得极为重要和迫切，而 DNA 条形码技术对品系的准确鉴定为物种保护奠定了基础。DNA 条形码还可为防止贸易欺诈提供依据，如 Yan 等(2016)利用条形码技术鉴定我国进口的短体羽鳃鲐(*Rastrelliger brachysoma*)，结果发现实为细尾副叶鲹(*Alepes apercna*)。

　　除鱼类外，DNA 条形码目前也在许多其他水产品鉴别中被采用，王鹤等(2011)应用 DNA 条形码分析了 11 种中国近海头足类，认为即使在种间遗传距离特别小(0.012～0.0385)的近爱尔斗蛸属(*Pareledone*)6 个代表物种中，DNA 条形码也可以作为准确区分的依据，可以完成精确的品系鉴定。另外，DNA 条形码还在红藻等大型藻类鉴定中得到运用，如 Saunders(2009)利用 *COI* 作为条形码基因成功区分了形态上很难区分的三大混合藻类；而 Radulovici 等(2009)对于甲壳动物中加拿大湾端足、十足、磷虾、糠虾、等足等 39 科中的 507 个个体进行 *COI* 基因 DNA 条形码鉴定，发现 *COI* 种间差异明显；DNA 条形码也可以对软体动物进行品系鉴定，如 Teske 等(2007)通过 DNA 条形码鉴定发现非洲东南部潮间带分布的帽贝是 4 种不同表型。

　　除了 *COI* 之外，线粒体 DNA 片段、28SD2/D3、ITS、*rbcL*、*tufA*、*UPA* 等也可作海洋生物 DNA 条形码基因(林森杰，2014)，在水产品鉴定中，很难寻找到较为统一的条形码基因，研究者需要根据不同的研究对象，确立适用于被研究群落的且被国际认可的标准条形码基因(林森杰，2014)。

六、DNA 芯片

　　DNA 芯片技术也是一种新兴的用于鉴定水产品的 DNA 分子鉴定技术。例如，Kochzius 等(2008)构建了鱼类 DNA 芯片，可鉴别 11 种鱼，在此基础上进一步构建了可以监控 50 多种欧盟重要进口鱼类的 DNA 芯片。

　　有的研究者还将几种技术与芯片结合起来，运用在水产品鉴定中，如柳淑芳等(2016)将 DNA 条形码技术与 DNA 芯片技术结合起来，通过优化筛选鲲科鱼 *COI* 基因序列进行虚拟电子杂交，发现经过 3 轮筛选之后得到的 DNA 芯片技术鉴定的物种占总物种的 46.7%，但检测特异性是 100%。Dooley 等(2005)将 PCR-RFLP 与微量芯片技术结合起来，将 PCR-RFLP 获得的 DNA 片段处理加工到微量芯片中，通过芯片分析仪的毛细管电泳结合荧光分析技术来分析 DNA 的数量和大小，准确地区分了大西洋鲑鱼和虹鳟。

　　随着 DNA 分子鉴定技术的发展，越来越多的分子标记可被用在水产品遗传图谱构建、种质资源筛选、性状基因确定及分离、优良品种选育等方面。除上述分子标记外，还有 AFLP、RAPD、SSR、SNP 等可以运用在水产品鉴定上。例如，

Liu 等（1998）利用 AFLP 技术对斑点叉尾鮰（*Ictalurus punctatus*）和长鳍鮰（*I. fureatus*）两种鮰鱼进行了品系鉴别；Ali 等（2004）利用 RAPD 对鲤属（*Cyprinus carpio*）、鲶属（*Silurus*）、罗非鱼属（*Oreochromis*）、虹鳉（*Poecilia rticulatus*）进行了鉴别；Pinera 等（2006）利用 SSR 技术成功对西班牙水生物种黑斑小鲷（*Pagellus bogaraveo*）、金头鲷（*Sparus aurata*）和狼鲈（*Dicentrarchus labrax*）进行了鉴别。随着高通量测序技术的发展，海量的基因组信息逐渐被获得，在基因组上分布更广泛的 SNP 逐渐替代了传统的 AFLP 等分子标记得到更多运用，如 Itoi 等（2005）利用 SNP 设计特异的探针成功地鉴别价格差别很大的日本鳗（*Anguilla japonica*）和欧鳗（*Anguilla anguilla*）。

　　上述分子手段可以用在市场上水产品及其加工品真伪鉴定上，也可以作为水产品种质资源鉴定技术。

　　水产品种质资源是养殖生产与育种的基础，然而随着养殖产业的不断发展，累代养殖导致的长期近亲繁殖等原因必然会使养殖品种出现退化、混杂等种质资源冲击现象，长此以往会导致一些野生物种的数量逐渐减少，资源多样性遭到破坏，有些物种甚至出现灭绝（王可玲，1998）。例如，我国已有 90 多种鱼被列入《中国濒危动物红皮书——鱼类》，其中已被列入"濒危"级的鱼类达 33 种（王海华等，2003）。

　　基于以上原因，水产品的种质资源保护显得尤为必要和迫切，通过对水产品的种质进行鉴定既可以为优质苗种选育生产和繁殖奠定基础，又可以为全面开展水产品多样性研究，进而掌握种质遗传背景、遗传结构，为水产品种质资源多样性利用和资源保护提供参考。而水产品传统的种质鉴定主要依靠形态和养殖性能的常规鉴定技术，存在鉴定效率低、对环境依赖性强等弱点，进一步发展的同工酶和蛋白质电泳检测技术所能鉴定的品种也有限，同时存在多态性不足等缺陷，而迅速发展起来的 DNA 鉴定技术，能快速方便地检测分析水产品的多态性，存在鉴定稳定等不可替代的优点（郭军，2000）。

　　在种质资源鉴定中，Arnot 等（1993）就曾提出采用一段 DNA 序列来标记物种的想法。Tautz 等（2002）提出 DNA 分类学，认为 DNA 序列可被当作生物分类系统的平台，Hebert 等（2003a,b）发现 DNA 条形码技术可以用作种质鉴定。与传统分类方法比，DNA 条形码技术花费低，数据处理批量大且迅速，是一种高效的物种及资源鉴定方法，得到大量科研工作者的积极推动。2005 年 2 月，第一届国际 DNA 条形码会议在伦敦召开，提出构建一个数据库（www.barcodinglife.org/views/tax-browser-root.php），希望能为 1000 万种物种构建条形码，并实现资源共享。

　　水产生物是全球物种中很大的一个组成部分，目前已发现的海洋生物就有约 21 万种，O'Dor（2003）认为海洋中所含生物应在 210 万种以上，故水产品的种质资源鉴定是一项工作量很大的艰巨工作。相对而言，对某一区域内种质资源的整合显得首要和可行，可为整个水产资源的保护和管理奠定基础。赫崇波等（2017）通过对辽宁省水产种质基因库信息平台的构建，对辽宁省的原、良种场和拟引进的新品种进行了相关的种质检验，涵盖了鱼类、甲壳类、贝类、棘皮类等近百种水产物种，为水产研究者了解种质特性，拓宽优势资源提供了数据依据。相信随着科研的发展，未来有更多的水产种质基因库被构建出来，为资源的整合及种质的优化发展提供基础。

第六节　DNA 分子鉴定技术在茶类及其制品中的应用

茶，是指茶树的叶片和芽。狭义上是指可用于泡茶的常绿灌木茶树的叶片，以及用这些叶片泡制的饮料，后来引申为所有用植物花、叶、种子、根泡制的草本茶，如菊花茶、玫瑰花茶、苦丁茶、蒲公英根茶等；用各种药材泡制的凉茶等，有些国家亦有以水果及香草等其他植物叶而泡出的茶，如水果茶等。本节主要介绍 DNA 分子鉴定技术在茶树、茶叶鉴定及种质资源筛选中的应用。

茶叶种植和饮用始于中国。茶叶中含有儿茶素、胆甾烯酮、咖啡碱、肌醇、叶酸、泛酸等成分，可以增进人体健康。茶类及其制品被誉为"世界三大饮料"之一。我国的茶叶种类甚多，包括红茶、绿茶、花茶、黄茶、黑茶、青茶六大类。目前我国茶叶市场存在着掺假、以次充好等现象，严重损害消费者的利益。茶叶鉴别是指对茶叶进行感官品质鉴别、掺杂使假甄别及品种鉴定。传统的茶叶鉴别方式主要凭借业内人士的经验积累。随着科学技术的发展，分子生物学鉴定技术逐渐应用到茶叶的鉴别领域，使得真伪的判断更加科学可靠。

茶树是茶叶生产最基本的物质资料。保证产品质量的关键是茶树品种真实性和纯度。在茶树品种鉴定及育种研究过程中，因为某些原因引起茶树品种、品系的混杂时，需要检测它们的真伪和纯度。传统方法是采用生长测验，即将种子或幼苗种下，长成植株后通过表型来判断。但是，茶树是多年生木本植物，且许多重要的形态特征是数量性状，易受环境影响，因此很难通过成熟植株的表型去鉴定。研究发现，DNA 指纹图谱能很好地解决这一问题，可应用于茶树和茶叶品种真实性和纯度检测中。

DNA 指纹图谱技术是建立在 DNA 分子水平上，通过分子标记技术对生物基因组上的差异进行区分及放大，从而达到鉴别生物个体的 DNA 电泳图谱技术。由于 DNA 指纹图谱具有高度的变异性和稳定的遗传性，在遗传方式上仍按简单的孟德尔方式进行，成为目前最具吸引力的遗传标记。自 Jeffrey 等（1985）创立了 DNA 指纹图谱后，多种形式的 DNA 指纹图谱技术随之产生。目前分子标记技术有限制性片段长度多态性（RFLP）、随机扩增多态性 DNA（RAPD）、扩增片段长度多态性(AFLP)、简单重复序列(SSR)或微卫星标记、简单重复序列区间(ISSR)和单核苷酸多态性(SNP)等。

一、RFLP 图谱

作为第一代分子标记，RFLP 技术自问世以来便在生物领域得到广泛运用。目前在水稻、小麦等粮食作物品种鉴别上都已有报道。在茶树研究中，由于阿萨姆茶树杂交品种中存在大量杂交片段，使苯丙氨酸解氨酶(phenylalaninammonialyase,*PAL*)基因遗传变异比预测的要大得多。Matsumoto 等(1994)采用3′端"非翻译的序列"长度约 280 bp 的 *PAL* 探针检测了 3 个不同长度的 DNA 片段，分别命名为 A、B 和 D，并且该片段均根据孟德尔的单基因比例遗传。因此，根据 A、B 和 D 片段可识别的 *PAL* 基因是复等位基因，而 *PAL* 基因在单倍体基因组中作为单基因存在。Matsumoto 等(1994)通过 RFLP 技术对提取的茶树 *PAL* cDNA 基因多态性进行分析，成功地将阿萨姆杂交品种和日本绿茶品种进行了区分，并在品种层次上对日本绿茶进行了分组。

薮北茶作为一种日本广受欢迎的绿茶品种，在邻国也得到广泛种植并进口与本地薮北茶混合销售，Kaundun 和 Matsumoto(2003)利用 STS-RFLP 技术，能够对新鲜和加工过的日本绿茶进行鉴定，以 46 个主要的茶树品种为基础，通过对苯丙氨酸解氨酶、查耳酮合酶和二氢黄酮醇-4-还原酶 3 个基因的编码和非编码 DNA 区域进行 RFLP 分析，不仅有效地鉴别了 46 个日本茶树品种，同时可以很容易地利用共显性 DNA 标记的组合来区分薮北茶与其他茶树品种，该技术成本低，能够进行快速产品验证。但 RFLP 方法步骤烦琐，费时费力，限制了其在茶树鉴定中的大规模应用。

二、CAPS 图谱

CAPS 即酶切扩增多态性序列，是通过对已知序列设计特异引物，经 PCR 扩增后再利用 RFLP 技术来检测产物多态性的一种分子标记技术，因此又称为 PCR-RFLP。该技术具有位点特异性、操作容易和成本低等优点，已运用于植物品种鉴别、分子鉴定和多样性分析等方面的研究。但基于 PCR 的 RFLP 技术在茶树分子生物学研究中的应用较少。

Ujihara 等(2005)利用 7 个 CAPS 标记对日本市场上的拼配绿茶成分进行了鉴定，发现 CAPS 标记对不同茶树品种制成的成茶能准确区分鉴定。Ujihara 等(2011)根据编码氮同化蛋白的基因设计了 5 对引物，同时根据茶树根部表达序列标签(EST)设计了 26 对引物，根据引物扩增和限制性内切酶实验结果最终确定了 16 对 CAPS 标记，对覆盖日本 95%种植面积的 67 个茶树品种进行了分析，将得到的电泳条带转换为基因型，构建了 63 个茶树品种的指纹图谱。该研究对日本茶叶市场上配制茶成分标签混乱的行为起到一定的威慑作用。

黄建安等（2008）采用 PCR-RFLP 技术，检测了茶树多酚氧化酶（PPO）基因中的 4 个限制性内切核酸酶酶切位点在不同品种中的多态性。研究发现 Hpa Ⅱ 酶切位点呈现高度多态，BsuR Ⅰ 酶切位点呈现中度多态，这 2 个酶切位点在不同品种中的基因型分布与品种的遗传背景有直接的关联，可作为遗传标记应用于茶树品种遗传亲缘关系分析。Hpa Ⅱ 酶切位点在引物 L7/L8 扩增区段存在丰富的多态性，且与品种适制性具有明显关联，适制红茶的品种多为 AA 基因型，此位点能被 Hpa Ⅱ 内切酶完全酶切；适制绿茶与乌龙茶的品种多为 BB 型或 AB 型，此位点不能被酶切或不能完全被酶切，该 Hpa Ⅱ 酶切位点可作为茶树品种适制性早期鉴定的遗传标记。此外对引物 L7/L8 扩增区域的 Hpa Ⅱ 酶切位点在'祁门-4 号'×'潮安大乌叶' F_1 代群体进行分型检测的结果表明，该位点在 F_1 代的分离符合孟德尔遗传规律，成功对杂交茶树树种的遗传背景做出了鉴别。该方法与在实验中采用的其他 DNA 分子鉴定方法相比，是一种准确、稳定、简便的方法，但 PCR-RFLP 方法需预先知道被研究对象的部分碱基序列，才能设计引物进行下一步的研究。

李欢（2009）以原产四川及从福建、浙江、贵州、湖南、广州引入四川茶区的 30 份茶树栽培品种为材料，利用 PCR-RFLP 技术对 30 份茶树品种的叶绿体 DNA（cpDNA）多态性进行研究，结果表明，以 7 个叶绿体基因组 PCR-RFLP 标记的 53 种引物/酶组合不能将供试的 30 份材料全部区分开，但以所有材料的遗传距离 0.045 为阈值，可将其划分为 3 类。第一类包括原产四川的'蒙山 9 号''蒙山 11 号''蒙山 23 号''蜀永 307'，以及原产贵州的'黔湄 419'和从云南大叶变异的个体单株选育的'菊花春'；第二类包括原产福建和浙江的'安吉白茶''乌牛早''龙井 43''龙井长叶''浙农 113''浙农 117''春波绿''福鼎''迎霜''劲峰''元宵茶''政和''梅占''福鼎大毫茶''福选 9 号''平阳特早''福建水仙'；第三类包括原产湖南、广东的'东湖早''楮叶齐''英红 1 号''英红 2 号''黄叶水仙'，以及原产海南的'海南大叶'及原产贵州的'黔湄 303'。因此茶树叶绿体 DNA（cpDNA）的 PCR-RFLP 聚类结果与茶树品种来源和地域分布有关。因此以茶树叶绿体 DNA 构建的茶树品种间亲缘关系的分子系统树状图，既为茶树杂交培育新品种提供了有利的理论依据，又有利于茶树品种的整理和研究。

三、RAPD 图谱

RAPD 技术与 RFLP 技术相比，具有简便易行、无放射性同位素的使用，无须专门设计引物等优点。在茶树研究方面，虽然对茶树遗传多样性在 DNA 水平上的研究在国内外都有较多的文献报道，但相对应用较多的只有 RAPD 标记。

肯尼亚的 Wachira（1993）率先开展了茶树分子标记的研究，并在茶树资源种类鉴别、遗传多样性及遗传关系等方面取得了一定研究成果。Wachira 等（1995）通过 RAPD 技术区分了阿萨姆茶（*Camellia assamica*）、茶（*C. sinensis*）及尖萼茶（*C. assamica* ssp. *lasiocalyx*）3 个栽培类型共 38 个无性系品种的遗传多样性和分类关系。结果在物种之间发现了 70% 的遗传变异，这些遗传变异能够很好地区分上述 3 个栽培类型的茶树品种。另外 Warchira（1996）用 RAPD 标记技术对肯尼亚茶树种质资源进行研究分析，得出其遗传多样性高达 93%，从而否定了关于肯尼亚的茶树种质资源来源于印度阿萨姆种、遗传基础非常小的推测。在 1997 年，Wachira 等对山茶属 4 亚属 8 组 28 个种的植株进行了 RAPD 分析，结果表明 RAPD 产物 OPN-03-1400 可揭示山茶属植物组间水平上的遗传演化关系，茶组（Sect. *Thea*）—连蕊茶组（Sect. *Theopsis*）—毛蕊茶组（Sect. *Cameliopsis*）—红山茶组（Sect. *Camellia*）—短柱茶组（Sect. *Paracamellia*）—油茶组（Sect. *Oleifera*）—糙果茶组（Sect. *Furfuracea*）—古茶组（Sect. *Archecacamellia*），即茶组的遗传距离最接近连蕊茶组，而与古茶组的遗传距离最远，因此古茶组可能是茶组最原始的祖先。该结果在一定程度上证实了茶组植物由原始山茶亚属的古茶组进化而来的推断。

　　Hackett 等（2000）同时采用 RAPD 与 AFLP 两种方法，对来源于世界各地包括印度、斯里兰卡、中国、日本、越南、肯尼亚等地的 40 个茶树品种进行了遗传多样性研究，共获得 266 条清晰的多态性扩增带，其中 AFLP 扩增产物的多态性程度最高，通过对多态性条带进行聚类分析，可将 40 个品种划分为 3 个主要的类群，其中一个类群包含所有的阿萨姆变种，另一个类群包含所有的中国变种，而第三组为一混合类群，包含了栽培型和野生型茶树品种，如中国台湾地区用于制作乌龙茶的栽培品种 'yamacha' 被划分到该类群中。对遗传距离的计算结果表明，来自不同国家的茶树品种，在种群内都存在丰富的遗传变异。

　　由于茶树富含茶多酚、茶碱等抑制物，严重影响 RAPD 反应的顺利进行，因此在基因组 DNA 的提取中，有效降低茶多酚等抑制物的存在，对提高 DNA 的提取质量至关重要。陈亮等 1997 年开始研究茶树基因组的提取方法，并对 RAPD 分析中影响 PCR 扩增结果的因素进行了研究，结果表明通过改进常规 DNA 提取方法，完全可以获得符合 PCR 扩增要求的 DNA 制品，优化 PCR 反应体系和反应程序可以得到重复性好的 RAPD 扩增谱带，从而进一步用于茶类及其制品研究。茶树是典型的异花授粉植物，其遗传背景非常复杂。基于 DNA 水平的分子标记技术则是研究茶树遗传多样性的有效工具。20 世纪 90 年代中期，世界主要产茶区都各自采用 RAPD 标记技术开展茶树遗传多样性的研究。吴美贞（1994）对韩国 35 个自生茶树的 RAPD 分析表明其遗传多样性达 84.5%。金惠淑等（2001）利用 RAPD 技术并结合类平均法聚类分析法对中国、韩国和日本的 46 个茶树品种的基因组 DNA 多态性进行了研究。结果表明，19 个有效随机引物对 46 个样品共扩增出 200 条 RAPD 带，其中多态性带达到 84.3%。中国和韩国茶树品种 DNA 多态性分别为 86.2%和 78.2%。46 个品种之间的遗传距离为 0.279~0.654。聚类分析结果表明，46 个供试品种可分成 4 个类群，韩国茶树品种及日本的薮北种与中国浙江的鸠坑种具有较近的亲缘关系。这些研究为茶树的起源中心、亲缘关系的研究和品种鉴定提供了分子生物学依据。

RAPD 分子标记是检测种质亲缘关系的有效工具，其可用来对茶树树种来源及真伪进行鉴别。在茶树上，梁月荣等(2000)利用 RAPD 技术对茶树无性系品种晚绿进行亲本关系分析，从中选出 6 条引物对 8 份供试材料基因组 DNA 进行鉴定，其中 4 个 RAPD 分子标记显示出'晚绿'品种的特异性，说明包括'静在 16'在内的 4 个茶树品种都不是'晚绿'的真正父本。黎星辉和施兆鹏(2001)用 RAPD 标记对'云南大叶'与'汝城白毛茶'进行人工杂交所得的 F_1 代植株进行亲子鉴定，同样证实了 F_1 代植株是其亲本的真正后代。罗军武和施兆鹏(2002)选用 3 个人工授粉的茶树杂交组合的亲本及其 F_1 代进行 RAPD 分析，结果显示：双亲的 RAPD 谱带均能在其 F_1 代中表现出来，表现率分别为 94.09%、97.92%、98.64%，说明 3 个杂交单株是其亲本的真正后代。陈亮等(2002)对山茶属植物 24 个种、变种建立了相互间的遗传距离，并从遗传距离探讨了一些种的亲缘关系，结果表明 RAPD 技术为茶树及其近缘植物遗传多样性、亲缘关系和分类演化提供了可行的分子生物学方法。

在茶树品种鉴别方面，利用 RAPD 标记可以鉴别形态极其相似的不同种质资源。陈亮等(2002b)应用 RAPD 标记对原产于云南等地的 24 份野生茶树资源进行分子鉴定研究。结果表明，RAPD 标记在鉴定茶树种质资源方面非常有效。有 3 种独立的方法可以用于茶树种质资源的分子鉴定：特殊的标记、特异的谱带类型及不同引物提供谱带类型的组合。16 个特异标记的存在和 3 个特异标记的缺失可以鉴定 14 种茶树资源；OPO-13 扩增的 13 种谱带类型可以鉴定 10 份资源。因此利用最少数量的引物获得最大鉴定能力，对种质资源的分子鉴定尤为重要。OPO-13、OPO-18、OPG-12 和 OPA-13 4 个引物带型的组合则可以鉴定所有 24 种茶树，包括形态和生化成分上几乎没有差异的 2 株毗邻野生茶树。但是 RAPD 为显性标记，后代与某一亲本的带型可能完全相同，可能会影响实验结果的可靠性。

谭和平等(2004)利用 RAPD 技术对我国 30 多个国家级及省级茶树优良品种进行了分析，从 360 个十聚体随机引物中筛选出 144 个有多态性的引物。同时能在红茶、绿茶两大茶类上产生多态性的引物有 57 个；能在红茶、绿茶、乌龙茶三大类茶树种类上产生多态性的引物有 38 个；在这其中都能产生多态性的引物中仅有 22 个引物多态性效果好。结果发现，使用 OPI-14 一个引物扩增的 DNA 指纹图谱能区别开绿茶的 15 个品种，使用 OPI-13 能区别开绿茶、红茶的 12 个品种(其中，绿茶 5 个、红茶 7 个)，使用 OPA-10 能区别开绿茶、红茶、乌龙茶共计 12 个品种。因此利用 RAPD 技术进行茶树或茶叶品种鉴别是完全可行的。

　　Kaundun 等（2000）采用 RAPD-PCR 技术对来自韩国、日本和中国台湾的 27 种优质茶的多样性进行了分析。对 50 个引物扩增条带分析发现，17 个引物产生了 58 个多态和可复制的条带，其中至少有 3 个引物可完全区分来自中国台湾、日本和韩国的 27 份茶树资源。香农指数（Shannon's index）分析表明，71%的变异发生在组内，29%存在于组间。韩国茶叶的遗传多样性最大，其次是中国台湾和日本茶叶。在韩国茶叶中相对较高的变异多样性反映了其茶树种植较为分散导致其遗传基因库较大，而日本茶叶较低多样性则可能与该国长期而集中的茶树育种有关。以 Jaccard 距离和多变量的分析构建的树状图表明，上述 27 种茶可分成两组，台湾的栽培品种组合为一组，韩国和日本茶叶可分为另一组。该研究表明中国台湾茶可能与韩国和日本茶叶有不同的起源。

　　王雪萍（2006）采用 RAPD 技术对来自四川的 36 份茶树资源进行亲缘关系的 UPGMA 聚类分析，结果表明，当以欧氏距离为 0.385 来划分时，36 份茶树栽培品种聚为 3 个复合组和 2 个独立组。第一类包括原产四川的‘蜀永 307’‘早白尖 5 号’‘南江 4 号’‘名山白毫’‘名山早’‘蒙山 9 号’‘蒙山 11 号’‘蒙山 23 号’，以及原产贵州的‘黔湄 419’；第二类包括原产福建和浙江的‘福鼎大白茶’‘福选 9 号’‘福鼎大毫茶’‘梅占’‘政和’‘元宵茶’‘龙井 43’‘龙井长叶’‘浙农 117’‘平阳特早’‘乌牛早’‘黄叶早’‘青峰’‘茂绿’‘碧云’‘迎霜’‘安吉白茶’，以及从‘福选 9 号’变异的个体单株中选育的‘名选 213’；第三类包括原产湖南、广东、安徽、江苏的‘东湖早’‘楮叶齐’‘英红 1 号’‘英红 2 号’‘凫早 2 号’‘锡茶 5 号’‘锡茶 11 号’。‘南江 3 号’‘黔湄 502’则游离在这三大类之外，分别单独聚为一类。表明 RAPD 聚类结果与茶树品种地域分布有关。此外，利用 16 条随机引物 RAPD 扩增产生的 40 个特异标记的存在和 12 个特异标记的缺失，鉴定出‘蜀永 307’‘南江 3 号’‘名山白毫’等共 29 份资源。引物 S3 扩增的 27 种谱带类型中的 24 种特异谱带类型可以鉴定‘南江 3 号’‘南江 4 号’‘名山白毫’等共 24 份资源；引物 S10 扩增的 21 种谱带类型中的 16 种特异谱带类型可以鉴定‘蜀永 307’‘早白尖 5 号’‘南江 3 号’等共 16 份资源；引物 S3 与 S10 扩增带型的组合则可以鉴定所有 36 份资源。表明利用 RAPD 技术进行茶树品种分子鉴别是可行的。

四、SCAR 图谱

　　RAPD 技术具有操作简便易行，分析速度快，所需 DNA 样品量少等优点，并且可在对某物种没有任何分子生物学研究基础的情况下，进行遗传多样性研究，比较适合茶树的遗传多样性研究，所以目前在这方面开展的研究工作也比较多。然而 RAPD 对 PCR 条件非常敏感造成重复性差，扩增出来的条带较多容易出现错误的分析，而且 RAPD 属于显性标记，在应用上受到限制。SCAR 标记作为一种新兴有效的辅助选择分子标记，操作简单，重复性好，能够有效地提高树种选择及茶叶鉴定效率，加快茶树育种的步伐。然而在茶树遗传育种中 SCAR 标记的开发和应用研究刚刚起步，现有的研究只涉及品种和致病物鉴别等几个方面，今后应加强 SCAR 标记在茶树育种方面的开发和应用研究工作，SCAR 标记有望发展成为茶树中可以利用的较理想的分子标记。

丁洲等(2008)开展了茶树的 RAPD 标记向 SCAR 标记转化的研究。通过将随机引物在不同茶树品种基因组 DNA 中扩增得到的特异性片段，经回收、克隆、测序后重新设计 1 对特异性引物，结果表明，用 SCAR 引物扩增的 DNA 条带清晰明显，与 RAPD 相比，其对反应条件的敏感程度低，因此特异性和重复性较好，是一种可以直接指导茶树生产实践的种质鉴定方法，解决了 RAPD 标记的不稳定性和 AFLP 标记的烦琐、高成本等问题，这也进一步证实了 SCAR 标记的优越性，提高了分子鉴定的稳定性。此外，丁洲等(2009)运用优化后的 RAPD 反应体系对 10 个茶树品种的基因组 DNA 进行遗传差异分析，随机引物 S89、S4 分别在'白毫早'和'福云 6 号'中扩增得到长度为 498 bp、1622 bp 的差异片段，命名为 BHZ498、FY1622。根据测序结果分别设计了一对特异引物，BHZ498 的特异引物为 SB1/SB2；FY1622 的特异引物为 SC1/SC2，用这两对特异引物对 10 个茶树品种的基因组 DNA 进行扩增。引物 SB1/SB2 和 SC1/SC2 分别在白毫早和福云 6 号中扩增出唯一的一条扩增带，而这两对引物在其他供试茶树材料中均无相应的扩增带，结果表明已将 BHZ498、FY1622 标记成功转化成 SCAR 标记。但该研究只设计了一对引物，降低了 SCAR 标记的多态性，因此还需进一步扩大实验范围，筛选更多随机引物，构建与茶树某个性状紧密连锁的分子标记，从而提高 SCAR 技术的适用范围。

茶叶是印度最重要的种植作物之一，占全球茶叶产量的 1/3。然而，由于大规模使用无性繁殖技术和对古老植株的砍伐，茶叶的遗传多样性正在逐年降低。kalita 等(2014)以茶树 DNA 为基础，对印度茶叶种质资源的特性进行了研究。kalita 研究团队首先识别出了阿萨姆型茶的 RAPD 特定标记(811 个碱基对)，通过 RAPD 序列进行克隆和测序将其转化为 SCAR 标记。一对来自 SCAR 标记的引物扩增出 640 bp 的产物将阿萨姆类型的茶叶与其他品种区分开来。该 SCAR 标记有助于快速识别阿萨姆类型的茶叶，从而节约时间和成本。

在茶叶虫害检测方面，刘循等(2009)以局部发生的黑刺粉虱(*Aleurocanthus spiniferus*)为对象，利用 SCAR 标记技术获得了长度为 987 bp 的黑刺粉虱特异性片段，根据此片段的碱基序列设计黑刺粉虱特异性引物 1 对(AS-F518/ASR938)。该研究以 SCAR 标记技术成功地将黑刺粉虱与其他种类的粉虱如橘绿粉虱、烟粉虱(B 型、Q 型、ZHJ-1 型和 ZHJ-2 型)、温室粉虱、螺旋粉虱等进行了有效区分，体现了该方法的特异性。该项研究说明，SCAR 分子标记技术有望在茶树苗木调运的害虫检疫和监测或检测中得到实际应用。

五、AFLP 图谱

AFLP 综合了 RFLP 和 RAPD 两种标记的优势，分析所需 DNA 量少、多态性强、分辨率高，因而在茶树资源育种、鉴别及种质遗传关系等方面得到了广泛研究。

Paul 等（1997）最先将 AFLP 分子标记技术应用于茶树遗传学的研究，他们采用该方法对从印度和肯尼亚不同地方收集到的 32 个茶树基因型的指纹图谱进行了分析，结果表明，在印度与肯尼亚茶树种群内存在相当高的变异，平均有 79% 的变异在种群内，而有 21% 的变异在印度与肯尼亚茶树种群间，但高棉型种群内的变异最低。由拥有的共同谱带为基础所构建的树状图，可以明显地将茶树区分为中国型（sinensis）、阿萨姆型（assamica）和高棉型（assamica ssp. lasiocalyx）3 个族群。

黄福平等（2004）应用 AFLP 技术检测了 45 份乌龙茶种质资源种群内遗传多样性差异，结果表明组内遗传多样性以武夷山种质资源最高，其次为安溪的种质资源，台湾的品种资源间的多样性最小，香农指数分别为 0.452、0.397、0.128。同时利用 AFLP 技术对种群间的遗传相似性程度进行比较，结果表明，种群间以武夷山与安溪种群间的遗传相似性最高，达 0.9505。以台湾和潮安县类型间的相似性最低，相似性系数为 0.77。因此，来源于福建武夷山、安溪和台湾的 3 个种群亲缘关系较近。

黄建安等（2005a）利用优化后的 AFLP-银染技术体系，得到了'储叶齐''龙井 43'等 13 个茶树品种清晰可见、分辨率高的指纹图谱。另外，黄建安等（2005b）采用改进的 AFLP 技术体系，对'祁门 4 号'×'潮安大乌叶'的 F_1 代群体进行了连锁图谱的构建。经 22 对引物组合的选择性扩增，共获得 1925 条带，平均每对引物产生 87.5 条带，获得多态性带 485 条，多态性带的比例为 25.19%。共有 356 个多态性位点符合孟德尔分离比例，其中发生 1∶1 分离的位点为 247 个，发生 3∶1 分离的位点为 109 个。采用 Mapmaker/Exp 3.0 软件进行连锁分析，分别构建了'祁门 4 号'与'潮安大乌叶'的 AFLP 分子连锁图谱，其中母本图谱包括由 208 个标记组成的 17 个连锁群，总图距为 2457.7 cM，标记间平均间距为 11.9 cM。父本图谱包括由 200 个标记组成的 16 个连锁群，总图距为 2545.3 cM，标记间平均间距为 12.8 cM。这是国内构建的首张茶树遗传图谱，为茶树珍贵资源与优异品种的保护、品种与品系的分子鉴别，以及引种与苗木繁殖的质量与茶叶检测等提供科学依据。

周李华（2006）采用 AFLP 技术对'乐昌白毛茶'的 12 个单株和'云南大叶''海南大叶''白毛茶''桂北大叶种''江西宁州种' 5 个对照，利用 5 对引物组合，对 17 个材料进行了遗传多样性分析，结果表明：AFLP 标记在乐昌白毛茶中多态性较高（74.5%），表明乐昌白毛茶有性品种种内具有丰富的遗传多态性，存在核心群体。另外，采用 AFLP 银染技术对 30 个茶树群体品种进行了 DNA 鉴定，为其中 23 个品种找到了独一无二的 AFLP 指纹 Marker。其余的品种用 2 条或 3 条特异带完全可以分开。选用的 5 对引物中有 3 对引物可以将供试材料全部鉴别开来，鉴别率达 100%，另外 2 对引物对供试材料的鉴别率达 93.3%。表明 AFLP 技术是鉴定茶树种质资源的强有力的方法，因此它不仅适用于茶树种质资源种间和种内的遗传多样性和亲缘关系分析，也适用于品种的鉴定和鉴别。

赵超艺等(2006)用 AFLP 技术对 25 个广东茶树群体品种和 5 个对照品种进行遗传多样性分析，5 对引物共扩增出 401 条带，多态性条带 338 条，说明广东茶树群体品种遗传多样性十分丰富。30 个茶树群体品种之间遗传相似性以'清凉山茶'和'清远笔架茶'最高，'桂北大叶种'和'凤凰水仙'之间最低。

晏嫦妤(2007)对 AFLP 扩增结果进行聚类分析，以遗传距离 0.41 处取一结合线，可将 34 个凤凰单丛古茶树资源分为三大类，其中'兄弟仔'、'白叶单丛'和'字茅黄桅香'聚在一类，'通天香'单独为一类，其他的古茶树品种聚为一类。在遗传距离为 0.32 处取一结合线，可以将 34 个古茶树资源分为如下十三大类，第一类：'宋茶号''佳常黄桅香''锯剡仔''字茅桂花''八仙过海''再城奇兰香''大乌叶'；第二类：'成广杏仁''大庵桃仁''伟建茉莉香''佳河杨梅香''破头夜来香'；第三类：'团树叶''乌累桂花''狮头蜜兰''大庵蜜兰''官目石玉兰''娘仔伞''肉桂香''大庵肉桂'；第四类：'大庵宋茶''棕蓑挟''粗香黄桅香'；第五类：'礼光苦种'；第六类：'兄弟茶''文建林古茶'；第七类：'鲫鱼叶''鸡笼刊'；第八类：'福南蜜兰'；第九类：'姜花香'；第十类：'字茅黄桅香'；第十一类：'兄弟仔'；第十二类：'白叶单丛'；第十三类：'通天香'。因此该结果可以作为凤凰单丛分类的理论依据和基础。另外采用 AFLP 技术对 34 个凤凰单丛古茶树资源进行品种鉴别分析，结果显示，选用的 5 对引物均可鉴别出全部的供试材料，鉴别效率为 100%，有 23 个资源具有特异带，这充分说明了用 AFLP 技术鉴定茶树种质资源的效率很高。

Balasaravanan 等(2003)运用 AFLP 标记技术对南印度普遍种植的 49 个栽培品种的遗传多态性进行了分析，将 49 个栽培品种分为中国型、阿萨姆型及禅叶型三个群，中国型的多样性最高为 0.612，阿萨姆型的多样性最小为 0.285，阿萨姆型与禅叶型之间的遗传距离最大为 0.946，阿萨姆型与中国型之间的遗传距离最小为 0.825，研究结果表明目前南印度普遍栽培的茶树品种的遗传多样性小。

在印度大吉岭地区由于其相对封闭的地理隔离，其茶树种质资源表现出与其他地区与众不同的特点。Mishra 和 Mahdi(2004)采用 AFLP 技术对大吉岭茶树的遗传多样性进行了研究。聚类分析树状图结果表明其与前期的基于形态学特征的分组一致。这些样本之间的基因关联程度达 70%。结果表明，来自中国的茶树遗传变异程度较高。3 种类型的无性繁殖种群(中国种、阿萨姆种和柬埔寨种)组间及组内变异程度分别是 63%和 36%。

Mishra 和 Sen-Mandi(2004)利用 AFLP 技术对印度大吉岭茶树遗传多样性进行研究，结果表明其遗传系统树图谱与先前以形态特征为依据的分类结果一致。大吉岭茶树品系间的遗传相似性达 70%。在中国类型品种中变异程度较大，在 3 个种质类型(中国种、阿萨姆种和柬埔寨种)之间及内部的变异程度分别是 63% 和 36%。

为了恢复西喜马拉雅地区特有的茶树种植，Karthigeyan 等(2008)对来自喜马拉雅山西部地区的 14 份茶树资源进行了茶树叶片特性、儿茶素含量和 AFLP 标记定量分析。结果表明，与中国其他品种的种质资源相比，来自西喜马拉雅地区的种质资源表现出较高的多样性。在形态特征定量分析中，叶长度在鉴别研究的过程中具有重要的意义，在主成分分析中具有较高的比重。另外儿茶素含量和 AFLP 标记显示了所登记基因的构成。二羟化和三羟化儿茶素合成的遗传控制是建立在与 AFLP 标记的相关性基础之上的。此外 Kangra Asha 和 Kangra Jat 树种的基因相似性表明，Kangra Jat 确定来自于 Kangra Asha 树种，但由于其具有较高的高儿茶素含量，Kangra Jat 很好地适应了当地的环境条件。因此上述研究使这些特色茶树资源信息得以完善。

Raina 等(2012)通过 412 个 AFLP 标记分析了代表印度 15 类形态的 1644 份茶树资源，主成分分析和邻接(neighbor-joining，NJ)聚类都将 1644 份资源分为六大主类群，其中以阿萨姆变种为主的类群表现出最广泛的遗传变异。

六、ISSR 图谱

ISSR 技术克服了 AFLP 的缺点，操作快速简单，是一种很好的 DNA 指纹图谱技术。姚明哲等(2005)利用筛选出的 8 个 ISSR 引物对 6 个茶树品种的基因组 DNA 进行扩增，共扩增出 99 条带，多态性平均为 79.6%。由两个 ISSR 引物 TRI22 和 TRI30 扩增的指纹图谱可清楚区分 6 个不同品种，利用特殊 ISSR 标记的存在或缺失及不同标记组合也可以鉴别不同品种。根据 Nei-Li 系数将 6 个品种聚为两类，'茂绿'、'翠峰'、'青峰'、'迎霜'和'劲峰' 5 个品种聚为一类，'龙井 43'单独聚成一类，聚类分析证实了它们的亲缘关系。该研究结果表明，ISSR 作为一种信息量高、重演性好的分子标记，应用于茶树品种鉴别和亲缘关系分析是非常有效的。

利用最少数量引物获得最大鉴定能力，这对茶树种质资源的分子鉴别尤为重要。刘本英等(2009)对 134 份云南茶树资源进行了 ISSR 分析，用 3 种独立的方法对茶树种质资源进行了鉴别：特殊标记、特异的谱带类型和不同引物提供谱带类型组合。结果表明，UBC807 等 12 个引物扩增的 10 个特异标记的存在和 15 个特异标记的缺失,可以为'香竹箐大山茶'等 21 份资源提供鉴别依据。引物 UBC811 扩增的 54 种谱带类型可以以'海南大叶' 1 等 35 份资源提供鉴别依据。UBC811、UBC835、ISSR2、ISSR3 4 个引物带型的组合可以鉴别所有的 134 份茶树资源,为这 134 份云南茶树资源构建了可以相互区别的 DNA 指纹图谱。刘本英等(2011)后来又以 20 个云南无性系茶树良种为材料,选用 7 对多态性丰富、品种区分率高、易统计的 ISSR 引物对茶树良种进行分析。结果显示,7 对 ISSR 引物共扩增出 110 条带,其中多态带 93 个,多态条带比例为 84.54%,多态信息量平均为 0.417,品种相似性系数为 0.574~0.854,其中引物 UBC835/ISSR2 不仅多态性丰富,且单个引物就可区分所有品种,是最有效的核心引物;7 对核心引物两两组合的效率分析表明,UBC835/UBC811、ISSR2/UBC835 和 UBC835/ISSR3 是高效引物组合,可以完全有效区分所有品种,且品种相似性系数较低;同时使用 15 个地方品种验证 3 个高效引物组合,结果表明,UBC835/ISSR2 是最佳引物组合,不仅能有效区分所有云南无性系茶树良种,而且能将云南无性系良种与 15 个地方品种最有效地区分开。使用品种的国家地区代码、育种单位英文缩写、核心引物名称和分子数据组成云南无性系茶树良种的 DNA 指纹图谱,不仅包含了品种的重要信息,而且其中的分子数据可用作茶树品种的真伪鉴定和遗传关系分析,为茶树品种的知识产权保护提供有效的科学依据。

　　梅洪娟等(2012)以凤凰单丛茶主要的两大香型:黄枝香和芝兰香中各选出 4 个品种作为 ISSR 多态性引物初步筛选的 DNA 样品,利用 ISSR 分子标记的方法,使用哥伦比亚大学公布的 100 种 ISSR 引物对 DNA 样品进行多态性分析。初步筛选出 11 条具有多态性的引物,其中部分引物具有特异性。同时利用已筛选出来的部分引物对 8 种香型的凤凰单丛茶品种(系)进行遗传多样性分析,计算其遗传相似性系数,利用 UPGMA 法作聚类图,建立了 DNA 指纹图谱。所选用的引物可以有效地区分 8 种香型的凤凰单丛茶品种(系),为不同香型凤凰单丛茶品种(系)DNA 指纹图谱的构建提供了一定的数据支持。随后梅洪娟(2014)从 58 个 ISSR 引物中筛选出 6 个重复性好、多态性丰富的核心引物,可对未知凤凰单丛茶品种进行鉴定。此外该研究将 6 个 ISSR 核心引物进行两两组合,在形成的 15 组核心引物组合中选择最佳引物组合 UBC827/UC846,利用该高效核心引物组合构建了 39 份凤凰单丛茶品种的 DNA 指纹图谱的二维码。依据特征性成分和分析手段的不同对指纹图谱技术进行了系统的分类;首次将二维码技术应用到凤凰单丛茶品种指纹图谱的构建中,成功构建了 39 份凤凰单丛茶品种的 DNA 指纹图谱二维码,为建立凤凰单丛茶的网络数据库及产业物流链提供了数据支持。

　　在前期研究基础上,为能够快速、准确地对不同品种(系)凤凰单丛茶进行鉴定,建立不同品种(系)凤凰单丛茶的 DNA 指纹图谱,马瑞君等(2014)利用 ISSR 分子标记技术,以 4 份凤凰单丛茶品种为材料,对 UBC802~UBC899 等 58 条 ISSR

引物进行筛选，得到了 12 条多态性好的 ISSR 引物。在确定引物最佳退火温度后，利用这 12 条 ISSR 引物对 39 份凤凰单丛茶进行了扩增，结果显示，从其中筛选出的 6 条核心引物共扩增出 84 条带，平均每个引物扩增出 14 条带，其中多态性条带 78 条，多态性条带比例为 92.86%，多态信息量平均为 0.9456，其中引物 UBC843 多态性最为丰富，品种相似性系数在 0.4063～0.9836；为将 39 份凤凰单丛茶品种全部区分开，该研究还对 6 条核心引物进行了组合，发现其中 UBC827/UBC846 的组合鉴别效率最高；通过综合品种名称、国家地区编号、采样地点、高效核心引物组合名称及 ISSR 数据代码，建立了 39 种凤凰单丛茶的 DNA 指纹代码。通过整合软件录入如品种指纹图谱代码、香型、海拔、ISSR-PCR 扩增数据图片等更多相关信息，形成指纹图谱二维编码，构成凤凰单丛茶的 DNA 指纹图谱，为凤凰单丛茶品种权益保护及信息平台的建立提供了数据支持。

唐玉海等（2007）用筛选出的 12 个 ISSR 引物对 17 个茶树品种的基因组 DNA 进行扩增，共扩增出 61 个条带，其中多态性条带 53 条，占 86.89%，平均每个引物组合扩增出 5.08 个条带。根据 Nei-Li 系数可将 17 个茶树品种聚为 2 类。结果显示 ISSR 是一种重复性好、效率高的分子标记，可以用于茶树品种的遗传多态性分析。

林郑和等（2007）利用 ISSR 分子标记对我国 39 份茶树种质资源进行遗传关系研究，从 40 条引物中筛选出 15 条引物，共扩增出 143 个位点，其中多态性位点为 131 个，占 91.6%。通过 UPGMA 聚类分析，39 个茶树种质资源 GS 变化范围为 0.21～0.95，其中'慢奇兰'与'竹叶奇兰'GS 值最大、遗传相似程度最高、遗传距离最近；'崇庆枇杷茶'与'英红 1 号'GS 值最小、遗传相似程度最低、遗传学差异最大。聚类分析将 39 个种质资源划分为 3 个大类，'崇庆枇杷茶'与'英红 1 号'，属于原始类型资源，归为一类；'九龙珠'与'黄龙'属于较原始类型，也归为一类；其余的种质资源归为一类。因此 ISSR 作为一种信息量高、重演性好的分子标记，应用于茶树遗传多样性和亲缘关系分析是非常有效的。

姚明哲等（2007）利用 ISSR 分子标记分析了我国 36 个主要茶树无性系品种的遗传多样性和亲缘关系。结果表明 20 个 ISSR 引物在供试品种中共扩增出 368 条谱带，其中多态性条带占总条带的 99.7%，供试品种的基因多样性和香农指数分别为 0.23 和 0.38。茶区内茶树品种的遗传多样性低于总体水平，江南和华南茶区主栽无性系品种的多样性高于西南茶区。方差分析（analysis of variance，ANOVA）表明区域因素引起的变异远小于品种因素。供试品种间的相似系数为 0.58～0.84，平均为 0.69，显示出我国茶树主栽品种的遗传基础已相对比较狭窄。ISSR 聚类分析表明，中国台湾品种'金萱'与大陆品种的遗传距离较远，形成单独的个类。35 个大陆品种聚成一个大类群，其中除'宜红早'形成独立的个类外，其他品种又聚为 3 个亚类群。亲缘关系树状图在分子水平上显示了我国主要茶树无性系品种间的亲缘关系，为今后茶树育种亲本的选配提供了理论依据。

余继忠等（2009）利用 ISSR 标记技术分析了 40 个福云（半）同胞系茶树品种（系）的遗传变异水平和亲缘关系。14 个 ISSR 引物在供试品种（系）间共扩增出 251 条谱带，多态性条带的比例为 96.4%。引物的 PIC 值平均为 0.94，解析强度（resolving power，Rp）值平均为 29.35，表明引物扩增位点的高多态性和对品种的强辨别能力。40 份供试品种（系）的基因多样性指数为 0.35，香农指数为 0.52。按母本来源和育种机构对供试品种（系）进行分组分析，结果表明不同品种（系）组间的遗传多样性水平比较接近，遗传变异主要存在于组内品种（系）的个体之间，不同组间基因交流明显。供试品种（系）间的相似系数为 0.52～0.75，根据相似系数矩阵按 UPGMA 法对 40 个供试品种（系）进行聚类分析，构建了不同品种（系）间的亲缘关系树状图。福鼎大白茶在树状图中形成单独的分支，在树状图的根基处，其他品种（系）根据遗传距离聚类成不同的类群。来源于同一育种单位的部分茶树品种（系）聚类在同一类群中，但未发现按母本来源区分的独立类群。总之，通过 ISSR 标记分析，可在基因组水平上进一步了解福云（半）同胞系茶树品种（系）间的遗传变异水平，并进一步明确其亲缘关系，为今后福云（半）同胞系在茶树育种及茶叶鉴别中的有效利用提供依据。

七、SSR 图谱

SSR 也称为微卫星序列，因其具有等位变异高、共显性遗传、稳定性好、操作简便快速等优点，成为目前植物分子指纹图谱研究中最受欢迎的遗传标记。

茶树 SSR 标记不断开发及应用，因其明显的优势成为茶树遗传多样性研究中的主流分子标记。金基强等（2007）利用 16 对 SSR 引物分析了 42 个茶树品种的遗传变异，筛选出的 10 个具有多态性的 SSR 标记共检测到 74 个等位变异，84 个基因型，证明 SSR 标记在茶树种质资源的鉴定和评价中是有效的。刘振等（2008）利用 31 对 EST-SSR 引物，对 60 份西南茶区茶树资源进行了遗传多样性和亲缘关系分析，平均 PIC 值达 0.63，表明我国西南茶区茶树资源的遗传多样性非常丰富。Taniguchi 等（2014）利用 23 个 SSR 标记分析 788 份茶树种质资源，将供试材料中的日本茶树分为一类，其他材料分为茶和阿萨姆茶两类，来自中国、印度和斯里兰卡的茶树种质资源遗传多样性较高，而来自日本的茶树种质资源则显示较低的遗传多样性。

在茶叶树种鉴别方面，为了区分日本本地品种绿茶和进口绿茶品种，Ujihara 等（2009）采用 6 个 SSR 标记对日本本土栽培品种进行了 DNA 指纹图谱分析，同时对两种进口中国品种的绿茶样品（'福云'和'鸠坑种'）进行了指纹图谱分析，其中'福云'属于无性栽培品种，'鸠坑种'是种子繁殖品种。研究表明，至少 3 种标记鉴定了 16 种主要的日本栽培品种和'福云'品种。尽管'鸠坑种'茶树混合了多种杂交基因，但在一个简单的序列中有一个独特的等位基因，这是在 16 个主要的日本品种中没有发现的。这种等位基因作为'鸠坑种'的检测标记是有效的。上述研究结果表明 SSR 标记可用以识别日本的单品种绿茶及进口的国外品种的绿茶。

杨阳等(2010)采用 17 个 SSR 标记对湖南省主要茶树品种构建了分子指纹图谱，提出了构建茶树分子身份证的方法模式。17 对 SSR 引物共检测出 41 个等位位点，每个引物检测到的等位位点变化范围为 2～3 个，平均 2.4 个。根据茶树 SSR 标记带型特点，将扩增得到的 1、0 数据进行了基因型转换，分别用 1、2、3、4、……、N 来代表不同的基因型，构建了一套湖南省主要茶树品种的分子指纹图谱，使每个品种都获得了一个 17 位数的指纹图谱号码，进而可将参试品种完全区分开。同时对参试品种进行了特异性指数分析，品种特异指数为 65.4～113.7，平均 80.1，结果表明品种间的特异性差异较大。建立茶树品种分子指纹图谱对茶树资源鉴别、品种权益保护、苗木纯度检测等具有重要意义。

刘本英等(2010)利用 SSR 标记对 28 份无性系茶树品种遗传多样性和指纹图谱进行了研究。22 对引物共检测到等位位点 56 个，平均每对引物产生 2.55 个；共检测到 97 个基因型，平均每对引物所扩增的基因型有 4.41 个，遗传 PIC 值为 0.279～0.709，平均 0.527，表明 SSR 标记具有较高的多态性。品种间的遗传相似系数为 0.642～0.973，平均为 0.797，表明品种间的遗传差异较小，遗传多样性较低，遗传基础较窄。根据 SSR 标记特点，通过不同基因型组合，构建了云南无性系茶树品种的分子指纹图谱，使每个品种都获得了 1 个 22 位数的指纹图谱号码，进而可将不同品种完全区分鉴别。该研究结果对分析茶树品种遗传多样性和构建茶树品种分子指纹图谱对茶树育种、品种鉴别、品种权益保护、苗木纯度检测等具有重要意义。

章志芳和马建强(2012)采用 EST-SSR 标记对 14 个茶树新品种进行了遗传多样性分析和分子指纹鉴定。结果表明，10 个 SSR 标记在 14 个品种中共检测到 29 个等位基因，平均每个标记 2.9 个，PIC 和遗传多样性指数平均值分别为 0.387 和 0.756，参试品种中多态性适中。不同等位基因的出现频率有较大差异，其变异范围在 3.57%～89.29%。参试品种的 Nei's 遗传距离在 0.036～0.472，当 D=0.12 时，可将 14 个茶树品种聚为 3 类。利用 4 个核心标记即可区分全部 14 个品种，并根据获得的等位基因带型，构建了各个品种的分子指纹图谱。

王让剑等(2014)选取 10 个茶树品种及福建 5 个参照品种为材料，利用 SSR 分子标记进行遗传差异分析并建立分子指纹图谱。实验结果表明，筛选出的 6 对核心引物具有较高的多态性；不同核心引物之间的 Nei's 基因多样性指数和香农指数的差异随参试材料数目的增加而减小；10 个自育品种遗传多样性水平与全部 15 个参试材料相当，高于 5 个参照品种，但剔除'早春毫''朝阳'后，剩余 8 个品种遗传多样性水平低于 5 个参照品种；参试材料遗传相似系数变化范围为 0.35～0.91，平均 0.65，其中，'朝阳'与'大红袍'之间的遗传相似系数最小，

'紫牡丹'与'铁观音'之间的遗传相似系数最大；选用 W08、D7、L11 引物组合建立了参试材料的分子指纹图谱，特征条带大小在 210～630 bp，可将参试材料逐一鉴别，因此该研究进一步明确了这些品种相互之间的遗传差异，为开展茶树良种鉴定及知识产权保护提供了参考。

八、SNP 图谱

SNP 即单核苷酸多态性，是指基因组 DNA 序列单个碱基的置换和短片段的插入或缺失。作为近年来最有发展潜力的第三代分子标记，由于其数量多、稳定性高、二态性、在基因组中广泛分布而且可以实现高通量分型等优点，广泛应用于植物遗传分析及树种鉴别中。

在茶树研究中，SNP 已经应用于多酚氧化酶(PPO)基因的分析，黄建安(2004)发现茶树 PPO 基因存在丰富的 SNP 位点，在所确定的 43 个 SNP 中，有 18 个位点由于核苷酸的变异导致了氨基酸的改变。而在 PPO 基因的保守序列区，出现 SNP 的频率明显较低。因此该研究发现的 SNP 全为二态位点，其中有 13 个属于酶切位点突变，据此可依据酶切位点突变建立 PCR-RFLP 体系，为茶树群体遗传学的进一步研究及分子标记辅助选择奠定基础。

张成才(2012)首先从茶树 EST 数据库中发掘了 818 个候选 SNP 位点，推算出茶树 SNP 发生频率为 1 SNP/172 bp。对扩增产物直接测序，在 8 个茶树品种中共检测到 165 个 SNP，包括 162 个碱基替换类型和 3 个插入缺失类型，推算出 SNP 发生频率为 1 SNP/90 bp，在编码区为 1 SNP/97 bp，在非编码区为 1 SNP/68 bp。使用 SNP 标记对茶、阿萨姆茶及白毛茶 3 个变种的 17 个茶树资源进行了研究。结果表明：在 17 份茶树资源中 SNP 发生频率为 1 SNP/55 bp；其中，阿萨姆茶 SNP 发生频率最高为 1 SNP/78 bp，而在茶和白毛茶中发生频率相似，大约为 1 SNP/95 bp；在不同品种中 SNP 发生频率差异较大，如'元江猪街软茶'（白毛茶）最高，为 1 SNP/156 bp，而'景谷大白茶'（阿萨姆茶)中最低，为 1 SNP/506 bp。利用 14 个转化的 CAPS 标记和 5 个 dCAPS 标记对 25 个茶树品种进行分析，发现 17 个表现出多态性，多态性标记比例为 89.5%。该研究结果表明，SSR 技术能够部分反映茶树品种间的遗传关系，可以用于茶树种质资源鉴别及茶树遗传多样性等方面的研究。

第七节　DNA 分子鉴定技术在中药材上的应用

一、植物药材分子鉴定研究现状

1. 名贵易混淆药材鉴定

贵重药材出现伪品的情况较多，名贵易混淆中药材鉴定难度大，利用常规的性状鉴定、显微鉴定和理化鉴定等方法难以进行种内不同类型或不同品系药材的真伪鉴定，而 DNA 分子标记方法具有取样小、准确性高、灵敏度高的优点，被广泛应用于名贵易混淆药材的鉴定。

（1）人参类药材的分子鉴定

A. 人参及其易混淆品种的分子鉴定

香港中文大学 Cheung 等（1994）和毕培曦领导的研究小组采用 20 个碱基的 Gal K、Seq2，24 个碱基的 M 13 forward、M 13 reverse 和 27 个碱基的 TCS backward 共 4 个单引物，采用 AP-PCR 指纹图谱分析技术对人参（*Panax ginseng*）和西洋参（*P. quinquefolium*）进行基源鉴别，结果鉴定出了商品人参和西洋参。

随后，Shaw 和 But（1995）分别采用 10 个碱基的 OPC-25 和 OPC-220 两个单引物，运用 PAPD 分子标记技术鉴定出了人参属 3 种药材人参、西洋参、三七（*P. pseudoginseng* var. *notoginseng*）及桔梗（*Platycodon grandiflorus*）、紫茉莉（*Mirabilis jalapa*）、土人参（*Talinum paniculatum*）、商陆（*Phytolacca acinosa*）4 种伪品。

Ozeki 等（1996）应用 RAPD 技术鉴定了人参、西洋参和竹节参（*P. japonicus*）3 种人参属近缘药材和高丽红参袋泡茶及一种由人参组织培养物制成的茶剂两种人参制剂。结果表明，人参干药材与人参的新鲜根毛组织的 RAPD 指纹图谱相同；当采用不同的引物时，人参、西洋参和竹节参具有不同的 RAPD 指纹图谱；高丽红参茶提取物不含模板 DNA，因此没有检测到扩增 DNA 片段；人参组织培养物制成的茶剂与人参愈伤组织具有相同的 RAPD 指纹图谱。

DNA 测序方法也可以鉴别人参类药材。Fushimi 等（1996）利用此方法对人参类药材进行鉴别。首先分别提取基因组 DNA（从人参、西洋参、竹节参药材及相关新鲜植物材料中），然后利用 18S rRNA 基因片段的 22 碱基通用引物（18SF 和 18SR）进行 PCR 扩增，扩增得到的 PCR 产物大小约 1.8 kb。DNA 测序结果表明，人参、西洋参、竹节参药材间的 18S rRNA 基因片段上第 497、第 499、第 501 和第 712 号核苷酸序列不同，因此，提示在对人参及其相关药材进行鉴别时，基因标记可选择 18S rRNA 基因片段上 500 bp 左右位置上的差异核苷酸序列。

Ho 和 Leng（1996）也采用了 DNA 测序方法对人参和西洋参进行鉴别。首先分别从人参和西洋参药材中提取分离出重复 DNA，然后利用 p Bluescrip 载体克隆、测序后作为探针。人参和西洋参的基因组 DNA 被限制性内切核酸酶 *Dra* I 酶解，制成重复 DNA 指纹图谱，得到 26 个重复 DNA 序列，可用于人参和西洋参鉴别的是其中 5 个 DNA 指纹探针。

后来，Fushimi 等（1997）对 18S rRNA 基因组测序后，确定限制性内切酶位点，然后利用 PCR-RFLP 技术对人参、西洋参和竹节参 3 种药材进行鉴别，发现 *Ban* II 和 *Dde* I 酶解的指纹图谱能区分这 3 种药材。

马小军等（1998）建立并优化了用毛细管 PCR 扩增人参 RAPD 指纹的反应体

系。实验比较了人参和西洋参的 PAPD 指纹图谱，发现尽管近缘种人参与西洋参在药材外形上非常相似，容易混淆，但是 DNA 指纹图谱能清楚表现出二者的差异。采用毛细管 PCR 的方法用 OPO-04 扩增 DNA 指纹，西洋参和人参仅有 2 条共同条带，西洋参有 790 bp、630 bp、590 bp 和 370 bp 共 4 条特异条带。当用另一引物 OPF-02 扩增后，人参与西洋参有 4 条共同条带，西洋参仅有一条分子量为 600 bp 的特有条带。毛细管 PCR 方法具有以下特点：反应体系小，扩增 DNA 指纹比普通 PCR 灵敏，仅用纳克级的样品量即可完成一次反应，大大节省了实验材料和试剂。尽管因为对 DNA 敏感，操作时容易被 DNA 污染，但是设三蒸水做对照，通过比较可以消除污染造成的杂带。

罗志勇等(2000)采用 AFLP 分子遗传标记技术分析了人参、西洋参基因组 DNA 的多态性。从药用植物人参、西洋参、引种西洋参的干燥根组织中采用 CTAB 的方法提取到高质量的 DNA，使其被 *Eco*R I /*Mse* I 完全酶切。分别将酶切片段与人工接头进一步连接，使用 E-AA 和 M-CAG 选择性引物对，构建了一种重复性好、多态性丰富的栽培人参、西洋参和引种西洋参干燥根组织特定的基因组 AFLP DNA 指纹图谱。同时，应用 DNA Simdex^TM Version 3.0 软件对上述 DNA 指纹进行二维图像处理，发现人参与西洋参基因组 DNA 指纹的相似度指数较高，表明二者亲缘关系较近，而引种西洋参 DNA 与西洋参有一定变异。实验表明 AFLP 分子标记可应用于人参、西洋参等药用植物品种的鉴别。

单核苷酸多态性(SNP)是指在基因组水平上由单个核苷酸的变异所引起的 DNA 序列多态性，具有分布广泛、数量众多、易于批量检测等优点。广泛应用于物种鉴定、物种起源与亲缘关系、遗传育种等领域，特别适用于区分近缘种。多重 PCR 则是同时加入几对引物，使几个 PCR 在同一反应体系中完成。崔光红等(2006)在 SNP 和多重 PCR 技术的基础上，建立了人参、西洋参的多重等位基因 PCRE，提取了 20 个不同来源的人参和西洋参基因组 DNA，查找 GenBank 中参类药材的已知序列，利用 DNAMAN 进行多序列比对。选择已有一定研究基础的 18S rRNA 和 *matK* 基因上的 SNP 位点设计引物，进行 PCR 扩增。当多重 PCR 的退火温度为 66℃时，人参出现 249 bp 条带，西洋参出现 1049 bp 条带无非特异性条带产生。表明多重等位基因特异 PCR 方法特异性高，重复性好，能成功地鉴别西洋参和人参。

序列标签位点(STS)标记是特定引物序列所界定的一类标记的统称。崔光红等(2007)以人参和西洋参为材料，研究了一种获得 STS 标记的新方法。此方法将 RAPD 的随机引物改变成根据人参核基因组 rDNA 基因序列设计的 20 bp 单引物，参照 RAPD 方法进行扩增和测序，在引物设计上根据人参和西洋参序列在相应的位置设计各自特异引物，通过优化 PCR 条件得到人参和西洋参的 STS 标记。结果表明，当利用引物 Pg-6F、Pg-479R 对不同来源的人参和西洋参样品进行 PCR

扩增时，人参不同样品出现 474 bp 的条带，但是西洋参没有条带出现；当利用 Pq-442F 和 Pq-442R 对人参和西洋参样品进行扩增时，西洋参不同样品出现了 217 bp 的条带，但是人参没有条带出现，表明 APAPD 标记已经成功转化为 STS 标记，可鉴别人参和西洋参。这种鉴定方法被作者命名为锚定引物扩增多态性 DNA 法，从而建立了一种获取人参和西洋参 STS 标记的新方法，大大加快了建立 STS 标记的过程，指导了其他中药材 STS 标记的研究。

B. 野山参与栽培人参的分子鉴定

人参(*Panax ginseng*)是著名中药，按来源分为野人参(山参 wild ginseng)和栽培人参(园参 garden ginseng)。山参是珍贵药材，具有许多与园参不同的优良性状，如药效好、人参皂苷含量高、抗病抗逆性强、外形美观等。分析山参遗传特性具有重要意义，揭示山参与园参的遗传差异性将为评估山参资源的开发前景提供如可寻找药效学相关基因和抗病基因等重要信息；研究山参与园参的遗传关系会使人参育种特别是抗病育种的进程加速；了解山参的遗传背景将推动山参品种形成机制的研究和人参培育方法的改进。研究山参遗传多样性及分布式样将为制定迁地保护的采样策略提供依据。马小军等(1998)首次用 RAPD 方法对 7 个来源地不同的山参和 1 个园参进行遗传多样性检测和遗传分析。结果表明，用 14 个 10 碱基的寡核苷酸引物共检测 111 个位点，其中 76 个位点是多态的，占 67.6%，大于园参内遗传变异(56.9%)。山参与近缘种西洋参的种间变异量大于山参个体之间及山参与园参之间的遗传变异。通过比较园参与 7 个不同来源地山参的 RAPD 图谱，发现在人参形态变异上，环境因素的诱导作用大于遗传因素的作用，为山参的培育提供了理论依据。

为了研究清楚野生人参与栽培人参之间的遗传变异程度，马小军等(2000a)对 4 个野山参的 ITS1 和 2 个野山参的 ITS2 进行了银染 DNA 测序分析，并参照栽培人参和西洋参的 ITS 基因序列，研究野生人参与栽培人参之间及两者与近缘种西洋参之间的遗传关系。结果表明，人参属的 ITS1 有 220～221 个碱基，ITS2 有 222～224 个碱基。人参与其近缘种西洋参之间的变异比人参种内变异更稳定。人参种内 ITS1 非常稳定，ITS2 有部分变异，说明我国黑龙江的栽培参(U41680 号)及朝鲜的栽培参(U41682 号)的种源与吉林的野山参(87 号和 110 号)接近。而湖北栽培参(U41681 号)可能从另外的野山参居群引种，这种特殊遗传材料，在育种上具有重要的价值。由于 ITS2 存在变异，因此，ITS2 提供的遗传信息对于分析人参种质资源来说是非常有意义的，可以为研究栽培参的起源提供一定证据。

丁建弥等(2001)用 RAPD 技术鉴别野山参和栽培人参。从经过形态鉴定的野山参和栽培人参药材中提取 DNA 模板，PCR 扩增后进行电泳分析。结果发现，采用两个系列 80 种引物扩增后发现引物 Sx、OPHx 对野山参和栽培人参中 DNA 扩增后产生稳定的不同条带。说明人参由于生长环境的不同，有些基因可能发生变化而造成野生参与栽培人参的差别，说明 RAPD 技术可以鉴别野山参和栽培人参。

王琼等（2004）采用 DNA 指纹技术中的直接扩增片段长度多态性（direct amplification of length polymorphism，DALP）分子标记技术构建野山参和栽培人参的 DNA 指纹图谱，寻找野山参和栽培人参 DNA 之间的特异性差异。从野山参和栽培人参样品的 DALP 指纹图谱看，野山参的 DNA 多样性明显高于栽培人参。实验筛选出 9 个野山参样品（除编号为 E 的野山参）共有而栽培参样品（含移山参）没有的约 250 bp 的特异性条带，同时筛选了一条栽培人参（含移山参，除来自抚松的园参）样品共有而所有野山参样品不具有的大小约为 200 bp 的特异性条带。实验证明 DALP 分子标记可以用于野山参与栽培人参的鉴别。

C. 人参不同栽培群体、类型的分子鉴定

据文献记载，我国在清代开始了人参的栽培生产，经过生态环境的长期作用和生产者的长期选择，不同产地的栽培人参群体出现了一些遗传分化，近 20 年已发现了十多种变异类型，如'大马牙''二马牙''圆膀圆芦''长脖''草芦''线芦''竹节芦'等，以不同比例混杂在各地的栽培群体中，其混合比例影响了人参的产量和质量，分析各群体间的分化程度及其遗传关系，有利于提高人参产量和质量，能为选种策略的制定提供科学依据。

马小军等（2000b）用 RAPD 分子标记技术对吉林和北京的 4 个人参栽培群体 32 个个体进行了遗传多样性分析。共检测到 RAPD 位点 102 个，多态位点为 47 个，占 46.1%，说明现有人参栽培群体中遗传多样性丰富，这些遗传变异成为选育人参优良品种的物质基础。应用遗传分化指数（diversity coefficient，DC）和分化指数比例（proportion of diversity coefficient，PDC）判断了人参栽培种群中遗传分化程度。发现在对不同栽培种群的调查中，'三路参'变异量最大（0.4169），'一路参'降为 0.2565，边条参'系选品系 59 号'最低为 0.1881，表明选择方式和选择代数的纯化作用十分显著。分析栽培群体的遗传关系发现：'系选 59 号'与'一路参'的之间遗传分化最小（1.77%），'系选 59 号'与'三路参'次之（13.77%），'系选 59 号'与'北京参'遗传分化最显著（42.01%）。PDC 聚类图将'系选 59 号'和'一路参'群体最先聚类，然后依次与'三路参'、'北京参'群体、西洋参群体聚类，证实了 DC 和 PDC 分析是栽培作物遗传变异分析的有效方法，是较敏感的分析手段，适用于比较和鉴定栽培作物种质资源、判断不同育种材料的亲缘关系及检测群体遗传纯度等方面。

为了得到更多人参 DNA 指纹信息，寻找区别鉴定 5 个农家类型 DNA 特征指纹的线索，以便有效地比较农家类型之间的遗传差异。2000 年，马小军等（2000c）采用 AFLP 方法研究了 5 种农家类型。实验对 5 个人参农家类型进行 AFLP 指纹分析时，发现'长脖'与其他农家类型相比，有比较大的遗传多态位点，说明长脖类型与其他农家类型相比，具有更多的遗传变异和特殊性，内部有更多的杂合态个体，说明'长脖'更接近野生性状，在育种上更有价值。

在人参培育新品种中，'大马牙'和'二马牙'是较主要的农家类型。由'大马牙'和'二马牙'所培育出的人参具有以下优点：品质好、产量高、抗病性强，因此在生产上越来越被人们广泛采用。邵爱娟等(2004)选用这 2 个农家类型的材料，利用 RAPD 技术深入研究了不同品系栽培人参的遗传多样性，从分子水平分析其遗传特异性和亲缘关系。采用 SPSS 10.0 软件计算 Dice 遗传相似性系数，组间连锁方法聚类分析，构建亲缘关系系统图。共筛选出 18 个条带信号强、重现性和特征性较好的 10 碱基随机引物用于 PCR 扩增，在 17 个供试样品中共获得 145 条扩增产物，产生出 100～2000 bp 的 DNA 片段；其中有 53 条带具有遗传多态性，约占扩增带数的 36.5%。通过聚类分析发现，'大马牙'类型的 3 个品系样品(82、108、74)间遗传相似性系数平均值(0.970)最大，最先聚类，然后再与其他'二马牙'类型的各品系样品聚在一起，因此根据表征性状对栽培类群进行划分的可行性在分子水平上被进一步证明。表明应用 RAPD 方法可区别人参不同栽培品系，可作为传统系统选育方法培育人参新品种的辅助选择和辅助育种，有利于快速分离出在遗传上稳定、在性状上一致的优良品系和品种。

(2)西红花及其易混品种的分子鉴定

西红花为鸢尾科植物番红花(*Crocus sativus*)的干燥柱头，又称为藏红花，主产于欧洲和中亚地区，我国少数地区进行栽培。货源少，价格贵。红花在外观与功效上因与西红花类似而常用来冒充西红花入药，其他植物的花丝、花冠，玉米须，莲须和黄花菜等常被红色染料染色后作为伪品。黄丰等(1999)采用 RAPD 技术区分鉴别了西红花及其常见伪品红花(*Carthamus tinctorius*)、莲(*Nelumbo nucifera*)须、玉米(*Zea mays*)须、黄花菜(*Hemerocallis citrina*)。实验选用了 20 个随机引物扩增，其中 8 条引物可得到清晰的指纹图谱，文中列举的 S45、S308 两个引物所获得的指纹图谱中均显示出了西红花特有的 RAPD 标记，西红花与红花等其他伪品具有不同的指纹图谱，因此，根据 DNA 指纹图谱的差异可准确地将西红花与其他样品区分开。车建等(2007)通过对西红花的 ITS 序列测序，然后与各种易混中药材 ITS 序列比较，提供了西红花正品鉴定的分子依据。车建等首先提取了正品西红花及其同属近缘植物番紫花(*Crocus vernus*)的两个园艺品种的总DNA，利用 ITS 序列通用引物进行扩增，扩增产物克隆测序。从 GenBank 得到与其易混中药材莲须、菊花、红花、玉米的 ITS 序列，通过比较测得的西红花及番紫花两个园艺品种的 ITS 全长序列，发现西红花和番紫花两个园艺品种的 ITS 序列相似性较高，相似性均高于 90%，番紫花两个园艺品种之间的相似性更是高达99.84%。正品西红花 ITS1 区序列与其易混中药材菊、莲、玉米和红花的差异性较大，相似性较低，其中和玉米的相似性最大(53.37%)，和莲的相似性最小

(39.09%)。正品西红花与易混中药材 ITS2 区序列比较发现，与玉米的相似性最高（58.13%）。因此通过测序后相似性的比较和序列的比对分析，能区分和鉴定西红花及其混淆中药材，ITS 序列是正品西红花鉴定的有效分子标记。

毛善国等（2007）也对西红花及其混淆品进行了 rDNA ITS 序列与 AS-PCR 鉴别。rDNA ITS 进化速率快，在种内具有一定保守性，被广泛用于中药材与伪品的种间鉴别。通过对西红花及其混淆品的 rDNA ITS 区序列进行 PCR 扩增、测定、比对和分析，表明西红花 rDNA ITS 区序列全长 650 bp，GC 含量为 60.3%，与其混淆品的 rDNA ITS 区序列差异显著，可根据序列差异准确鉴别西红花真伪。而且，还设计出了一对位点特异性 PCR 引物，不需要测序即可对西红花及其混淆品进行分子鉴别，这种方法在药材降解特别严重的情况下能得到理想的鉴别效果。

（3）药材天麻的分子鉴定

李毅等（2005）报道 CTAB-SDS 法可以提取天麻鲜品各个部位的 DNA，用 CTAB 法虽然能提取花絮轴和花叶的 DNA，但是不能很好地提取天麻干品中 DNA，而采用 CTAB-SDS 法可以提取天麻干品 DNA。其中 CTAB 法和改良 CTAB 法分别提取天麻鲜品 DNA 和天麻干品 DNA 均可以用于基因分析，其中 CTAB 法提取天麻块茎胚芽 DNA 的效果最理想。

天麻（*Gastrodia elata*）是名贵中药材，其主要有效成分天麻素药理作用广泛，天麻素含量的高低是衡量天麻品质的重要标志之一。探索中药材 DNA 分子标记与药材品质及其有效成分的相关性意义和作用重大。陶钧等（2006）应用改良的 RAPD 方法测定天麻基因组 DNA 指纹图谱，选择和回收天麻种群共有和优良种群特有的 DNA 片段，进行克隆、测序和生物信息学分析，表明 5 个 DNA 序列与基因数据库中的 2 842 920 个已知 DNA 序列不同，并且从未报道过。同时使用 5 对引物和 PCR 技术扩增天麻基因组 DNA，检验 5 个 DNA 序列在 9 种天麻样本中的分布及其与天麻素含量的关系，结果表明这 5 个 DNA 序列在天麻种群中的分布是不同的，其中 DNA 序列 1 是所研究的各种天麻种群共有但伪品没有的特异 DNA 分子标记，因此 DNA 序列 1 及其引物可用于天麻真伪的鉴别。DNA 序列 2 只在天麻素含量高并采用引物 2 扩增的 DNA 条带中，提示可能与天麻种群中天麻素含量高有关，DNA 序列 2 可作为天麻素含量高的优良种群选择的辅助标记。

由于天然野生天麻资源有限，我国从 20 世纪六七十年代就开始尝试人工培育天麻，目前野生变家种已大面积栽培，产量提高，但野生与家种天麻还主要依靠经验通过肉眼鉴别。赵熙等（2006）采用 RAPD 技术鉴别分析了野生天麻和 3 种人工栽培天麻（绿天麻、乌天麻、黄天麻）的 DNA 指纹图谱，为野生天麻和栽培天麻的鉴别提供了分子水平上的依据。从 45 个引物中筛选了 23 个条带清晰并且重复性好的引物，共得到 209 个 RAPD 标记，其中有 48 个一致性标记，联合得到标记的 S27 等 9 个引物，可以成为鉴别正品天麻物种的基本 RAPD 指纹资料和参考引物；S22、S34 和 S20 是野生天麻特有的条带，可作为鉴别野生天麻和栽培天麻的参考引物和条带；S39 可作为鉴别乌天麻的参考引物和条带；S22 可作为乌天麻、黄天麻和野生天麻品种鉴别的参考引物和条带。

简单重复序列(SSR)分子标记主要具有数量丰富、共显性标记、实验重复性和结果可靠等优点，因此广泛应用于遗传多样性研究、构建遗传图谱、构建品种指纹、种质资源研究和分子标记方面。陈祖云等(2007)利用 SSR 分子标记对贵州天麻 4 个居群的野生与栽培品种进行鉴定，合成了用于天麻基因组 DNA 的 PCR 扩增的 8 对 SSR 引物。结果表明，除引物对 16 外，其他引物对大方栽培的红麻和瓮安栽培的乌麻扩增出 2 条带，为杂合子；对样品龙里无性繁殖的黄麻和乌当野生乌麻只扩增出 1 条带，为纯合子。证明 SSR 分子标记作为共显性标记可有效地区分杂合子和纯合子，对野生和栽培天麻表现出很好的鉴别能力，为鉴别天麻提供了分子依据。

(4)药材当归的分子鉴定

生物 rRNA 基因内转录间隔区进化快，存在科、属、种甚至株之间的差异，近年来在真核生物或原核生物物种鉴别中被广泛应用。张西玲等(2003)从干燥的当归(Angelica sinensis)种子中提取 DNA，利用特异性引物对其 rRNA 基因内转录间隔区进行检测灵敏度极高的套式 PCR 扩增，并对扩增产物测序后得到了当归种子 rRNA 基因内转录间隔区的碱基序列，此序列差异明显，具有可对比性，可作为鉴定的分子标记。

我国甘肃省岷县及其周边地区栽培的当归有的因根头侧芽发育而形成多头归，归头呈莲花状，被称为"莲花归"，样方调查在当归药材中占 40%～50%。马毅和丁永辉(2006)从甘肃 3 个不同产地采集不同性状的 6 份当归和"莲花归"样品，采用 RAPD 技术对样品基因组进行分析，结合 UV Ipro 凝胶成像与分析系统，对 DNA 多态性进行定性定量分析，并且进行聚类分析。结果表明，同一产地不同性状当归之间的遗传距离较近，而不同产地当归之间的遗传距离相对较远，提示不同地域有差异，同一产地形态差异的遗传距离是相近的，表明当归与"莲花归"遗传背景未改变。

赵国平等(2006)收集到分别在中国和日本分布的伞形科当归属(Angelica)及其近缘属的药用植物 21 种，提取基因组 DNA 后，进行 ITS 区域的 PCR 扩增、克隆、纯化和测序，数据分析后构建系统树，在系统树中当归属植物被分为两组。作为当归道地药材的甘肃产岷当归不与上述两组聚类，而与外类群欧当归相对较近，并与当归属中其他所有植物的遗传距离较大，是当归属中的一个特殊类群。

2. 近缘物种鉴别

近缘中药材的原植物的亲缘关系较近，其标记特征如植物形态、药材性状、显微特征和化学成分一般比较相似，这些特征不仅与植物自身的遗传因素有关，而且与生长发育阶段、环境条件及引种驯化、加工炮制等外部条件也有关。一般的传统鉴定方法，无法确切地鉴定来源、性状、显微和理化特征，而分子鉴定方法不受环境因素对药材原植物的影响，也不受药材加工炮制后外观、性状改变等影响，对近缘中药材品种的鉴定具有独特优势，成为传统鉴定方法的有益补充。

(1) RFLP 技术的应用

Mizukami 等 (1993) 采用水稻 rDNA 为探针，用限制性内切核酸酶 Dra I、Kpn I、Taq I 酶解，对 8 个产地的野生三岛柴胡(*Bupleurum falcatum*)进行 RFLP 分析，根据分析结果将 3 个地理种群的三岛柴胡分为 2 组，山口·北九州地理品系的 RFLP 明显不同于其他品系。同年，Yamazaki 等也利用 RFLP 技术对羽扇豆属 5 种药用植物白羽扇豆(*Lupinus albus*)、黄羽扇豆(*L. luteus*)、多叶羽扇豆(*L. polyphyllus*)、埃及羽扇豆(*L.digitatus*)和毛羽扇豆(*L. pubescens*)的亲缘关系进行分析，发现来自 RFLP 图谱构建的进化树与生物碱的含量有关，表明 RFLP 技术可以区分这 5 种羽扇豆属的药用植物。

(2) RAPD 或 AP-PCR 技术的应用

蒲公英具有清热解毒、消痈散结、利尿通淋的功效，用于治疗乳痈肿痛、疔疮热毒。但是全国各地所用蒲公英品种除《中国药典》(1995 年版)规定的菊科蒲公英属植物蒲公英(*Taraxacum mongolicum*)、华蒲公英(*T. borealisinense*)外，尚有 6 种同科不同属的植物在我国南方部分省份以"土公英"之名当作蒲公英使用，但是与蒲公英是完全不同基源的药材，应视为蒲公英的混淆品。曹晖等(1997)利用 AP-PCR 和 RAPD 技术对蒲公英及 6 种土公英混淆品：地胆草(*Elephantopus scaber*)、一点红(*Emilia sonchifolia*)、苦荬菜(*Lxeris polycephala*)、毛大丁草(*Gerbera piloselloides*)、翅果菊(*Pterocypsela indica*)和苣荬菜(*Sonchus arvensis*)进行了 DNA 指纹鉴别，获得清晰可靠的 DNA 指纹图谱，发现蒲公英和 6 种土公英的 DNA 指纹差异显著，根据琼脂糖凝胶上显示的 DNA 带型差异可以鉴别蒲公英及其混淆品。

黄璐琦等(1998)利用 RAPD 方法，用干、鲜药材样品作对照组，选取与细辛亲缘关系较远的菊科益母草(*Leonurus artemisia*)作对照。筛选引物，采用对照组聚类分析，得到树系图，表明细辛(*Asarum sieboldii*)、辽细辛(*A. heterotropoides* var. *mandshuricum*)和汉城细辛(*A. sieboldii f. seoulense*)等正品细辛的干、鲜药材的相似系数明显高于同属非正品药材，与传统鉴别结果相一致。同时，提出了选择适宜的药材 DNA 模板浓度，筛选合适的引物和采用对照组聚类分析等方法来消除药材 DNA 模板浓度、降解程度及药材的产地对 RAPD 产物的影响。

天花粉是很有价值和影响的一味中药，但是全国所用的天花粉来源众多，不同植物来源的天花粉，其疗效也不完全一致，某些混淆品还有副作用。为了探索药材鉴定的方法，黄璐琦等(1999)同样采用 RAPD 技术对来源于 13 个种、3 个变种的天花粉及其类似品共 26 份样品进行鉴别研究。用 8 个扩增性好的引物分别进行 RAPD 扩增，得到 83 条清晰稳定的条带，通过聚类分析，对不同植物来源的天花粉进行了区分，将天花粉正品与类似品分成三大类。第一类为大宗商品和小宗商品，包括不同产地的栝楼(*Trichosanthes kirilowii*)、中华栝楼(*T .rosthornii*)、多卷须栝楼(*T.rosthornii* var. *multicirrata*)、黄山栝楼(*T. rosthornii* var. *huangshanensis*)、尖果栝楼(*T. rosthornii* var. *stylodifera*)和井冈栝楼(*T. jinggangshanica*)的根；第二类最易混淆的湖北栝楼(*T. hupehensis*)和红花栝楼(*T. rubriflos*)的根；第三类全部是混淆品和地方习惯用药长萼栝楼(*T. laceribractea*)、糙点栝楼(*T. dunniana*)、马干铃栝楼(*T. lepiniana*)、趾叶栝楼(*T. pedata*)、王瓜(*T. cucumeroides*)、木鳖子(*Momordica cochinchinensis*)、三开瓢(*Adenia caerdiophylla*)和异叶马㼇儿(*Melothria heterophylla*)的根。实验结果表明，在实验中采取对照组，对结果采用聚类分析等方法，也能够使 RAPD 很好地应用于药材鉴别，使 RAPD 技术鉴别药材具有一定的可靠性和实用性，为解决粉末及破碎药材的鉴定提供了新的方法。

胡珊梅等(2002)运用 RAPD 技术，对同一采集地的具有不同叶面特征的金线莲母(金线莲)与金线莲公(无线金线莲)进行了 DNA 指纹鉴定，通过二者的 RAPD 指纹图谱可以区别开两个种。

在中药成分中存在灵芝药用成分不一的问题，针对这一问题，Zhao 等(2003)利用 RAPD 技术对生产中常用的灵芝属(*Ganoderma*)8 个菌株的亲缘关系进行了分析，结果把 8 个菌株分为 3 个组：紫芝组、树舌组和灵芝组，结果证明不仅 3 个组之间的遗传差异较大，而且灵芝组内的松杉灵芝和其他 4 个种的遗传差异也较大。

(3)PCR-RFLP 技术的应用

石斛(*Dendrobium nobile*)为常用贵重中药材，但是目前商品石斛的基源十分复杂，有许多形态相似品种加工后冒充正品石斛出售。由于加工后商品石斛大多去掉叶片、叶鞘、花和花序，给形态相似、组织构造无鉴别特点的种类鉴定带来很大困难，准确的种类鉴别是保证药材质量和临床用药的首要条件。张婷等(2005)利用 PCR-RFLP 技术对药用植物流苏石斛(*D. fimbriatum*)、束花石斛(*D. chrysanthum*)及其形态相似品种进行了鉴别。既结合了 PCR 和 RFLP 的优点，避免了单纯用 RFLP 带来的操作烦琐等缺点，又弥补了序列测定和位点特异性 PCR 鉴别的不足。获得 ITS 片段的限制性图谱，将束花石斛及其形态相似种的 PCR 扩增产物用 *Cla* I 和 *Apa*L I 酶切，流苏石斛及其形态相似品种的 PCR 扩增产物用 *Sph* I 酶切，采用 rDNA ITS 区作为分子标记。张婷等(2005)利用这种方法鉴定了市场上收集的 25 件商品束花石斛、流苏石斛新鲜药材的原植物，此方法对外形上易混淆种类的鉴定具有准确、快速、价廉和重现性好等优点，但此方法仍然仅局限于新鲜或半干燥石斛样品的鉴定。

(4) AFLP 技术的应用

丹参(*Salvia miltiorrhiza*)为唇形科鼠尾草属植物，以其根入药。丹参为严格的异花授粉植物，其居群内的遗传多样性极为丰富。采用种子进行繁殖的丹参，在生长过程中，由于异花授粉而将出现多种变异。为了鉴定丹参种内不同类型间的遗传差异，为丹参的进一步系统选育研究提供一定的理论依据，唐晓清等(2006)对皱叶丹参、单叶丹参、小叶丹参和丹参原型 4 种丹参种内不同类型进行 AFLP 分析。通过对不同类型丹参的基因组 DNA 进行酶切、连接、预扩增后采用选择性引物进行 PCR 扩增，经 7 对引物扩增后得到 899 条清晰条带，其中 61 条为特异条带，丹参种内 4 种不同类型的特异位点分别占总特异位点的 22.95%、29.51%、26.23%和21.31%，表明丹参种内不同类型具有丰富的遗传多样性。聚类分析表明，4 个类型中小叶丹参与其他 3 个类型间遗传距离较远，皱叶丹参与单叶丹参遗传距离最近，因此，将小叶丹参确定为一个变种，丹参原型与皱叶型定为丹参的栽培变种。

虞泓等(2004)利用 AFLP 技术对石斛属(*Dendrobium*)种进行鉴定，并分析了彼此间的亲缘关系。AFLP 技术能够对石斛属 4 个种(共 20 个样品)和 1 个外类群品种(共 5 个样品)进行基因多态性分析，从 64 对引物组合中选出 5 对引物组合构建了 5 个种的 DNA 指纹图谱，并结合聚类分析研究了各类群的亲缘关系。结果表明，石斛属的 4 个种与人工栽培种蝶花石斛(*D. phalaenopsis*)能够被区分开，单独为一支；4 个种之间，石斛与细茎石斛(*D. moniliforme*)之间亲缘关系较近，首先聚在一起，再与流苏石斛、束花石斛聚为一类，其中不同居群的石斛各自聚为一类，然后 2 个居群又聚为一类。其余的细茎石斛、流苏石斛、束花石斛各自聚为一支。

(5) DNA 测序技术的应用

中药材通常需要经过加工和储藏，这一过程不利于 DNA 的保存，因为分子标记技术对样品 DNA 质量要求较高，进行药材鉴定困难，而基于 PCR 的 DNA 直接测序技术以 PCR 扩增引物为测序引物，提高了 DNA 测序分析效率，使 DNA 分子鉴定技术取得突破性进展。目前用于 DNA 测序的基因组主要有叶绿体基因组的 *rbcL*、*matK* 与核基因组的 rRNA、ITS 等(植物类)，线粒体基因组的 *Cytb*(动物类)。ITS 序列在被子植物中的长度变异小，ITS1 和 ITS2 的长度均不足 300 bp，PCR 扩增及测序简单易行。

正品药材柴胡为伞形科植物北柴胡(*Bupleurum chinense*)dc.和红柴胡(*B. scorzonerifolium*)的干燥根，但市场上销售的柴胡有十几个种，其中以柴胡、红柴胡、竹叶柴胡(*B. marginatum*)、黑柴胡(*B. smithii*)、小叶黑柴胡(*B. smithii* var. *parvifolium*)为主，一般采用性状鉴别、显微鉴别和理化鉴别的方法难以清楚分辨这些品种。武莹等(2005)从以上 5 种柴胡植物叶片中提取 DNA 并测 ITS 序列，以柴胡属近缘植物伞形科孜然芹属(*Cuminum*)为类群，进行序列分析。rDNA ITS 序列是近年来探讨植物种内变异和种间、近缘属间分子系统关系的重要分子标记之一。确定了 rDNA 内转录间隔区 ITS1 和 ITS2 与 3 个编码区 18S、5.8S 和 26S 的界限。结果表明，这 5 种柴胡序列长度相近，其中 ITS1 长度为 214~220 bp，ITS2 长度为 229~235 bp。5 种柴胡的 ITS 序列分别有多个特异性信息位点。5 种柴胡 ITS1 信息位点 18 个，ITS2 信息位点 23 个，各种柴胡具有特异性变异位点，通过比较 ITS1 和 ITS2 序列可准确鉴别柴胡品种。通过检测样品 DNA 序列，与数据库中各种序列比较，能够确定柴胡药材的基源种类，为柴胡的分子鉴定提供依据。

18S rRNA 属于高重复序列，800~10 000 拷贝数，以连续排列方式存在于细胞内，是唯一具有信息分子和功能分子两种作用的编码 rDNA 的基因。18S rRNA 基因序列结构、功能十分保守，因此，如果它们的序列存在变异，就能成为一种很好的 DNA 标记，用于中药材的分子鉴别。刘玉萍等(2001)应用 PCR 直接测序技术对山药(*Dioscorea polystachya*)、广山药(*D. persimilis Prain*)、土山药(*D. japonica*)和方山药(*D.alata*)的 18S rRNA 基因核苷酸序列进行测序分析，经 CTAB 微量提取法分离各样品的总 DNA，均得到了 23.1 kb 的 DNA，利用 18S rRNA 基因通用引物进行 PCR 扩增，获得 1.8 kb 的双链产物，经过测序发现山药、广山药和土山药的 18S rRNA 基因核苷酸序列长度均为 1810 bp，而方山药为 1807 bp。经过排序比较，山药与广山药序列完全相同，同源性为 100%，而山药与土山药、方山药间同源性分别为 99.89%和 97.51%。证明通过 DNA 测序技术可有效鉴定山药基原，为山药基原的准确鉴定及其品质评价提供分子依据。

竹节参(*Panax japonicas*)、蓬莪术(*Curcuma phaeocaulis*)、温莪术(*C. wenyujin*)、桂莪术(*C. kwangsiensis*)是三七的伪品，为了鉴定三七正品基原，曹晖等(2001)采用 PCR 直接测序技术测定了三七及上述 4 种伪品的 18S rRNA 基因和 *matK* 基因核苷酸序列，并分析序列变异情况，结果表明三七与竹节参的 18S rRNA 基因序列长度相同均为 1809 bp，*matK* 基因序列长度都为 1259 bp。蓬莪术、温莪术、桂莪术的 18S rRNA 基因长度均为 1811 bp，*matK* 长度均为 1548 bp。根据排序比较，三七与 4 种伪品间序列差异大，证明了 DNA 测序技术是一样比较准确的检测三七正品基原的方法。

徐红等(2001)报道了在药品市场上流通量大、常作为黄草药材使用的石斛属植物 13 种 14 个类群的 rDNA ITS 序列分析结果，其中石斛种间 ITS1 序列的差异比例平均为 20.47%，ITS2 序列的差异比例平均为 17.67%，石斛各类群与外类群的差异比例 ITS1 序列平均为 25.5%，ITS2 序列平均为 27.37%，这些可作为中药黄草石斛分子鉴定的标记。

Long 等(2004)测定分析了 8 种 24 个麻黄样品的 ITS 序列，8 个种被分成 3

个群体，分类结果与地理关系相一致，显示出了地理差异性，同时他们依此结果设计了一套引物用于不同产地麻黄的鉴别。Guo 等（2006）比对了中国麻黄等 4 种麻黄属植物 ITS 序列和叶绿体 *chlB* 基因序列，依据序列特征对市场上 4 种药材进行了盲检，建立了鉴定这 4 种植物的新方法。

土茯苓为百合科植物光叶菝葜（*Smilax glabra*）的干燥根茎，具有解毒、除湿、通利关节的功效，具有利尿、镇痛的活性，在抗动脉硬化和治疗冠心病、心绞痛等方面效果良好。但是土茯苓的植物来源复杂，具有较多的混伪品，包括菝葜属和肖菝葜属的不同植物，如菝葜（*S. china*）、肖菝葜（*Heterosmilax japonica*）、马甲菝葜（*S. lanceifolia*）、马钱叶菝葜（*S. lunglingensis*）、软叶菝葜（*S. riparia*）等。目前 DNA 分子标记技术在鉴定土茯苓及其混淆品方面少见报道。王振涛等（2014）选取 *psbA-trnH* 序列对土茯苓基原植物及其近缘种的 6 个物种 18 个样本进行比较研究。提取样品 DNA，利用 PCR 技术对样品进行叶绿体基因 *psbA-trnH* 片段扩增并双向测序。在数据处理时，使用 CodonCode Aligner V3. 7.1（CodonCode Co.，USA）对测序峰图进行校对拼接，切除引物及序列两侧低质量区。用 MEGA 6.0 软件分析比对所有序列，根据 K2P 模型进行遗传距离等分析，用 NJ 法构建系统聚类树。结果表明，*psbA-trnH* 序列碱基组成随种类不同而有差异，序列种间变异较大。土茯苓基原植物与其近缘种 *psbA-trnH* 序列种间平均 K2P 遗传距离为 0.0161，种间最小 K2P 遗传距离为 0.0066，种间差异距离较大。聚类分析表明，土茯苓基原植物不同来源样品聚在一支，可以与其近缘种区分开来。因此，基于 *psbA-trnH* 序列的 DNA 条形码鉴定方法可以准确地将土茯苓基原植物及其近缘种鉴定，为土茯苓药材基原植物的鉴定研究提供理论依据。

3. 道地性药材鉴别

（1）ISSR 技术的应用

2003 年，孙岳等报道了南五味子和北五味子的 ISSR 鉴别研究，结果显示 DNA 带型差异可迅速鉴别南、北五味子。2006 年，周晔等也用 ISSR 法鉴别中药黄精与卷叶黄精，效果明显。同年，还用此法鉴别了中药玉竹与小玉竹，取得可喜的成果。

（2）RAPD 技术的应用

吉林省是北柴胡的主产区之一，要巩固吉林省北柴胡的生产优势，实现北药产业的现代化发展要求，药材道地性评价至关重要。有学者在显微鉴别东丰县野生移栽柴胡，确认为北柴胡的基础上，用 23 种引物做 RAPD 分析，对引种的 5 种柴胡样品进行分子水平的鉴定，从而为种源的道地性提供科学依据，运用 RAPD 技术揭示药材的道地性是一种十分有效的鉴别手段（王秀全等，2003）。

百合（*Lilium brownii* var. *viridulum*）是湖南大宗道地药材之一，也是药食两用的品种。百合的地下鳞茎比较难分，药材外形在分类与鉴定上比较困难。为了鉴别商品药材百合及其混淆品，探讨商品药材鉴别的新方法，林丽美等(2006)采用 RAPD 技术对商品药材百合进行了多态性分析，并构建聚类树型图。结果表明，RAPD 技术能从分子水平检测种间、种内差异，可以解决不同产地的商品百合(*L. disichum*)与混淆品轮叶百合不易区分的难题，从而证明了 RAPD 标记技术在品种鉴定方面的有效性。

李梨等(2004)利用 RAPD 技术对来自不同地区的 4 种冬虫夏草样本进行分析，发现这 4 种冬虫夏草具有遗传差异，不同的地理群体间存在遗传差异，根据冬虫夏草 RAPD 分析的指纹图谱，可将来自不同地区的冬虫夏草样本区分开。

西红花为鸢尾科(Iridaceae)的植物番红花(*Crocus sativus*)的干燥柱头，也称藏红花。主要产于欧洲及中亚地区。红花为菊科植物红花(*Carthamus tinctorius*)的干燥花，主要产于我国四川、河南、浙江、江苏等地。由于红花从外观及其功效与西红花类似，常冒充西红花入药。采用随机引物对西红花及其伪冒品进行扩增，根据 RAPD 指纹图谱的不同，能够清晰地区分西红花及其伪冒品(黄丰等，1999)。

人参(*Panax ginseng*)是著名中药，按来源分为野生人参(山参)和栽培人参(园参)。马小军等(1999)用 RAPD 标记方法对 7 个来源地不同的山参和 1 个圆参样品进行遗传多样性检测和遗传分析。结果发现山参的遗传变异大于圆参，因此山参在人参育种上有很大利用价值。

(3)AFLP 技术的应用

郝明干和刘忠权(2005)将 AFLP 技术应用到中药材道地性的鉴别中，绘制不同产地中药材的 AFLP 指纹图谱和遗传多样性，确定道地性产区药材的特异性差异带，从而区分道地药材。在此基础上，将 AFLP 标记转换成简单实用的序列特征扩增区(SCAR)标记。有研究利用 AFLP 技术对江西省猕猴桃种质资源进行鉴定分析。首先从 64 对引物筛选出 4 对引物，对 31 份种质材料的 DNA 进行检测，得到 190 个扩增基因位点，其中多态性位点 179 个，多态性比例为 94.2%，区分率达到 100%；对扩增结果进行的 UPGMA 聚类分析得到的谱系图表明，猕猴桃种质之间遗传关系相对来说不是很近，在相似系数 0.56 的水平上，可以将 31 份种质大致分为 4 个类群。研究从分子角度鉴定分析了江西省猕猴桃种质资源及其遗传关系，也为江西省猕猴桃种质资源分类研究提供了新证据(陈华等，2007)。

(4)微卫星技术的应用

基于 RAPD 扩增及其产物多态性位点的分离，Wang 等(2015)从胡杨中开发了 20 条微卫星标记，这些微卫星标记的等位基因在 3～12 之间，观测杂合度为 0.53～0.97，预测杂合度为 0.56～0.94，显示了较高的多态性，可以应用于新疆胡杨及其加工制品的鉴别。

4. DNA 条形码技术在中药材鉴定中的应用

DNA 条形码技术是通过比较一段通用的 DNA 序列对物种进行快速、准确的识别和鉴定的一种分子生物学技术(Hebert et al., 2003)。DNA 条形码技术具有速度快、重复性和稳定性高、容易操作、便于利用互联网和信息平台实现统一管理和共享的特点(陈士林等, 2011)。

Chen 等(2010)通过比较 7 个候选 DNA 条形码(*psbA-trnH*、*matK*、*rbcL*、*rpoC1*、*ycf5*、ITS2、ITS)对药用植物鉴定的有效性,最终发现 ITS2 序列的物种鉴定效率高达 92.7%,提出了以 ITS2 为核心,*psbA-trnH* 为补充序列的药用植物条形码鉴定体系。

中药材 ITS2+*psbA-trnH* 的 DNA 条形码对于推进中药材鉴定标准化和国际化有很重要的意义(Chen et al., 2014; 辛天怡等, 2015)。中药材 DNA 条形码分子鉴定指导原则已经被作为中药材质量控制的新方法,并被《中国药典》(2010 年版第三增补本)收载。利用 ITS2 条形码对许多中药材进行了分子鉴定,取得了满意的效果。

威灵仙为毛茛科植物威灵仙(*Clematis chinensis*)、棉团铁线莲(*Clematis hexapetala*)或东北铁线莲(*Clematis manshurica*)的干燥根及根茎。曾旭等(2011)以核基因 ITS2 片段作为 DNA 条形码,对威灵仙源植物及其易混淆品间的种内、种间序列进行分析比较,并且构建了 NJ 树。利用 Schultz 等(2006)建立的 ITS2 数据库图及其网站预测 ITS2 的二级结构。结果表明,威灵仙源植物 ITS2 序列长度分别为 220 bp 和 230 bp,威灵仙、棉团铁线莲和东北铁线莲聚在一起。威灵仙的正品来源与其他物种在螺旋区茎-环的数目、大小、位置及螺旋臂由中心环伸出时的转角等方面区别明显。因此,ITS2 作为条形码序列能有效地区别威灵仙药材的基源植物及易混伪品。

同年,孙稚颖等(2011)也利用核基因 ITS2 为 DNA 条形码,对中药材赤芍基源植物与其易混伪品进行了有效的区分。对中药材赤芍及其易混伪品进行 PCR 扩增、测序、拼接后进行数据分析,并构建 NJ 树,利用 ITS2 数据库及其网站预测了 ITS2 的二级结构。结果表明,赤芍两基源植物[芍药(*Paeonia lactiflora*)和川赤芍(*P.anomala* subsp. *veitchii*)]ITS2 序列长度均为 227 bp,无论芍药还是川赤芍,它们的不同来源样本均分别聚在一起,表现出单系性,赤芍的正品来源芍药与川赤芍差异微小,但是与其他物种在螺旋区茎-环的数目、大小、位置以及螺旋臂由中心环伸出时的转角等方面具有较明显区别。

此外,许多研究学者利用 ITS2 技术鉴定了木香、党参、柴胡、羌活、合欢、五加、红景天、枸杞、冬虫夏草和山茱萸等(马晓冲等, 2014; 赵莎等, 2013, 2014; 于俊林等, 2014; 辛天怡等, 2012; Zhao et al., 2015; Xin et al., 2015; Xiang et al.,

2013; Hou et al., 2013）。

　　为了弥补形态学鉴定的不足，2015 年，董晶莱利用 DNA 条形码技术对菱属 （*Trapa*）植物进行了分子鉴定。结果表明，ITS 序列有 20 个变异位点，其中包括 6 处插入/缺失和 14 处碱基置换，适用于部分菱属植物的分子鉴定。

　　藤梨根属于猕猴桃科猕猴桃属植物中华猕猴桃（*Actinidia chinensis*）或软枣猕 猴桃（*Actinidia arguta*）的干燥根。藤梨根具有清湿热、降血脂、治黄疸、促进食欲 和畅通乳络的功效，此外，还具有抗肿瘤活性和调节免疫的功能。2016 年，高婷 和朱珣之利用 DNA 条形码技术对中药材藤梨根与常见混淆品进行了分子鉴定， 通过提取 DNA，PCR 扩增和测序，利用 CodonCode Aligner 3.5.7 对得到的 ITS2 序列进行拼接，计算遗传距离后构建系统聚类树，鉴定效率和准确性大大提高。

　　水红花子是蓼科蓼属植物红蓼（*Polygonum orientale*）的干燥成熟果实。有消积 止痛、散血消症、利水消肿等作用，还具有抗氧化、抗心肌缺血和抗肿瘤等功效。 由于同属物种具有高度相似的形态特征，因而混伪现象严重。为鉴别水红花子的 真伪，保障用药安全，任莉等（2016a）利用 ITS2 条形码对水红花子进行了鉴定。 对收集的 71 份样品进行 DNA 提取、PCR 扩增、双向测序后，用 CodonCode Aligner 软件分析后获得 ITS2 序列。用 MEGA 软件分析遗传距离，构建 NJ 树木，对 ITS2 进行评价，得出红蓼种内的最大遗传距离小于混伪品的最小遗传距离，构建的 NJ 树也能鉴别分开水红花子。证明了 ITS2 是有效鉴别水红花子的工具。

　　同年，任莉等（2016b）利用 DNA 条形码技术鉴定了中药材酸枣仁及混伪品。 利用同样的方法，得出酸枣的 ITS2 序列种内遗传距离小于混伪品，因此，ITS2 可以有效地对酸枣及混伪品进行分子鉴定，保障了用药安全。

　　泽泻药材因产地和种质不同，泽泻中含有的微量元素、氨基酸和泽泻醇等成 分的含量有所不同。利用植物形态和生理特性对泽泻科植物进行分类和鉴定的难 度很大。黄琼林等（2013）发现核内部转录间隔区 ITS2 序列可以区分泽泻科植物。

　　2016 年，张娜娜等利用 DNA 条形码技术鉴别了不同产地的泽泻种子。通过 提取 DNA，扩增 ITS2 并测序，对序列拼接，对泽泻种子进行显微观察。结果有 效区分了泽泻（*Alisma plantago-aquatica*）和东方泽泻（*A. orientale*），验证了 ITS2 序列可以稳定地鉴定泽泻。说明 DNA 条形码技术可以指导选择正确基原的泽泻 种质，有利于泽泻的人工栽培生产。

二、动物药材分子鉴定研究现状

1. DNA 分子遗传标记技术研究概况

　　2010 版《中国药典》载入的动物药鉴别项共有 43 种，包括显微鉴别项 15 种， 反应鉴别项 10 种，以及 TLC 鉴别项 17 种。但是由于动物药材外部形态不完整或被破坏，混伪品增多及近缘鉴定困难等，以上 3 种方法不能解决这些问题。DNA 分子遗传标记在药用动物鉴定方面迅速发展。用于 DNA 分子遗传标记的基因分为 3 种：一是叶绿体中的 *rbcL*、*matK*、*rpoC1*、*tmH-psbA* 等基因；二是核糖体中的 18S rRNA、ITS1、ITS2 等基因；三是线粒体中的 *Cytb*、*COI*、12S rRNA、16S rRNA 等基因。前两者适合鉴定植物，后两者则适用于动物鉴定。从 1974 年至今，国内外研究的 DNA 分子遗传标记技术有 RFLP、RAPD、SCAR、ISSR、SNP、高特异性 PCR 技术、等位基因特异 PCR 技术、多重 PCR 技术、线粒体 DNA 标记技术、DNA 条形码技术、微卫星 DNA 标记技术、基因芯片技术等数十种技术，其应用到动物药及药用动物的实例繁多，发展迅速（崔丽娜等，2012）。

　　阿胶是中国传统中成药，正品阿胶是以驴皮为原料熬制而成，为防止马皮和牛皮等冒充驴皮，阿胶生产企业在收购驴皮时，需要对皮张进行物种鉴定。由于驴、马和牛皮外表相似，肉眼难以鉴别，尤其是在除去毛发并剪碎成小块后。因此，阿胶原料真伪鉴别成为生产中迫切需要解决的难题。驴皮的真伪及其质量直接影响产品的疗效，从源头上控制阿胶质量，有利于提高阿胶原料及其产品质量，规范药品的市场竞争行为和提高中药现代化水平。汪小龙等（2006）用 *Cytb* 基因 PCR-RFLP 方法对阿胶原料进行了鉴定。首先提取了马、牛和驴 3 种动物干皮 DNA，然后用限制性内切酶 *Hinf* I 和 *Hae*III 酶切，得到 DNA 指纹图谱，最后根据 DNA 指纹图谱鉴定阿胶皮样所属物种来源，一次性鉴定准确率为 100%，为阿胶产品原料提供可靠的保证。

　　为了区分中华鳖、砂鳖和山瑞鳖，陈合格等（2006）对以上 3 种鳖的线粒体 *Cytb* 基因进行了 PCR-RFLP 分析。用内切酶 *Nde* I 和 *Bam*H I 联合分析，在分子水平上明确鉴定了 3 种鳖。

　　鹿茸为传统名贵中药材。《中国药典》（1995 年版）规定其正品为鹿科动物梅花鹿（*Cervus nippon*）或马鹿（*C. elaphus*）的雄鹿未骨化密生的幼角。目前，市场上出售的鹿筋、鹿鞭药材很复杂。鹿鞭的伪品主要有驼鹿（*Alces alces*）鞭、驯鹿（*Rangifer tarandus*）鞭、牛鞭[黄牛（*Bos taurus domesticus*）、水牛（*Bubalus bubalus*）]、牦牛（*Bos mutus*）鞭和驴（*Equus asinus*）鞭；冒充鹿筋的主要为牛、猪（*Sus scrofa domestica*）、羊[绵羊（*Ovis aries*）、山羊（*Capra hircus*）]的筋腱。为了鉴别中药材的正品原动物梅花鹿和马鹿及其混伪品，刘向华等（2001）在对鹿类中药材的正品原动物梅花鹿和马鹿及其混伪品原动物的 *Cytb* 基因全序列分析的基础上，设计了一对位点特异性鉴别引物。用该对鉴别引物 ILu01-L 和 ILu01-H，对鹿茸、鹿鞭、鹿筋及其正、混伪品原动物等进行位点特异性 PCR 鉴别研究，建立了简便的鹿类中药材 DNA 分子标记鉴别方法。

　　乌梢蛇为《中国药典》（2005 年版）一部收载的一种常用中药，来源于游蛇科动物乌梢蛇[*Zaocys dhum nades*（Cantor）]的干燥体。目前，商品乌梢蛇来源复杂。

由于药材在醋炙过程中外观形态、皮和骨骼等会发生不同程度的改变，增加了乌梢蛇药材性状鉴别的困难。唐晓晶等（2007）用高度特异性 PCR 方法对乌梢蛇药材及其混淆品的原动物和炮制品进行鉴别。根据乌梢蛇及 10 种常见混淆品线粒体 12S rRNA 基因序列，设计一对专用于乌梢蛇的鉴别引物 HWL21 和 HWH21 进行 PCR 扩增，扩增结果表明引物对正品乌梢蛇有高度的特异性，此方法可以准确鉴别真品和混淆品。

《中国药典》（1995 年版）规定中药材龟甲（板）为乌龟（*Chinemys reevesii*）的背甲和腹甲。由于乌龟资源减少，商品龟甲中有大量混淆品。吴平等（1998）用 PCR 产物直接测序法对中药材龟甲（板）进行鉴别。从乌龟和其他 20 种产地为中国或东南亚国家的龟类的组织材料中提取 DNA，对扩增得到的线粒体 12S rRNA 基因片段进行序列分析，构建了 21 种龟类的 12S rRNA 基因片段序列数据库。从数据库可以看出，乌龟与其余所有龟类的序列均有差别。然后利用龟甲中残存的 DNA，用 PCR 技术扩增相同的基因片段，与乌龟及其他龟的序列进行比较，达到对龟甲正品与混淆品的鉴别目标。刘忠权等（1999）也利用位点特异性 PCR 鉴定了中药材龟甲及原动物。

哈蟆油系东北特产名贵中药材，《中国药典》（1995 年版）记载，哈蟆油为蛙科动物中国林蛙（*Rana chensinensis*）雌性成蛙的干燥输卵管，目前市场哈蟆油药材原动物来源复杂。已经有研究从中国林蛙、中华大蟾蜍（*Bufo bufo gargarizans*）及鳕鱼（*Gadus macrocephalus*）等组织材料提取 DNA，扩增出 12S rRNA 基因片段，根据测序结果和参考有关序列，设计一对哈蟆油的鉴别引物 HsmL1、HsmH1，用该鉴别引物扩增蛙类原动物的模板 DNA 时，仅中国林蛙和黑龙江林蛙（*Rana amurensis*）的模板能得到阳性扩增，因此该对引物能用于哈蟆油药材来源的鉴别（杨学干等，2000）。

鹿鞭，又名鹿肾，为非常用名贵药材，是鹿科动物梅花鹿及马鹿雄性的阴茎和睾丸的干燥品。近年来国内市场经常出现伪品，因国内市场上常有牛鞭、牦牛鞭和驴鞭伪品。王建云等（1997）采用微量 DNA 提取技术，从梅花鹿血、毛、鹿鞭、鹿茸、牛鞭、驴鞭中提取 DNA，以线粒体 DNA 细胞色素 b（Cytb）通用引物 L14841 和 H15149 扩增 DNA 片段。产物纯化后测序，结果表明梅花鹿毛、血和鹿鞭的 DNA 序列完全一致。而所谓的"鹿茸"则与其差异较大。用测序的序列构建的分子系统树与传统分类系统相符合，说明微量法提取 DNA 并测定其序列鉴定鹿鞭和鹿茸是可行而准确的。

2. DNA 条形码技术在药用动物中的研究进展

DNA 条形码技术是由 Hebert 在 2003 年首次提出来的，即利用一段标准的短序列作为快速鉴定物种的分子诊断新技术（Hebert et al., 2003）。

　　对于动物来说，*COI* 为通用的 DNA 条形码序列，*COI* 序列种间变异能较好地区分除刺胞动物门以外的物种，*COI* 既能够保证足够变异，又能被通用引物扩增，其 DNA 序列本身很少存在插入和缺失，因此，*COI* 基因被公认为动物界中标准的 DNA 条形码基因。

　　杜鹤等(2011b)对中华鳖及其混伪品的 *COI* 序列进行遗传距离等分析，并构建中华鳖及其混伪品的系统聚类树。结果表明中华鳖种内 *COI* 序列有 17 个变异位点，说明种内 *COI* 序列变异很小。中华鳖及其混淆品 *COI* 序列存在较多的变异位点，种间的遗传距离显著大于种内的遗传距离。同时，从构建的系统聚类树可以看出，中华鳖 5 个不同样品能聚在一起，与其他混淆品能够明显分开。因此，基于 *COI* 序列的 DNA 条形码技术可以很好地鉴定鳖甲及其混伪品。

　　金钱白花蛇(*Bungarus parvus*)为我国常用中药材。据《中国药典》(2010 年版)记载其来源为眼镜蛇科动物银环蛇(*Bungarus multicinctus*)的幼蛇干燥体。百花锦蛇(*Elaphe moellendorffi*)为地方习用品。金钱白花蛇常见的混伪品有金环蛇(*Bungarus fasciatus*)、铅色水蛇(*Enhydris plumbea*)等。崔丽娜等(2011)利用 *COI* 序列对金钱白花蛇及其常见混伪品进行 DNA 条形码鉴别。结果表明银环蛇 *COI* 序列种内变异较小，与混淆品种间序列差异较大。从所构建的系统聚类树可看出，同属聚在一起，各物种又能形成相对独立的支，*COI* 序列可以明确区分银环蛇及其混淆品。因此，运用 *COI* 条形码序列能准确鉴定金钱白花蛇的正品来源及其混伪品。

　　崔丽娜等(2012)对龟甲及其混伪品的原动物 *COI* 序列进行研究，并构建乌龟及其混伪品的 NJ 树。结果表明乌龟种内 *COI* 序列变异很小比较稳定，种间变异位点较多。从所构建的系统聚类树可看出，同一物种的不同样品能聚在一起，能明显与混伪品分开，说明基于 *COI* 序列的 DNA 条形码技术可以很好地鉴定龟甲的正品来源及其混伪品。

　　海马、海龙为我国常用中药材，都具有温肾壮阳，散结消肿等作用。据《中国药典》(2010 年版)记载海马来源为海龙科动物线纹海马(*Hippocampus kelloggi*)、刺海马(*H. histrix*)、大海马(*H. kuda*)、三斑海马(*H. trimaculatus*)或小海马(海蛆)(*H. japonicus*)的干燥体。海龙来源为海龙科动物刁海龙(*Solenognathus hardwickii*)、拟海龙(*Syngnathoides biaculeatus*)或尖海龙(*Syngnathus acus*)的干燥体。市场上存在伪品，海马、海龙外观不明显，粉末鉴别难度更大，需要鉴定药材真伪。胡嵘等(2012)利用 *COI* 序列对海马、海龙及其常见混伪品进行 DNA 条形码鉴别，分析了包括海马、海龙及混伪品共 14 个种 20 份样品的 *COI* 条形码序列，分析药材的正品来源与混伪品之间的物种变异，以及系统树中物种的聚类情况。结果表明，海马、海龙种内 *COI* 序列变异小，比较稳定。海马、海龙及其混伪品种间平均 K2P 距离为 0.1649，最小 K2P 距离为 0.015，变异位点较多，种间的遗传距离显著大于种内的遗传距离，与形态学分类的结论一致。从基于 *COI* 序列构建的海马、海龙及其混伪品 NJ 树可看出，海马、海龙的正品来源聚在一起，与其他同属混伪品能明显区分开。因此，基于 *COI* 序列的 DNA 条形码技术可以很好地鉴定海马、海龙的正品来源及其混伪品，并提供了可靠有效的分子标记方法。

蛤壳为帘蛤科动物文蛤(*Meretrix meretrix*)或青蛤(*Cyclina sinensis*)的贝壳。由于蛤壳正品与一些混伪品的纹理、颜色等形态学特征差别不显著，为了将蛤壳的正品来源与其混伪品更好地鉴定开，杜鹤等(2012)利用 *COI* 序列对蛤壳及其混淆品进行 DNA 分子鉴定。结果发现蛤壳种内 *COI* 序列有 5 个变异位点，变异很小比较稳定，文蛤、青蛤与其主要混伪品 *COI* 序列间的变异位点较多，种间的遗传距离显著大于种内的遗传距离。同时，从基于 *COI* 序列所构建的蛤壳及其混伪品系统聚类树图可以看出，同属序列聚在一起，蛤壳正品文蛤和青蛤不同来源个体均聚在一起，支持率 100%，同时也很容易与其他混伪品分开。

珍珠母为我国常用中药材。据《中国药典》(2010 年版)记载，珍珠母为蚌科动物三角帆蚌(*Hyriopsis cumingii*)、褶纹冠蚌(*Cristaria plicata*)或珍珠贝科动物马氏珍珠贝(*Pteria martensii*)的贝壳。现市场以其混伪品和同属做珍珠母药用的情况较为普遍，如蚬科动物河蚬(*Corbicula fluminea*)、蚌科动物背瘤丽蚌(*Lamprotula leai*)等。杜鹤等(2011a)也利用 DNA 条形码技术，对珍珠母及其混淆品的 DNA 条形码 *COI* 序列进行比对分析，构建分子系统树，对珍珠母及其混伪品进行鉴别。结果表明，基于 *COI* 序列的 DNA 条形码技术可以很好地鉴定珍珠母的正品来源及其混伪品。

张蓉等(2011)对我国鹿科 3 个属共 9 种 19 份鹿茸样品 *COI* 序列进行了测定，并进行 Blast 分析，构建 NJ 系统树，计算 K2P 遗传距离。结果显示 DNA 条形码技术可以在属水平和种水平将鹿科 3 属 9 种鹿鉴别开，对 90% 的鹿茸样本可进行有效鉴定，可准确鉴定正品鹿茸马鹿和梅花鹿及其混伪品。

蛇蜕具有祛风、定惊、退翳、解毒的功效，据《中国药典》(2010 年)版一部记载其来源为游蛇科动物黑眉锦蛇(*Elaphe taeniura*)、锦蛇(*Elaphe carinata*)或乌梢蛇(*Zaocys dhumnades*)等蜕下的干燥表皮膜。由于野生资源有限，形态鉴定困难，常存在其他蛇蜕伪品。中药材蛇蜕及易混伪品已经被利用 *COI* 为 DNA 条形码序列对进行鉴定。通过对蛇蜕原药材进行 DNA 提取，PCR 扩增和序列测定，对 13 个物种的 68 份样品进行 DNA barcoding gap 分析和系统聚类分析。结果表明，蛇蜕 3 种基原黑眉锦蛇、锦蛇和乌梢蛇具有 DNA barcoding gap。通过 NJ 所构建的蛇蜕及其混伪品系统聚类树可以看出，黑眉锦蛇、锦蛇和乌梢蛇的不同样品均分别聚为独立的一支，表明黑眉锦蛇、锦蛇和乌梢蛇具有较好的单系性。因此，DNA 条形码技术不仅可以有效鉴别 3 种基原黑眉锦蛇、锦蛇和乌梢蛇，而且可以区分蛇蜕及其常见易混伪品，可以作为蛇蜕中药材鉴定的参考方法(石林春等，2014)。

蛤蚧是我国传统名贵中药材，据 2010 年版《中国药典》(一部)记载其来源为壁虎科动物蛤蚧(*Gekko gecko*)除去内脏的干燥体，由于近年来蛤蚧在保健和疾病治疗方面的效果，市场价格不断升高，出现了大量混淆品，如壁虎(*Gekko chinensis*)、多疣壁虎(*G. japonicus*)、红瘰疣螈(*Tylototriton verrucoosus*)、东方蝾螈(*Cynops orientalis*)、喜山鬣蜥(*Agama himalayana*)、山溪鲵(*Batrachuperus pinchonii*)、青海沙蜥(*Phrynocephalus vlangalii*)、变色树蜥(*Calotes versicolor*)等。由于蛤蚧正品与混淆品形态学特征差异细微，传统的鉴别方法难以鉴别。目前，蛤蚧及其常见混伪品已经被利用 *COI* 序列进行 DNA 条形码鉴定研究。通过对蛤蚧实验样品进行 DNA 提取、PCR 扩增和双向测序，最后对数据进行处理。用 MEGA6.0 对 11 个物种的 103 份样品进行序列比对和 NJ 构建。结果表明，蛤蚧药材及其混淆品 *COI* 序列片段长度为 658 bp，信息位点数 331 个。根据 K2P 模型计算遗传距离，*COI* 序列种内平均 K2P 距离为 0.005，种内最大 K2P 距离为 0.013。根据 *COI* 序列构建的 NJ 树，可以看出蛤蚧药材基原蛤蚧单独聚为一支，蛤蚧的混伪品的 *COI* 序列也分别单独聚为一支，因此蛤蚧与其混淆品能够很好地区分开。本研究表明通过 *COI* 序列可以区分蛤蚧及其混淆品，为蛤蚧药材的准确鉴定提供分子水平的依据，可有效地应用于蛤蚧药材市场质量监控(张红印等，2014)。

第八节　DNA 分子鉴定技术在转基因食品上的应用

一、转基因食品简介

　　自 1983 年研发出首例含抗生素类抗体的转基因烟草以来(Hilder，1987)，转基因作物迅猛发展，许多具备各种功能的转基因产品，特别是转基因食品更多地流入市场，在某种程度上解决了人类面临的耕种面积减少与粮食紧缺问题，很多国家开始把转基因作为提高科技竞争力和国家农业发展的战略目标。

　　转基因食品(genetically modified food, GMF)也被称为基因改良或基因修饰食品，即利用基因工程技术改变基因组成，将外来基因导入受体从而改变其性状或品质，进一步获得的其产品或加工后得到的食品即为转基因食品。

　　转基因食品主要可以分为以下 4 类。

　　1)植物性转基因食品。植物性转基因食品主要是指含有转基因植物为原料的食品，以转基因作物为主。在转基因产品中，转基因作物发展最为广泛，到 2012 年全球转基因作物种植面积已达到 $7.703 \times 10^8 \text{ hm}^2$，国际上已经批准的商业化转基因植物主要有转基因大豆、玉米、西红柿、番茄、棉花、香石竹、马铃薯、甜椒、木瓜、甜菜、西瓜、烟草、西葫芦等(许文涛等，2011)，转基因食品的种植已经呈现全球化趋势。

　　2)动物性转基因食品。主要是指含有转基因动物为原料的食品，如抗病能力强、肉质好、生长速度快的畜禽、水产及其蛋奶肉制品等。

Palmiter 等(1982)将大鼠生长激素基因导入小鼠中，获得了转基因"超级鼠"，自此以后，转基因动物的有关研究也迅速发展起来。

到目前为止，转基因已经在牛、猪、兔子、鱼、羊等物种中开展研究。一部分动物性转基因是运用在医学上，制备有生物活性的酶或药物，如 Gordon 等(1987)成功获得了能表达人组织型纤维溶酶激活因子的转基因小鼠乳腺生物反应器。而大多数的动物性转基因食品是为了提高动物生长速度及获得更好的性状，如我国培育出的三倍体湘云鲫具有生长快、肉质好、抗逆性强的特点，已在 23 个省(直辖市)推广；荷兰 Phraming 公司培育出含人乳铁蛋白的转基因牛，大大提高了牛奶的营养价值；在猪的基因组中转入生长素基因，可以大大提高猪的生长速度，从而提高猪肉质量。

3)微生物转基因食品。第一个转基因食品微生物是面包酵母，该转基因酵母中麦芽糖酶及透性酶的含量高于普通酵母，从而能很大程度上改善面包口感(吴非和王惠铭，2001)。

食品工业中微生物往往作为发酵剂及生产酶制剂的主要来源，伴随着转基因技术的发展，可用于食品工业的转基因微生物也发展起来，尤其以生产食品酶制剂的转基因微生物发展最为迅速。

凝乳酶是转基因微生物生产的第一种食品酶制剂，目前多个国家已经采用转基因微生物凝乳酶来制作奶酪，美国食品药物监督管理局(FDA)认为其是安全的，所生产的产品上无须做特异标注(Wrage，1994)。随着技术的发展，越来越多的酶制剂转基因微生物被开发出来，常见的如淀粉酶、脂酶、蛋白酶、纤维素酶等(陈红兵和高金燕，2001)，如将大麦中的 α-淀粉酶转入啤酒酵母中，大大简化了啤酒生产工艺。

二、转基因食品潜在风险与安全评估

目前对转基因食品的风险讨论主要集中在两个方面：①对环境的影响，转基因产品往往更具有自然生长优势，如转基因抗虫作物相对于普通作物而言，在相同环境下更容易生长。转基因生物这种相对于普通生物的强势生长，有可能会导致物种泛滥，局部生态失衡，若长期无约束发展，有可能会造成自然物种流失等可怕后果。②食品安全影响，转基因食品对全球增产有一些帮助，但目前公众对转基因食品的安全性有一些顾虑，世界各国对转基因的安全问题也一直高度关注，所以加强转基因监管显得尤为必要。

对于转基因食品安全性问题，各个国家制定了严格的管理制度，如 2000 年出席蒙特利尔生物安全国际会议的 130 个国家代表通过了《生物安全议定书》。相应的管理制度提出：转基因食品需要进行相应的标识管理。而食品中转基因成分的分析与检测鉴定是转基因食品标识与监管的首要任务，同时转基因食品的生物检测也是其安全性评价的关键环节。

三、转基因食品的检测

目前国内外对转基因食品的检测主要集中在核酸检测与蛋白质检测两个水平上，蛋白质检测主要是对外源基因的蛋白质表达产物进行检测，核酸检测主要是对外源基因序列进行检测。相对于蛋白质检测而言，核酸检测更能直接地检测转基因成分，DNA 片段是转基因成分主要的分析对象，且由于 DNA 分析技术具有较高的灵敏度和特异性，故而在转基因食品检测中得到了广泛应用。

常用于转基因食品分析的 DNA 技术主要有：PCR 检测技术、荧光定量 PCR 检测技术、环介导等温扩增（LAMP）检测技术、基因芯片检测技术、生物传感器技术等。

1. PCR 检测技术

PCR 检测技术在转基因食品检测中主要是通过对转入的外源 DNA 进行筛选鉴定，从而确定被检测对象是否为转基因产品。

目前常用的这类检测技术主要包含筛选 PCR（通用元件 PCR）、基因特异性 PCR、构建特异性 PCR、转化事件特异性 PCR 等几种筛选方式（王晨光等，2014）。

筛选 PCR 主要是运用外源基因的启动子或终止子等作为检测的目的片段，目前商业化的转基因植物中大多含有花椰菜花叶病毒（cauliflower mosaic virus，CaMV）35S 启动子、玄参花叶病毒（figwont mosaic virus，FMV）35S 启动子、胭脂碱合成酶（nopaline synthase，NOS）终止子等通用元件，利用这些常见元件进行相应片段的 PCR 扩增可作为检测对象是否为转基因的依据（杨文明，2013），比如常见的转基因大豆、转基因玉米都可以用这种常用方法进行检测。郑文杰等（2003）利用 CaMV35S 启动子和 NOS 终止子进行 PCR，定性检测了转基因大豆。袁磊等（2009）利用常用通用元件设计 PCR 引用，进行定性 PCR 检测，准确地对转基因玉米进行了鉴定。

基因特异性 PCR 主要是运用插入的外源基因目的片段作为检测片段，如在一些以抗虫转基因作物为原材料来源的转基因食品中，Bt 基因是最主要的外源基因，主要包括 cry1A、cry3A、cry2A 等片段（邵改革等，2017），根据这些特定片段设计引物进行 PCR 扩增，以是否能扩增获得相应的产物作为检测是否有相应外源基因转入的依据，进而判断被检测对象是否是转基因食品。Dinon 等（2011）利用 cry1A、cry2Ab2 等的相关 PCR 技术对某一转基因玉米进行了相关检测，发现可以顺利检测到该品系转基因玉米。

构建特异性 PCR 主要是运用外源基因的启动子或终止子与基因之间的连接区域作为检测片段。例如，香石竹由于可以作为食品香精的原料，故转基因香石竹也被认为是一种转基因食品。贾军伟等（2010）利用外源基因 F3'5'H、CHS 启动子、*D8ter*，建立基因特异性定性 PCR 检测方法顺利检测到澳大利亚 Florigene 公司和日本 Suntory 公司研发的两种转基因香石竹。

转化事件特异性 PCR 又称为转化体特异性 PCR，主要是运用外源基因与受体基因组的结合位点作为检测片段。王恒波等（2010）根据公布的转基因大豆 GTS40-3-2 基因与大豆基因组连接序列信息，设计了转化体 PCR，发现检测灵敏度可以达到 0.1%。

PCR 检测方法中，也可采用设计几对引物的多重 PCR 对转基因食品进行检测，这种多重 PCR 检测方法可以在一定程度上提高检测效率。Matsuoka 等（2001）利用多重 PCR 检测 5 种转基因玉米品系，发现检测效率较高，可以检出 0.5%含量的转基因玉米品系。

2. 荧光定量 PCR 检测技术

荧光定量 PCR 检测技术是指在 PCR 反应体系中添加荧光基团，根据荧光信号的强弱实时监测扩增产物的量。Meyer（1999）认为荧光定量 PCR 避免了普通 PCR 中容易存在的假阳性污染和无法准确定量的缺点，同时荧光定量 PCR 技术相对于普通 PCR 而言，具有灵敏度高、检测快速等特点，用这种方法检测转基因食品，不但可以更好地避免假阳性，还可以大大提高检测灵敏度。Kim 等（2015）用普通 PCR 方法检测转基因小麦品系 MON71800，发现最低能检测 10 个拷贝品系特异序列分子，而荧光定量 PCR 方法最低能检测 5 个拷贝，表明荧光定量 PCR 方法灵敏度要远远高于普通 PCR。

荧光定量 PCR 分为探针类与非探针类两种类型。探针类具有能与目的序列特异结合的特点，常见探针为 5′端带荧光、3′端带猝灭物的 TaqMan 探针，当特异性 PCR 发生时，PCR 反应体系中的 *Taq*DNA 聚合酶可以分解与模板结合的 TaqMan 探针，5′端荧光物质游离后发出荧光，阳性反应管荧光值对循环数作图呈现出特征性曲线，与一系列标准比对后可采用 PCR 反应模板进行定量（刘光明等，2002）。由于 TaqMan 探针荧光定量法依赖于 *Taq* 酶对探针的分解，而 *Taq* 酶的活性受反应体系中镁离子的影响，故该荧光定量法的准确性主要受到 PCR 反应体系中 *Taq* 酶和镁离子的影响（Brodmann et al.，2002）。

蔡慧农等（2003）利用 TaqMan 技术对转基因大豆和玉米进行了检测，认为该技术灵敏度与准确度都很高，但也存在荧光淬灭不彻底、阈值较高的特点；受反应体系中酶性能影响也较大。

非探针类荧光定量 PCR 是利用荧光染料对扩增产物进行监测，常用 SYBR Green 检测法。SYBR Green Ⅰ能结合到双链 DNA 中并发出荧光，当扩增进行时，生成双链 DNA 产物，就会有荧光产生，故可以在熔曲线的辅助下，通过检测荧光强度对待测基因进行定量分析（Qzaki and McLaughlin,1992）。

为了进一步提高检测效率，荧光定量 PCR 检测也可以与多重 PCR 相结合，同时检测多个靶基因。例如，吴明生等（2013）确定 CaMV35S 启动子、NOS 终止子、*Bar* 3 个基因为筛选的靶基因组合，构建了同时检测 3 个基因的多重荧光定量 PCR，同时获得了 3 个基因的扩增曲线，研究者认为这种复合荧光定量 PCR 技术的建立，在大量样品的快速检测中将更为方便快捷，并且仅通过一次 PCR 即使只发生一个靶基因的阳性扩增，也可确立样品是否是转基因样品。

近年来兴起了一种核酸单分子扩增技术——微滴式数字 PCR（ddPCR），该技术是利用微滴发生器将 PCR 反应体系制备成成千个小微滴，当反应体系中模板数很低的时候，每个微滴中可以只含一个分子的模板和足够量的其他反应成分，只要微滴反应产生荧光，就可以记为阳性微滴，认为一个模板分子被检测到，实验结束根据统计出的阳性微滴数就可以推算出模板的分子数（Morisset et al.，2013；苗丽等，2016）。该新兴方法较传统的荧光定量法而言，所需样本量很低，检测效率更高（Hindson et al.，2013）。Fu 等（2015）利用数字 PCR（dPCR）对 9 种转基因品系进行特异性检测，获得检出限为 0.1%，远远低于欧盟阈值，表明 dPCR 可以用于转基因成分的精确定量。

在单重 ddPCR 基础上，科研工作者又建立了更具优势的二重 ddPCR，即在单重的基础上引入内源与外源两对引物，同时定位内源和外源两个靶序列，较之于单重 PCR，该方法可以不受 DNA 模板质量和降解的影响（降解的随机性导致内外源基因的比例不发生改变），故在定量检测时更为准确和精确。Demeke 等（2014）利用内外源参照基因的探针引物对转基因油菜 OXY235 品系和转基因大豆 DR305423 品系进行检测，发现二重 ddPCR 可以检测到含量为 0.001% 的标准品，较之于传统定量 PCR，其精确度更高。

3. LAMP 检测技术

LAMP 技术是针对待测靶基因序列的 6 个区域设计两对特异引物，利用一种具有链置换活性的 DNA 聚合酶（Bst DNA polymerase）在恒温条件（65°左右）保温 1 h，即可实现核酸的大量扩增（Notomi et al.，2000）。LAMP 不需要模板 DNA 的热变性，也可以不需要电泳检测，而采用扩增产生的焦磷酸镁沉淀的浑浊度（Fukuta et al.，2004）或荧光染料（Parida et al.，2006）来判断扩增反应的发生，所以相对简单快速。周琳华（2012）利用 LAMP 技术分别对转基因玉米 MON810、BT176，转基因大豆 GTS40-3-2，转基因水稻 TT51-1 进行了检测，对结果归纳分析认为该方法可行性、准确度、重复性、灵敏度等都良好，可以用于转基因食品的检测。

冀国桢等（2016）综述了 LAMP 技术在转基因成分中的应用，认为目前的 LAMP 法检测转基因成分的研究主要集中在通用元件、基因特异性和转化事件特异性检测上。

　　CaMV35S 的启动子序列是 LAMP 通用元件检测最常用的靶序列。肖维威等 (2013)利用 *CaMV35S* 的启动子对转基因大豆标准品进行 LAMP 检验，发现其检测灵敏度达 200 个拷贝；陈金松等(2011)利用 *CaMV35S* 序列对转基因玉米进行检测，发现其检测灵敏度为普通 PCR 的 10~100 倍。

　　除 *CaMV35S* 外，T-NOS 也常被用作 LAMP 检测的靶序列之一。熊槐等(2012)利用 LAMP 对稀释后的转基因大豆进行检测，发现 *CaMV35S* 为靶序列的检出限度为 0.1%，T-NOS 为 0.5%。

　　基因特异性 LAMP 也经常被用作转基因作物检测，刘佳(2012)利用 *cry1Ac* 对转基因稻米进行检测，能成功检测出稻米加工品种的转基因成分。兰青阔等 (2008)通过 *cp4-epsps* 耐除草剂基因序列进行 LAMP 检测，顺利地检测出转基因大豆，灵敏度高达 0.005%。

　　Guan 等(2010)利用事件特异性 LAMP 方法对转基因大豆进行了检测，发现灵敏度为 0.005%。张隽等(2012)利用事件特异性 LAMP 方法成功检测出转基因玉米 MON89034，其检出限为 1 pg，检测灵敏度是普通 PCR 的 10 倍。马路遥(2013) 利用事件特异性 LAMP 方法检测了转基因油菜 RT73 品系，灵敏度为 0.01%。

　　LAMP 检测特异性较高，但仍存在非特异扩增、假阳性等不足，研究者认为，LAMP 还可以与其他技术联合使用以避免其不足。易小平等(2016)总结了 LAMP 与其他技术的联合应用，分别从与 DNA 探针技术结合、与横向流动试纸条技术结合、与生物芯片技术结合、与生物传感器技术结合几方面进行了综述。冀国桢等(2016)也认为未来 LAMP 应多与其他转基因检测技术相结合，以减少检测中的污染，降低假阳性。周杰等(2017)首次使用了碟式芯片 LAMP 技术，一次上样同步检测 10 个常见转基因元件，在 30 min 内获得检测结果，检出限为 0.5%，认为可运用于大豆、玉米、大米和油菜等转基因食品的检测。

4. 基因芯片检测技术

　　传统的 PCR 技术检测转基因容易出现假阳性、假阴性结果，且对于转基因产物的品系鉴定存在一定难度(许小丹等，2005)，故达不到准确检测转基因食品的目的。而转基因技术的发展迅速，大规模的转基因食品进入商业化生产，需要一种更迅速有效的检测方法。

　　基因芯片检测技术作为一种检测技术，具有高通量、自动化、高准确度、高灵敏度等优点(王洪水和侯相山，2007)。目前已被运用于转基因检测等领域。

　　缪海珍等(2003)采用基因芯片对大豆、玉米、油菜等多种样品进行检测，验证了基因芯片技术的有效性，认为该技术可以进行转基因背景筛查，并且可同时对一个样品的多个基因位点进行平行检测，检测结果可靠效率高。Tengs 等(2007)

设计了转基因检测芯片，包含了约 4 万个探针，涵盖绝大多数植物转化用的载体序列。成晓维等（2013）选取 9 种常见的转基因食品外源基因，制备了可视芯片，通过对样品 PCR 扩增产物与芯片的杂交分析，发现芯片一次性可检测出 5 种转基因食品，灵敏度高达 0.1%。

基因芯片与复合 PCR 联合用于转基因食品的检测一方面可获得更高的检测效率，另一方面可同时检测多种转基因产物，检测效率提高。黄文胜等（2003）利用上述两个技术联合检测了转基因油菜的 10 种基因，发现其检测灵敏度可以达到 0.5%。武海斌等（2009）利用基因芯片和多重 PCR，在一张芯片上同时检测鉴定了 7 种转基因玉米，大大提高了检测效率。

基因芯片技术尚存在许多不足和局限，芯片的特异性和重复性、信号检测的灵敏度及检测成本的降低等方面都需要改进和提高。

5. 生物传感器技术

生物传感器是将生物识别元件和信号转换元件紧密结合，从而检测目标化合物的分析装置。在转基因食品检测中，核酸的生物传感器可以利用固定在传感器上的探针，与经扩增后的待测靶序列进行互补配对，对产生的信号进行光学、电学和压电转换器转换成可识别的信号（Elenis et al.，2008）。

应用于转基因食品的光学生物传感器常见的是表面等离子共振（surface plasmon resonance，SPR）传感器，其原理是入射光以临界角入射到两种不同折射率的介质界面时，引起金属自由电子的共振，电子吸收光能后，使反射光在一定角度内减弱，而 SPR 是指反射光在一定角度内完全消失的入射角（黄新等，2009），所以 SPR 的变化取决于生物分子之间相互作用的特异信号，该传感器可以用于转基因食品的检测，如 Feriotto 等（2002）利用 SPR 传感器对转基因农达大豆基因序列进行了实时检测。

转基因食品的检测还可依靠可视生物传感器，Kalogiann 等（2006）利用干剂试纸条生物传感器检测到 0.1%的转基因大豆。这种纸条传感器是利用被生物素标记的特定靶序列的 PCR 扩增片段，先将其与带 3′寡聚 A 的探针结合，而后利用纸条的毛细作用，使之与携带纳米微粒的寡聚 T 结合，并显示出可视的特征红线。Bai 等（2007）还报道了一种依赖辣根过氧化物酶显色反应的可视生物传感器，该传感器是利用生物素化的靶序列 PCR 产物在与特定寡核苷酸探针杂交后，可与辣根过氧化物酶抗生素结合物反应，在四甲基联苯胺显色底物作用下，出现可视的特征颜色。

压电生物传感器常见的为石英晶体微天平（quartz crystal microbalance，QCM）传感器。其基本原理是利用石英的压电效应，将 DNA 探针固定在电极表面，浸入到含靶序列 DNA 单链分子的溶液中，若杂交，则晶体表面质量增加而引起振

荡频率降低。Passamano 和 Pighini(2006)利用 QCM 成功对转基因玉米 Mon810
进行了检测。

电学生物传感器是用生物材料作为敏感元件，电极作为转换元件，以电势或
电流为特征检测信号的传感器(黄新等，2009)。Kerman 等(2006)利用固定在玻璃
碳电极表面的肽核酸探针捕捉靶序列 DNA 片段，反应后传感器电流增加，研究
者利用该传感器检测到含量为 5%的转基因大豆。

生物传感器进行转基因食品的检测区别于其他检测方法的主要优点是可以较
少地使用实验仪器，随着对转基因食品检测方法研究得深入，更简便和廉价的生
物传感器 DNA 检测技术值得期待。

参 考 文 献

安丽艳, 孟镇, 仇凯, 等. 2016. 应用 PCR-FINS 技术鉴定金枪鱼罐头中金枪鱼种类. 食品与发酵工业, 42(6):
　　159-163

毕潇潇, 高天翔, 肖永双, 等. 2009. 4 种鳕鱼线粒体 *16S rRNA*、*COI* 和 *Cytb* 基因片段序列的比较研究. 南方水产,
　　5(3): 46-52

卞能飞, 孙东雷, 沈一, 等. 2017. 基于 SSR 标记的江苏省花生地方品种遗传多样性分析. 中国油料作物学报,
　　39(2): 170-177

卞如如, 范阳阳, 刘艳艳, 等. 2017. 一种驴和马及狐狸源性成分快速检测方法的研究. 中国畜牧杂志, 53: 100-104

步迅, 张全芳, 刘艳艳, 等. 2015. 鉴别驴、马、狐狸动物源性的引物探针组合物、试剂盒和多重实时荧光定量 PCR
　　检测方法: CN201510205907.6

蔡慧农, 刘光明, 苏文金, 等. 2003. TaqMan 探针用于转基因食品的荧光定量 PCR 检测. 食品与发酵工业, 29(12):
　　1-7

蔡一村. 2015. 利用实时荧光 PCR 和数字 PCR 技术对肉类制品进行定性和定量检测研究. 中国科学院大学博士后
　　论文

曹晖, 毕培曦, 邵鹏柱. 1997. 香港市售蒲公英及其混淆品土公英的指纹鉴别研究. 中国中药杂志, 22(4): 197-200

曹晖, 刘玉萍, 伏见裕利, 等. 2001. 三七及其伪品的 DNA 测序鉴别. 中药材, 24(6): 398-402

曹际娟, 郑秋月, 孙哲平, 等. 2009. 变性高效液相色谱检测乳制品和化妆品中绿脓杆菌的研究. 食品科学, 30(6):
　　139-142

常玉华. 2003. 苹果浓缩汁中的耐热菌的 PCR 方法快速检测研究. 陕西师范大学硕士学位论文

车建, 唐琳, 刘彦君, 等. 2007. ITS 序列鉴定西红花与其易混中药材. 中国中药杂志, 32(8): 668-671

陈锋, 夏先春, 王德森, 等. 2006. CIMMYT 人工合成小麦与普通小麦杂交后代籽粒硬度 puroindoline 基因等位变异
　　检测. 中国农业科学, 39(3): 440-447

陈凤祥, 胡宝成, 李成, 等. 1998. 甘蓝型油菜细胞核雄性不育性的遗传研究: Ⅰ.隐性核不育系 9012A 的遗传. 作物
　　学报, 24(4): 431-438

陈合格, 刘文彬, 李建中, 等. 2006. 三种鳖线粒体 DNA 细胞色素 b 基因序列的比较分析. 水生生物学报, 30(4):
　　380-385

陈红兵, 高金燕. 2001. 来源于转基因微生物的食品酶制剂. 中国食品添加剂. 4: 23-26

陈华, 易干军, 徐小彪. 2007. 应用 AFLP 标记对江西省猕猴桃种质资源的鉴别及其分类. 中国生物化学与分子生
　　物学报, 23(2): 122-129

陈金松, 黄丛林, 张秀海, 等. 2011. 环介导等温扩增技术检测含有 CaMV35S 的转基因玉米. 华北农学报, 26(4): 8-14

陈静. 2011. 环介导等温扩增技术快速检测果汁中耐热菌的研究. 河北农业大学硕士学位论文

陈亮, 陈大明. 1997. 茶树基因组提纯与鉴定. 茶叶科学, 17(2): 177-181

陈亮, 山口聪, 王平盛. 2002a. 利用 RAPD 进行茶组植物遗传多样性和分子系统学分析. 茶叶科学, 22(1): 19-24

陈亮, 王平盛, 山口聪. 2002b. 应用 RAPD 分子标记鉴定野生茶树种质资源研究. 中国农业科学, 35(10): 1186-1191

陈强, 张小平, 李登煌, 等. 2003. 我国主要花生品种的 AFLP 分析. 应用与环境生物学报, 9(2): 117-121

陈士林, 庞晓慧, 姚辉, 等. 2011. 中药 DNA 条形码鉴定体系及研究方向. 世界科学技术-中医药现代化, 13(5): 747-754

陈世琼. 2013. 实时荧光 PCR 快速检测果汁中酿酒酵母的初步研究. 食品工业科技, 34(7): 319-321

陈世琼, 陈文峰, 胡小松. 2006. 16S rDNA PCR-RFLP 法快速鉴定分离自浓缩苹果汁生产线的脂环酸芽孢杆菌. 中国食品学报, 6(2): 99-102

陈文炳, 朱晓南, 邵碧英, 等. 2006. 应用 PCR 技术鉴定豆奶粉、奶粉及果汁饮料中的有效成分. 中国食品学报, (1): 362-366

陈文新. 1998. 细菌系统发育. 微生物学报, 38(3): 240-243

陈信忠, 郭书林, 龚艳清. 2017. 鱼类 DNA 条形码技术的应用进展. 水产科学, 36(6): 834-842

陈瑶, 赖崇德, 刘玄, 等. 2007. 橙汁酿酒酵母菌株的分离筛选和发酵性能的测定. 江西农业大学学报, 29(4): 665-669

陈英华, 李红宇, 侯昱铭, 等. 2009. 东北地区水稻种质资源遗传多样性分析. 华北农学报, 24(3): 165-173

陈颖, 董文, 吴亚君, 等. 2008. 食品鉴伪技术体系的研究与应用. 食品工业科技, 29(7): 216-218, 312

陈祖云, 王晓丽, 宋聚先, 等. 2007. 贵州天麻野生与栽培品种的简单序列重复鉴定. 贵阳医学院学报, 32(1): 12-14

成晓维, 王小玉, 胡松楠, 等. 2013. 可视芯片检测大豆、水稻和玉米中的转基因成分. 现代食品科技, 29(3): 654-659

程本义, 施勇烽, 沈伟峰, 等. 2007. 南方稻区国家水稻区域试验品种的微卫星标记分析. 中国水稻科学, 21(1): 7-12

程本义, 吴伟, 夏俊辉, 等. 2009. 浙江省水稻品种 DNA 指纹数据库的初步构建及其应用. 浙江农业学报, 21(6): 555-560

崔光红, 黄璐琦, 唐晓晶, 等. 2007. 获取人参、西洋参特定序列位点(STS)标记的新方法. 中国中药杂志, 32(11): 1012-1015

崔光红, 唐晓晶, 黄璐琦. 2006. 利用多重等位基因特异 PCR 鉴别人参、西洋参. 中国中药杂志, 31(23): 1940-1943

崔丽娜, 杜鹤, 杜航, 等. 2012. 药用动物 DNA 鉴定技术的研究. 吉林中医药: 32(5): 485-450

崔丽娜, 杜鹤, 张辉, 等. 2011. 基于 COI 条形码序列的金钱白花蛇及其混伪品的 DNA 分子鉴定. 世界科学技术-中医药现代化, 13(2): 424-428

崔丽娜, 杜鹤, 张辉, 等. 2012. 基于 COI 条形码序列的龟甲及其混伪品的 DNA 分子鉴定. 吉林中医药, 32(2): 176-178

邓继贤, 杨秀荣, 蒋和生, 等. 2016. DNA 条形码在我国家禽种质资源保护中的应用研究. 甘肃畜牧兽医, 46, 26-28

丁建弥, 万树文, 梅其春, 等. 2001. 用随机扩增多态 DNA(RAPD)技术鉴定野山人参. 中成药, 23(1): 3-5

丁俊杰, 姜翠兰, 顾鑫, 等. 2012. 利用与大豆灰斑病抗性基因连锁的 SSR 标记构建大豆品种(系)的分子身份证. 作物学报, 38(12): 2206-2216

丁洲, 江昌俊, 陈聪, 等. 2009. SCAR 标记在茶树种质资源鉴定中的应用. 激光生物学报, 18(6): 819-824

丁洲, 江昌俊, 叶爱华, 等. 2008. 茶树的 RAPD 标记向 SCAR 标记转化的研究. 安徽农业大学学报, 35(3): 315-318

董晶莱, 高广春, 黄嫚, 等. 2015. DNA 条形码技术在部分菱属植物分子鉴定中的应用. 浙江农业科学, 56(4): 530-533, 557

杜鹤, 崔丽娜, 姚辉, 等. 2011a. 基于 COI 条形码序列的珍珠母及其混伪品的 DNA 分子鉴定. 中国现代中药, 13(11): 12-14

杜鹤, 崔丽娜, 张辉, 等. 2011b. 鳖甲及其混伪品的 DNA 分子鉴定. 世界科学技术—中医药现代化, 13(2): 429-434

杜鹤, 崔丽娜, 张辉, 等. 2012. 基于 COI 序列的蛤壳及其混伪品的 DNA 分子鉴定. 吉林中医药, 32(1): 55-57

杜金友, 靳占忠, 徐兴友, 等. 2006. AFLP 标记在玉米种质资源鉴定中的应用. 西北植物学报, 26(5): 927-932

段红梅, 王文秀, 常汝镇, 等. 2003. 大豆 SSR 标记辅助遗传背景选择的效果分析. 植物遗传资源学报, 4(1): 36-42

段世华, 毛加宁, 朱英国. 2001. 利用 RAPD 分子标记对我国杂交水稻主要恢复系的 DNA 多态性研究. 武汉大学学报: 理学版, 47(4): 508-512

范文艳, 文景芝, 金丽娜, 等. 2008. 黑龙江省水稻纹枯病菌的致病力分化与 AFLP 分析. 植物保护, 34(6): 57-61

方宣钧, 吴为人, 唐纪良, 等. 2001. 作物 DNA 标记辅助育种. 北京: 科学出版社: 99

冯海永, 韩建林. 2010. 羊肉产品中若干动物源性成分的七重 PCR 检测技术应用研究. 中国畜牧兽医, 37: 85-90

冯海永, 刘丑生, 何建文, 等. 2012. 利用线粒体 DNA Cyt b 基因 PCR-RFLP 分析方法鉴别羊肉和鸭肉. 食品工业科技, 33: 319-321

冯涛. 2016. 动物源性成分交叉引物等温扩增快速检测方法的研究和建立. 中国计量大学硕士学位论文

冯再平, 仇农学, 李建科. 2006. PCR 法检测耐热菌模板制备方法研究. 中兽医医药杂志, 25(4): 5-6

付必胜, 刘颖, 张巧凤, 等. 2017. 与小麦抗白粉病基因 Pm48 紧密连锁分子标记的开发. 作物学报, 43(2): 307-312

付琳琳. 2005. 应用 PCR-DGGE 技术分析泡菜中乳酸菌的多样性. 南昌大学硕士学位论文

刚宏林, 唐先明, 马英南, 等. 2012. 荧光定量 PCR 法检测羊肉产品中若干动物源性成分. 中国食品科学技术学会年会

高安礼, 何华纲, 陈全战, 等. 2005. 分子标记辅助选择小麦抗白粉病基因 Pm2、Pm4a 和 Pm21 的聚合体. 作物学报, 31(11): 1400-1405

高海燕. 2004. 苹果汁特征品质分析及鉴伪方法的研究. 中国农业大学博士学位论文

高海燕, 赵镭, 吴继红, 等. 2007. 利用缓冲容量检测苹果汁饮料中原果汁含量的方法研究. 中国食品学报, 7(3): 122-126

高海燕, 周晓慧, 吴继红, 等. 2005. 利用缓冲容量检测梨汁饮料中的果汁含量. 食品与发酵工业, 31(11): 101-104

高敏. 2007. 苹果原汁的鉴伪研究. 中国农业大学硕士学位论文

高敏, 胡小松, 廖小军, 等. 2008. 微生物接种法鉴定苹果原汁的真伪. 中国食品学报, 8(5): 126-131

高婷, 朱珣之. 2016. 基于 ITS2 序列的中药材藤梨根 DNA 分子鉴定. 世界科学技术—中医药现代化: 18(2): 214-220

高运来, 胡国华, 陈庆山, 等. 2009. 黑龙江部分大豆品种分子 ID 的构建. 作物学报, 35(2): 211-218

葛振宇, 刘晓冰, 刘宝辉, 等. 2011. 大豆种子蛋白质和油份性状的 QTL 定位. 大豆科学, 30(6): 901-905

郭保宏, 宋春华, 贾继增. 1997. 我国小麦品种的 Rht1、Rht2 矮秆基因鉴定及分布研究. 中国农业科学, 30(5): 56-60

郭军. 2000. 分子标记技术在品种鉴定及纯度分析上的应用. 种子科技, 118(4): 217-219

郭数进, 杨凯敏, 霍瑾, 等. 2015. 山西大豆自然群体产量及品质性状与 SSR 分子标记的关联分析. 山西农业科学, 43(4): 374-377, 387

韩建勋, 陈颖, 黄文胜, 等. 2008. 苹果汁鉴伪技术研究进展. 食品科技, 33(8): 205-209

韩建勋, 黄文胜, 吴亚君, 等. 2010. 果汁中梨成分分子生物学鉴伪——实时荧光 PCR 方法研究. 中国食品学报, 10(1): 207-213

郝明干, 刘忠权. 2005. AFLP 结合 SCAR 技术在中药材道地性鉴别中的应用. 中华现代中医学杂志, 1(1): 1-4

何建文. 2010. 牦牛肉产品的分子追溯研究. 甘肃农业大学硕士学位论文

何玮玲, 张驰, 杨静, 等. 2012. 食品中 4 种肉类成分多重 PCR 的快速鉴别方法. 中国农业科学, 45: 1873-1880

赫崇波, 高磊, 于喆, 等. 2017. 辽宁省水产种质基因库信息平台的构建与应用. 水产科学, 36(1): 113-117

洪雪娟, 侯金锋, 丁卉, 等. 2012. 大豆异地衍生重组自交系群体遗传图谱的构建及比较. 作物学报, 38(4): 614-623

洪彦彬, 陈小平, 刘海燕, 等. 2010. 源于大豆 EST 的花生属(Arachis)同源 SSR 标记的开发及利用. 作物学报, 36(3): 410-421

洪彦彬, 温世杰, 钟旎, 等. 2011. SSR 标记与花生青枯病、锈病抗性的相关性研究. 广东农业科学, zl: 61-63

侯东军, 杨红菊, 于雷, 等. 2012. 环介导恒温扩增法鉴定牛羊肉中的掺杂肉. 食品工业科技, 33: 60-62

侯慧敏, 廖伯寿, 雷永, 等. 2007. 花生锈病抗性的 AFLP 标记. 中国油料作物学报, 29(2): 195-198

侯晓林, 王蕾, 陆彦, 等. 2014. 肉与肉制品中马源成分的检测方法及驴源成分的检测方法: CN201410528241.3

胡斌, 莫国玉, 刘燕, 等. 2006. 荧光定量 PCR 技术检测 DNA 疫苗在生殖腺和血液中的残留. 热带医学杂志, 6(9): 991-993

胡斌, 钱和. 2009. 酿酒酵母菌含量对控制橙汁腐败的影响. 食品工业科技, 30(1): 186-188

胡宏霞, 穆国俊, 侯名语, 等. 2013. 河北省花生地方品种基于 EST-SSR 的遗传多样性及性状标记相关分析. 植物遗传资源学报, 14(6): 1118-1123

胡连霞, 张伟, 张先舟, 等. 2009. 改良环介导等温扩增技术快速检测婴儿配方奶粉中的阪崎肠杆菌. 微生物学报, 49(3): 378-382

胡强, 郑玉才, 金素钰, 等. 2007. 用通用引物扩增细胞色素 b 基因进行牦牛肉的鉴定. 食品科学, 28(11): 319-322

胡嵘, 杜鹤, 崔丽娜, 等. 2012. 海马、海龙基于 COI 条形码的 DNA 分子鉴定. 吉林中医药, 32(3): 272-276

胡珊梅, 张启国, 周涵涛, 等. 2002. RAPD 法在金线莲的鉴别研究中的应用. 中草药, 23(10): 949-950.

胡晓辉, 毛瑞喜, 苗华荣, 等. 2016. 山东省 46 个花生品种 SSR 指纹图谱构建与遗传多样性分析. 核农学报, 30(10): 1925-1933

黄春琼, 刘国道, 白昌军. 2015. SRAP 标记在落花生属种质资源遗传多样性上的利用. 基因组学与应用生物学, 34(3): 622-627

黄丰, 王培训, 周联, 等. 1999. 西红花的 RAPD 鉴别研究. 中药新药与临床药理, 10(4): 226-228

黄福平, 梁月荣, 陆建良, 等. 2004. 乌龙茶种质资源种群遗传多样性 AFLP 评价. 茶叶科学, 24(3): 183-189

黄建安. 2004. 茶树分子遗传图谱构建及多酚氧化酶基因的 SNP 研究. 湖南农业大学博士学位论文

黄建安, 黄意欢, 李家贤, 等. 2008. 茶树多酚氧化酶基因的 PCR-RFLP 多态性分析. 茶叶科学, (5): 370-378

黄建安, 黄意欢, 罗军武, 等. 2005a. 茶树 AFLP-银染技术体系与品种指纹图谱的建立. 湖南农业大学学报(自然科学版), 31(4): 427-430

黄建安, 李家贤, 黄意欢, 等. 2005b. 茶树 AFLP 分子连锁图谱的构建. 茶叶科学, 25(1): 7-15

黄莉, 赵新燕, 张文华, 等. 2011. 利用 RIL 群体和自然群体检测与花生含油量相关的 SSR 标记. 作物学报, 37(11): 1967-1974

黄璐琦, 王敏, 杨滨, 等. 1999. 用随机扩增多态 DNA(RAPD)技术鉴别中药材天花粉及其类似品. 药物分析杂志, 19(4): 233-238

黄璐琦, 王敏, 周长征, 等. 1998. RAPD 方法在细辛类药材鉴别研究中的问题及其对策. 药学学报, 33(10): 778-784

黄琼林, 马新业, 梁凌玲, 等. 2013. 泽泻科植物 NDA 条形码的筛选研究. 中华中医药杂志, 28(5): 1402-1406

黄世全, 王爱琴, 戴保威. 2006. 利用醇溶蛋白、盐溶蛋白和 RAPD 标记划分玉米自交系类群的比较研究. 玉米科学, 14(2): 35-39

黄文胜, 韩建勋, 董洁, 等. 2011. FINS 方法鉴定鱼翅和鲨鱼软骨的鲨鱼种类. 食品安全与检测, 36(11): 265-271

黄文胜, 潘良文, 粟智平, 等. 2003. 基因芯片检测转基因油菜. 农业生物技术学报, 1(6): 588-592

黄新, 郭欣硕, 李明福, 等. 2009. 生物传感器在转基因产品检测中的研究进展. 生物技术通报, 10: 83-87

黄雪贞, 钱国英, 李彩燕. 2012. 中华鳖 3 个地理群体线粒体基因 D-loop 区遗传多样性分析. 水产学报, 36(1): 17-24

黄益勤, 李建生. 2001. 利用 RFLP 标记划分 45 份玉米自交系杂种优势群的研究. 中国农业科学, 34(3): 244-250

黄益勤, 许尚忠, 李建生. 2006. RFLP 分子标记杂合性与玉米 F_1 产量性状相关的研究. 中国农业科学, 39(10): 1962-1966

吉琼, 张新玲, 童婷, 等. 2012. 利用 SSR 标记研究 96 个玉米自交系的遗传多样性及其群体遗传结构. 新疆农业大学学报, 35(2): 99-106

冀国桢, 李刚, 赵建宁, 等. 2016. 环介导等温扩增技术在转基因成分检测中的应用. 食品科学, 37(11): 255-261

贾军伟, 孙建萍, 白蓝, 等. 2010. 基因及构建特异性 PCR 方法检测转基因香石竹. 中国农学通报, 26(12): 35-39

贾雅菁, 付博宇, 王羽, 等. 2016. 实时荧光环介导等温扩增技术检测牛乳中的蜡样芽孢杆菌. 食品科学, 37(6): 184-189

姜慧芳, 任小平. 2002. 利用 RAPD 技术鉴定花生种质资源的差异. 花生学报, 31(2): 10-13

姜树坤, 马慧, 刘君, 等. 2007. 利用 SRAP 标记分析玉米遗传多样性. 分子植物育种, 5(3): 412-416

姜延波, 孙传清, 李任华, 等. 1999. 利用 RFLP 标记对两系杂交水稻及其亲本的分类研究. 中国农业科学, 32(6): 8-15

蒋洪蔚, 李灿东, 刘春燕, 等. 2009. 大豆导入系群体芽期耐低温位点的基因型分析及 QTL 定位. 作物学报, 35(7): 1268-1273

焦燕, 陈大刚. 1997. 中国海洋鱼类种类多样性的研究. 齐鲁渔业, 14(2): 58-61

焦振全, 刘秀梅. 1998. 16S rRNA 序列同源性分析与细菌系统分类鉴定. 国外医学卫生分册, 25(1): 12-16

金刚. 2010. 中国葡萄酒主产区酒酒球菌的鉴定及 SE-AFLP 分析. 西北农林科技大学硕士学位论文

金惠淑, 梁月荣, 陆建良. 2001. 中、韩两国主要茶树品种基因组 DNA 多态性比较研究. 茶叶科学, 21(2): 103-107

金基强, 崔海瑞, 龚晓春, 等. 2007. 用 EST-SSR 标记对茶树种质资源的研究. 遗传, 29(1): 103-108

金萍, 丁洪流, 李培, 等. 2014. 2013 年苏州地区肉及其制品掺假情况调查. 中国食品卫生杂志, 26: 168-172

金萍, 结莉, 陆俊, 等. 2016. TaqMan 探针荧光聚合酶链式反应实时同步鉴定动物源性食品中猪肉、鸡肉源性成分. 肉类研究, 30: 17-22

剧柠, 张家超, 孙志宏, 等. 2010. 制作云南乳扇用酸乳清中乳杆菌的多样性分析. 食品与生物技术学报, 29(5): 735-741

康凯, 徐艳, 李友国, 等. 2007. 花生根瘤菌遗传多样性的 RFLP 分析. 湖北农业科学, 46(5): 677-679

赖国荣, 张静, 刘函, 等. 2017. 基于 GBS 构建玉米高密度遗传图谱及营养品质性状 QTL 定位. 农业生物技术学报, 25(9): 1400-1410

兰进好, 张宝石. 2004. 玉米分子遗传图谱的 SSR 和 AFLP 标记构建. 西北农林科技大学学报(自然科学版), 32(12): 28-32, 37

兰青阔, 王勇, 赵新, 等. 2008. LAMP 在检测转基因抗草甘膦大豆 cp4-epsps 基因上的应用. 安徽农业科学, 36(24): 10377-10378, 10390

雷永, 廖伯寿, 王圣玉, 等. 2005. 花生黄曲霉侵染抗性的 AFLP 标记. 作物学报, 31(10): 1349-1353

黎星辉, 施兆鹏. 2001. 云南大叶茶与汝城白毛茶杂交后代的 RAPD 亲子鉴定. 茶叶科学, 21(2): 99-102

李博, 张荣琦, 王亚娟, 等. 2007. 黄淮麦区部分小麦地方品种高分子量麦谷蛋白亚组成分析. 麦类作物学报, 27(3): 483-487

李富威, 高琴, 张舒亚, 等. 2012. 实时荧光 PCR 方法在食品真伪辨别中的应用. 食品工业科技, 33(14): 367-370

李富威, 张舒亚, 任硕, 等. 2012. 鳕鱼成分的实时荧光 PCR 检测方法. 中国生物工程技术杂志, 32(12): 80-85

李富威, 张舒亚, 曾庆坤, 等. 2013. 乳制品中水牛乳成分的实时荧光 PCR 检测技术. 农业生物技术学报, 21(2): 247-252

李根英, 夏兰芹, 夏先春. 2007. *Pina* 和 *Pinb* 融合基因表达载体的构建及其在硬粒小麦中的转化. 中国农业科学, 40(7): 1315-1323

李宏, 杨大伟, 刘云国, 等. 2011. 多重荧光定量 PCR 同时检测霍乱弧菌、副溶血性弧菌和创伤弧菌的方法研究, 中国卫生检验杂志, 21(5): 1180-1182

李欢. 2009. 四川 30 个茶树栽培品种叶绿体基因组 PCR-RFLP 分析. 四川农业大学硕士学位论文

李建科, 冯再平, 仇农学. 2006. 耐热菌的竞争定量 PCR 检测方法优化与建立. 中国农业科学, 39(2): 375-381

李江华. 2015. 肉制品生产管理规范. GB/T29342—2012

李进波. 2013. 鲑科鱼类分子鉴定方法研究. 华东理工大学硕士学位论文, 32: 42

李梨, 余佳, 朱照静, 等. 2004. 不同地区冬虫夏草的 RAPD 分析. 中华中西医杂志, 5(8): 32-33

李茂柏, 王慧, 白建江, 等. 2011. 利用 SSR 分子标记构建水稻品种 DNA 指纹图谱的研究进展. 中国稻米, 17(1): 4-6

李楠, 王佳慧, 沈青, 等. 2013. 肉制品中马源性成分实时荧光 PCR 检测方法的建立. 卫生研究, 42: 982-986

李齐发, 李隐侠, 赵兴波, 等. 2006. 牦牛线粒体 DNA 细胞色素 b 基因序列测定及其起源、分类地位研究. 畜牧兽医学报, 37: 1118-1123

李青娇. 2013. 利用分子生物学技术对几种水产加工品原料的鉴定研究. 南京农业大学硕士学位论文: 37-43

李双铃, 任艳, 陶海腾, 等. 2006. 山东花生主栽品种 AFLP 指纹图谱的构建. 花生学报, 35(1): 18-21

李通, 尹艳, 王海, 等. 2013. 聚合酶链式反应快速鉴别 5 种常见肉类别. 食品科学, 34: 249-252

李通. 2013. 基于分子生物学的肉类鉴定方法研究. 北京化工大学硕士学位论文

李伟忠, 许崇香, 安英辉, 等. 2013. 257 份玉米自交系分子 ID 的构建. 玉米科学, 21(2): 24-30

李溪盛, 马莺. 2014. DNA 指纹技术在食品掺假鉴定中的应用. 中国甜菜糖业, (4): 44-50

李向丽, 刘垚, 谭贵良, 等. 2015. 基于 LAMP 法快速检测羊肉及其制品中的猪、鸭和羊源性成分. 中国食品卫生杂志, 27: 247-252

李潇, 卢瑶. 2010. 高分辨率熔解曲线分析技术及其应用进展. 中国医学装备, 7(8): 57-60

李小威, 董志敏, 赵洪锟, 等. 2010. 用 SSR 标记进行野生大豆耐碱基因定位及 QTL 分析. 吉林农业科学, 35(3): 15-17, 56

李新光, 王璐, 赵峰, 等. 2013. DNA 条形码技术在鱼肉及其制品鉴别中的应用. 食品科学, 34(18): 337-342

李秀娟, 白萍, 徐保红, 等. 2010. 婴幼儿配方奶粉中阪崎肠杆菌的 3 种检测方法比较. 现代预防医学, 37(6): 1132-1133, 1137

李雪玲, 陈勇, 张莉, 等. 2012. 阪琦肠杆菌 *zpx* 基因的分子信标——实时 PCR 技术研究. 中国食品卫生杂志, 24(1): 30-33

李亚玲, 李景富, 康立功, 等. 2010. 番茄 Mi-1 基因的 SNP 分型. 东北农业大学报, 41(10): 36-42

李一松, 王明娜, 吕琦, 等. 2008. SYBR Green I 荧光定量 PCR 检测乳中携带 *sea* 基因金黄色葡萄球菌的研究. 29(7): 235-239

李毅, 张小蕾, 蒋朝晖, 等. 2005. 天麻总 DNA 提取及聚合酶链反应扩增鉴定. 贵阳医学院学报, 30(4): 311-314

李永刚, 王德国, 武建刚, 等. 2010. 环介导恒温扩增法(LAMP)检测金黄色葡萄球菌. 食品工业科技, (1): 388-391

李月华, 付博宇, 马晓燕, 等. 2016. 原料乳中志贺氏菌的实时荧光环介导等温扩增技术研究. 食品科技, 41(1): 315-320

李云海, 钱前. 2000. 我国主要杂交水稻亲本的 RAPD 鉴定及遗传关系研究. 作物学报, 26(2): 171-176

梁荣奇, 唐朝晖, 刘守斌, 等. 2006. 利用高分子量谷蛋白亚基的特异 PCR 标记辅助选育优质面包小麦. 作物学报, 15(8): 46-52

梁荣奇, 张义荣, 刘守斌, 等. 2001. 利用 wx 基因分子标记辅助选择培育糯性小麦. 遗传学报, 28(9): 856-863

梁荣奇, 刘广田, 张义荣, 等. 2004. 应用综合标记辅助选择体系改良小麦淀粉品质. 中国农业科学, 16(5): 316-321

梁宇斌, 牟靖芳, 李晓明. 2014. 果汁中柑橘属成分实时荧光 PCR 检测方法. 食品研究与开发, (16): 84-90

梁月荣, 田中淳一, 武田善行. 2000. 应用分子标记分析"晚绿"品种的杂交亲本. 茶叶科学, 20(1): 22-26

林丽美, 刘塔斯, 肖冰梅, 等. 2006. RAPD 技术鉴定商品药材百合. 湖南中医药大学学报, 26(5): 30-32

林森杰, 王路, 连明, 等. 2014. 海洋生物 DNA 条形码研究现状与展望. 海洋学报, 36(12): 1-17

林郑和, 陈荣冰, 陈常颂. 2007. ISSR 分子标记在茶树遗传关系分析中的初步应用. 茶叶科学, 27(1): 45-50

刘本英, 孙雪梅, 李友勇, 等. 2010. 基于 EST-SSR 标记的云南无性系茶树良种遗传多样性分析及指纹图谱构建. 茶叶科学, 32(3): 261-268

刘本英, 孙雪梅, 李友勇, 等. 2011. 20 个云南无性系茶树良种的 DNA 指纹图谱构建. 热带作物学报, (4): 720-727

刘本英, 王丽鸳, 李友勇, 等. 2009. ISSR 标记鉴别云南茶树种质资源的研究. 茶叶科学, 29(5): 355-364

刘春燕, 齐照明, 韩冬伟, 等. 2010. 大豆产量相关性状的多年多点 QTL 分析. 东北农业大学学报, 41(11): 1-9

刘峰. 2007. 三种鳜鱼属鱼类 GH 基因的序列及多态性研究. 湖南农业大学硕士学位论文: 55-62

刘冠明, 郑奕雄, 陈建萍, 等. 2006. 汕油系列和粤油系列花生品种遗传多样性的 SSR 标记分析. 安徽农业科学, 34(11): 2338-2339, 2345

刘光明, 李庆阁, 苏文金, 等. 2002. 多重荧光 PCR 同时检测转基因成分 35S 和 Nos 方法的建立. 厦门大学学报(自然科学版), 41(4): 493-497

刘佳. 2012. 转 Bt 基因稻米加工品的 LAMP 检测方法的建立. 南京农业大学硕士学位论文: 1-2

刘金栋, 杨恩年, 肖永贵, 等. 2015. 兼抗型成株抗性小麦品系的培育、鉴定与分子检测. 作物学报, 41(10): 1472-1480

刘金元, 刘大钧, 陶文静, 等. 1999. 小麦抗白粉病抗性基因 Pm4a 的 RFLP 标记转化为 STS 标记的研究. 农业生物技术学报, 7(2): 113-116

刘金元, 陶文静, 段霞瑜, 等. 2000. 分子标记辅助鉴定小麦抗白粉病品种(系)所含 Pm 基因. 植物病理学报, 30(2): 133-140

刘平武, 李赟, 何庆彪, 等. 2007. 甘蓝型油菜 pol CMS 育性恢复基因的分子标记. 中国油料作物学报, 29(1): 14-19

刘平武, 李赟, 何庆彪, 等. 2007. 甘蓝型油菜 pol CMS 育性恢复基因的分子标记. 中国油料作物学报, 29(1): 14-19

刘少宁, 陈智, 高迎春, 等. 2015. 一种利用线粒体 DNA 鉴别牛羊肉中貂肉的 LAMP 检测方法: CN201510411167.1

刘树文, 余东亮. 2010. 酒酒球菌不同菌株的 16S rDNA PCR-RFLP 分析. 西北农业学报, 19(6): 181-186

刘树文, 张剑, 钟其顶, 等. 2010. 葡萄酒中低产尿素酵母菌的分子生物学鉴定与评价. 食品与发酵工业, (7): 13-17

刘帅帅, 李宏, 罗世芝, 等. 2011. PCR 技术在肉类掺假检验中的应用进展. 食品安全质量检测学报, 2(6): 280-284

刘伟, 姜毓君, 吕琦, 等. 2007. 原料乳中沙门氏菌的快速过滤富集及 PCR 检测. 中国乳品工业, 35(7): 42-45

刘伟红, 许文涛, 商颖, 等. 2012. 果汁 DNA 提取方法比较及柑橘属植物分子生物学检测技术的研究. 中国食品学报, 12(4): 195-201

刘向华, 王义权, 周开亚, 等. 2001. 鹿类中药材的位点特异性 PCR 鉴定研究. 药学学报, 36(8): 631-635

刘学铭, 肖更生, 陈卫东, 等. 2006. 果汁鉴伪技术研究进展. 食品与发酵工业, 32(6): 87-91

刘循, 万方浩, 张桂芬. 2009. 可用于黑刺粉虱快速鉴定的 SCAR 分子标记技术. 昆虫学报, 52(8): 895-900

刘延琳, 李华. 2006. 酒酒球菌的快速特异性 PCR 鉴定. 微生物学杂志, 26(6): 26-29

刘玉萍, 何报作, 曹晖. 2001. 基因测序技术在中草药质量研究中的应用(Ⅱ)——山药基原的 DNA 测序鉴别. 中草药, 32(11): 1026-1030

刘云国, 丁生林, 徐榕蔓, 等. 2013a. 发酵乳酸杆菌的 PCR 快速检测方法: CN200910113475.0

刘云国, 李正义, 贾俊涛, 等. 2013b. 发酵乳酸杆菌的荧光定量 PCR 快速检测方法: CN201010110233.9

刘振, 王新超, 赵丽萍, 等. 2008. 基于 EST-SSR 的西南茶区茶树资源遗传多样性和亲缘关系分析. 分子植物育种, 6(1): 100-110

刘志勇, 孙其信, 李洪杰, 等. 1999. 小麦抗白粉基因 Pm21 的分子标记鉴定和标记辅助选择. 遗传学报, 26(6): 673-682

刘忠权, 王义权, 周开亚, 等. 1999. 中药材龟甲及原动物的高特异性 PCR 鉴定研究. 药学学报, 34(12): 941-945

柳淑芳, 李献儒, 李达, 等. 2016. 鳀科(Engraulidae)鱼类 DNA 条形码电子芯片研究. 渔业科学进展, 37(12): 19-25

鲁曦, 师宝忠, 王彬, 等. 2010. LAMP 法检测乳粉中的阪崎肠杆菌. 现代食品科技, 26(5): 540-543

陆静姣, 杨远柱, 周斌, 等. 2014. 基于 SNP 标记的南方籼型两系杂交水稻亲本遗传差异的分析. 杂交水稻, 29(5): 49-54

陆俊贤, 唐修君, 樊艳凤, 等. 2017. 利用荧光定量 PCR 技术鉴别畜禽肉中猪源性成分. 食品研究与开发, 38: 110-112

吕二盼. 2012. 动物源性食品中各种动物源性肉及肉制品鉴别检验的研究. 河北农业大学硕士学位论文

吕二盼, 周正, 周巍, 等. 2012. 动物源性食品鸭血、猪血 DNA 提取及多重 PCR 鉴别研究. 食品工业科技, 33: 228-231

罗军武, 施兆鹏. 2002. RAPD 分子标记在茶树亲子鉴定中的应用. 湖南农业大学学报(自然科学版), 28(6): 502-502

罗文龙, 郭涛, 周丹华, 等. 2013. 利用基于 HRM 的功能标记分析水稻 Wx 和 fgr 的基因型. 湖南农业大学学报(自然科学版), 39(06): 597-603

罗瑛皓, 陈新民, 何中虎, 等. 2005. 小麦抗白粉病基因聚合体 DH 材料的分子标记鉴定作物学报, 31(5): 565-570

罗志勇, 周钢, 周肆清, 等. 2000. AFLP 法构建人参、西洋参基因组 DNA 指纹图谱. 药学学报, 35(8): 626-629

马成杰, 吴正钧, 杜昭平, 等. 2010. 不同品牌酸乳中德氏乳杆菌的分离鉴定及 RAPD 分析. 食品科学, 31(7): 177-181

马红勃, 许旭明, 韦新宇, 等. 2010. 基于 SSR 标记的福建省若干水稻品种 DNA 指纹图谱构建及遗传多样性分析. 福建农业学报, 25(1): 33-38

马琳, 刘海珍, 陆徐忠, 等. 2013. 130 份甘蓝型油菜种质分子身份证的构建. 中国油料作物学报, 35(3): 231-239

马路遥. 2013. 环介导等温扩增技术检测转基因油菜 RT73. 吉林大学硕士学位论文: 1-2

马瑞君, 梅洪娟, 庄东红, 等. 2014. 不同品种(系)凤凰单丛茶 DNA 指纹图谱的构建. 茶叶科学, 34(5): 515-524

马小军, 汪小全, 孙三省, 等. 1999. 野生人参 RAPD 指纹研究. 药学学报, 34(4): 312-316

马小军, 汪小全, 肖培根, 等. 2000a. 野山参与栽培参 rDNA 内转录间隔区(ITS)序列比较. 药学学报, 25(4): 206-209

马小军, 汪小全, 肖培根, 等. 2000c. 人参农家类型的 AFLP 指纹研究. 中国中药杂志, 25(12): 707-710

马小军, 汪小全, 徐昭玺, 等. 2000b. 人参不同栽培群体遗传关系的 RAPD 分析. 植物学报, 42(6): 587-590

马小军, 汪小全, 邹喻苹, 等. 1998. 人参 PAPD 指纹鉴定的毛细管 PCR 方法. 中草药, 29(3): 191-194

马晓冲, 姚辉, 邬兰, 等. 2014. 木香、川木香、土木香、青木香和红木香药材的 ITS2 条形码分子鉴定. 中国中药杂志, 39(12): 2169-2175

马毅, 丁永辉. 2006. 当归与"莲花归"的 RAPD 分析. 中药材, 29(2): 101-103

马珍珍, 李加纳, Wittkop B, 等. 2013. 甘蓝型油菜籽粒含油量、蛋白质、纤维素及半纤维素含量 QTL 分析. 作物学报, 39(7): 1214-1222

满朝新, 迟涛, 胡博韬, 等. 2010. rep-PCR 指纹图谱技术在乳酸菌鉴定中的应用. 中国乳品工业, 38(5): 4-6

毛加宁, 段世华, 李绍清, 等. 2002. 利用 RAPD 分子标记对三组三系杂交水稻及亲本的遗传分析和鉴定. 遗传, 24(3): 283-287

毛善国, 罗玉明, 沈洁, 等. 2007. 番红花及其混淆品的 rDNAITS 序列与 AS-PCR 鉴别. 南京师大学报(自然科学版), 30(2): 89-92

梅洪娟, 马瑞君, 庄东红. 2012. 不同香型品种(系)凤凰单丛茶的 ISSR 多态性引物的初步筛选. 广东省植物学会 2012 年年会论文集. 汕头: 汕头大学出版社: 19

梅洪娟. 2014. 基于 ISSR 标记的不同凤凰单丛茶品种(系)DNA 指纹图谱的构建. 汕头大学硕士学位论文

苗丽, 张秀平, 陈静, 等. 2016. 微滴数字 PCR 法对肉制品中牛源和猪源成分的定量分析. 食品科学, 37(8): 187-191

苗丽, 张秀平, 陈静, 等. 2016. 微滴数字 PCR 法对肉制品中牛源和猪源成分的定量分析. 食品科学, 37: 187-191

缪海珍, 朱永芳, 张谦, 等. 2003. 采用基因芯片技术筛查农作物转基因背景. 复旦学报(自然科学版), 42(4): 634-642

牛广财, 朱丹, 王军, 等. 2009. 沙棘果酒优良酵母菌的筛选及分子生物学鉴定. 中国食品学报, 9(6): 60-65

牛丽影. 2007. 中国非浓缩还原橙汁的品质分析与鉴伪指标的确定. 中国农业大学博士学位论文

农业部渔业局. 2012 年渔业统计年鉴. 北京: 中国农业出版社: 1-3

欧阳解秀, 王立贤. 2013. DNA 条形码技术在地方猪种质资源保护中的应用. 农业生物技术学报, 21: 348-354

裴德翠, 杨瑞馥. 2002. AFLP: DNA 指纹分析的有力手段. 微生物学免疫学进展, 30(3): 66-70

骈跃斌, 许晶, 武岩军, 等. 2012. SSR 分子标记技术在玉米杂种优势群划分中的应用. 山西农业科学, 40(5): 439-441, 444

乔麟轶, 常建忠, 郭慧娟, 等. 2016. 小麦全基因组 NBS 类 R 基因分析及 2AL 染色体 NBS-SSR 特异标记开发. 作物学报, 42(6): 795-802

秦君, 张孟臣, 陈维元, 等. 2013. 基于分子和表型性状的大豆骨干品种遗传多样性分析. 华北农学报, 28 (1): 19-26

秦伟伟, 李永祥, 李春辉, 等. 2015. 基于高密度遗传图谱的玉米籽粒性状 QTL 定位. 作物学报, 41(10): 1510-1518

曲莉, 李潇涵, 王雪松, 等. 2015. 7 种肉类线粒体 DNA 的提取及鸭源性成分检测. 食品研究与开发. (20): 107-110

人民网. 2013. 鱼肉造假在欧美更严重: 美国纽约海鲜 39%涉假. http://www.farmer.com.cn/xwpd/gjdt/201302/t20130221_810789.htm [2013-2-21]

任君安. 2013. 玉米和番木瓜等产品中转基因成分检测技术研究. 北京林业大学硕士学位论文

任君安. 2017. 羊肉及其制品中掺假动物源性成分数字 PCR 技术精准定量研究. 中国农业大学硕士学位论文

任君安, 黄文胜, 葛毅强, 等. 2016. 肉制品真伪鉴别技术研究进展. 食品科学, 37: 247-257

任莉, 陈新连, 石林春, 等. 2016b. 应用 DNA 条形码技术鉴走中药材酸枣仁. 世界科学技术——中医药现代化, 18(1): 35-39

任莉, 辛天怡, 郭梦月, 等. 2016a. 基于 ITS2 条形码鉴定水红花子及其混伪品. 世界中医药, 11(5): 781-785

任小平, 姜慧芳, 廖伯寿. 2008. 花生抗青枯病分子标记研究. 植物遗传资源学报, 9(2): 163-167

阮泓越. 2010. DNA 指纹技术在猪个体识别和可追溯系统中的应用研究. 中国农业科学院博士学位论文

桑大军, 许为钢, 胡琳, 等. 2006. 河南省小麦品种白粉病抗性基因的分子鉴定及分子标记辅助育种. 华北农学报, 21(1): 86-91

尚柯, 段庆梓, 张玉, 等. 2013. 多重 PCR 法用于畜肉源性鉴定的研究. 食品工业科技, 34: 83-85

邵爱娟, 李欣, 黄璐琦, 等. 2004. 用 RAPD 技术对人参栽培群体的遗传分析. 中国中药杂志, 29(11): 1033-1036

邵改革, 闫伟, 夏蔚, 等. 2017. 转基因作物中常见 Bt 基因 PCR 检测方法的建立. 江苏农业科学, 45(12): 31-34

邵映田, 牛永春, 朱立煌, 等. 2001. 小麦抗条锈病基因 Yr10 的 AFLP 标记. 科学通报, 46(8): 669-672

沈夏艳, 陈颖, 黄文胜, 等. 2007. 果汁鉴伪技术及其研究进展. 检验检疫学刊, 17(4): 63-66

沈夏艳, 陈颖, 黄文胜, 等. 2008. 苹果汁中 DNA 提取方法的比较及 RAPD 扩增研究. 中国食品学报, 8(2): 18-23

沈月新. 2001. 水产食品学. 北京: 中国农业出版社: 1-20

石林春, 陈俊, 刘冬, 等. 2014. 基于 COI 条形码的中药材蛇蜕及其易混伪品的 DNA 分子鉴定. 世界科学技术—中医药现代化, 16(2): 284-287

宋启建. 1999. 大豆 SSR 分子标记的创制及其应用. 大豆科学, 16(3): 249-254

苏光明, 胡小松, 廖小军, 等. 2009. 果汁鉴伪技术研究新进展. 食品与发酵工业, 35(6): 151-156

苏龙. 2007. 东北产区山葡萄酒酵母 5.8S-ITS 区 RFLP 分析和优良酿酒酵母菌株选育. 西北农林科技大学硕士学位论文

孙道杰, 张立平, 夏先春, 等. 2005. 小麦多酚氧化酶(PPO)活性的 SSR 标记筛选与验证. 中国农业科学, 38(7): 1295-1299

孙海艳, 蔡一林, 王久光, 等. 2011. 玉米主要营养品质性状的 QTL 定位. 农业生物技术学报, 19(4): 616-623

孙红英. 2002. 中华绒螯蟹线粒体基因组与 16S rDNA 遗传标记研究. 南京师范大学博士学位论文: 72-75

孙建霞, 白卫滨, 曹春廷, 等. 2014. 苹果汁和桃汁种类特异性 PCR 检测方法的研究. 食品工业科技, 35(7): 288-291

孙丽君, 张海祥, 舒静, 等. 2017. 肉及肉制品动物源成分联合检测方法建立及应用. 食品与药品, 19: 158-162

孙稚颖, 宋经元, 姚辉, 等. 2011. 基于 ITS2 条形码的中药材赤芍及其易混伪品的 DNA 分子鉴定. 世界科学技术—中医药现代化, 13(2): 407-411

谭和平, 徐利远, 余贵容, 等. 2004. RAPD 技术对茶树品种鉴别的研究. 中国测试技术, 30(6): 3-6

谭瑞娟, 文自翔, 顾翠华, 等. 2013. 大豆高密度 SNP 标记遗传图谱构建方法的比较. 河南农业大学学报, 47(6): 671-676

唐晓晶, 冯成强, 黄璐琦, 等. 2007. 高特异性 PCR 方法鉴别乌梢蛇及其混淆品. 中国药学杂志, 42(5): 333-336

唐晓清, 王康才, 陈暄, 等. 2006. 丹参不同栽培农家类型的 AFLP 鉴定. 药物生物技术, 13(3): 182-186

唐玉海, 郭春芳, 张木清, 等. 2007. ISSR 标记在茶树品种遗传多态性研究中的应用. 福建农林大学学报(自然科学版), (1): 51-55

陶钧, 傅铁祥, 罗志勇, 等. 2006. 天麻特异 DNA 序列的克隆及其在天麻鉴定中的应用. 生物工程学报, 22(4): 587-591

汪小龙, 潘洁, 王师, 等. 2006. 细胞色素 B 基因 PCR-RFLP 鉴定阿胶原料. 中国海洋大学学报, 36(4): 645-648

王兵伟, 覃嘉明, 黄安霞, 等. 2014. SSR 分子标记分析 60 份玉米自交系的遗传多样性. 西南农业学报, 27(4): 1358-1362

王晨光, 许文涛, 黄昆仑, 等. 2014. 转基因食品分析检测技术研究进展. 食品科学, 35(21): 297-305

王大刚, 赵琳, 李凯, 等. 2017. 分子标记辅助大豆花叶病毒抗性基因的聚合及育种利用. 第十届全国大豆学术讨论会摘要集, 中国作物学会

王冬亮, 王文智, 王玉水, 等. 2015. DNA 条形码技术在牛肉干鉴定中的应用. 食品科技, 12: 90-95

王凤格, 田红丽, 赵久然, 等. 2014. 中国 328 个玉米品种(组合)SSR 标记遗传多样性分析. 中国农业科学, 47(5): 856-864

王海华, 徐厚民, 黄江峰, 等. 2003. 我国水产养殖业现状与发展对策. 江西水产科技, 1: 9-12

王汉中. 2010. 我国油菜产业发展的历史回顾与展望. 中国油料作物学报, 32(2): 300-302

王鹤, 林琳, 柳淑芳, 等. 2011. 中国近海习见头足类 DNA 条形码及其分子系统进化. 中国水产科学, 18(2): 245-255

王恒波, 陈平华, 郭晋隆, 等. 2010. 转基因大豆 GTS40-3-2 转化体事件特异性 PCR 检测. 基因组学与应用生物学, 29(6): 1177-1183

王洪水, 侯相山. 2007. 基因芯片技术研究进展. 安徽农业科学, 35(8): 2241-2243, 2245

王华, 金刚, 李翠霞, 等. 2010. 酒类酒球菌快速特异性 PCR 鉴定体系的优化. 中国酿造, 29(5): 152-156

王嘉鹤, 陈双雅, 陈伟玲, 等. 2012. DNA 检测方法在鱼类物种鉴定中的应用. 海南大学学报自然科学版, 30(3): 293-298

王建云, 何广新, 付文, 等. 1997. 鹿鞭的微量 DNA 提取及序列鉴定. 中国中药杂志. 22(10): 579-583

王洁, 李双铃, 王辉, 等. 2012. 利用 AhMITEl 转座子分子标记鉴定花生 F₁ 代杂种. 花生学, 41(2): 8-12

王金斌, 王荣谈, 李文, 等. 2017. 基于核酸分子学方法的肉类成分鉴别技术研究进展. 食品科学, 38: 318-327

王俊美, 柴春月, 刘红彦, 等. 2005. 小麦抗白粉病基因 *Pm4* 三个 STS 标记的实用性分析. 河南农业科学, (4): 38-42

王俊霞, 杨光圣, 傅廷栋, 等. 2000. 甘蓝型油菜 PolCMS 育性恢复基因的 RAPD 标记. 作物学报, 26(5): 575-578

王可玲. 1998. 增养殖生物种质资源的保护. 海洋科学, 22(4): 30-34

王兰萍, 耿荣庆, 王伟, 等. 2013. 基于线粒体 12S rRNA 基因序列鉴别牛肉的种源. 家畜生态学报, 34: 19-21

王黎明, 焦少杰, 姜艳喜, 等. 2011. 142 份甜高粱品种的分子身份证构建. 作物学报, 37(11): 1975-1983

王力均, 谭强来, 朱江, 等. 2013. 应用 PMA-qPCR 方法快速准确检测发酵乳制品中副干酪乳杆菌活菌的研究. 中国微生态学杂志, 25(1): 1-4

王丽媛. 2006. PCR 技术在肉类品种鉴别中的应用研究. 中国农业大学硕士学位论文

王平, 白玉路, 王闵霞, 等. 2016. 基于 HRM 体系的水稻不育系香味和抗稻瘟病基因分型研究. 西南农业学报, 29(02): 214-220

王琼, 程舟, 张陆, 等. 2004. 野山人参和栽培人参的 DALP 指纹图谱. 复旦学报(自然科学版), 43(6): 1030-1034

王让剑, 杨军, 孔祥瑞, 等. 2014. 福建部分茶树品种 SSR 遗传差异分析与指纹图谱建立. 昆明: 第十六届中国科协年会-茶学青年科学家论坛

王珊, 李志娟, 苗丽. 2015. 微滴式数字 PCR 与实时荧光 PCR 检测羊肉制品中羊源和猪源性成分方法的比较. 肉类工业(7): 38-41

王松文, 刘霞, 王勇, 等. 2005. RFLP 揭示的籼粳基因组多态性. 中国农业科学, 39(5): 1038-1043

王通强, 马晓峰, 吴有祥. 2009. 油菜杂种及亲本指纹图谱构建和杂种纯度鉴定. 食品与生物技术学报, 28(3): 377-384

王秀全, 李玉新, 李会成, 等. 2003. 柴胡种源道地性的 RAPD 分析. 中药材, 2(12): 855-856

王雪萍. 2006. 四川省 36 个茶树栽培品种亲缘关系的 RAPD 分析. 四川农业大学硕士学位论文

王振涛, 郝虹, 林丽珍, 等. 2014. 基于 psbA-trnH 序列的土茯苓基原植物及其近缘种 DNA 分子鉴定. 中药材, 37(8): 1368-1371

魏大勇, 谭传东, 崔艺馨, 等. 2017. 甘蓝型油菜 pol CMS 育性恢复位点的全基因组关联分析. 中国农业科学, 50(5): 802-810

文菁, 胡超群, 张吕平, 等. 2011. 16 种商品海参 16S rRNA 的 PCR-RFLP 鉴定方法. 中国水产科学, 18(2): 451-457

文自翔, 赵团结, 丁艳来, 等. 2009. 中国栽培及野生大豆的遗传多样性、地理分化和演化关系研究. 科学通报, 54(21): 3301-3310

翁跃进, Santosh G, Nigam S N. 1999. 花生 AFLP 指纹图谱. 中国油料作物学报, 21(1): 10-12

吴非, 王慧铭. 2001. 基因工程与 21 世纪的食品工业. 中国乳品工业, 29(2): 41-44

吴昊, 陈涛, 姚姝, 等. 2014. 分子标记辅助选择技术及其在水稻定向改良上的应用研究进展. 江苏农业科学, 42（2）: 22-27

吴金凤, 宋伟, 王蕊, 等. 2014. 利用 SNP 标记对 51 份玉米自交系进行类群划分. 玉米科学, 22（5）: 29-34

吴兰荣, 陈静, 胡文广, 等. 2003. 利用花生野生种创新花生种质及其 RAPD 遗传鉴定. 中国油料作物学报, 25（2）: 9-11

吴美贞. 1994. Studies on genetic relationship among the Korean native tea trees and physicochemical properties of its green tea. 高丽大学大学院农学科: 27-29

吴明生, 云晓敏, 宋歌, 等. 2013. 转基因玉米种子快速筛查方法研究与应用. 生物技术通报, 1: 102-106

吴平, 周开亚, 徐珞珊, 等. 1998. 中药材龟甲的分子鉴定研究. 药学学报, 33（4）: 304-309

武海斌, 孙红炜, 李宝笃, 等. 2009. 转基因玉米多重 PCR-基因芯片联的检测方法. 农业生物技术学报, 17（6）: 1075-1082

武莹, 刘春生, 刘玉法, 等. 2005. 5 种习用柴胡的序列鉴别. 中国中药杂志, 30（10）: 732-734

夏友霖, 廖伯寿, 李加纳, 等. 2007. 花生晚斑病抗性 AFLP 标记. 中国油料作物学报, 29（3）: 318-321

向道权, 曹海河, 曹永国, 等. 2001. 玉米 SSR 遗传图谱的构建及产量性状基因定位. 遗传学报, 28（8）: 778-784

肖维威, 周琳华, 吴永彬, 等. 2013. LAMP 技术检测食品中转基因成分 CaMV35S 启动子的研究. 中国食品学报, 23（4）: 149-155

肖洋, 晏立英, 雷永, 等. 2011. 花生矮化病毒病抗性 SSR 标记. 中国油料作物学报, 33（6）: 561-566

肖永贵, 何心尧, 刘建军, 等. 2007. 我国冬小麦品种多酚氧化酶活性基因等位变异检测及其分布规律研究. 作物学报, 12（13）: 165-172

谢华, 关荣霞, 常汝镇, 等. 2005. 利用 SSR 标记揭示我国夏大豆（Glycine max（L.）Merr）种质遗传多样性. 科学通报, 50（5）: 434-442

谢雪钦. 2016. TaqMan 实时荧光聚合酶链式反应(PCR)技术定量检测婴幼儿配方食品中的金黄色葡萄球菌. 分析与检测, 42（7）: 223-229

辛天怡, 雷美艳, 宋经元. 2015. 中药材 DNA 条形码鉴定研究进展. 中国现代中药, 17（2）: 170-176, 184

辛天怡, 姚辉, 罗焜, 等. 2012. 羌活药材 ITS /ITS2 条形码鉴定及其稳定性与准确性研究. 药学学报, 47（8）: 1098-1105

熊槐, 吴凡, 冯雪梅, 等. 2012. 改良 LAMP 法检测转基因作物. 食品安全质量检测学报, 3（3）: 177-181

熊蕊, 郭凤柳, 刘晓慧, 等. 2014. 肉制品中犬源性成分 PCR 检测方法的建立. 动物医学进展, (8): 9-12

徐宝梁, 陈颖, 郑建林, 等. 2004. 动物源性饲料中牛、羊、猪毛发显微鉴别技术. 饲料研究, (5): 36-37

徐红, 李晓波, 丁小余, 等. 2001. 中药黄草石斛 rDNA ITS 序列分析. 药学学报, 36（10）: 777-783

徐立恒, 李向华. 2011. SSR 标记对野生大豆种群遗传结构的研究. 大豆科学, 30（1）: 42-45

徐相波, 刘冬成, 郭小丽, 等. 2005. 小麦谷蛋白亚基 1Dx5 的分子鉴定及标记辅助选择. 中国农业科学, 38（2）: 415-419

徐义刚, 李苏龙, 李丹丹, 等. 2010. 食品中金黄色葡萄球菌 DNA 环介导恒温扩增快速检测方法的建立与应用. 中国农业科学, 43（8）: 1655-1663

徐志军, 任小平, 黄莉, 等. 2015. 花生青枯病抗性相关 SSR 标记的筛选鉴定. 中国油料作物学报, 37（6）: 803-810

许剑锋, 龙艳, 吴建国, 等. 2014. 油菜籽含油量和蛋白质含量的种子胚与母体植株 QTL 定位. 中国农业科学, 47（8）: 1471-1480

许如苏, 周广彪, 段建发, 等. 2015. Taqman-LNA 荧光 PCR 快速检测肉制品中马源性成分的研究. 中国动物检疫, (7): 62-66

许文涛, 贺晓云, 黄昆仑, 等. 2011. 转基因植物的食品安全性问题及评价策略. 生命科学, 29（2）: 179-185

许小丹, 文思远, 王生启, 等. 2005. 检测及鉴定 Roundup Ready 转基因大豆寡核苷酸芯片的制备. 农业生物技术学报, 13(4): 429-434

许占友, 邱丽娟, 常汝镇, 等. 1999. 利用 SSR 标记鉴定大豆种质. 中国农业科学, 32(增刊): 40-48

薛美娇, 吴朝霞, 高跃, 等. 2010. 缓冲能力与葡萄汁饮料中原果汁含量关系的研究. 中国酿造, 29(10): 136-139

闫苗苗, 魏光成, 谭秀华, 等. 2011. 应用 RAPD 和 ISSR 标记对 24 份花生栽培种材料进行遗传多样性分析. 广西植物, 31(5): 584-587

晏嫦妤. 2007. 凤凰单丛古茶树资源遗传多样 AFLP 分析及保护研究. 湖南农业大学硕士学位论文

杨芳萍, 何心尧, 何中虎, 等. 2008. 中国小麦品种黄色素含量基因等位变异分子检测及其分布规律研究. 中国农业科学, 41(10): 2923-2930

杨洁, 张文亮, 邹建军, 胡敏, 袁雪林, 刘云国. 2015. 新疆传统酸奶中乳酸菌的筛选鉴定及菌相分析. 中国乳品工业, 1: 324-327

杨洁彬, 郭兴华, 张篪, 等. 1996. 乳酸菌. 北京: 中国轻工出版社

杨军, 张弛, 刘新梅, 等. 2010. 多重 PCR 法对乳制品中 3 种致病菌的同时快速检测. 中国乳品工业, 38(4): 50-53

杨军霞, 雷程红, 王振宝, 等. 2016. 应用 LAMP 技术鉴别猪牛羊肉. 中国兽医杂志, 52: 82-83

杨俊品, 荣廷昭, 向道权, 等. 2005. 玉米数量性状基因定位. 作物学报, 31(2): 188-196

杨凯敏, 李贵全, 郭数进, 等. 2014. 大豆自然群体 SSR 标记遗传多样性及其与农艺性状的关联分析. 核农学报, 28(9): 1576-1584

杨丽霞, 付淑君, 彭新凯. 2013a. 环介导等温扩增法检测牛羊肉中的猪肉成分. 食品与机械(5): 63-65

杨丽霞, 宋涛平, 谢晓红, 等. 2013b. SYBR Green I 实时 PCR 技术鉴定鸭源性成分的研究. 中国农学通报: 16-19

杨柳, 苏明权, 马越云, 等. 2011. 免疫磁珠与荧光定量 PCR 联合检测乳制品中阪崎肠杆菌的实验研究. 现代预防医学, (6): 1086-1089

杨仝, 沈文飚, 陈虹, 等. 2004. 基于生物信息学的水稻候选 SNP 发掘. 中国水稻科学, 18(3): 185-191

杨萨萨. 2014. SNPs 标记应用于猪肉 DNA 溯源技术的研究. 南京农业大学硕士学位论文

杨文明. 2013. 转基因大豆分子检测技术方法的建立与应用. 南京农业大学硕士学位论文.

杨文雄, 杨芳萍, 梁丹, 等. 2008. 中国小麦育成品种和农家种中慢锈基因 Lr34/Yr18 的分子检测. 作物学报, 34(7): 1109-1113

杨学干, 王义权, 周开亚, 等. 2000. 中药材蛤蟆油 PCR 鉴定的初步研究. 应用与环境生物学报, 6(2): 166-170

杨阳, 刘振, 赵洋, 等. 2010. 湖南省主要茶树品种分子指纹图谱的构建. 茶叶科学, 30(5): 367-373

姚明哲, 陈亮, 王新超, 等. 2007. 我国茶树无性系品种遗传多样性和亲缘关系的 ISSR 分析. 作物学报, 33(4): 598-604

姚明哲, 黄海涛, 余继忠, 等. 2005. ISSR 在茶树品种分子鉴别和亲缘关系研究中的适用性分析. 茶叶科学, 25(2): 153-157

易斌, 涂金星, 傅廷栋. 2014. 甘蓝型油菜隐性细胞核雄性不育的研究及利用. 中国科学(生命科学), 44(8): 752-757

易小平, 夏启玉, 郭安平. 2016. 环介导等温扩增技术及其在转基因作物检测中的应用. 热带作物学报, 37(1): 183-192

殷艳, 王汉中. 2009. 2009 年我国油菜产业发展形势分析及对策建议. 中国油料作物学报, 31(2): 259-262

于洁, 孙志宏, 张家超, 等. 2009. 16S rDNA-RFLP 技术鉴定西藏地区乳制品中的乳杆菌. 食品与生物技术学报, 28(6): 804-810

于俊林, 赵莎, 任明波, 等. 2014. 基于 ITS2 条形码鉴定柴胡与大叶柴胡. 中国中药杂志, 39(12): 2160-2163

余继忠, 黄海涛, 姚明哲, 等. 2010. 基于 EST-SSR 的福云(半)同胞系茶树品种(系)遗传多样性和亲缘关系分析. 茶叶科学, 300: 184-190

余继忠, 杨亚军, 黄海涛, 等. 2009. 利用 ISSR 标记分析福云(半)同胞系茶树品种(系)的遗传多样性和亲缘关系. 基因组学与应用生物学, 28(2): 281-288

虞泓, 和锐, 倪念春, 等. 2004. 石斛属 4 种植物的 AFLP 分析. 中草药, 35(7): 808

袁磊, 赵蕾, 孙红炜, 等. 2009. 转基因玉米的定性 PCR 检测. 山东农业科学, 11: 8-10.

袁力行, Warburton. 2001. 利用 RFLP 和 SSR 标记划分玉米自交系杂种优势群的研究. 作物学报, 27(2): 149-156

袁亚男, 刘文忠. 2008. 实时荧光定量 PCR 技术的类型、特点与应用. 中国畜牧兽医, 35(3): 27-30

袁耀武, 张亚爽, 马晓燕, 等. 2009. LAMP 检测单核细胞增生性李斯特氏菌的研究. 中国食品学报, 9(3): 168-172

岳苑. 2014. 实时荧光 PCR 法检测清真食品中马、驴源性成分. 湖北农业科学, 53: 5518-5522

昝逢刚, 吴才文, 陈学宽, 等. 2014. 118 份甘蔗种质资源遗传多样性的 AFLP 分析. 作物学报, 40(10): 1877-1883

曾庆东, 吴建辉, 王琪琳, 等. 2012. 持久抗病基因 *Yr18* 在中国小麦抗条锈育种中的应用. 麦类作物学报, 32(1): 13-17

曾庆力, 蒋洪蔚, 刘春燕, 等. 2012. 利用高世代回交群体对大豆小粒性状的基因型分析及 QTL 定位. 中国油料作物学报, 34(5): 473-477

曾晓珊, 彭丹, 石媛媛, 等. 2016. 利用 SSR 标记构建水稻核心亲本指纹图谱. 作物研究, 30(5): 481-486, 511

曾旭, 李莉, 业宁, 等. 2011. 基于 ITS2 条形码的中药材威灵仙与其易混伪品的鉴定. 环球中医药, 4(4): 264-269

翟雯雯, 段霞瑜, 周益林, 等. 2008. 我国小麦地方品种蚂蚱麦、小白冬麦、游白兰、红卷芒抗白粉病性遗传分析. 植物保护, 34(1): 37-40

詹世雄, 郑奕雄, 刘冠明, 等. 2014. 基于 SSR 标记的花生品种遗传多样性分析. 中国油料作物学报, 36(2): 269-274

张成才. 2012. 茶树 SNP 标记的开发与应用. 中国农业科学院硕士学位论文

张德水, 董伟, 惠东威, 等. 1997. 用栽培大豆与半野生大豆间的杂种 F$_2$ 群体构建基因组分子标记连锁框架图. 科学通报, 42(12): 1326-1330

张帆, 万雪琴, 潘光堂. 2006. 玉米分子遗传图谱的构建. 玉米科学, 14(3): 6-9

张海燕, 关荣霞, 李英慧, 等. 2005. 大豆耐盐性种质资源 SSR 遗传多样性及标记辅助鉴定. 植物遗传资源学报, 6(3): 251-255

张红卫, 许汴利, 苏云普, 等. 2006. RAPD-PCR 技术筛选间日疟原虫基因标记. 中国预防医学杂志, 7(4): 251-253

张红印, 石林春, 刘冬, 等. 2014. 基于 COI 条形码的中药材蛇蜕及其易混伪品的 DNA 分子鉴定. 世界科学技术——中医药现代化, 16(2): 269-273

张慧霞, 吴建平, 宗卉, 等. 2008. 应用 PCR 技术检测禽类源性成分. 中国畜牧杂志, 44: 46-49

张晶鑫, 高玉时, 樊艳凤, 等. 2015. 利用 PCR 技术鉴别畜禽肉中鸭源性成分研究. 安徽农业科学(34): 202-203

张隽, 李志勇, 叶宇鑫, 等. 2012. 环介导等温扩增法检测转基因玉米 MON89034. 现代食品科技, 28(4): 469-472

张军, 赵团结. 2008. 中国东北大豆育成品种遗传多样性和群体遗传结构分析. 作物学报, 34(9): 1529-1536

张军刚, 董娜, 闫文利, 等. 2014. 小麦抗白粉病基因 *Pm13* 的 SSR 标记筛选. 河南农业科学, 43(10): 62-66

张立平, 葛秀秀, 何中虎, 等. 2005. 普通小麦多酚氧化酶活性的 QTL 分析. 作物学报, 31(1): 7-10

张立平, 何中虎, 刘建平, 等. 2004. 分子生物学技术在普通小麦谷蛋白研究中的应用. 麦类作物学报, 24(2): 121-126

张立平, 阎俊, 夏先春, 等. 2006. 普通小麦籽粒黄色素含量的 QTL 分析. 作物学报, 32(1): 41-45

张娜娜, 辛天怡, 金钺, 等. 2016. 中药材 DNA 条形码系统的泽泻种子鉴别研究. 世界科学技术——中医药现代化, 18(1): 18-23

张巧艳, 陈亭亭, 陈笑芸, 等. 2012. 基于 SYBR Green I 荧光定量 PCR 建立生乳及乳制品沙门氏菌快速检测技术. 浙江农业学报, 24(5): 914-921

张全芳, 梁水美, 李燕, 等. 2017. 基于荧光 SSR 标记的玉米自交系遗传结构解析. 植物遗传资源学报, 18(1): 19-31

张蓉, 刘春生, 黄璐琦, 等. 2011. 鹿茸饮片的 DNA 条形码鉴别研究. 中国药学杂志, 46(4): 263-266

张婷, 徐路珊, 王峥涛, 等. 2005. 药用植物束花石斛、流苏石斛及其形态相似种的 PCR-RFLP 鉴别研究. 药学学报, 40(8): 728-733

张西玲, 姬可平, 李应东, 等. 2003. DNA 测序建立甘肃当归、大黄种子 rRNA 基因图谱的研究. 中药材, 26(7): 481-484

张小波, 何慧, 吴潇, 等. 2011a. 基于 SNP 标记的肉类溯源技术. 肉类研究, 25: 40-45.

张小波, 吴潇, 何慧, 等. 2011b. 基于 SNPs 标记的猪肉 DNA 溯源技术的研究. 中国农业科技导报, 13: 85-91

张学勇, 董玉琛, 游光侠, 等. 2001. 中国小麦大面积推广品种及骨干亲本的高分子量谷蛋白亚基组成分析. 中国农业科学, 34(4): 355-362

张一凡, 冉陆, 罗雪云. 2002. 乳酸菌检测方法. 中国食品卫生杂志, (1): 53-58

张蕴哲, 张先舟, 李英军, 等. 2016. 环介导等温扩增技术检测酸奶中嗜酸乳杆菌. 食品安全检测学报, 7(11): 4581-4585

张增艳, 陈孝, 张超, 等. 2002. 分子标记选择小麦抗白粉病基因 *Pm4b*、*Pm13* 和 *Pm21* 聚合体. 中国农业科学, 35(7): 789-793

章志芳, 马建强. 2012. 基于 SSR 标记的茶树新品种遗传多样性分析及指纹图谱构建. 湖南农业科学, 19: 1-4

赵超艺, 周李华, 罗军武, 等. 2006. 广东茶树种质资源 AFLP 分析. 茶叶科学, 26(4): 249-252

赵国平, 新关稔, 石川隆二, 等. 2006. 中日当归属药用植物 ITS 序列分析. 中草药, 37(7): 1072-1076

赵惠贤, 郭蔼光, 胡胜武, 等. 2004. 小麦 Glu-D3 和 Glu-B3 位点 LMW-GS 基因特异引物设计与 PCR 扩增. 作物学报, 30(2): 126-130

赵均良, 张少红, 刘斌. 2011. 应用高分辨率熔解曲线技术分析水稻分子标记基因型. 中国农业科学, 44(18): 3701-3708

赵潞, 张列兵, 张世湘, 等. 2010. 利用种特异性 PCR 快速鉴定新疆酸马奶优势菌群. 中国乳品工业, 38(1): 12-14

赵明文, 陈明杰, 王南, 等. 2003. 灵芝生产用种的亲缘关系研究. 南京农业大学学报, 26(3): 60-63

赵宁娟, 孟庆立, 张宇文, 等. 2015. 利用 SSR 标记分析 44 份玉米自交系的遗传多样性. 种子, 34(11): 26-30

赵莎, 庞晓慧, 宋经元, 等. 2014. 应用 ITS2 条形码鉴定中药材合欢皮、合欢花及其混伪品. 中国中药杂志, 39(12): 2164-2168

赵莎, 辛天怡, 侯典云, 等. 2013. 党参药材及其混伪品的 ITS /ITS2 条形码鉴定研究. 世界科学技术——中医药现代化, 15(3): 421-428

赵熙, 李艳萍, 李顺英, 等. 2006. 野生天麻和栽培天麻的 DNA 指纹图谱分析. 云南中医中药杂志, 27(4): 33-34

赵新, 王永, 兰青阔, 等. 2015. 荧光定量 PCR 方法鉴别肉制品中羊源性成分. 食品工业科技, 36: 299-302

赵新燕, 黄莉, 任小平, 等. 2011. 野生花生高油种质 DNA 指纹身份证构建. 华北农业学报, 25(6): 64-70

赵雪, 韩英鹏, 李海燕, 等. 2014. 大豆主要品质性状资源评价及分子标记分析. 东北农业大学学报, 45(5): 1-7

郑得刚, 李明顺, 王振华, 等. 2006. 黑龙江省部分常用玉米自交系遗传多样性分析. 东北农业大学学报, 37(1): 12-17

郑文杰, 刘烜, 刘伟, 等. 2003. 转基因大豆加工产品的定性 PCR 检测. 农业生物技术学报, 11(5): 467-471

郑忠辉, 宋思扬, 杨胜宇, 等. 1997. RAPD 分析快速鉴定双歧杆菌. 中国微生态学杂志, 9(5): 14-17

中华人民共和国农业部渔业渔政管理局. 2017. 中国渔业统计年鉴. 北京: 中国农业出版社

钟文娟, 袁灿, 周永航, 等. 2017. 基于 SSR 标记的四川大豆与引进大豆资源遗传多样性和群体结构分析. 大豆科学, 36(5): 657-668

周杰, 黄文胜, 邓婷婷, 等. 2017. 转基因检测微流控温扩增芯片的研制. 现代食品科技, 33(6): 293-302

周李华. 2006. 广东茶树种质资源遗传多样性 AFLP 分析. 湖南农业大学硕士学位论文

周利国, 刘树文, 李西柱, 等. 2009. 利用 16S~23S rDNA 间隔序列对葡萄酒中的酒酒球菌的鉴定. 酿酒科技, (5): 39-41

周琳华. 2012. LAMP 法在转基因食品检测中的应用研究. 南京医科大学硕士学位论文

朱德峰, 陈惠哲, 徐一成, 等. 2013. 我国双季稻生产机械化制约因子与发展对策. 中国稻米, 19(4): 1-4

朱海, 吕敬章, 范放, 等. 2010. E.coli O157:H7 LAMP 检测方法的建立. 分子诊断与治疗杂志, 2(2): 98-101

朱捷, 杨成君, 王军. 2009. 荧光定量 PCR 技术及其在科研中的应用. 生物技术通报, (2): 73-76

朱胜梅, 吴佳佳, 徐驰, 等. 2008. 环介导等温扩增技术快速检测沙门菌. 现代食品科技, 24(7): 725-730

朱业培, 王玮, 吕青骏, 等. 2015. 基于基因芯片技术检测 6 种动物源性成分. 南京农业大学学报, 38: 1003-1008

Accum F C. 1966. A treatise on adulterations of food and culinary poisons. Lodon: Forgotten Books

Akkaya M S. 1992. Length polymorphism of simple sequence repeat sin soybean. Genetics, 132: 1131-1139

Alam M A, Mandal M, Wang C Y, et al. 2013. Chromosomal location and SSR markers of a powdery mildew resistance gene in common wheat line N0308. Afr J Microbil Res, 7(6): 477-482

Ali B A, Huang T H, Qin D N, et al. 2004. A review of random amplified polymorphic DNA (RAPD) markers in fish research. Reviews in Fish Biology and Fisheries, 14(4): 443-453

Ali M E, Razzak M A, Hamid S B, et al. 2015. Multiplex PCR assay for the detection of five meat species forbidden in Islamic foods. Food Chemistry, 177: 214-224

Anderson J V, Morris C F. 2001. An improved whole-seed assay for screening wheat germplasm for polyphenol oxidase activity. Crop Sci, 41: 1697-1705

Annelies J, Lievens B, Klingeberg M, et al. 2008. Predominance of *Tetragenococcushalophilus* as the cause of sugar thick juice degradation. Food Microbiology, 25(2): 413-421

Apuya N R, Frazier B L, Keim P, et al. 1988. Restriction fragment length polymorphisms as genetic markers in soybean, *Glycine max* (L.) Merrill. Theor Appl Genet, 75(6): 889-901

Aranishi F. 2005. Rapid PCR- RFLP method for discrimination of imported and domestic mackerel. Mar Biotechnol, 7(6): 571-575

Arelli P. 2009. Genetic dissection of resistance in soybean PI567516C to a nematode population infecting cv. Hartwig. Soybean Research World Conference Proceedings: 132-133

Arnot D E, Roper C, Bayoumi R A L. 1993. Digital codes from hypervariable tandem Ly repeated DNA sequences in the Plasmodium falciparum circumsporozoite gene can genetically barcode isolates. Molecular and Biochemical Parasitology, 61: 15-24

Ashfield J, Danzer J R, Held D, et al. 1998. Rpg1, a soybean gene effective agaist races of bacterial blight, maps to a cluster of previously identified disease resistance genes. Theor Appl Genet, 96: 1013-1021

Aslan O, Hamill R M, Sweeney T, et al. 2009. Integrity of nuclear genomic deoxyribonucleic acid in cooked meat: implications for food traceability. Journal of Animal Science, 87: 57-61

Bai S, Zhong X, Ma L, et al. 2007. A simple and reliable assay for detecting specific nucleotide sequences in plants using optical thin-film biosensor chips. Plant J, 49(2): 354-366

Bariche M, Torres M, Smith C, et al. 2015. Red Sea fishes in the Mediterranean Sea: apreliminary investigation of abiological invasion using DNA barcoding. Journal of Biogeography, 42(12): 2363-2373

Bartowsky E J, Xia D, Gibson R L, et al. 2003. Spoilage of bottled red wine by acetic acid bacteria. Letters in Applied Microbiology, 36(5): 307-314

Basnet B R, Singh R P, Ibrahim A M H, et al. 2013. Characterization of *Yr54* and other genes associated with adult plant resistance to yellow rust and leaf rust in common wheat Quaiu 3. Mol Breed, 33: 385-399

Bauer T, Weller P, Hammes W P, et al. 2003. The effect of processing parameters on DNA degradation in food. European Food Research & Technology, 217(4): 338-343

Becker R A, Sales N G, Santos G M, et al. 2015. DNA barcoding and morphological identification of neotropical ichthyoplankton from the Upper Parana and Sao Francisco. J Fish Biol, 87(1): 159-168

Belamkar V, Selvaraj M G, Ayers J L, et al. 2011. A first sight into population structure and linkage disequilibrium in the US peanut mini-core collection. Genetics, 139: 411-429

Bettge A D, Giroux M J, Morris C F. 2000. Susceptibility of Waxy Starch Granules to Mechanical Damage. Cereal chem, 77(6): 750-753

Blasco L, Ferrer S, Pardo I. 2003. Development of specific fluorescent oligonucleotide probes for in situ identification of wine lactic acid bacteria. FEMS Microbiology Letters, 225(1): 115-123

Borst A, Theelen B, Reinders E, et al. 2003. Use of amplified fragment length polymorphism analysis to identify medically important *Candida* spp. including *C. dubliniensis*. Journal of Clinical Microbiology, 41(4): 1357-1362

Bralasaravanan T, Pius P K, Kulnar R R, et al. 2003. Genetic diversity by among south Indian tea germplasm (*Camellia sinensis, C. assamica* and *C. assamica* spp. *lasiocalyx*) using AFLP markers. Plant Science, 165(2): 365-372

Briney A, Wilson R, Potter R H, et al. 1998. A PCR-based marker for selection of starch and potential noodle quality in wheat. Mol Breeding, 4(5): 427-433

Brodmann P D, Ilg E C, Berthier G, et al. 2002. Real-time quantitative polymerase chain reaction methods for four genetically modified maize varieties and maize DNA content in food. J AOAC Internat, 85(3): 646-653

Bruni I, Mattia F D, Galimberti A, et al. 2010. Identification of poisonous plants by DNA barcoding approach. International Journal of Legal Medicine, 124(6): 595-603

Buntjer J B, Lamine A, Haagsma N, et al. 1999. Species identification by oligonucleotide hybridisation: the influence of processing of meat products. Journal of the Science of Food & Agriculture, 79: 53-57

Buntjer J B, Lenstra J A, Haagsma N. 1995. Rapid species identification in meat by using satellite DNA probes. Zeitschriftfür Lebensmittel-Untersuchung und Forschung, 201(6): 577-582

Butruille D V, Guries R P, et al. 1999. Linkage analysis of molecular markers and quantitative trait loci in populations of inbred backcross lines in *Brassica napus* L. Genetics, 153: 949-964

Cadalen T, Boeuf C, Bernard S, et al. 1997. An intervarietal molecular marker map in *Triticum aestivum* L. Em. Thell. and comparison with a map from a wide cross. Theor Appl Genet, 94: 367-377

Cai Y, Li X, Lv R, et al. 2014. Quantitative analysis of pork and chicken products by droplet digital PCR. Biomed Research International, 2014810209

Cao A, Xing L, Wang X, et al. 2011. Serine/threonine kinase gene Stpk-V, a key member of powdery mildew resistance gene *Pm21*, confers powdery mildew resistance in wheat. Proc Natl Acad Sci USA, 108: 7727-7732

Capozzi V, Russo P, Beneduce L, et al. 2010. Technological properties of *Oenococcusoeni* strains isolated from typical southern Italian wines. Letters in Applied Microbiology, 50(3): 327-334

Cappello M S, Stefani D, Grieco F, et al. 2008. Genotyping by amplified fragment length polymorphism and malate metabolism performances of indigenous *Oenococcusoeni* strains isolated from Primitivo wine. International journal of food microbiology, 127(3): 241-245

Casey G D, Dobson A D W. 2004. Potential of using real-time PCR-based detection of spoilage yeast in fruit juice—a preliminary study. International Journal of Food Microbiology, 91: 327-335

Cawthorn D M, Duncan J, Kastern C, et al. 2015. Fish species substitution and misnaming in South Africa: aneconomic, safety and sustainability conudrum revisited. Food Chem, 185: 165-181

Cawthorn D M, Steinman H A, Witthuhn R C. 2013. A high incidence of species substitution and mislabelling detected in meat products sold in South Africa. Food Res. Int., 32: 440-449

Chandel G, Datta K, Datta S K. 2010. Detection of genomic changes in transgenic Bt rice populations through genetic fingerprinting using amplified fragment length polymorphism (AFLP). GM Crops, 1 (1): 327-336

Chen S L, Yao H, Han J P, et al. 2010. Validation of the ITS2 region as a novel DNA barcode for identifying medicinal plant species. PLoS One, 5 (1): e8613

Chen S Y, Liu Y P, Yao Y G. 2010. Species authentication of commercial beef jerky based on PCR-RFLP analysis of the mitochondrial 12S rRNA gene. Journal of Genetics and Genomics, 37: 763-769

Chen S, Pang X, Song J, et al. 2014. A renaissance in herbal medicine identification: f from morphology to DNA. Biotechnol Adv, 32 (7): 1237-1244

Chen S, Tang Q, Zhang X, et al. 2006. Isolation and characterization of thermo-acidophilic endospore-forming bacteria from the concentrated apple juice-processing environment. Food Microbiology, 23 (5): 439-445

Chen X M, Luo Y H, Xia X C, et al. 2005. Chromosomal location of powdery mildew resistance gene *Pm 16* in wheat using SSR marker analysis. Plant Breeding, 124: 225-228

Chen X M, Marcelo A S, Yan G P, et al. 2003. Development of sequence tagged site and cleaved amplified polymorphic sequence markers for wheat stripe rust resistance gene *Yr5*. Crop Sci, 43 (6): 2058-2064

Cheng F, Mandakova T, Wu J, et al. 2013. Deciphering the diploid ancestral genome of the mesohexaploid *Brassica rapa*. Plant Cell, 25 (5): 1541-1554

Cheung K S, Kwan H S, But P P H, et al. 1994. Pharmacognostical identification of American and Oriental ginseng roots by genomic fingerprinting using arbitrarily primed polymerase chain reaction. Journal of Ethnopharmacology, 42 (1): 67-69

Cheung W Y, Gugel R K, Landry B. 1998b. Identification of RFLP markers linked to the white rust resistance gene (Acr) in mustard (*Brassica juncea* (L.) Czem.and Coss.). Genome, 41 (4): 626-628

Cheung W Y, Landry B S, Raney P. 1998a. Molecular mapping of seed quality traits in *Brassica juncea* L. Czerm. and Coss. Acta Hort, 459: 139-147

Chikuni K, Ozutsumi K, Koishikawa T, et al. 1990. Species identification of cooked meats by DNA hybridization assay. Meat Science, 27: 119-128

Chikuni K, Tabata T, Kosugiyama M, et al. 1994. Polymerase chain reaction assay for detection of sheep and goat meats. Meat Science, 37: 337-345

Cho R J, Mindrinos M, Richards D R, et al. 1999. Genome-wide mapping with biallelic markers in A *rabidopsis thaliana*. Nat Genet, 23 (2): 203-207

Choi I K, Jung S H, Kim B J, et al. 2003. Novel *Leuconosfoc cifreum* starter culture system for the fermentation of kimchi, a fermented cabbage product Antonie Van Leeuwenhoek, 84 (4): 247-253

Choi J H, Jung H Y, Kim H S, et al. 2000. PhyloDraw: a phylogenetic tree drawing system. Bioinformatics, 16 (11): 1056

Claisse O, Renouf V, Lonvaud-Funel A. 2007. Differentiation of wine lactic acid bacteria species based on RFLP analysis of a partial sequence of*rpoB* gene. Journal of microbiological methods, 69 (2): 387-390

Clarke M A L, Dooley J J, Garrett S D, et al. 2015. An Investigation into the Use of PCR-RFLP Profiling for the Identification of Fruit Species in Fruit Juices. Tlie United Kingdom: Food Standards Agency, 1-44

Concibido V C, Lange D M, Denny R L, et al. 1997. Genome mapping of soybean cystnematode gene in 'Peking', PI90763 and PI88788 using DNA markers. Crop Sci, 37: 258-264

Connor C J, Luo H, Gardener M S, et al. 2005, Development of a real-time PCR-based system targeting the 16S rRNA gene sequence for rapid detection of *Alicyclobacillus* spp. in juice products. International Journal of Food Microbiology, 99(3): 229-235

Connor C J, Luo H, Gardener M S, et al. 2005. Development of a real-time PCR-based system targeting the 16S rRNA gene sequence for rapid detection of *Alicyclobacillus* spp. in juice products. International Journal of Food Microbiology, 99(3): 229-235

Cregan P B, Jarvik T, Bush A L, et al. 1999. An integrated genetic linkage map of the soybean genome. Crop Sci, 39(5): 1464-1490

Crow V L, Jarvis B D W, Greenwood R M. 1981. Deoxyribonucleic acid homologies among acid-producing strains of rhizobium. International Journal of Systematic Bacteriology, 31(2): 152-172

Cuc L M, Mace E S, Crouch J H, et al. 2008. Isolation and characterization of novel microsatellite markers and their application for diversity assessment in cultivated groundnut (*Arachis hypogaea* L.). BMC Plant Biol, 8: 55

Cywinska A, Ball S L, Dewaard J R. 2003. Biological identifications through DNA barcodes. Proceedings Biological Sciences, 270: 313-321

Dalmasso A, Fontanella E, Piatti P, et al. 2007. Identification of four tuna species by means of real- time PCR and melting curve analysis. Vet. Res. Commun, 31: 355-357

Daly K, Stewart C S, Flint H J, et al. 2001. Bacterial diversity within the equine large intestine as revealed by molecular analysis of 16S rRNA genes. Fems Microbiol Ecol, 38: 141-151

David E M, Johnson J W, Roberts J J, 1993. Linkage between endopeptidase Ep-D1d and a gene conferring leafrust resistance (Lr19) in wheat. Crop Sci, 33: 1201-1203

Dedryver F. 1996. Molecular markers linked to the leaf rust resistance gene *Lr24* in different wheat cultivars. Genome, 39: 830-835

Delourme R, Falentin C, Fomeju B F, et al. 2013. High-density SNP-based genetic map development and linkage disequilibrium assessment in *Brassica napus* L. BMC Genomics, 14(1): 1-18

Delourme R, Falentin C, Huteau V, et al. 2006. Genetic control of oil content in oilseed rape (*Brassica napus* L.). Theor Appl Genet, 113(7): 1331-1345

Demeke T, Grafenhan T, Holigroski M, et al. 2014. Assessment of droplet digital PCR for absolute quantification of genetically engineered OXY235 canola and DP305423 soybean samples. Food Control, 46: 470-474

Dhar B, Ghosh S K. 2015. Genetic assessment of ornamental fish species from North East India. Gene, 555(2): 382-392

Di Pinto A, Mottola A, Marchetti P, et al. 2016. Packaged frozen fishery products: species identification, mislabeling occurrence and legislative implications. Food Chem, 194(3): 279-283

Dinon A Z, Prins T W, van Dijk J P, et al. 2011. Development and validation of real-time PCR screening methods for detection of cry1A105 and cry2Ab2 genes in genetically modified organisms. Anal Bioanal Chem, 400(5): 1433-1442

Donis-Keller H, Green P, Helms C, et al. 1987. A genetic linkage map of the human genome. Cell, 51(2): 319-337

Dooley J J, Sage H D, Brown H M, et al. 2005. Imoroved fish species identification by use of lab-on –a-chip technology. Food Control, 16(7): 601-607

D'Ovidio R, Simeone M, Masci S, et al. 1997. Molecular characterization of a LMW-GS gene located on chromosome 1B and development of primers specific for the Glu-B$_3$ complex locus in durum wheat. Theor Appl Genet, 95: 109-112

Du P H, Dicks L M, Pretorius I S, et al. 2004. Identification of lactic acid bacteria isolated from South African brandy base wines. International Journal of Food Microbiology, 91 (1): 19-29

Du W J, Yu D Y, Fu S X. 2009. Analysis of QTL for the trichome density on the upper and downer surface of leaf blade in soybean [Glycine max (L.) Merr.]. Sci Agric Sin, 8 (5): 529-537

Durak M Z, Churey J J, Danyluk M D, et al. 2010. Identification and haplotype distribution of Alicyclobacillus spp. from different juices and beverages. International Journal of Food Microbiology, 142 (3): 286-291

Ebbehøj K F, Thomsen P D. 1991a. Species differentiation of heated meat products by DNA hybridization. Meat Science, 30: 221-234

Ebbehøj K F, Thomsen P D. 1991b. Differentiation of closely related species by DNA hybridization. Meat Science, 30: 359-366

Ecke W, Uzunova M, Weissleder K. 1995. Mapping the genome of rapeseed (Brassica napus L.). II. Localization of genes controlling erucic acid synthesis and seed oil content. Theor Appl Genet, 91: 972-977

Elenis D, Kalogianni D, Glynou K, et al. 2008. Advances in molecular techniques for the detection and quantification of genetically modified organisms. Analytical and Bioanalytical Chemistry, 392 (3): 347-354

Ellis M H, Rebetzke G J, Azanza F, et al. 2005. Molecular mapping of gibberellin-responsive dwarfing genes in bread wheat. Theor Appl Genet, 111 (3): 423-430

Espineira M, Gonzalez- Lavin N, Vieites J M, et al. 2008. Authentication of anglerfish species (Lophius spp.) by means of polymerase chain reaction- restriction fragment length polymorphism (PCR-RFLP) and forensically informative nucleotide sequencing (FINS) methodologies. J Agric Food Chem, 56 (22): 10594 -10599

Estevezarzoso B, Belloch C, Uruburu F, et al. 1999. Identification of yeasts by RFLP analysis of the 5. 8S rRNA gene and the two ribosomal internal transcribed spacers. International Journal of Systematic Bacteriology, 49 Pt 1 (1): 329

Fell J W, Boekhout T, Fonseca A, et al. 2000. Biodiversity and systematics of basidiomycetous yeasts as determined by large-subunit rDNA D1/D2 domain sequence analysis. International Journal of Systematic and Evolutionary Microbiology, 50 (3): 1351-1371

Feng J, Long Y, Shi L, et al. 2012. Characterization of metabolite quantitative trait loci and metabolic networks that control glucosinolate concentration in the seeds and leaves of Brassica napus. New Phytol, 193 (1): 96-108

Feriotto G, Borgatti M, Mischiati C, et al. 2002. Biosensor technology and surface plasmon resonance for reatime detection of genetically modifiedd Roundup soybean gene sequences. Agric Food Chem, 50: 955-962

Feuillet C, Messmer M, Schachermayr G, et al. 1995. Genetic and physical characterization of the Lr1 leafrust resistance locus in wheat (Triticum aestivum L.). Mol Gen Genet, 248: 553-562

Feuillet C, Travella S, Stein N, et al. 2003. Map-based isolation of the leaf rust disease resistance gene Lr10 from the hexaploid wheat (Triticum aestivum L.) genome. Proc Natl Acad Sci USA, 100: 15253-15258

Filonzi L, Chiesa S, Vaghi M, et al. 2010. Molecular barcoding reveals mislabelling of commercial fish products in Italy. Food Res. Int., 43: 1383-1388

Floren C, Wiedemann I, Brenig B, et al. 2015. Species identification and quantification in meat and meat products using droplet digital PCR (ddPCR). Food Chemistry, 173: 1054

Fu D, Uauy C, Distelfeld A, et al. 2009. A kinase-START gene confers temperature-dependent resistance to wheat stripe rust. Science, 323: 1357-1360

Fu W, Zhu P, Wang C, et al. 2015. A highly sensitive and specific method for the screening detection of genetically modified organisms based on digital PCR without pretreatment. Scientific Reports, 5: 12715

Fukuta S, Mizukami Y, Ishida A, et al. 2004. Real-time loop-mediated isothermal amplification for the CaMV35S promoter as a screening method for genetically modified organisms. European Food Research and Technology, 218(5): 496-500

Fushimi H, Komatsu K, Isobe M, et al. 1996. 18S ribosomal RNA gene sequences of three Panax species and the corresponding ginseng drugs. Biod. Pharm Bull, 19(11): 1530-1532

Fushimi H, Komatsu K, Isobe M, et al. 1997. Application of PCR2RFLP and MASA analyse on 18S ribosomal RNA gene sequence for the identification of three ginseng drugs. Biol Pharm Bull, (20): 765

Ge S, Oliveira G C X, Schaal B A, et al. 1999. RAPD variation within and between natural populations of the wild rice Oryza rufipogon from China and Brazil. Heredity, 82: 638-644

Giroux M J, Morris C F. 1997. A glycine to serine change in puroindoline bis associated with wheat grain hardness and low levels of starch-surface friabilin. Theor Appl Genet, 95: 857-864

Giusto C, Medrala D, Comi G, et al. 2007. Application of PCR-DGGE for the identification of lactic acid bacteria in active dry wine yeasts. Annals of microbiology, 57(1): 137

Goff S A, Ricke D, Lan T H, et al. 2002. A draft sequence of the rice genome (Oryza sativa L. ssp. Japonica). Science, 296(5565): 92-100

Goff S A. 2005. A draft sequence of the rice genome (Oryza sativa L. ssp. Japonica). Science, 309(5736): 879

Gokulakrishnan P, Kumar R R, Sharma B D, et al. 2013. Determination of sex origin of meat from cattle, sheep and goat using PCR based assay. Small Ruminant Research, 113: 30-33

Gordon K, Lee E, Vitale J A, et al. 1987. Production of human tissue plasminogen activator in transgenic mouse milk. Biotechnology, 24: 425-428

Goto K, Omura T, Hara Y, et al. 2000. Application of partial 16S rDNA sequence as index for the rapid identification of species in the genius Bacillus. J Gen Appl Microbiol, 46: 1-8

Goto K, Tanimoto Y, Asahara M, et al. 2002. Application of the hypervariable region of the 16S rDNA sequence as index for the rapid identification of species in the genius Alicyclobacillus. Gen Appl Microbiol, 48: 243-250

Goto M, Hayashidani H, Takatori K, et al. 2007. Rapid detection of enterotoxigenic Staphylococcus aureus harbouring genes for four classical enterotoxins, SEA, SEB, SEC and SED, by loop-mediated isothermal amplification assay. Letters in Applied Microbiology, (45): 100-107

Gouws P A, Gie L, Pretorius A, et al. 2005. Isolattion and identification of Alicyclobacillus acidocaldarius by 16S rDNA from mango juice and concentrate. International Journal of Food Science and Technilogy, 40(7): 789-792

Guan X Y, Guo J C, Shen P, et al. 2010. Visual and rapid detection of two genetically modified soybean events using loop-mediated isothermal amplification method. Food Analytical Methods, 3(4): 313-320

Guillaumie S, Ilg A, Réty S, et al. 2013. Genetic analysis of the biosynthesis of 2-methoxy-3-isobutylpyrazine, a major grape-derived aroma compound impacting wine quality. Plant Physiology, 162(2): 604-615

Guo J, Liu Y F, Wang Y S, et al. 2012a. Population structure of the wild soybean (Glycine soja) in China: implications from microsatellite analyses. Ann Bot, 110(4): 777-785

Guo S M, Zou J, Li R Y, et al. 2012b. A genetic linkage map of Brassica carinata constructed with a doubled haploid population. Theor Appl Genet, 125(6): 1113-1124

Guo Y, Tsuruga A, Yamaguchi S, et al. 2006. Sequence analysis of chloroplast chlB gene of medicinal ephedra species and its application to authentication of ephedra herb. Biol Pharm Bull, 29(6): 1207-1211

Gurley W B, Hepburn A G, Key J L. 1979. Sequence organization of the soybean genome. BBA-Nucl Acids Protein Synth, 561 (1): 167-183

Gustavo P, Rodríguez Assaf LA, Toro M E, et al. 2013. Multi-enzyme production by pure and mixed cultures of Saccharomyces and Non-saccharomyces yeasts during wine fermentation. International Journal of Food Microbiology, 155 (1): 43-50

Hackett C A, Wachira F N, Paul S, et al. 2000. Construction of agenetic linkage map for *Camellia sinensis* (tea). Heredity, 85 (4): 346-355

Haider N, Nabulsi I, Al-Safadi B. 2012. Identification of meat species by PCR-RFLP of the mitochondrial COI gene. Meat Science, 90: 490-493

Han J, Wu Y, Huang W, et al. 2012. PCR and DHPLC methods used to detect juice ingredient from 7 fruits. Food Control, 25 (2): 696-703

Hanna S E, Connor C J, Wang H H. 2010. Real-time polymerase chain reaction for the food microbiologist: technologies, applications, and limitations. Journal of Food Science, 70 (3): R49-R53

Hanner R, Floyd R, Bernard A, et al. 2011. DNA barcoding of billfisher. Mitochondrial DNA, 22 (S1): 27-36

Harberd N P, Bartels D, Thompson R D. 1986. DNA restriction fragment Varimion in the gene family encoding high molecular weight (HMW) glutenin suhunits of wheat. Biochem Genet, 94: 579-596

Harris L J, Fleming H P, Klaenhammer T R. 1992. Characterization of two nisin-producing *Lactococcus lacfis* subsp. *lactis* strains isolated from a commercial sauerkraut fermentation. Appl Environ Microbiol, 58 (5): 1477-1483

Hayashi K, Hashimoto N, Daigen M, et al. 2004. Development of PCR-based SNP markers for rice blast resistance genes at the Piz locus. Theor Appl Genet, 108 (7): 1212-1220

He X Y, He Z H, Zhang L P, et al. 2007. Allelic variation of polyphenol oxidase (PPO) genes located on chromosomes 2A and 2D and development of functional markers for the PPO genes in common wheat. Theor Appl Genet, 115 (1): 47-58

He X Y, Zhang Y L, He Z H, et al. 2008. Characterization of phytoene synthase 1 gene (*Psy1*) located on common wheat chromosome 7A and development of a functional marker. Theor Appl Genet, 116 (2): 213-221

Hebert P D N, Cywinska A, Ball S L, et al. 2003a. Biological identifications through DNA barcodes. Proceedings of the Royal Society of London series B: Biological Sciences, 270: 313-321

Hebert P D N, Ratnasingham S, de Waard J R. 2003b. Barcoding animal life: cytochrome c oxidase subunit 1 divergences among closely related species. Proceedings of the Royal Society of London, series B: Biological Sciences, 270: S96-S99

Helentjaris T, Weber D F, Wright S. 1986. Use of monosomics to map cloned DNA fragments in maize. P Natl Acad Sci USA, 83 (16): 6035-6039

Heras-Vazquez F J L, Mingorance-Cazorla L, Clemente-Jimenez J M, et al. 2003. Identification of yeast species from orange fruit and juice by RFLP and sequence analysis of the 5.8S rRNA gene and the two internal transcribed spacers. FEMS Yeast Research, 3 (1): 3-9

Herbst N, Wilson T, Klein J, et al. 2014. Detection of cranberry and blueberry (*Vaccinium* sp.) DNA by PCR amplification of the MatK gene. (LB386). Faseb Journal, 28

Hilder V A. 1987. Anovel mechanism of inset resistance engineered into tobacco. Nature, 330 (6126): 160-163

Hill C B, Kim K S, Crull L, et al. 2009. Inheritance of resistance to the soybean aphid in soybean PI200538. Crop Sci, 49: 1193-1200

Hindson C, Cheviliet J, Briggs H, et al. 2013. Absolute quantification by droplet digital PCR versus analog real-time PCR. Nature Methods, 10(10): 1003-1005

Ho I S H, Leng F C. 1996. Isolation of DNA finger printing probe from Panax ginseng. Abstract of Symposium on Chinese Medicine & Public Health, Hong Kong: University of Hong Kong: 34

Holt J H, Krieg N R, Sneath P H. A, et al. 1994. Bergey's manual of determinative bacteriology. Ninth edition. Amsterdam: Lippincott Williams & Wilkins: 729-758

Hong Y, Chen X, Liang X Q, et al. 2010. A SSR-based composite genetic linkage map for the cultivated peanut (*Arachis hypogaea* L.) genome. BMC Plant Biol, 10: 17

Hopkins M S, Casa A M, Wang T, et al. 1999. Discovery and characterization of polymorphic simple sepuence repeats (SSRs) in peanut. Crop Sci, 39(4): 1243-1247

Hou D Y, Song J Y, Yao H, et al. 2013. Molecular identification of corni fructus and its adulterants by ITS/ITS2 sequences. Chin J Nat Med, 11(2): 121-127

Hsieh C H, Chang W T, Chang H C, et al. 2010. Puffer fish-based commercial fraud identification in a segment of cytochrome b region by PCR-RFLP analysis. Food Chemistry, 121(4): 1305-1311

Huang Z, Chen Y, Yi B, et al. 2007. Fine mapping of the recessive genic male sterility gene (BnMs3) in *Brassica napus* L. Theor Appl Genet, 115(1): 113-118

Hubert N, Espiau B, Meyer C, et al. 2015. Identifying the ichthyoplankton of a coral reef using DNA barcodes. Mol Ecol Resour, 15(1): 57-67

Hunt D J, Parkes H C, Lumley I D. 1997. Identification of the species of origin of raw and cooked meat products using oligonucleotide probes. Food Chemistry, 60: 437-442

Ikeda T, Ohnishi S, Senda M, et al. 2009. A novel major quantitative trait locus controlling seed development at low temperature in soybean (*Glycine max*). Theor Appl Genet, 118: 1477-1488

Imsande M, Grant D, Shoemaker R. 1998. QTL in soybean: A new perspective. Soybean Genetics New sletter, 25: 146-148

Iqbal M, Navabi A, Yang R C. 2007. The effect of vernalization genes on earliness and related agronomic traits of spring wheat in noahem growing regions. Crop Sci, 47(3): 1031-1039

Iquira E, Gagnon E, Belzile F, et al. 2010. Comparison of genetic diversity between Canadian adapted genotypes and exotic germplasm of soybean. Genome, 53(5): 337-345

Itoi S, Nakaya M, Kaneko G, et al. 2005. Rapid identification of eels *Anguilla japonica* and *Anguilla anguilla* by polymerase chain reaction with single nucleotide polymorphism- based specific probes. Fisheries Science, 71(6): 1356-1364

Jaakola L, Suokas M, Häggman H. 2010. Novel approaches based on DNA barcoding and high-resolution melting of amplicons for authenticity analyses of berry species. Food Chemistry, 123(2): 494-500

Jalving R, Vańt Slot R, Van Oost B A. 2004. Chicken single nucleotide polymorphism identification and selection for genetic mapping. Poultry Science, 83: 1925-1931

Jean M, Brown G, Landry B. 1998. Targeted mapping approaches to identify DNA markers linked to the Rfp1 restorer gene for the'Polima'CMS of canola (*Brassica napus* L.). Theor Appl Genet, 97(3): 431-438

Jeffreys A J, Wilson V, Thein S L. 1985. Hypervariable "minisatellite" regions in human DNA. Nature, 314: 65-73

Jiang C, Shi J, Li R, et al. 2014. Quantitative trait loci that control the oil content variation of rapeseed (*Brassica napus* L.). Theor Appl Genet, 127: 957-968

Johnson J, Baenziger P, Yamazaki W, et al. 1979. Effects of powdery mildew on yield and quality of isogenic lines of 'Chancellor'wheat. Crop Sci, 19: 349-352

Juste A, Lievens B, Klingeberg M, et al. 2008. Predominance of Tetragenococcus halophilus as the cause of sugar thick juice degradation. International Journal of Food Microbiology, 25: 413-423

Kalita R, Barooah M, Modi M K, et al. 2014. Development of "Assam" type tea specific SCAR marker from RAPD products. Indian Journal of Biotechnology, (13): 376-380

Kalogianni D P, Koraki T, Christopoulos T K, et al. 2006. Nanoparticle-based DNA biosensor for visual detection of genetically modified organisms. Biosens Bioelectron, 21 (7): 1069-1076

Karabasanavar N S, Singh S P, Kumar D, et al. 2014. Detection of pork adulteration by highly-specific PCR assay of mitochondrial D-loop. Food Chemistry, 145: 530-534

Karthigeyan S, Rajkumar S, Sharma R K. 2008. High level of genetic diversity among the selected accessions of tea (*Camellia sinensis*) from abandoned tea gardens in western Himalaya. Biochemical Genetics, 46: 810-819

Kaundun S S, Zhyvoloup A, Park Y. 2000. Evaluation of the genetic diversity among elite tea (*Camellia sinensis* var. *sinensis*) accessions using RAPD markers. Euphytica, 115 (1): 7-16

Kaundun S, Matsumoto S. 2003. Identification of processed Japanese green tea based on polymorphisms generated by STS-RFLP analysis. Journal of Agricultural and Food Chemistry, 51 (7): 65-70

Kerman K, Vestergaard M, Nagatani Y, et al. 2006. Electrochemical genosensor based on peptide nucleic acid-mediated PCR and asymmetric PCR techniques: Electrostatic interactions with a metal cation. Anal Chem, 78: 2182-2189

Kesmen Z, Celebi Y, Güllüce A, et al. 2013. Detection of seagull meat in meat mixtures using real-time PCR analysis. Food Control, 34: 47-49

Khedikar Y P, Gowda M V C, Sarvamangala C, et al. 2010. A QTL study on late leaf spot and rust revealed one major QTL for molecular breeding for rust resistance in groundnut (*Arachis hypogaea* L.). Theor Appl Genet, 121 (5): 971-984

Kim J, Park S, Roh H, et al. 2015. A simplified and accurate detection of the genetically modified wheat MON71800 with one calibrator plasmid. Food Chemistry, 176: 1-6

Kingsakul S, Aoki S, Dechakhamphu A. 2012. Genetic polymorphism of glutinous rice (*Oryza sativa* L.) using an amplified fragment length polymorphism (AFLP) technigue. International Conference on Postharvest Pest and Disease Management Exporting Horticultural Crops-PPDM, 973: 225-229

Kitpipit T, Sittichan K, Thanakiatkrai P. 2014. Direct-multiplex PCR assay for meat species identification in food products. Food Chemistry, 163: 77-82

Klijn N, Weerkamp A H, de Vos W M. 1991. Identification of mesophilic lactic acid bacteria by using polymerase chain reaction-amplified variable regions of 16S rRNA and specific DNA probes. Appl Environ Microbiol, 57 (11): 3390-3393

Klossa-Kilia E, Papasotiropoulos V, Kilias G, et al. 2002. Authentication of Messolongi (Greece) fish roe using PCR-RFLP analysis of 16S rRNA mtDNA segment. Food Control, 13 (3): 169-172

Knight A. 2000. Development and validation of a PCR-based heteroduplex assay for the quantitative detection of mandarin juice in processed orange juices. Agro Food Industry Hi-Tech, 11 (2): 7-8

Kochzius M, Nolte M, Weber H, et al. 2008. DNA microarrays for identifying fishes. Mar Biotechnol, 10 (2): 207-217

Koh S K, Lee J E, Kim H W, et al. 2004. Identification and deacidification of lactic acid bacteria in Korean red wine. Food Science & Biotechnology: 13 (1): 96-99

Koppolu R, U-padllyaya H D, Dwivedi S L, et al. 2010. Genetic relationships among seven sections of genus Arachis studied by using SSR markers. BMC Plant Biol, 10: 15

Korzun V, Roder M S, Worland A J, et al. 1997. Intrachromosomal mapping of genes for dwarfing (*Rht12*) and vernalization reponse (*Vrn1*) in wheat by RFLP and microsatellite markers. Plant Breeding, 116: 227-232

Krattinger S, Lagudah E, Spielmeyer W, et al. 2009. A putative ABC transporter confers durable resistance to multiple fungal pathogens in wheat. Science, 323: 1360-1363

Kurtzman C P, Robnett C J. 1998. Identification and phylogeny of ascomycetous yeasts from analysis of nuclear large subunit(26S) ribosomal DNA partial sequences. Antonie Van Leeuwenhoek, 73(4): 331-371

Laguerre G, Fernandez M P, Edel V, et al. 1993. Genomic heterogeneity among French rhizobium strains isolated from *Phaseolus vulgaris* L. International Journal of Systematic Bacteriology, 43(4): 761-767

Landry B S, Hubert N, Etoh T, et al. 1991. A genetic map for *Brassica napus* based on restriction fragment length polymorphisms detected with expressed DNA sequences. Genome, 34(4): 543-552

Las HerasVazquez F J, Mingorancecazorla L, Clementejimenez J M, et al. 2003. Identification of yeast species from orange fruit and juice by RFLP and sequence analysis of the 5. 8S rRNA gene and the two internal transcribed spacers. Fems Yeast Research, 3(1): 3-9

Lee J, Kang K H, Chang I S, et al. 2004. Analysis of microbial diversity in oligotrophic microbial fuel cells using 16S rDNA sequences. Fems Microbiol Lett, 233: 77-82

Leray M, Knowlton N. 2015. DNA barcoding and metabar-coding of standardized samples reveal patterns of marine benthic diversity. Proceedings of the National Academy of Sciences, 112(7): 2076-2081

Li Q, Chen X M, Wang M N, et al. 2011. *Yr45*, a new wheat gene for stripe rust resistance on the long arm of chromosome 3D. Theor Appl Genet, 122:195-204

Li X F, Zhang S. 2009. A loop-mediated isothermal amplification method targets the phoP genefor the detection of salmonella in food samples. International Journal of Food Microbiology, 133: 252-258

Li Y H, Li W, Zhang C, et al. 2010. Genetic diversity in domesticated soybean (*Glycine max*) and its wild progenitor (*Glycine soja*) for simple sequence repeat and single-nucleotide polymorphism loci. New Phytol, 188(1): 242-253

Lillemo M, Ringlund K. 2000. Impact of puroindoline b is frequently present in hard wheats from Northern Europe. Theor Appl Genet, 100: 1100-1107

Lillemo M, Simeone M C, Morris C F. 2002. Analysis of puroindoline a and b sequences from *Triticum aestivum* cv. 'Penawawa' and related diploid taxa. Euphytica, 126(3): 321-331

Lionneton E, Ravera S, Sanchez L, et al. 2002. Development of all AFLP-based linkage map and localization of QTLs for seed fatty acid content in condiment mustard (*Brassica juncea*). Genome, 45: 1203-1205

Lipsky R H, Mazzanti C M, Rudolph J G, et al. 2001. DNA melting analysis for detection of single nucleotide polymorphisms. Clin Chem, 47(4): 635-644

Liu L, Qu C, Wittkop B, et al. 2013. A high-density SNP map for accurate mapping of seed fibre QTL in *Brassica napus* L., PLoS One, 8(12): e83052

Liu T G, Peng Y L, Chen W Q, et al. 2010. First detection of virulence in *Puccinia striiformis* f. sp. *tritici* in China to resistence genes *Yr24* (=*Yr26*) present in wheat cultivar Chuanmai 42. Plant Dis, 94: 1163

Liu Y G, Bao B L. Liu L X, et al. 2008. Isolation and characterization of polymorphic microsatellite loci from RAPD product in half-smooth tongue sole (*Cynoglossussemilaevis*) and a test of cross-species amplification. Molecular Ecology Resources, 8(1): 202-204

Liu Y G, Li Y Y, Meng W, et al. 2016. The completemitochondrial DNA sequence of Xinjiang arctic grayling *Thymallus arcticus grubei*，Mitochondrial DNA Part B: Resources, 1 (1): 724-725

Liu Y G, Liu C Y, Li F Z, et al. 2009a. Development of microsatellite markers in sea perch, *Lateolabrax japonicus*, from codominant amplified fragment length polymorphism bands. Journal of the World Aquaculture Society, 40 (4): 522-530

Liu Y G, Liu L X, Lei Z W, et al. 2006. Identification of polymorphic microsatellite markers from RAPD product in turbot (*Scophthalmus maximus*) and a test of cross-species amplification. Molecular Ecology Notes, 6 (3): 867-869

Liu Y G, Liu L X, Li Z X, et al. 2009b. Isolation of polymorphic microsatellite markers from amphioxus (*Branchiostoma belcheri*) and a test of cross-species amplification. Conservation Genetics Resources, 1: 257-259

Liu Y G, Liu L X, Wu Z X, et al. 2007b. Isolation and characterization of polymorphic microsatellite loci in black sea bream (*Acanthopagrus schlegeli*) by cross-species amplification with six species of the Sparidae family. Aquatic Living Resources, 20 (3): 257-262

Liu Y G, Sun X Q, Gao H et al. 2007a. Microsatellite markers from an expressed sequence tag library of half-smooth tongue sole (*Cynoglossussemilaevis*) and their application in other related fish species. Molecular Ecology Notes, 7: 1242-1244

Liu Y G, Kurokawa T, Sekino M, et al. 2013. Complete mitochondrial DNA sequence of the ark shell *Scapharcabroughtonii*: an ultra-large metazoan mitochondrial genome. Comparative Biochemistry and Physiology part D: Genomics and Proteomics, 8 (1): 72-81

Liu Z, Nichols A, Li P, et al. 1998. Inheritance and usefulness of AFLP markers in channel catfish (*Ictalurus punctatus*), blue catifish (*I. fureatus*), and their F1, F2, and backcross hybrids. Mol Gen Genet, 258 (3): 260-268

Lombard V, Delourme R. 2001. A consensus linkage map for rapeseed (*Brassica napus* L.): construction and integration of three individual maps from DH populations. Theor Appl Genet, 103 (4): 491-507

Long C, Kakiuchi N, Takahashi A, et al. 2004. Phylogenetic analysis of the DNA sequence of the non-coding region of nuclear ribosomal DNA and chloroplast of Ephedra plants in China. Planta Med, 70 (11): 1080

López-Andreo M, Garrido-Pertierra A, Puyet A. 2006. Evaluation of post-polymerase chain reaction melting temperature analysis for meat species identification in mixed DNA samples. Journal of Agricultural & Food Chemistry, 54: 7973-7978

Lu Y Q, Yao M M, Zhang J P, et al. 2016. Genetic analysis of a novel broad-spectrum powdery mildew resistance gene from the wheat—*Agropyron cristatum* introgression line Pubing 74. Planta, 244 (3): 713-723

Luo P G, Hu X Y, Ren Z L, et al. 2008. Allelic analysis of stripe rust resistance genes on wheat chromosome 2BS. Genome, 51 (11): 922-927

Lupton F G H, Macer R C F. 1962. Inheritance of resistance to yellow rust (*Puccinia glumarum* Erikss. & Henn.) in seven varieties of wheat. Trans Brit Mycol Soc, 45 (1): 21-45

Lusardi C, Previdi M P, Colla F, et al. 2000. Ability of *Alicyclibacillus* strains to spoil fruit juice and nectars. Indudria Conserve

Ma J X, Zhou R H, Dong Y S, et al. 2001. Molecular mapping and detection of the yellow rust resistance gene *Yr26* in wheat transferred from *Triticum turgidum* L. using microsatellite markers. Euphyticam, 120 (2): 219-226

Maldonado M C, Belfiore C, Navarro A R. 2008. Temperature, soluble solids and pH effect on *Alicyclobacillus acidoterrestris*, viability in lemon juice concentrate. Journal of Industrial Microbiology and Biotechnology, 35 (2): 141-144

Mane B G, Mendiratta S K, Raut A A, et al. 2014. PCR-RFLP assay for identification of species origin of meat and meat products. J.Meat Sci. Technol, 2(2): 31-36

Manes-Lazaro R, Ferrer S, Rossello-Mora R, et al. 2009. *Lactobacillus oeni* sp. nov., from wine. International journal of systematic and evolutionary microbiology, 59(8): 2010-2014

Marchi M D, Targhetta C, Contiero B, et al. 2003. Genetic traceability of chicken breeds. Agriculturae Conspectus Scientificus, 68: 255-259

Marcio M C, Gouvea E G, Inglis P W, et al. 2012. A study of the relationships of cultivated peanut (*Arachis hypogaea*) and its most closely related wild species using intron sequences and microsatellitemarkers. Ann Bot, 111(1): 13-26

Mares D J, Campbell A W. 2001. Mapping components of flour and noodle colour in Australian wheat. Aust J Agr Res, 52: 1297-1309

Maroof S C, Jeong S C, Gunduz I, et al. 2008. Pyramiding of soybean mosaic virus resistance genes by marker-assisted selection. Crop Sci, 48(2): 517-526

Marques A P, Zé-Zé L, San-Romão MV, et al. 2010. A novel molecular method for identification of *Oenococcusoeni* and its specific detection in wine. International Journal of Food Microbiology, 142(1): 251-255

Martinez I, Yman I M. 1998. Species identification in meat products by RAPD analysis. Food Research International, 31: 459-466

Matsumoto S, Takeuchi A, Hayatsu M, et al. 1994. Molecular cloning of phenylalanine ammonialyase cDNA and classification of varieties and cultivars of tea plants (*Camellia sinensis*) using the tea PAL cDNA probe. Theoretical and Applied Genetics, 89(6): 671-675

Matsumoto T, Wu J Z, Kanamori H, et al. 2005. The map-based sequence of the rice genome. Nature, 436(7052): 793-800

Matsuoka T, Kuribara H, Akiyama H, et al. 2001. A multiplex PCR method of detecting recombinant DNAs from five lines of genetically modified maize. Journal of the Food Hygienic Society of Japan, 42(1): 24-32

Maughan P J. 1995. Micro satellite and amplified sequence length polymor phismsin cultivated and wild soybean. Genome, 38: 715 -7238

Melchinger A E, Boppenmaier J, Dhillon B S, et al. 1992. Genetic diversity for RFLPs in European maize inbreds 2. relation to performance of hybrids within versus between heterosis groups for forge trait. Theor Appl Genet, 84: 672-681

Meyer R. 1999. Development and application of DNA analytical methods for the detection of GMOs in food. Food Control, 10: 391-399

Mikel M A, Diers B W, Nelson R L. 2010. Genetic diversity and agronomic improvement of North American soybean germplasm. Crop Sci, 50: 1219-1229

Miller D M, Mariani S. 2010. Smoke, mirrors and mislabelled cod: poor transparency in the European seafood industry. Front. Ecol. Environ, 8: 517-521

Mishra R K, Mahdi S S. 2004. Genetic diversity estimates for Darjeeling tea clones based on AFLP markers. Journal of Tea Science, 24(2): 86-92

Mishra R K, Sen-Mandi S. 2004. 利用多态性片段长度扩增(AFLP)法对印度大吉岭茶树遗传多样性的研究. 茶叶科学, 24(2): 86-92

Mohler V, Bauer C, Schweizer G, et al. 2013. *Pm50*: a new powdery mildew resistance gene in common wheat derived from cultivated emmer. J Appl Genet, 54: 259-263

Mohler V, Jahoor A. 1996. Allele-specific amplification of polymorphic sites for the detection of powdery mildew resistance loci in wheat. Thero Appl Genet, 93: 1078-1082

Moore M K, Bemiss J A, Rice S M, et al. 2003. Use of restriction fragment length polymorphisms to identify sea turtle eggs and cooked meats to species. Conservation Genetics, 4: 95-103.

Morgante M. 1994. Genetic mapping and variability of seven simple sequences repeat loci in soybean. Genome, 37: 763-769

Morisset D, Stebioh D, Milavec M, et al. 2013. Quantitative analysis of food and feed samples with droplet digital PCR. PLo S One, 8(5): e62583

Morton A, Adams A N, Barbara D J. 1993. Rapid PCR-based identification of apple (*Malus*) cultivars and species. BCPC Monograph, 54: 289-294

Na A, De I, Genética V, et al. 2012. Assement of the genetic variability among rice cultivars revealed by amplified fragment length polymorphism (AFLP). Curr Agr Sci Tech, 12: 21-25

Nagaharu U. 1935. Genome analysis in *Brassica* with special reference to the experimental formation of *B. napus* and peculiar mode of fertilization. Jap J Bot, 7: 389-452

Naik S, Gill K S, Prakasa Rao V S, et al. 1998. Identification of a STS marker linked to the *Aegilops speltoides*-derived leafrust resistance gene *Lr28* in wheat. Theor Appl Genet, 97: 535-540

Narváez-Zapata J A, Rojasherrera R A, Rodríguezluna I C, et al. 2010. Culture-independent analysis of lactic acid bacteria diversity associated with mezcal fermentation. Current Microbiology, 61(5): 444-450

Ng C C, Chang C C, et al. 2006. Rapid molecular identificanon of freshly squeezed and reconstituted orange juice. International Journal of Food Science Technology, 41: 646-651

Niwa M., Kuriyama A. 2003. *A. acidoterrestris* rapid kit. Fruit processing, 8: 328-391

Notomi T, Okayama H, Masubuchi H, et al. 2000. Loop-mediated isothermal amplification of DNA. Nucleic Acids Research, 28(12): e63

Notomi T, Okayama H, Masubuchi H, et al. 2000. Loop-mediated isothermal amplification of DNA. Nucleic acids research, 28(12): E63. DOI:10.1093/nar/28.12.e63

Notomi T, Okayama H, Masubuchi H, et al.2000. Loop-mediated Iso2 thermal Amp lification of DNA. Nucleic Acids Res, 28(12): 63

O'Dor R K. 2003. The Unknown Ocean: the Baseline Report of the Census of Marine Life Research Program. Washington: Consortium for Oceanographic Research and Education

Ocón E, Gutiérrez, A R, Garijo P, et al. 2010. Quantitative and qualitative analysis of non-Saccharomyces yeasts in spontaneous alcoholic fermentations. European Food Research & Technology, 230(6): 885-891

Ogier J C, Son O, Gruss A, et al. 2002. Identification of bacterial microflora in dairy products by temporal temperature gradient gel electrophoresis. Appl Environ Microbiol, 68: 3691-3701

Oliver J R. 1988. Proceedings of the 38th Australian Cereal Chemistry Conference, Royal Australian Chemical Institute, Parkville, Victoria, Australia, 216-218

Orrù L, Catillo G, Napolitano F, et al. 2009. Characterization of a SNPs panel for meat traceability in six cattle breeds. Food Control, 20: 856-860

Ozeki Y, Wake H, Yoshimatsu K. et al. 1996. A rapid method for genomic DNA preparation from dried material of genus Panax for PCR analysis. Natural Medicines, 50(1): 24-27

Palmieri L, Bozza E, Giongo L. 2009. Soft fruit traceability in foodmatrices using, real-time PCR. Nutrients, 2(1): 316-328

Palmiter R D, Brinster R L, Hammer R E, et al. 1982. Dramatic growth of mice that develop from eggs microiniected with metallothioneie-growth hormone fusion genes. Nature, 300: 611-615

Palomeque L, Liu L J, Li W B, et al. 2009. QTL in mega-environments: II. Agronomic trait QTL co-localized with seed yield QTL detected in a population derived from a cross of high-yielding adapted×highyielding exotic soybean lines. Theor Appl Genet, 119: 429-436

Parida M M, Santhosh S R, Dash P K, et al. 2006. Development and evaluation of reverse transcription loop mediated isothermal amplification assay for rapid and real-time detection of Japanese Encephalitis virus. Journal of Clinical Microbiology, 44(11): 4172-4178

Parker G D. 1998. Mapping loci associated with flour color in wheat. Theor Appl Genet, 97: 238-245

Parkin I, Sharpe A G, Keith D J, et al. 1995. Identification of the A and C genomes of amphidiploid *Brassica napus* (oilseed rape). Genome, 38(6): 1122-1131

Partis L, Croan D, Guo Z, et al. 2000. Evaluation of a DNA fingerprinting method for determining the species origin of meats. Meat Science, 54(4): 369-376

Passamano M, Pighini M. 2006. QCM DNA-sensor for GMOs detection. Sensors & Actuators B Chemical, 118: 177-181

Paul S, Wachira F N, Powell W, et al. 1997. Divesity and genetic differentiation among populations of Indian and Kenyan tea (*Camellia sinensis* (L.) O. Kuntze) revealed by AFLP markers. Theor Appl Genet, 94: 255-263

Pečnikar Ž F, Buzan E V. 2014. 20 years since the introduction of DNA barcoding: from tlieory to application. Journal of Applied Genetics, 55(1): 43-52

Pina C, Teixeiro P, Leite P, et al. 2005. PCR-fingerprinting and RAPD approaches for tracing the source of yeast contamination in a carbonated orange juice production chain. Iournal of Applied Microbiology, 98: 1107-1114

Pinera J A, Bernardo D, Blanco G, et al. 2006. Isolation and characterization of polymorphic microsatellite markers in *Pagellus bogaraveo*, and cross-species amplification in *Sparus aurata* and *Dicentrarchus labrax*. Molecular Ecology Notes, 6 (1): 33- 35

Popping B. 2002. The application of biotechnological methods in authenticity testing. Journal of Biotechnology, 98(1): 107-112

Pradhan A, Gupta V, Mukhopadhyay A, et al. 2003. A high-density linkage map in *Brassica juncea* (Indian mustard) using AFLP and RFLP markers. Theor Appl Genet, 106(4): 607-614

Qiu D, Morgan C, Shi J, et al. 2006. A comparative linkage map of oilseed rape and its use for QTL analysis of seed oil and erucic acid content. Theor Appl Genet, 114(1): 67-80

Qzaki H, McLaughlin L W. 1992. The estimation of distances between specific backbone-labeled sites in DNA using fluorescence resonance energy transfer. Nucleic Acids Res, 20(19): 5205-5214

Radulovici A E, Sainte-Marie B, Dufresne F. 2009. DNA barcoding of marine crustaceans from the Estuary and Gulf of St Lawrence: a regional-scale approach. Molecular Ecology Resources, 9: 181-187

Raina S N, Ahuja P S, Sharma R K, et al. 2012. Genetic structure and diversity of India hybrid tea. Genetic Resources and Crop Evolution, 59(7): 1527-1541

Rajkumar G, Weerasena J, Fernando K, et al. 2011. Genetic differentiation among Sri Lankan traditional rice (*Oryza sativa*) varieties and wild rice species by AFLP markers. Nord J Bot, 29(2): 238-243

Rak L, Knapik K, Bania J, et al. 2014. Detection of roe deer, red deer, and hare meat in raw materials and processed products available in Poland. European Food Research and Technology, 239: 189-194

Raman H, Raman R, Kilian A, et al. 2013. A consensus map of rapeseed (*Brassica napus* L.) based on diversity array technology markers: applications in genetic dissection of qualitative and quantitative traits. BMC Genomics, 14(1): 1-13

Raman R, Raman H, Johnstone K, et al. 2005. Genetic and in silico comparative mapping of the polyphenol oxidase gene in bread wheat (*Triticum aestivum* L.). Funct Integr Genomics, 5: 185-200

Rastogi G, Dharne M S, Walujkar S, et al. 2007. Species identification and authentication of tissues of animal origin using mitochondrial and nuclear markers. Meat Science, 76: 666-674

Ravi K, Vadez V, Isobe S, et al. 2011. Identification of several small main-effect QTLs and a large number of epistatic QTLs for drought tolerance related traits in groundnut (*Arachis hypogaea* L.). Theor Appl Genet, 122(6): 1119-1132

Rawsthorne H, Phister T G. 2006. A real-time PCR assay for the enumeration and detection of *Zygosaccharomyces bailiff* from wine and fruit juices. International Journal of Food Microbiology, 112: 1-7

Razzak M A, Hamid S B, Ali M E. 2015. A lab-on-a-chip-based multiplex platform to detect potential fraud of introducing pig, dog, cat, rat and monkey meat into the food chain. Food Additives & Contaminants Part A Chemistry Analysis Control Exposure & Risk Assessment, 32: 1902-1913

Rehbein H, Gonzales- Sotelo C, Perez-Martin RI, et al. 1999. Differentiation of sturgeon caviar by single strand confor-mational polymorphism (PCR-SSCP) analysis. Ar-chiv Lebensm, 50(4): 13-17

Rehbein H, Kress G, Schmidt T. 1997. Application of PCR- SS-CP to species identification of fishery products. J Sci Food Agric, 74(2): 35 -41

Ren J, Deng T, Huang W, et al. 2017. A digital PCR method for identifying and quantifying adulteration of meat species in raw and processed food. PLoS One, 12: e0173567

Ricardo F D, Boris S D, Renato C R, et al. 2008. Implementation of a molecular system for traceability of beef based on microsatellite markers. Chilean Journal of Agricultural Research, 68: 342-351

Ririe K M, Rasmussen R P, Wittwer C T. 1997. Product differentiation by analysis of DNA melting curves during the polymerase chain reaction. Anal Biochem, 245(2): 154-160

Rodas A M, Ferrer S, Pardo I. 2003. 16S-ARDRA, a tool for identification of lactic acid bacteria isolated from grape must and wine. Systematic and Applied Microbiology, 26(3): 412-422

Rodríguez M A, García T, González I, et al. 2004. PCR identification of beef, sheep, goat, and pork in raw and heat-treated meat mixtures. Journal of Food Protection, 67: 172-177

Rohrer G A, Freking B A, Nonneman D. 2007. Single nucleotide polymorphisms for pig identification and parentage exclusion. Animal Genetics, 38: 253-258

Ruiz P, Seseña S, Izquierdo P M, et al. 2010. Bacterial biodiversity and dynamics during malolactic fermentation of Tempranillo wines as determined by a culture-independent method (PCR-DGGE). Applied microbiology and biotechnology, 86(5): 1555-1562

Saez R S Y, Toldrá F. 2004. PCR-based fingerprinting techniques for rapid detection of animal species in meat products. Meat Science, 66: 659-65

Sasskiss A, Sass M. 2002. Distribution of various peptides in citrus fruits (grapefruit, lemon, and orange). Journal of Agricultural & Food Chemistry, 50(7): 2117-2120

Saunders G W. 2009. Routine DNA barcoding of Canadian Gracilariales (Rhodophyta) receals the invasive species *Gracilaria vermiculophylla* in British Columbia. Molecular Ecology Resources, 9(S1): 140-150

Schachermayr G, Messmer M, Feuillet C, et al. 1995. Identification of molecular markers linked to the *Agropyron elongaturn*-de-rived leaf rust resistance, gene *Lr24* in wheat. Theor Appl Genet, 90: 982-990

Schachermayr G, Sietler H, Gale M D, et al. 1994. Identification and localization of molecular markers linked to the *Lr9* leafrust resistance gene of wheat. Theor Appl Genet, 88: 110-115

Scholla M H, Elkan G H. 1991. *Rhizobium fredii* sp. nov., a soil population of nonsymbiotic *Rhizobium leguminosarum*. Appl. Enoviron. Microbiol, 57: 426-433

Schranz M E, Lysak M A, Mitchell-Olds T. 2006. The ABC's of comparative genomics in the Brassicaceae: building blocks of crucifer genomes. Trends Plant Sci, 11(11): 535-542

Schultz J, Muller T, Achtziger M, et al. 2006. The internal transcribed spacer 2 database—a web server for (not only) low level phylogenetic analyses. Nucleic Acids Res, 34(2): 704-707

Schwarz G, Felsenstein F G, Wenzel G. 2004. Development and validation of a PCR-based marker assay for negative selection of the HMW glutenin allele *Glu-B1-1d* (*Bx-6*) in wheat. Theor Appl Genet, 109: 1064-1069

Sharma-Poudyal D, Chen X M, Wan A M, et al. 2013. Virulence characterization of international collections of the wheat stripe rust pathogen, *Puccinia striiformis* f. sp. *tritici*. Plant Dis, 97: 379-386

Shaw P C, But P P H. 1995. Authentication of Panax species and their adulterants by random-primed polymerase chain reaction. Planta Medica, 61(5): 466-469

Shi J Q, Li R Y, Qiu D, et al. 2009. Unraveling the complex trait of crop yield with quantitative trait loci mapping in *Brassica napus*. Genetics, 182(3): 851-861

Singh J, Virender K B, Suntia G. 2011. Molecular beacon based realtime PCR assay for s imultaneous detection of *Listeria monocytogenes* and *Salmonella* spp. in dairy products. Dairy Science & Technology, 91(3): 373-382

Singh J, Virender K B, Suntia G. 2012. Simultaneous detection of *Listeria monocytogenes* and *Salmonella* spp. in dairy products using real time PCR-melt curve analysis. Food Science and Technology, 49(2): 234-239

Slocum M K, Figdore S S, Kennard W C, et al. 1990. Linkage arrangement of restriction fragment length polymorphism loci in *Brassica oleracea*. Theor Appl Genet, 80(1): 57-64

Smith O S, Smith J S C, et al. 1990. Similarities among a group of elite maize inbreds as measured by pedigree, F_1 grain yield heterosis and RFLPs. Theor Appl Genet, 80: 833-840

Smith P H, Koebner R M D, Boyd L A, et al. 2002. The development of a STS marker linked to a yellow rust resistance derived from the wheat cultivar Moro. Theor Appl Genet, 104(8): 1278-1282

Solieri L, Genova F, De Paola M, et al. 2010. Characterization and technological properties of *Oenococcus oeni* strains from wine spontaneous malolactic fermentations: a framework for selection of new starter cultures. Journal of applied microbiology, 108(1): 285-298

Solieri L, Giudici P. 2010. Development of a sequence-characterized amplified region marker-targeted quantitative PCR assay for strain-specific detection of *Oenococcusoeni* during wine malolactic fermentation. Applied and environmental microbiology, 76(23): 7765-7774

Song Q J, Marek L F, Shoemaker R C, et al. 2004. A new integrated genetic linkage map of the soybean. Theor Appl Genet, 109(1): 122-128

Sordo M, Grando M S, Palmieri L, et al. 2008. Blueberry: germplasm cliaracterization and food traceability by the use of molecular markers//IX International Vaccinium Symposium 810. USA: Acta Horticulturae: 167-172

Spano G, Beneduce L, Tarantino D, et al. 2002. Characterization of Lactobacillus plantarum from wine must by PCR species-specific and RAPD-PCR. Letters in Applied microbiology, 35(5): 370-374

Sumathi G, Jeyasekaran G, Shakila R J, et al. 2015. Molecular identification of grouper species using PCR-RFLP technique. Food Control, 51: 300-306

Sun B R, Hong Y F, Cun Y Y, et al. 2013. Genetic diversity of wild soybeans from some regions of Southern China based on SSR and Srap markers. Am J Plant Sci, 4(2): 257-268

Sun M, Hua W, Liu J, et al. 2012. Design of new genome-and gene-sourced primers and identification of QTL for seed oil content in a specially high-oil *Brassica napus* cultivar. PLoS One, 7: e47037

Sun Q, Wei Y, Ni Z, et al. 2002. Microsatelliten marker for yellow rust resistance gene *Yr5* in wheat introgressed from spelt wheat. Plant Breeding, 121(6): 539-541

Sun Z, Wang Z, Tu J, et al. 2007. An ultradense genetic recombination map for *Brassica napus*, consisting of 13551 SRAP markers. Theor Appl Genet, 114(8): 1305-1317

Suzuki M, Fujino K, Funatsuki H. 2009. A major soybean QTL, q PDH1, controls pod dehiscence without marked morphological change. Plant Prod Sci, 12(2): 217-223

Taniguchi F, Kimura K, Saba T, et al. 2014. Worldwide core collections of tea (*Camellia sinensis*) based on SSR markers. Tree Genetics & Genomes, 10(6): 1555-1565

Tautz D, Arctander P, Minelli A, et al. 2002. DNA points the way ahead of taxonomy - In assessing new approaches, it's time for DNA's unique contribution to take a central role. Nature, 418: 479

Teh A H T, Dykes G A. 2014. Meat Species Determination. //Dikeman M, Deuine C. Encyclopedia of Meat Sciences. 2 edition. Cambridge: Academic Press: 265-269

Tengs T, Kristoffersen A B, Berdal K G, et al. 2007. Microarray-based method for detection of unknown genetic modifications. BMC Biotechnology, 7(1): 91

Teske P R, Barker N P, McQuaid C D. 2007. Lack of genetic differentiation among four sympatric southeast African intertidal limpets (Siphonariidae): phenotyupic plasticity in a single species? Journal of Molluscan Studies, 73(3): 223-228

Tezcan F, Uzasci S, Uyar G, et al. 2013. Determination of amino acids in pomegranate juices and fingerprint for adulteration with apple juices. Food Chemistry, 141(2): 1187-1191

Theerawitaya C, Triwitayakorn K, Kirdmanee C, et al. 2011. Genetic variations associated with salt tolerance detected in mutants of KDML105 ('*Oryza sativa* L. spp. *indica*') rice. Aust J Crop Sci, 5(11): 1475-1480

Tombelli S, Minunni M, Mascini M. 2005. Analytical applications of aptamers. Biosensors and Bioelectronics, 20: 2424-2434

Tommasini S, Campbell A W. 2006. Development of functional markers specific for seven *Pm3* resistance alleles and their validation in the bread wheat gene pool. Theor Appl Genet, 114: 165-175

Toth B, Galiba G, Feher E. 2003. Mapping genes affecting flowering time and frost resistance on chromosome 5B of wheat. Theor Appl Genet, 107(3): 509-514

Tournas V H, Heeres J, Burgess L. 2006. Moulds and yeasts in fruit salads and fruit juices. Food Microbiology, 23(7): 684-688

Ujihara T, Matsumoto S, Hayashi N, et al. 2005. Cultivar identification and analysis of the blended ratio of green tea production on the market using DNA markers. Food Science and Technology Research, 11(1): 43-45

Ujihara T, Ohta R, Hayashi N, et al. 2009. Identification of Japanese and Chinese green tea cultivars by using simple sequence repeat markers to encourage proper labeling. Bioscience, Biotechnology, and Biochemistry, 73(1): 15-20

Ujihara T, Taniguchi F, Tanaka J, et al. 2011. Development of expressed sequence tag (EST)-based cleaved amplified polymorphic sequence (CAPS) markers of tea plant and their application to cultivar identification Journal of Agricultural and Food Chemistry, 59(5): 1557-1564

Voorhees D V. 2008. Current Fisheries Statistics No. 2008. Margland: Fisheries of the United States, National Marine Fisheries Service, Office of Science and Technology: 39-55

Vos P, Hogers R, Bleeker M, et al. 1995. AFLP: a new technique for DNA fingerprinting. Nucleic Acids Res, 23(21): 4407-4414

Vrinten P, Nakamura T, Yamamori M. 1999. Molecular characterization of waxy mutations in wheat. Mol Genet Genomics, 261(3): 463-471

Wachira F N, Powell W, Waugh R. 1997. An assessment of genetic diversity among *Camellia sinensis* (L.) (culitivated tea) and its wild relatives based on randomly amplified polymorphic DNA and arganille specific STS. Heredity, 78: 603-611

Wachira F N, Waugh R, Hackett C A, et al. 1995. Detection of genetic diversity in tea (*Camellia sinensis*) using RAPD markers. Genome, 38(2): 201-210

Wachira F N. 1993. Genetic markers in tea. Tea Research foundation of Kenya Annual Report: 24

Wachira F N. 1996. Genetic diversity in tea revealed by randomly amplified polymorphic DNA markers. Tea, 17(2): 60-68

Wang C, Liu LX, Liu YG. 2015. Development and characterization of 20 polymorphicmicrosatellite markers from RAPD product in *Populuseuphratica*. Conservation Genetics Resources, 7(3):669-671

Wang C, Liu Y G, Liu L X, et al. 2018.Isolation of Polymorphic RAPD-SSR Markers from Xinjiang Arctic Grayling (*Thymallus arcticus grubei*) and a Test of Cross-Species Amplification. Russian Journal of Genetics, 5(5): 587-591

Wang D G, Huo G C, Ren D X, et al. 2010. Development and evaluation of a loop-mediated isothermal amplification (LAMP) method for detecting *Listeria monocytogenes* in Raw Milk. Journal of Food Safety, 30(2): 251-262

Wang H, Penmetsa RV, Yuan M, et al. 2012. Development and characterization of BAC-end sequence derived SSRs, and their incorporation into a new higher density genetic map for cultivated peanut (*Arachis hypogaea* L.). BMC Plant Biol, 12: 10

Wang J, Lydiate D J, Parkin I A, et al. 2011b. Integration of linkage maps for the amphidiploid *Brassica napus* and comparative mapping with *Arabidopsis* and *Brassica rapa*, BMC Genomics, 12: 101

Wang L F, Ma J X, Zhou R H, et al. 2002. Molecilar tagging of the yellow rust resistance gene *Yrl0* in common wheat, P.I.178383 (*Triticum aestivum* L.). Euphytica, 124(1): 71-73

Wang L X, Chen H L, Bai P, et al. 2015. The transferability and polymorphism of mung bean SSR markers in rice bean germplasm. Mol Breeding, 35(2): 1-10

Wang M L, Sukumaran S, Barkley N A, et al. 2011a. Population structure and marker-trait association analysis ofthe US peanut (*Arachis hypogaea* L.) mini-core collection. Theor Appl Genet, 123(8): 1307-1317

Wang X, Wang H, Long Y, et al. 2013. Identification of QTLs associated with oil content in a high-oil *Brassica napus* cultivar and construction of a high-density consensus map for QTLs comparison in *B. napus*. PLoS One, 8: e80569

Ward R D. 2012. FISH-BOL, a case study for DNA barcodes. Methods Mol Biol, (858): 423-439

Wittwer C T, Reed G H, Gundry C N, et al. 2003. High-resolution genotyping by amplicon melting analysis using LCGreen. Clin Chemi, 48(9): 853-860

Wolf C, Hübner P, Lüthy J. 1999. Differentiation of sturgeon species by PCR-RFLP. Food Research International, 32(10): 699-705

Wrage K. 1994. Move over BST: Tons of "Biofoods" already consumed! Biotech Reporter, 4: 1-4

Xiang L, Song J Y, Xin T Y, et al. 2013. DNA barcoding the commercial Chinese caterpillar fungus. FEMS Microbiol Lett, 347: 156-162

Xiao M, Song F, Jiao J, et al. 2013. Identification of the gene *Pm47* on chromosome 7BS conferring resistance to powdery mildew in the Chinese wheat landrace Hongyanglazi. Theor Appl Genet, 126: 1397-1403

Xin T Y, Li X J, Yao H, et al. 2015. Survey of commercial Rhodiola products revealed species diversity and potential safety issues. Sci Rep, 5: 8337

Xin T Y, Yao H, Gao H H, et al. 2013. Super food *Lycium barbarum* (So-lanaceae) traceability via an internal transcribed spacer 2 barcode. Food Res Int, 54: 1699-1704

Xiong X, Guardone L, Giusti A, et al. 2016. DNA barcoding reveals chaotic labeling and misrepresentation of cod（鳕, Xue）products sold on the Chinese market . Food Control,（60）: 519-532

Xu H, Yi Y, Ma P, et al. 2015. Molecular tagging of a new broad-spectrum powdery mildew resistance allele *Pm2c* in Chinese wheat landrace Niaomai. Theor Appl Genet, 128: 2077-2084

Xu Q, Yuan X, Wang S, et al. 2016. The genetic diversity and structure of indica rice in China as detected by single nucleotide polymorphism analysis. BMC Genetics, 17: 53

Xu Y G, Cui L C, Yang J H, et al. 2010. Development of a loop-mediated isothermal amplification method with fimy gene for rapid detection of salmonella in food . Chinese Veterinary Science, 40（5）: 452-458

Yahiaoui N, Srichumpa P, Dudler R, et al. 2004. Genome analysis at different ploidy levels allows cloning of the powdery mildew resistance gene *Pm3b* from hexaploid wheat. Plant J, 37: 528-538

Yamashita M, Namikoshi A, Iguchi J, et al. 2008. Molecular identification of species and the geographic origin of seafood. *In*: Tsukamoto K, Kawamura T, Takeuchi T, et al. Fisheries for Global Welfare and Environment. Japan: 5th World Fisheries Congress: 297-306

Yamazaki K, Kawai Y, Inoue N, et al. 1997. Influence of sporulation medium and divalent ions on the heat resistance of *Alicyclobacillus acidoterrestris* spores. Letters in Applied Microbiology, 25（2）: 153-156

Yamazaki K, Teduka H, Shinano H. 1996. Isolation and identification of *Alicyclobacillus acidoterrestris* from acidic beverages. Bioscience Biotechnology & Biochemistry, 60（3）: 543-545

Yamazaki M, Sato A, Saito K, et al. 1993. Molecular phylogeny based on RFLP and its relation with alkaloid patterns in Lupinus plants. Biol Pharm Bull, 16（11）: 1182-1184

Yan L, Loukoianov A, Tranquilli G, et al. 2003. Positional cloning of the wheat vernalization gene VRN1. Proc Natl Acad Sci USA, 100: 6263-6268

Yan S, Lai G, Li L, et al. 2016. DNA barching reveals mislabeling of imported fish products in Nansha new port of Guangzhou, Guangdong province, China. Food Chem, 201: 116-119

Yan X Y, Li J N, Fu F Y, et al. 2009. Co-location of seed oil content, seed hull content and seed coat color QTL in three different environments in *Brassica napus* L. Euphytica, 170: 355-364

Yu H, Xie W, Wang J, et al. 2011. Gains in QTL detection using an ultra-high density SNP map based on population sequencing relative to traditional RFLP/SSR markers. PLoS One, 6: e175953

Yukiko H K, Noriko K, Kayoko O, et al. 2008. Detection of verotoxigenic *Escherichia coli* O157 and O26 in food by plating methods and LAMP method: a collaborative study. International Journal of Food Microbiology, 29: 156-161

Yun S H, Quail K. 1996. Physicochemical properties of Australian wheat flours for white salted noodles. Cereal Sci, 23: 181-189

Zapparoli G, Torriani S, Pesente P, et al. 1998. Design and evaluation of malolactic enzyme gene targeted primers for rapid identification and detection of *Oenococcusoeni* in wine. Letters in Applied Microbiology, 27（5）: 243-246

Zeng Q D, Han D J, Wang Q L, et al. 2014. Stripe rust resistance and genes in Chinese wheat cultivars and breeding lines. Euphytica, 196: 271-284

Zhan H, Li G, Zhang X, et al. 2014. Chromosomal location and comparative genomics analysis of powdery mildew resistance gene *Pm51* in a putative wheat-*Thinopyrum ponticum* introgression line. PLoS One, 9: e113455

Zhang D, Cheng H, Geng L, et al. 2009. Detection of quantitative trait loci for phosphorus deficiency tolerance at soybean seedling stage. Euphytica, 167: 313-322

Zhang J B, Wang H J, Cai Z P. 2007. The application of DGGE and AFLP-derived SCAR for discrimination between Atlantic salmon (*Salmo salar*) and rainbow trout (*Oncorhynchus mykiss*). Food Control, 18 (6): 672-676

Zhao J Y, Heiko C B, Zhang D Q. 2005. Oil content in a Europeanx Chinese rapeseed pupulation: QTL with additive and epistatic effects and their genotype-environment interactions. Crop Sci, 45: 51-59

Zhao M, Chen M, Wang N, et al. 2003. Study on genetic relationship among some commercial strains of Ganoderma. J Nanjing Agricultural University, 26 (3): 60-63

Zhao S, Chen X C, Song J Y, et al. 2015. Internal transcribed spacer2 barcode: a good tool for identifying *Acanthopanacis cortex*. Front Plant Sci, 6: 840

Zhao Z K, Wu L K, Nian F Z, et al. 2012. Dissecting quantitative trait loci for boron efficiency across multiple environments in *Brassica napus*. Plos one, 7: e45215

Zsbeau M, Vos P. 1995. Selective restriction fragment amplification: a general method for DNA fingerprinting. Pairs: European Patent Office